纺织服装高等教育“十四五”部委级规划教材
纺织科学与工程一流学科本硕博一体化教材

Textile Structural Mechanics

纺织结构力学

顾伯洪 胡美琪 编著

東華大學出版社
·上海·

内 容 提 要

纺织结构力学是高性能纺织品设计的重要内容，也是纺织学科与力学学科的交叉领域内容，任务是从纤维材料力学性质和纺织品结构研究各类纺织品（包括长丝纱、短纤纱、机织物、针织物、非织造布、编织物等）的结构与力学性质，进而高效利用纤维材料力学性质，设计出最符合使用要求的纺织品。本书在固体力学框架范围内，用力矢量方法和能量法系统阐述纺织结构力学发展史、纤维力学、纤维摩擦、长丝纱力学、弱环定理、短纤纱力学、机织物力学、针织物力学、非织造布力学和编织物力学，同时结合现今得到广泛应用的人工智能技术，以实例说明人工神经网络和深度学习在纺织结构力学中的应用。

本书主要阅读对象包括纺织科学与工程和力学等学科领域的读者，也可作为纺织学科和力学学科的高年级本科生、研究生的选修教材，以及纺织品设计人员和力学研究人员在工作中的参考书。

图书在版编目（CIP）数据

纺织结构力学 / 顾伯洪，胡美琪编著. — 上海：东华大学出版社，2025. 7. — ISBN 978-7-5669-2551-0

Ⅰ. TS101.2

中国国家版本馆 CIP 数据核字第 2025YV0593 号

责任编辑　张　静
封面设计　魏依东

出　　版　东华大学出版社（上海市延安西路 1882 号，200051）
本社网址　http://dhupress.dhu.edu.cn
天猫旗舰店　http://dhdx.tmall.com
营销中心　021-62193056　62373056　62379558
印　　刷　苏州工业园区美柯乐制版印务有限责任公司
开　　本　787 mm×1092 mm　1/16
印　　张　18.75
字　　数　422 千字
版　　次　2025 年 7 月第 1 版
印　　次　2025 年 7 月第 1 次印刷
书　　号　ISBN 978-7-5669-2551-0
定　　价　89.00 元

前言

在纺织工业发展的历史长河中，纺织结构力学一直在色彩绚烂的纺织大千世界中时隐时现。不必说华丽富贵的绫罗绸缎，也不必说日常生活中的呢绒巾毯，更不必说基本原料（如棉麻丝毛、锦涤腈丙），单说每一根纤维、每一段纱线、每一寸织物，其背后就有无穷的科学技术知识需要探究：天然纤维和化学纤维的结构性能，天然纤维生长过程和化学纤维制造工艺对性能的影响，纤维的成纱工艺和纱线各项尺寸指标及性质指标的关系，纱线染整工艺与纱线后续织造工艺性能的关系，织造加工与织物外观和手感及服装风格等的相关性。整个纺织是从纤维到成衣、家纺用品和产业用纺织品的生产长链，每一环节都遵循纺织材料的"弱环定理"，即每一个制造环节都要追求工艺之极致，否则会影响纺织产品的最终质量。

纺织伴随着人类文明而产生。人类利用传统手工艺把天然纤维原料制成服装、装饰品和工艺品等，已经持续几千年，而在最近两百年时间里的发展，更是突飞猛进。从1884年法国人Count Hilaire de Charcionnet利用硝酸纤维素溶液首次制成黏胶纤维以及1914年瑞士人Henry Drefus将其商业化生产以来，在短短的140多年时间内，纺织纤维原料的发展业绩远远超出以往的几千年。从1589年英国人William Lee发明针织机、1733年英国人John Kay发明有梭织机（特指有机械驱动梭子飞行的织机，不指中国古代的手工有梭织机）、1748年英国人Thomas Walford发明编织机、1770年英国人James Hargreaves发明珍妮纺纱机、1785年出现装备织机的大规模织造工厂、1803年发明现代式的提花织机、1878年英国人William Bywater发明并装备非织造布生产线、19世纪后半叶工业化使用染料染布、1937年瑞典人Steven Ejnar Berthelsen发明自由端纺纱方法并在1967年国际纺机展上出现成熟的自由端纺纱机至今，借助机械工业的现代化进程，纺织装备水平得到大幅度提高。现在，纺织行业已经大量采用信息技术、控制技术和人工智能技术升级纺织装备和生产线，发展成为智能化车间和工厂。现代科学技术对纺织工业发展的促进作用，使得纺织工业从原材料、纺织机械装备、自动化信息化智能化生产技术、纺纱织造染整工艺、纺织品设计到各类纺织品的终端应用扩展等，都出现了量和质的双飞跃。假如有时光穿越，很难想象两百年前的人来到现代化大型纺织服装企业，是否会“问今是何世，乃不知有汉，无论魏晋”？“桃花源记”是向先前的穿越，而科技发展带领人类向未来超越的步伐将以指数规律骤增。其实不单是纺织技术，其他很多科学技术在最近两百年里的进展也远远超出前面几千年的总和。

纺织是一个由多学科相互融合并共同推进的综合性工程技术，除了数、理、化、天、地、生等基础科学之外，还包括农学、畜牧学、机械工程、材料科学、电气自动化、信息技术、人工智能技术、艺术设计等学科，它们一起助推了纺织工业发展。没有一个学科能独立支撑整个纺织工业生产链，甚至是里面的一个环节。在各个学科近两百年来飞速发展的加持下，当前我国人均纤维年消费量达到 25 kg，纺织工业的飞速发展从根本上提升了人们的生活质量，高品质纺织品已经成为人类美好生活之不可或缺的组成部分。

高品质纺织品需要高品质纤维原材料、高品质制造装备和工艺技术、高品质纺织品设计等。作为高品质纺织品重要指标之一，力学性质尤其是刚度和强度一直是纺织品的重要品质指标。作为服装用的纺织品需要舒适的手感和宜人的触感，作为装饰用的纺织品需要悬垂的美感和耐用的质感，作为产业用的纺织品需要适中的刚度和较高的强度。这些都属于纺织品力学性质范畴。纺织品力学性质涵盖纤维、纱线和织物的力学性质。由于纺织纤维的不均匀性和纺织品的非均质性，相比于通常所说的均质固体材料，纺织品作为各向异性、非均质、纤维间滑移的多孔类材料，其力学性质存在高度的几何非线性和物理非线性：几何非线性表现在例如织物悬垂中纺织品存在超出自身应变近十个数量级的大变形；物理非线性表现在例如由线性应力-应变关系的碳纤维组成的织物在小应力下存在超出碳纤维失效应变三个数量级的大应变。由纤维借助不符合传统摩擦定律的纤维间摩擦力成为纱线和织物，给纺织和力学工作者带来了巨大挑战。

在众多纺织大师的努力推动下，纺织品力学性质的神秘面纱被逐渐揭开。纤维力学性质的黏弹性效应和弱环效应、长丝纱的能量状态、短纤纱的纤维内外转移和应力传递、机织物的经纬纱屈曲变形和刚度特征、针织物的几何结构与结构变形及能量状态、非织造布的受力变形和结构相关性、编织物的编织工艺和几何结构等，都逐渐展现在人们面前。研究方法从力矢量加和到能量标量加和，从解析方法到数值计算方法（例如有限元方法），从传统力学到人工智能技术（例如人工神经网络和深度学习方法），都使得纺织品力学性质不断清晰化。

由于纺织品终端应用的不断扩大，例如麻纤维股纱应用于海洋大型船舶缆绳并逐渐由高性能合成纤维缆绳取代，纺织品力学性质在各类应用场景的实际需求驱动下，从 20 世纪初开始得到系统研究。当前主要进展包括两个层面内容，一是纺织品本身力学性质，二是在制造环节纺织品与机械装备之间相互作用，前者属于材料力学，后者属于工艺力学。本书内容属于前者，主要从截止到目前的纺织品力学经典文献的汪洋大海中撷取几朵浪花，从经典力学路径介绍纺织品结构与力学性质关系，其间适当引入数值计算方法和人工智能技术。以纤维材料、纤维摩擦、纺织品结构、受力和能量等基础要素“小切口”，牵引解决纺织结构优化和力学性质设计“大问题”，带动实现纺织品高质量发展和纺织新质生产力飞跃的“强突破”。

“春山谷雨前，并手摘芳烟。”纺织结构力学在整个纺织工业中算不上是盛宴上的佳肴，却是那清明谷雨之间的新鲜春茶。在一杯香茗之间，可体会到人类理性思维应用于纺织工程技术之后的唇齿留香。唇齿留香之际，会带来春天空灵山谷里的宁静和禅思，进而引发对纺织工业新发展的更多理性思考。

顾伯洪　胡美琪

2025 年谷雨时节

目　录

1 纺织结构力学概述

1.1 纺织结构力学发展史

纺织结构指纱线、织物和服装等由纤维构成的结构体，这些结构体常用于服装服饰、家纺装饰和各种产业领域，具体形式有纱线/纤维束、缆绳、网、毡、机织物、针织物、编织物、非织造布等。早期使用的纤维有天然纤维素纤维、天然蛋白质纤维和矿物纤维，后来逐渐发展出再生纤维(如黏胶纤维、醋酯纤维、溶剂法再生纤维素纤维)、合成纤维(如聚酰胺纤维、聚酯纤维、聚丙烯腈纤维、烯烃类纤维)和无机纤维(如玻璃纤维、碳纤维和金属纤维等)。对于后来陆续出现的纤维，根据分子结构可以对纤维性质进行设计。纤维间的摩擦和抱合是纺织结构保持稳定的重要因素。新纤维的不断发明使纺织结构力学永远具有发展空间。

纺织结构力学研究各类纺织品在外力场作用下的变形和破坏过程。纺织结构力学可以追溯到欧洲文艺复兴时期的达·芬奇(Leonardo da Vinci)和伽利略(Galileo Galilei)，将其上升到理论高度的则是欧拉(Leonhard Euler)和伯努利(Bernoulli)家族成员 Daniel Bernoulli 关于柔性细杆力学的研究(Euler-Bernoulli Beam Theory)。系统研究纺织结构力学始于 20 世纪初期，例如：对于加捻长丝纱，1907 年出现法国人 Charles Gégauff[1] 建立的共轴螺旋线模型，以研究加捻长丝纱结构和拉伸模量之间的关系；对于机织物，1912 年德国人 Rudolf Haas[2] 研究了织物在双轴向应力下其经、纬纱线的卷曲变形，发现织物变形机理起源于纱线之间的剪切作用。目前一般认为 1937 年澳大利亚人 Frederick Thomas Peirce[3] 的 *The Geometry of Cloth Structure* 一文，代表着纤维集合体力学开始正式进入织物结构层面研究(图 1.1)。第二次世界大战结束之后，纺织结构力学研究进入快速发展期，研究对象扩展至针织物、非织造布、编织物，研究尺度延伸至纤维、纱线、织物组织单元等多尺度结构层面，研究方法从解析方法发展至数值方法和一些非经典方法(如人工智能方法等)。目前，纺织结构力学研究对于低应力条件下的大变形问题(如织物悬垂变形和折皱变形)、高阶失稳问题(如多重屈曲变形)、高应变率加载问题(如弹道侵彻破坏)和疲劳问题已经有较好的结果；对于一些比较复杂的问题(如织物在长期使用过程中的磨损、从纤维到纺织制品的跨尺度力学等)，也出现了部分解决线索。

1935 年，美国杜邦公司(E. I. du Pont de Nemours & Company)化学家 Wallace

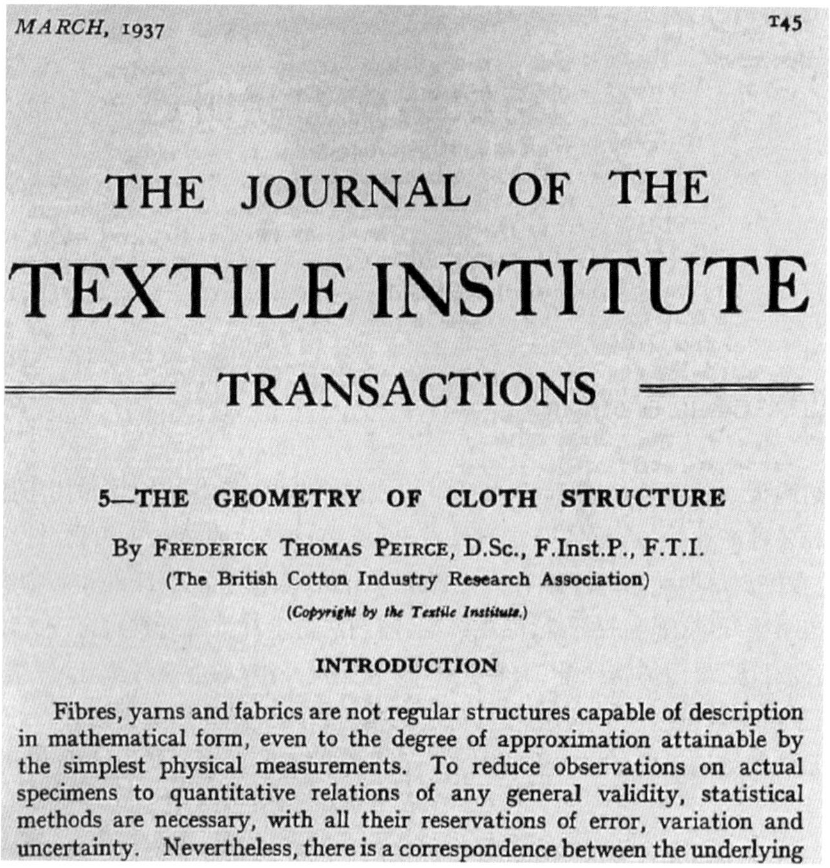

MARCH, 1937 T45

THE JOURNAL OF THE

TEXTILE INSTITUTE

TRANSACTIONS

5—THE GEOMETRY OF CLOTH STRUCTURE

By FREDERICK THOMAS PEIRCE, D.Sc., F.Inst.P., F.T.I.

(The British Cotton Industry Research Association)

(Copyright by the Textile Institute.)

INTRODUCTION

Fibres, yarns and fabrics are not regular structures capable of description in mathematical form, even to the degree of approximation attainable by the simplest physical measurements. To reduce observations on actual specimens to quantitative relations of any general validity, statistical methods are necessary, with all their reservations of error, variation and uncertainty. Nevertheless, there is a correspondence between the underlying

图 1.1 Peirce 关于织物结构几何学的论文

Hume Carothers(1896.4—1937.4)成功合成聚酰胺 66,并由杜邦公司商业化,得到了尼龙纤维。相比于天然纤维,尼龙纤维因具有高强度、高模量、高耐磨性质,在纺织品设计中得到充分应用,推动了纺织结构力学发展。第二次世界大战期间,许多参战国政府投入大量人力和财力研究新型纺织纤维和纺织制造技术,以提高军用纺织品质量,更使纺织结构力学得到快速发展,例如 Womersley[4]采用 Peirce 模型和微分几何方程计算织物复杂变形。

在机织物结构力学研究中,计算机数值模拟方法也被大量应用。追溯历史,1979 年 8 月 19 日至 9 月 2 日,北大西洋公约组织高级研究学会(The NATO Advanced Study Institute)学术会议于希腊 Kilini 召开,会刊系列 E(“应用科学”类)第 38 号是“柔性纤维集合体力学”论文集,其中 D. W. Lloyd[5]发表的 *The Analysis of Complex Fabric Deformation* 一文,在国际上首次采用有限元等数值分析方法研究织物复杂变形时,仍然从 Womersley 的路径得到突破。从此,有限元方法进入纺织领域,被用于计算纺织结构的复杂变形和破坏问题。目前,三维可视化商用软件不断涌现,用数值分析方法研究非织造布或其他纤维集合体的力学性质,尤其是强度演变和动态破坏过程,并展示纤维集合体细观结构的受力变形动态演化过程,这是今后长期发展的一个方向。

当前人工智能(AI)已经在自然科学和社会科学中得到大量应用。位于美国旧金山的人工智能研究公司OpenAI推出的人工智能自然语言处理工具ChatGPT以及从文本创建视频的AI模型Sora已经深入到很多科学层面，以AIGC(Artificial Intelligence Generated Content)为代表的人工智能技术突破，将大大加速科学发展进程。2024年诺贝尔物理学奖颁发给John J. Hopfield和Geoffrey E. Hinton，表彰他们"利用人工神经网络进行机器学习做出的奠基性发现和发明"。2024年诺贝尔化学奖颁发给David Baker、Demis Hassabis和John M. Jumper，表彰他们在"计算蛋白质设计和蛋白质结构预测方面"的贡献。同一年的两个奖项包括的研究成就都由人工智能驱动，这在诺贝尔奖至今的一百二十余年历史中是从未有过的奇迹，彰显了人工智能在多学科和跨学科领域中的巨大发展潜力。2025年1月我国人工智能的代表性成果"深度求索"(DeepSeek)发布之后，在各个知识领域展现出强大的思考能力，并在全球产生的影响深远。可以预计，人工智能在纺织科技领域也可以发挥巨大作用，从采用人工神经网络技术预测纺织品质量开始，到采用深度学习方法发现纺织品构效关系、挖掘纺织企业生产数据流。可以预见，AI技术将来会大面积地应用于纺织科技，当然包括纺织结构力学，因此本书将初步介绍人工智能在纺织上的应用方法。

1.2 纺织期刊

按照我国学科门类，工学和农学中的大部分专业都来自传统工艺。相比于新学科门类或一级学科，工学和农学涵盖的行业是人类赖以生存之必需。纺织科学与工程一级学科依托的纺织行业解决人类穿衣问题，是人类社会发展不可或缺的重要条件。

纺织与人类文明几乎同步，但一直处于手工状态。我国黄道婆改进的纺纱方法、英国珍妮纺纱机等，分别代表了东、西方纺织从手工向机械化的转变。

世界现代纺织教育和科学研究发源于英国。Turner[6]系统回顾了英国纺织学会和纺织期刊早期历史(图1.2)，Kenneth C. Jackson[7]总结了20世纪初期英国纺织学术研究和教育发展史。1910年是国际纺织界的重要年份。英国在其纺织工业得到两百多年的大发展之后，在世界上成立了第一个以纺织学术为追求的纺织学会(The Textile Institute, TI)，并以此推动工业界与教育界、学术界的结合。"英国纺织学会"有时也被冠以"世界纺织学会"这一名称。从此，世界纺织开始从工艺上升为技术，技术再升华为学科。

英国纺织学会的创立主要归功于来自英国曼彻斯特的Joseph Henry Lester和George Moores。1907年初，他们参加了在比利时布鲁塞尔举办的国际材料试验协会会议，对会议上的所见所闻深有感触。1907年9月，他们召集纺织同仁研讨纺织研究工作，一致认为工业的巨大进步是由科学研究推动的，对于纺织工业也是如此，将科学和科学方法应用于纺织工业，也会取得类似其他工业已获得的进步，而实现这一目标的最佳途径是成立一个致力于实现这一目标的学会。1910年4月，在英国曼彻斯特成立了英国纺织学会，英国下院议员William Henry Holland(同年晚些时候，他被提升为布劳顿的第一位

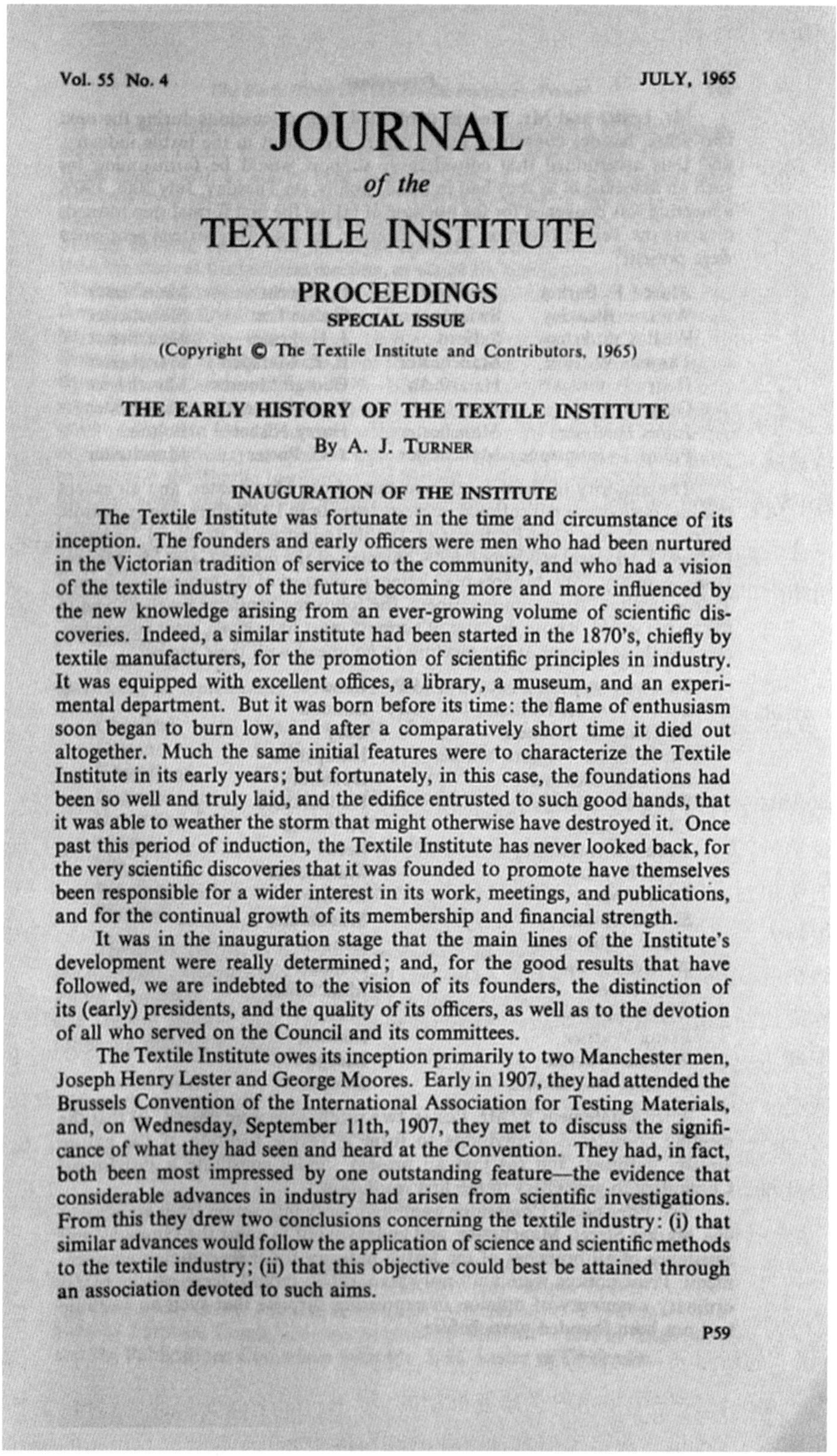

Vol. 55 No. 4 JULY, 1965

JOURNAL
of the
TEXTILE INSTITUTE

PROCEEDINGS
SPECIAL ISSUE

(Copyright © The Textile Institute and Contributors, 1965)

THE EARLY HISTORY OF THE TEXTILE INSTITUTE

By A. J. Turner

INAUGURATION OF THE INSTITUTE

The Textile Institute was fortunate in the time and circumstance of its inception. The founders and early officers were men who had been nurtured in the Victorian tradition of service to the community, and who had a vision of the textile industry of the future becoming more and more influenced by the new knowledge arising from an ever-growing volume of scientific discoveries. Indeed, a similar institute had been started in the 1870's, chiefly by textile manufacturers, for the promotion of scientific principles in industry. It was equipped with excellent offices, a library, a museum, and an experimental department. But it was born before its time: the flame of enthusiasm soon began to burn low, and after a comparatively short time it died out altogether. Much the same initial features were to characterize the Textile Institute in its early years; but fortunately, in this case, the foundations had been so well and truly laid, and the edifice entrusted to such good hands, that it was able to weather the storm that might otherwise have destroyed it. Once past this period of induction, the Textile Institute has never looked back, for the very scientific discoveries that it was founded to promote have themselves been responsible for a wider interest in its work, meetings, and publications, and for the continual growth of its membership and financial strength.

It was in the inauguration stage that the main lines of the Institute's development were really determined; and, for the good results that have followed, we are indebted to the vision of its founders, the distinction of its (early) presidents, and the quality of its officers, as well as to the devotion of all who served on the Council and its committees.

The Textile Institute owes its inception primarily to two Manchester men, Joseph Henry Lester and George Moores. Early in 1907, they had attended the Brussels Convention of the International Association for Testing Materials, and, on Wednesday, September 11th, 1907, they met to discuss the significance of what they had seen and heard at the Convention. They had, in fact, both been most impressed by one outstanding feature—the evidence that considerable advances in industry had arisen from scientific investigations. From this they drew two conclusions concerning the textile industry: (i) that similar advances would follow the application of science and scientific methods to the textile industry; (ii) that this objective could best be attained through an association devoted to such aims.

P59

图 1.2 关于英国纺织学会和纺织期刊早期历史的论文首页[6]

罗瑟勒姆男爵 Baron Rotherham of Broughton,图 1.3)被选为第一任会长。1910 年 9 月 8 日至 10 日,在布拉德福德举办了英国纺织学会的第一届会议(图 1.4)。

图 1.3 英国纺织学会第一任会长 William Henry Holland(布劳顿的罗瑟勒姆男爵)

图 1.4 英国纺织学会 1910 年 9 月 8 日至 10 日在布拉德福德举办第一届会议的合影

1910年,英国纺织学会创办了至今仍活跃的一本杂志 *The Journal of The Textile Institute*,纺织界称之为JTI。图1.5显示了JTI创刊号文章首页(包含英国纺织学会的就职典礼以及1910年在布拉德福德举办的第一届会议的完整记录)。该杂志最初主要用来记录英国纺织学会的活动,随后逐渐发展成为记录摘要和发表原创科学研究论文的刊物。作为世界纺织学会信息的主要载体,JTI承担了记载历史的重要角色。随着原创科学研究论文数量不断增加,1923年,JTI被分为两个部分,其中 *Transactions* 发表研究论文,而 *Proceedings* 报道年度大会和会议上的讲座报告。这种配置一直持续到20世纪60年代。从1967年起,两个部分又合并为一刊,以 *The Journal of The Textile Institute* 为刊名,计划按月出版。

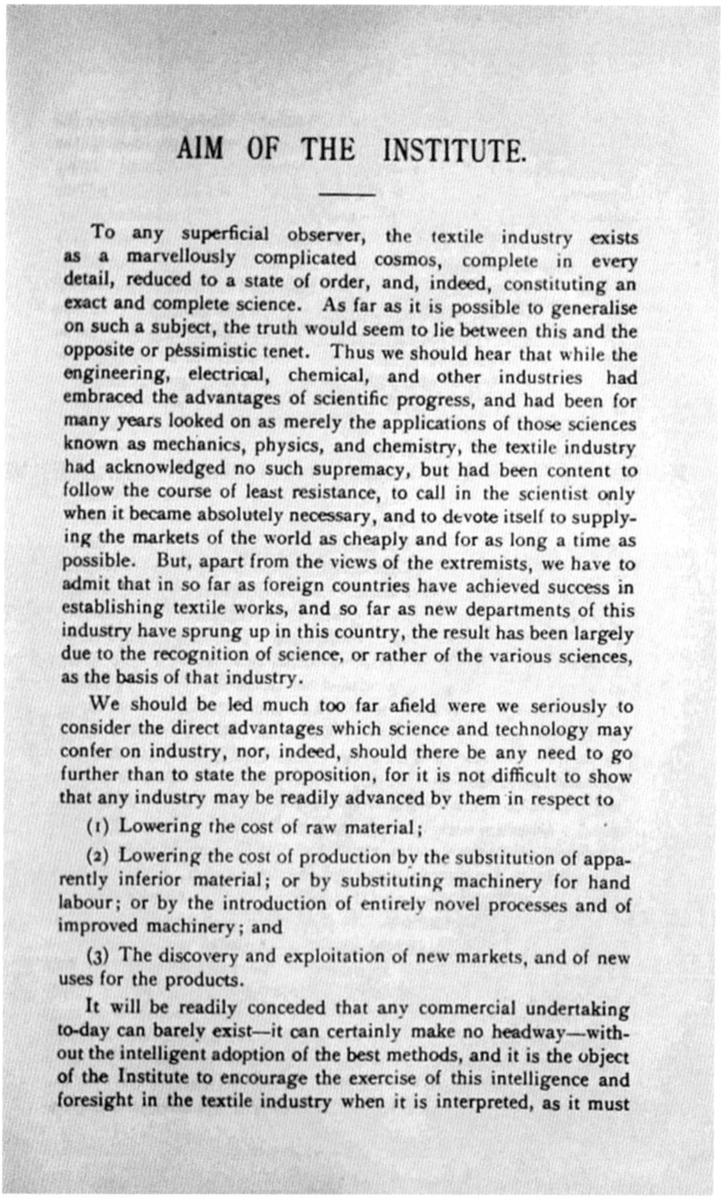

AIM OF THE INSTITUTE.

To any superficial observer, the textile industry exists as a marvellously complicated cosmos, complete in every detail, reduced to a state of order, and, indeed, constituting an exact and complete science. As far as it is possible to generalise on such a subject, the truth would seem to lie between this and the opposite or pessimistic tenet. Thus we should hear that while the engineering, electrical, chemical, and other industries had embraced the advantages of scientific progress, and had been for many years looked on as merely the applications of those sciences known as mechanics, physics, and chemistry, the textile industry had acknowledged no such supremacy, but had been content to follow the course of least resistance, to call in the scientist only when it became absolutely necessary, and to devote itself to supplying the markets of the world as cheaply and for as long a time as possible. But, apart from the views of the extremists, we have to admit that in so far as foreign countries have achieved success in establishing textile works, and so far as new departments of this industry have sprung up in this country, the result has been largely due to the recognition of science, or rather of the various sciences, as the basis of that industry.

We should be led much too far afield were we seriously to consider the direct advantages which science and technology may confer on industry, nor, indeed, should there be any need to go further than to state the proposition, for it is not difficult to show that any industry may be readily advanced by them in respect to

(1) Lowering the cost of raw material;

(2) Lowering the cost of production by the substitution of apparently inferior material; or by substituting machinery for hand labour; or by the introduction of entirely novel processes and of improved machinery; and

(3) The discovery and exploitation of new markets, and of new uses for the products.

It will be readily conceded that any commercial undertaking to-day can barely exist—it can certainly make no headway—without the intelligent adoption of the best methods, and it is the object of the Institute to encourage the exercise of this intelligence and foresight in the textile industry when it is interpreted, as it must

图1.5 JTI创刊号文章首页

1980—2010 年期间，JTI 出现三十年的发展衰退期，这与纺织工业在英国逐渐衰落、在我国因改革开放而逐渐兴起的时间段基本重合。之后，JTI 逐渐回复出版，也与我国纺织工业大发展、研究力量大幅度跃升有关，当前 JTI 上的论文有 75%来自我国纺织工作者。

1931 年，在美国创办了另一本纺织类期刊 *Textile Research Journal*，纺织界称之为 TRJ。这对 JTI 既是挑战，也是相互促进。1931 年 2 月，TRJ 创刊号主要报道了美国纺织研究新进展，并发布了美国纺织发展公报，与早期的 JTI 一样，也汇集了美国出版的纺织书籍目录和索引词列表(图 1.6)。TRJ 的出版相对正常，保持月刊出版的节奏。现在，我

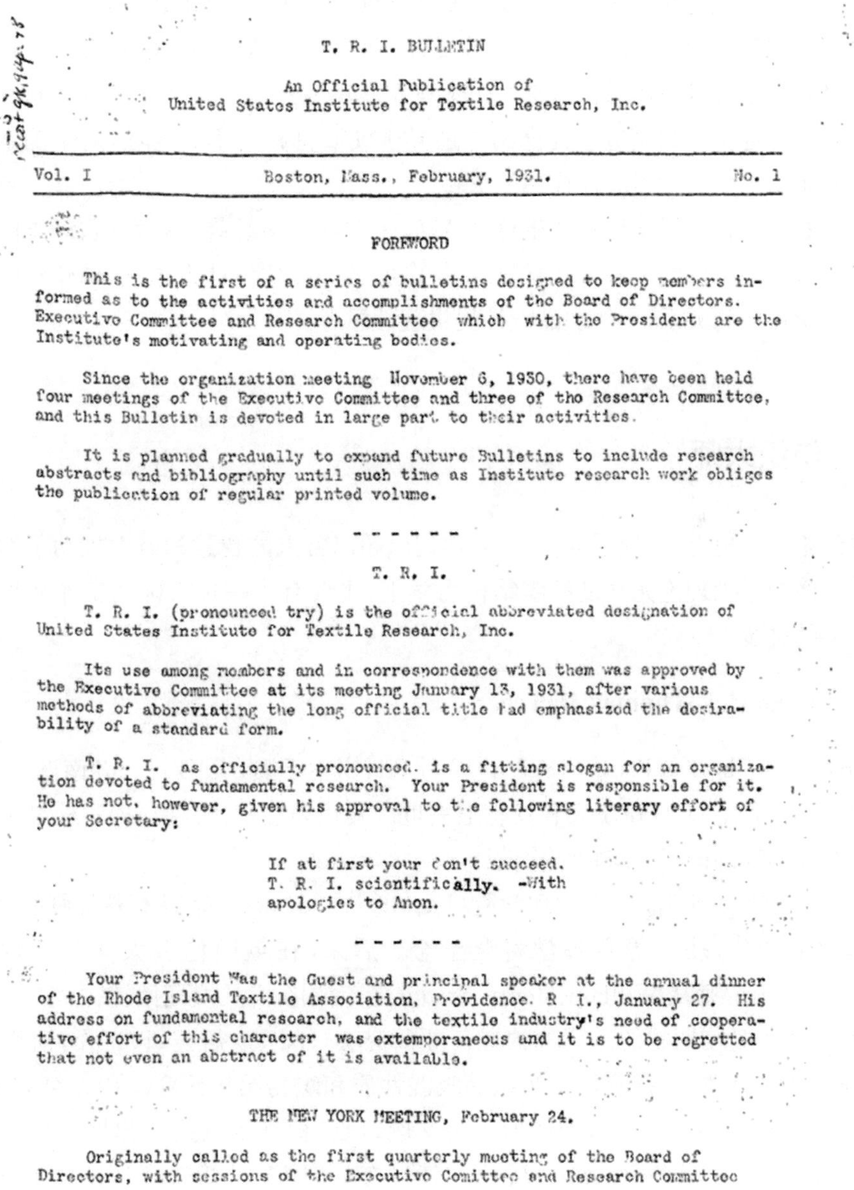
T. R. I. BULLETIN

An Official Publication of
United States Institute for Textile Research, Inc.

Vol. I   Boston, Mass., February, 1931.   No. 1

FORWORD

This is the first of a series of bulletins designed to keep members informed as to the activities and accomplishments of the Board of Directors. Executive Committee and Research Committee which with the President are the Institute's motivating and operating bodies.

Since the organization meeting November 6, 1930, there have been held four meetings of the Executive Committee and three of the Research Committee, and this Bulletin is devoted in large part to their activities.

It is planned gradually to expand future Bulletins to include research abstracts and bibliography until such time as Institute research work obliges the publication of regular printed volume.

\- - - - - -

T. R. I.

T. R. I. (pronounced try) is the official abbreviated designation of United States Institute for Textile Research, Inc.

Its use among members and in correspondence with them was approved by the Executive Committee at its meeting January 13, 1931, after various methods of abbreviating the long official title had emphasized the desirability of a standard form.

T. R. I. as officially pronounced. is a fitting slogan for an organization devoted to fundamental research. Your President is responsible for it. He has not, however, given his approval to the following literary effort of your Secretary:

If at first your don't succeed.
T. R. I. scientifically. -With
apologies to Anon.

\- - - - - -

Your President was the Guest and principal speaker at the annual dinner of the Rhode Island Textile Association, Providence. R. I., January 27. His address on fundamental research, and the textile industry's need of cooperative effort of this character was extemporaneous and it is to be regretted that not even an abstract of it is available.

THE NEW YORK MEETING, February 24.

Originally called as the first quarterly meeting of the Board of Directors, with sessions of the Executive Committee and Research Committee

图 1.6　TRJ 创刊号文章首页

国也是 TRJ 稿件的重要来源国。

纺织是一门技术学科，得益于其他学科的交叉而不断滋养和成长，学科的发展成长同时也促进了纺织工业发展和技术升级。相比于其他技术学科，纺织学科的科技浓度仍然很低，科技水平显示度尚有较大提升空间，为国家发展的贡献度还能继续提高。这一切都取决于纺织学科与各类基础学科的相互融通和深度结合。

1.3 纺织基础研究

纺织基础研究能从根本上促进学科发展。到目前为止，纺织还是经验型学科，经验对纺织学科发展和纺织实际问题解决的重要性，远远超出理性知识的重要性。纺织学科还没有公理化体系和设计体系。这是纺织学科发展不成熟的主要体现。纤维材料和纺织结构的软物质特性使纺织制造过程充满了迥异于硬质材料的不确定性，对不确定性过程的未知导致了纺织学科对经验性描述的依赖。

“纺织结构力学”属于纺织基础科学范畴，主要涵盖从纤维基本性质、纤维间摩擦效应和纺织结构的力学性能内容，以“材料/结构/性能”一体化设计为主线，构建纺织品多尺度结构与力学性质间关系，为纺织品设计提供理性思考。

1.4 纺织大师

在纺织科技史上，出现了众多大师，他们以超出常人的智慧和努力推动了纺织科技的进步。在纺织基础理论尤其是纺织结构力学上，主要有十一位大师的工作从根本上推动了纺织科技进步。

1.4.1 Frederick Thomas Peirce[8]

Frederick Thomas Peirce，1896 年 12 月 7 日出生于澳大利亚昆士兰南港，因患重症脑卒中，1950 年 4 月 11 日在澳大利亚悉尼去世。其代表性工作：(1)探测棉纤维结构；(2)纤维和纱线弱环理论；(3)织物结构设计。

Peirce 在澳大利亚悉尼大学理学院(Faculty of Sciences)完成本科阶段的学习，19 岁获理学学士学位，获一等数理学科奖学金。后来，在英国伦敦大学学院(University College, London)师从 William Henry Bragg(老布拉格)学习 X 射线结晶学。1921 年 11 月，到位于英国曼彻斯特的不列颠棉花工业研究会(Shirley 研究所)工作，研究纺织品结构、测试方法和性质，尤其着重于纺织品吸湿性质和织物结构研究。1931 年，Peirce 的母校悉尼大学授予他博士学位，他的博士论文题目是《棉纤维结构与弹性》(*Structure and Elastic Properties of the Cotton Hair*)。1944 年，美国军需部邀请 Peirce 赴美国研究美军热带丛林作战服。他于 1944 年底接受美国北卡罗来纳州州立学院(North Carolina

State College)邀请，担任纺织学院纺织研究室主任。他也是现在著名的美国北卡罗来纳州立大学威尔逊纺织学院的学科创办者之一。不久，因患重症脑卒中，Peirce 从半身不遂到后来完全失去从事学术活动的能力。久治不愈之后，Peirce 在家人陪伴下回到故乡澳大利亚，1950 年 4 月 11 日在悉尼去世，年仅 54 岁。1950 年 5 月 27 日，国际著名科学期刊《自然》杂志发布纪念 Peirce 的悼词［Nature, 1950, 165(4204): 835-836］。为纪念 Peirce 对纺织的巨大贡献，后人甚至一度提议把纤维强度单位“N/tex”称为“Peirce”，简写“Pe”，就像科学巨人 Newton（牛顿）、Watt（瓦特）和 Joule（焦耳）的名字那样用于科学基本量纲单位。由于量纲的设立需要考虑国际性认可，这个提议最终未能成功。

1.4.2 John W. S. Hearle[9]

John W. S. Hearle，1925 年 6 月 25 日出生于英格兰西南部格洛斯特郡（Gloucester）一个农场供应商家庭，2016 年 5 月 24 日去世于英国曼彻斯特 Christie 医院。Hearle 是世界著名的纺织物理学家，其代表性贡献：(1)纤维物理；(2)纺织力学；(3)纺织计算机设计。

Hearle，1949 年从英国剑桥大学圣约翰学院物理系毕业，1952 年在曼彻斯特大学获博士学位。1945—1948 年在英国 Shirley 研究所担任研究助理。Hearle 从 1949 年在曼彻斯特大学念书起，到 1985 年退休，一直在曼彻斯特大学（包括曼彻斯特理工学院，UMIST），担任了 11 年的系主任（1974—1985），还做过曼彻斯特大学技术学院的院长（1979—1980）。Hearle 是世界纺织专家中来华访问最早的几位之一，还接受了多位中国学生到他那里学习。在查阅纺织界两大期刊 JTI 和 TRJ 时，会发现 Hearle 这个名字在近半个世纪中出现得很频繁，他的研究工作涵盖纤维、纱线、织物、纺织结构复合材料的所有物理性质，尤其是力学性质。Hearle 的兴趣甚广，退休之后还热衷于考古。自家后院就是他曾经开展考古工作的地方。Hearle 在纺织界的地位与 Timoshenko 在工程力学界的地位一样崇高，Hearle 的教学研究工作体现于发表的 250 多篇论文和出版的 14 本著作中，这些著作被称为纺织科技界的“圣经”。Hearle 作为作者之一的著作 *Physical Properties of Textile Fibres* 是全世界纺织专业的必修经典教材。

1.4.3 Sueo Kawabata（川端季雄）[10]

川端季雄，1931 年 3 月 10 日出生于日本奈良，2001 年 9 月 12 日因肝功能衰竭去世。川端季雄的代表性贡献是织物手感风格客观评价。

川端季雄于 1960 年 3 月从京都大学大学院工学研究科纺织化学系博士毕业，1960 年 12 月获京都大学工学博士学位，1961 年进入京都大学工学部高分子化学教室担任助手，1964—1965 年，赴美国加州理工学院（Cal. Tech.）担任外聘研究员。1965 年，回到日本京都大学工学院聚合物化学系担任助理教授，1983 年任教授，研究高分子固体力学、纤维状材料物性，直至 1994 年从京都大学荣休。1995 年 4 月至 2001 年 3 月，担任滋贺县立大学材料科学系教授。

川端季雄主导研发的织物手感风格客观评价 KES（Kawabata Evaluation System）系

统是国际上成熟最早、最完备的客观评价装备，是国际纺织专业实验室的标配。虽然现在评价织物手感和风格的仪器很多，但 KES 系统无疑是其中最具水平之一。另外，川端季雄对纤维材料力学(以单纤维力学性质各向异性微观测量最为精妙)和高分子材料固体力学也有贡献。川端季雄有一系列关于织物力学的论文，主要集中于织物单轴和双轴拉伸、剪切、弯曲等变形模式[4-8]。这些论文奠定了 KES 风格仪的理论基础。现在大家公认的一个结论是：川端季雄是织物手感风格客观评价第一人。

1.4.4 Stanley Backer[11]

Stanley Backer，1920 年 2 月 9 日出生于美国波士顿，2003 年 1 月 18 日因肾脏衰竭去世。Backer 的主要贡献是纱线和织物结构与性能，他是享誉世界的产业用纺织品专家。

Backer 于 1937 年至 1941 年在美国麻省理工学院(MIT)工程和管理专业学习，大学毕业后到美国军方军需部材料处工作，曾被授予少校军衔。1944 年服兵役结束后仍在军需部指导纤维材料实验室工作，至 1949 年离开，其间完成 MIT 硕士课程并于 1948 年获硕士学位。1951 年开始在 MIT 工作，1953 年在 Edward R. Schwarz 指导下获得 MIT 机械工程专业博士学位。Schwarz 和 Backer 是当时世界上为数不多的致力于把纺织从一门手艺上升为一门科学的团队成员，颇有美国物理学家罗兰于 1883 年发表的文章《为纯科学呼吁》之风范。该团队的主要工作是把纤维扩展为工程材料，把纺织扩展为工程结构，把纺织加工(如纺纱、织造)归结为工程问题中的机器与材料间相互作用问题。1950 年代，该团队发表了系列论文研讨织物结构性能关系。Backer 在大西洋两岸有很多合作者，如 Hearle 和英国利兹大学的 Percy Grosberg 等。Backer、Hearle 和 Grosberg 三人合著的 *Structural Mechanics of Fibers, Yarns, Fabrics* 一书是纺织结构力学的经典。Backer 擅长通过单纤维性质、单纤维空间形态、纱线结构形态预测织物性质，这也是纺织结构力学的基本方法。Backer 的研究成果不仅能用于织物设计，还可以应用于纤维增强混凝土、海洋用缆绳设计。

1.4.5 严灏景[12]

严灏景，1920 年 8 月 15 日出生于江苏省丹阳县吕城镇严家村，1943 年毕业于西南联合大学机械系，1947 年 12 月赴英国曼彻斯特大学纺织系攻读硕士学位，1949 年回国，1950—1951 年任西北工学院纺织系副教授，1951 年 9 月调入华东纺织工学院(现在的东华大学)参加筹建工作。2008 年 5 月 9 日在上海去世。

严灏景是新中国纺织教育和研究最有力的开创者之一，他的主要贡献是用示踪纤维表征短纤纱结构。严灏景是国际上用示踪纤维表征短纤纱结构的创立者。利用示踪纤维方法可以便捷有效地揭示短纤纱中纤维内外转移的复杂性。该方法现在是国际标准方法，进入全世界纺织教科书。到目前为止，这也是近代华裔纺织人士对世界纺织科技做出的最伟大、最具有原创性的贡献。

严灏景在英国曼彻斯特大学工学院 Morton 教授指导下攻读硕士学位时，研究纱条形成过程中纤维的转移原理和纤维在纱条中排列的测定方法。他采用折射率与纤维折射率接近的混合液体浸没纱条，使混入其中的示踪纤维(染色的同类纤维)在纱条中的排列形态明晰可见。用示踪纤维技术观察纱条结构并且获得纱条中整根纤维形态的清晰照片，在当时是国际纺织学术界一项开创性的工作。它第一次揭示出纤维在纱线和各道半制品中配置的真实情况。这一研究成果在 1952 年英国纺织学会杂志 JTI 会刊（*Transactions*）上发表，它为探讨控制纱线毛羽、不同性能纤维在纱线表面和内层之间的转移和分布规律以及确定混纺纱线的性能等研究另辟蹊径，为改进纺织工艺和提高新型纺纱的成纱质量研究提供了有效的测试手段和方法，论文内容已编入世界各国纺织专业教材。

1.4.6 Percy Grosberg[13]

Percy Grosberg，1925 年 4 月 5 日出生于南非，1951 年在约翰内斯堡的 University of Witwatersrand 获得化工专业博士学位，同年在南非羊毛研究所工作，帮助企业解决羊毛纱线条干不匀问题。后来，Grosberg 被派送到英国利兹大学学习，并以优异成绩获得学位。Grosberg 在利兹大学工作了 35 年，于 1990 年退休。Grosberg 于 2012 年 12 月 10 日去世。Grosberg 的研究工作主要集中于纱线和织物的工艺和结构力学，是一位充满理性思维的纺织科学家，是纺织工艺力学大师。

如果说 Hearle 测定了纺织材料的诸多基本参数，那么 Grosberg 则定义了纱线和织物的结构性能，用现在材料学的术语，就是纱线和织物的构效关系。正是 Grosberg 的学术贡献，导致了瑞士 USTER 纱线条干仪的诞生。日本的川端季雄和澳大利亚的 Postle 也在 Grosberg 的织物结构力学基础上，发明了 KES 和 FAST 织物风格仪。

从 1954 年研究精纺毛纱条干不匀率开始，Grosberg 就展现了在纺织工艺力学上的杰出才华，解决了纱线条干不匀的基本定义、织物织造力学和结构力学等一系列问题。纺织企业采用机器人和计算机控制系统，也得益于 Grosberg 的研究贡献。Grosberg 是一位优雅的纺织科学家，完美地结合了纺织工艺技术和装备使用并升华到科学层面。Grosberg 撰写的一些教材和著作在纺织界十分出名，比如纺纱领域的 *Yarn Production: Theoretical Aspects*、织物领域的 *The Role of Friction in The Mechanical Behavior of Fabrics*，而最为出名的就是 Backer、Hearle 和 Grosberg 三人合著的 *Structural Mechanics of Fibers, Yarns and Fabrics*。另外，Grosberg 在 1968 年写了一本纺织经典著作 *An Introduction to Textile Mechanisms*，它成为国内很多研究者参考的必备著作。

1.4.7 Reginald Meredith[14]

Reginald Meredith，1917 年 2 月 26 日出生于英格兰西北部兰开夏郡（Lancashire）的 Chorlton。除学术工作之外，Meredith 还爱好园艺和高尔夫。Meredith 于 1993 年 5 月 3 日在英格兰 Gloucestershire 郡的 Cheltenham 去世。Meredith 的代表性贡献是纤维力学。

Meredith 的本、硕、博均就读于英国曼彻斯特大学，分别于 1938 年、1945 年和 1955 年获得物理学本、硕、博学位。Meredith 早期在曼彻斯特著名的雪莱研究所（Shirley Institute）研究纺织纤维物理性质，主要包括力学性质和 X 射线衍射、纤维的流变性质。Meredith 的很多研究工作汇集于他的著作 *The Mechanical Properties of Textile Fibres* 中。1957 年，Meredith 到苏格兰的皇家理工学院（Royal College of Science and

Technology,也就是现在的 University of Strathclyde)担任纺织技术学科教授,直至 1977 年退休。Meredith 在此地工作期间,英国的纺织专业正在由工程技术向理性科学转型,学校的纺织系后来成为纤维科学系。Meredith 在转型过程中发挥了重要作用。Meredith 的声誉在远东地区最为著名,他指导了远东地区的很多研究生。这些研究生开枝散叶,也传播了 Meredith 的学术声誉。Meredith 还很有远见地指明了化学纤维包括纤维增强复合材料力学的发展方向,是一位前瞻性的纤维物理学家。

1.4.8 Ronald Postle[15]

Ronald Postle,出生于 1940 年,1965 年在英国利兹大学的 Munden 教授指导下获得博士学位,博士论文课题研究的是针织物结构力学。博士毕业后,Postle 在澳大利亚新南威尔士大学工作至 1989 年,于 1989 年 11 月起到法国米卢斯南阿尔萨斯国立高等工程师学校(ENSISA),给工学院学生讲授纤维材料学,直至 2022 年 11 月 22 日在法国东部城市米卢斯(Mulhouse)去世。Postle 在纺织界的主要贡献是羊毛纤维及其集合体的结构力学,在其他纺织大师关注相对较少的针织物结构力学上的贡献尤其卓越。到 1990 年代,Postle 的工作曾扩展到纤维增强复合材料和纺织企业的电脑控制。

Postle 是羊毛纤维集合体力学大师。他的工作极大地影响了后续纤维集合体力学的发展进程,比如目前在纤维集合体力学中广泛使用的有限元方法,就是从 Postle 指导学生在羊毛纱线力学上应用开始广为人知的。

1.4.9 Gerald A. V. Leaf[16]

Gerald A. V. Leaf,出生于 1929 年,在 1950 年代从英国伦敦大学数学系毕业,然后在英国针织业同业研究协会(Hosiery and Allied Trades Research Association,简称 HATRA)统计部门工作,不久之后又获得伦敦大学科学硕士学位。1965 年,Leaf 在英国利兹大学纺织系被聘为讲师(Lecturer),1970 年晋升为高级讲师,1986 年成为准教授(Reader)。英国大学的 Reader 相当于美国大学的 Professor。Leaf 在 1984 年才被授予博士学位,1993 年从利兹大学退休。Leaf 在纺织界有很高的学术声誉,被邀请到印度理工大学(IIT)、澳大利亚新南威尔士大学(Postle 工作的地方)、我国香港理工大学做过一段时间的学术访问。Leaf 也是英国皇家统计学会的会员。2019 年 8 月,Leaf 在英国利兹去世。

Leaf 的工作主要在于织物织造和织物结构力学,尤其是针织物的织造和结构力学,是针织物织造和结构大师。其实,无论是机织物还是针织物,都有以 Leaf 命名的结构模型,这与 Peirce 有点类似。从文献看,Leaf 借鉴了 Peirce 的很多思想,但在机织物的纱线横截面和针织物的线圈形态上,大幅度更改了 Peirce 模型过于理想、偏离织物实际结构的状态。另外,Leaf 的数理功底更深,他的工作在针织物线圈结构的能量最低原理与结构稳定性上更具有开创性。Leaf 与很多中国学者有合作,比如英国曼彻斯特大学材料系的陈晓钢教授。

1.4.10 William Ernest Morton[17]

William Ernest Morton,出生于 1902 年,从 1925 到 1966 年,在英国曼彻斯特理工学

院(Manchester College of Science and Technology)纺织系工作了 41 年,刚开始工作就担任系主任,于 1957 年秋季学期担任曼彻斯特理工学院副校长和纺织系 Arkwright 讲席教授。Morton 最为后辈所知的是与 Hearle 合写的著作 *Physical Properties of Textile Fibres*,该书就是世界第一部纺织材料学著作,全面介绍天然纤维和合成纤维,包含高性能纤维在内的物理性能、热性能、机械性能、介电性能、光学性能和摩擦性能等,成为纺织、纤维材料等领域的教材和标准参考书。

Morton 为我国学者所熟知则源于严灏景。严灏景于 1947. 12—1949. 11 期间在 Morton 指导下攻读硕士学位,研究短纤纱结构。

Morton 在现代纺纱工艺技术和纺纱理论上也是开拓者。他还写了两本纺纱方面的开拓性著作,分别是 *An Introduction to The Study of Spinning* 和 *Standard Cost Control for Cotton Spinning*,其中 *An Introduction to The Study of Spinning* 于 1937 年出版,在国际上是较早的现代纺纱著作。

Morton 在纺纱领域做出了开创性研究贡献,在著书立说上是纺织知识传播的楷模,在人才培养上是国际纺织界的伯乐。

1.4.11　姚穆[18]

姚穆,1930 年 5 月 13 日出生于江苏省南通市唐闸镇,1948 年从江苏省立南通中学高中毕业,考入建在大生纱厂内的南通学院纺织科纺织工程系。1949 年陕西咸阳解放,西北工学院从当时设在上海的南通学院纺织科聘请到了李有山教授来任教。1950 年 8 月,李有山教授带着五位优秀学生一起到了咸阳,其中之一就有姚穆。姚穆 1952 年毕业后留校任教,从此扎根西北深耕纺织七十余载,将毕生心血倾注于纺织教育与科研。2001 年当选为中国工程院院士。2025 年 2 月 19 日在陕西省西安市去世。

姚穆是我国著名的纺织材料专家。开拓了人体着装舒适性学术研究新领域,发明了具有现代高新技术的化纤长丝"军港纶",研制了系列纺织测试仪器和多项测试标准,为纺织事业培养了大批人才。

姚穆首次提出着装舒适模型和透过织物的能量流与物质流的接触界面阻抗理论,是我国人体着装舒适性研究的开拓者之一,为我国极地服、宇航服和作战服等特种功能服装研制奠定了理论基础。他主编的《纺织材料学》成为纺织院校的经典教材。他率先提出"高、新、特、精、优"纺织产业发展对策,为纺织强国建设作出卓越贡献。

姚穆是我国少有的纺织工艺全产业链精通者或者纺织全才。从早期的棉纺学、棉纺厂设计、纺织厂合理照明、纺织厂定额测定,到纤维、纱线、织物和复合材料的结构、性能与测试技术,再到纺织标准测试和包括条干仪等各类纺织检测仪器研制等方面都有过大量的深入研究。到任何纺织企业,都能因地制宜提出生产技术方案。

1.5　纺织技术与纺织力学

整个 19 世纪,乃至第一次世界大战之后,纺织品的应用数量不断扩大,现代科技呈指数式发展，物理、化学等基础科学的重大发现不断涌现，机械、电气等工业体系的重要装备迭代更新，世界纺织工业得到了有利于发展的浓郁氛围。首当其冲是英国当时的工业城市曼彻斯特和利兹，纺织服装工业得到了充分的发展。一所大学的几门课程，需要经过长期的专业建设、人才培养和科技研究，在社会层面产生较大的影响力之后，才能吸引大众、企业或者政府的资金支持，同时与专业建设、人才培养和科技研究的成果产生正反馈，才能上升为一个学科。对于任何一个工程学科（工科），社会需求都是推动学科建设和发展的第一动力，自身内涵质量建设是学科发展的第二动力。

翻阅任何一所工科大学的力学专业教学目录，会发现其中都有这样一些课程，包括静力学和动力学、固体力学、动力学系统、材料强度、机械振动、随机振动、振动与波、高等力学、塑性力学、流体力学、流体动力学、黏性流和湍流、稀薄气体流体动力学、电磁动力学、气体燃烧动力学、材料力学、实验力学等，同时涵盖热力学和传热传质学等知识。学生培养的主要知识结构面向弹性体、塑性体、黏弹性体、弹塑性体、流体，而不是纤维和纺织品等由柔性纤维借助纤维间摩擦形成的软物质。

相对于刚性工程结构而言，纺织结构力学研究异常复杂。一般认为刚性结构屈曲是工程结构的寿命终点，即工程结构在加载过程中一旦产生屈曲失稳现象，该工程结构就已到达受载极限；而对于柔性纤维集合体，屈曲失稳是纤维集合体得以成为柔软纺织品的基本条件，这也是纺织品设计的基本要求。纺织品如果没有高度屈曲失稳现象，则没有使用价值，起码无法被穿着于人体。受力变形过程中开始产生屈曲失稳是纺织品投入使用的起始点。纺织品中纤维数量极多，柔性纤维间的相互作用复杂，揭示纺织品的受力变形会涉及复杂的分析假设和巨大的计算量。在纺织品多尺度细观结构模型基础上，采用分析模型或者数值计算模型，是较为有效的方法。图像处理方法、数理统计方法和人工智能方法，目前也被用于研究纺织品细观结构和受力变形。

1.6 纺织品基本特征

纺织品是固体结构材料，但在材料力学教科书中很难找到与纺织材料力学性质相关的内容。表 1.1 列出了纺织材料与传统工程材料重要区别特征。

表 1.1　纺织材料与传统工程材料重要区别

传统工程材料	过渡种类材料	纺织材料
刚性	柔性	柔性
均质状态	固体状态	非连续状态
致密、无渗透	致密或多孔	多孔状
表面可光洁	柔软，可填充疏松结构	表面纹理结构
无屈曲状态	屈曲或非屈曲	多重屈曲状态

在传统工程材料服役过程中，如果形成非连续相、多孔相、大变形、表面粗糙、横向压

力下软弹性屈服，常被认为是材料失效的起始信号，实际工程结构都必须在弹性范围使用而不允许出现这些现象。结构力学分析工作通常在遇到这些现象时即可停止，往后的分析将无意义。但对于纺织品而言，非连续相、多孔相、大变形、表面粗糙、横向压力下软弹性屈服现象，则是纺织品的基本特征，产生大变形和屈曲现象是纺织品力学分析的起始点，也是纺织材料与传统工程材料相比最有价值和最有趣之处。传统工程材料力学分析的终点就是柔性纤维集合体力学分析的起点。

一个有趣的问题：纸张能用于缝制衣服长时间穿用吗？

纺织品通过柔软细长的纤维借助纤维间摩擦作用形成，兼具柔软、有规则表面纹理和强度的特性，这使得纺织品在低应力下柔软、在高应力下由于纤维间相互抱合锁结而不易破坏。形成高质量纺织品需要高质量纤维和复杂合理的纤维集合方法，由此形成纤维间既紧密接触抱合又能相互滑移的集合状态。例如，在纸张和短纤维复合材料板材制造中，使用低价值木浆纤维在浆液中高速混合集结，形成具有纸张和短纤维复合材料板特性的产品，该类产品的制备效率虽然高，但易撕裂、易折皱、湿强低、表面过于光滑、短纤维堆砌结构过于致密。更重要的是纸张材料虽然柔软，但无法产生双曲率效应。纸张材料可以沿单轴向弯曲卷绕，但不能在双轴向同时弯曲卷绕，否则会形成弯曲尖点或奇点，这不具有纺织品要求的特性。纺织品由于其纤维间可相互滑移，在双轴向弯曲或卷绕条件下，弯曲尖点或奇点处应力会释放，从而消除弯曲尖点或奇点，在双轴向弯曲条件下仍具有光滑曲率区域。这是纺织品具有优美悬垂感、在人体运动时具有舒适性屈曲变形的重要原因。因此，纸张是不能用于缝制衣服长时间穿用的。

对于传统工程材料，为达到柔软效果，最可行的方法就是降低材料厚度。当材料厚度足够小时，薄板将具有一定柔软性。但对于纺织品，即使织物很厚，也能借助织物内纤维间相互滑移达到柔性效果，同时纤维间相互滑移不影响织物结构整体性，使得材料力学中弯曲或扭转刚度正比于材料横截面积平方的公式不再适用。

在应用力学术语范畴，纤维是横向尺度微观（以 μm 为度量单位）、轴向尺度宏观（以 m 为度量单位）的细长杆。纤维长度和直径有很大的变化范围，下面给出基本估算量级：

一根“典型”纤维通常可用表 1.2 中的四个黑体字“**1**”表示基本量级，表中同时列出

表 1.2 纤维尺度量级估算[19]

指标	典型值	范围
细度	**1** dtex(0.1 g/km)	上限高至 20 dtex（超出范围，纤维将呈现脆性）
长度	**1** cm	短纤维长度上限高至 20 cm，连续长丝长度可以无限大
密度	**1** g/cm^3	聚合物纤维 0.9～2.5 g/cm^3，其他纤维上限至 10 g/cm^3
质量	**1** μg	20 dtex，10 cm，1.5 g/cm^3→ 300 μg
1 kg 纤维根数	10^9	几乎所有产品都大于 10^6
直径	约 10 μm	20 dtex，1 g/cm^3→ 50 μm
长径比	1 000∶1	短纤维可达 10 000∶1 → 连续长丝长度可以无限大
比表面积	355 m^2/kg	20 dtex，1 g/cm^3→ 80 m^2/kg

注：1 tex=1 g/km，1 dtex=1 decitex=1 g/(10 km)

了一些导出尺度单位。整个纤维集合体系统的复杂性可用表 1.3 简单表示，即按照通常情况估算，1 m^2 织物中有 10^8 根纤维。纺织工业工程师的主要工作就是把表 1.3 列出的数量巨大的纤维，以合理空间构型方式放置到合理地方。如果要对纤维集合体进行精细的数学分析，例如分析对象是由长度为 1 cm 的短纤维组成的 1 m^2 织物，可以将整块织物划分为以每段长度为 10 μm(直径)的纤维分析单元。这样，整块织物将有 10^{13} 个纤维分析单元，需要找出解决这个巨大系统力学问题的方法。

表 1.3　织物中纤维量级估算

纤维	1 m^2 织物
1 μg	100 g
10^8 根纤维	

织物一般是柔软平面状物体，图 1.7 显示了从纤维到织物的纺织加工基本流程。

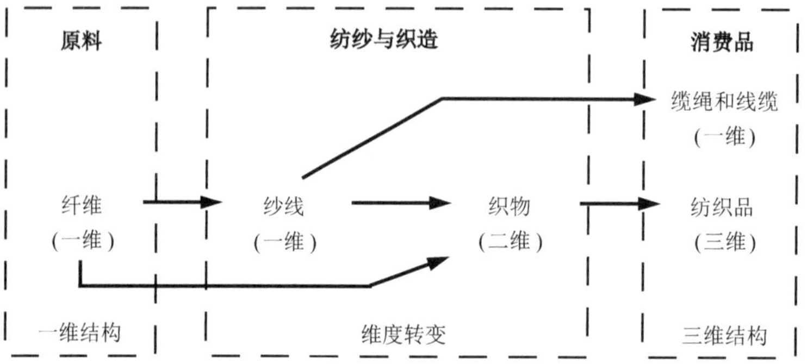

图 1.7　纺织加工基本流程

1.7　织物类型

如图 1.7 所示，织物是由纤维借助纤维间摩擦和抱合形成的二维或三维纺织结构。图 1.8 展示了常见织物类型[20]，包括二维和三维状态的机织物、针织物、非织造布和编织物。

机织物是由两组相互垂直的纱线交织而成的，其中长度方向的纱线被称为经纱，宽度方向的纱线被称为纬纱。经纬纱交织的方式有很多种，交织规律被称为织物组织，织物组织包括四类：基元组织、变化组织、联合组织和复杂组织。在经纬两个方向分别使用多组纱线，可以增加织物厚度，此时的织物有时也被称为三维机织物。

针织物是由纱线弯曲成圈、相互穿套而形成的，线圈横向连续的是纬编针织物，线圈纵向连续的是经编针织物。纬编针织物常见于日常使用，而经编针织物除用于日常家庭生活外，还用于高端技术领域。针织物的结构单元是线圈，平针线圈是针织物中最常见的形式，它又分为两类：正面线圈和反面线圈。正、反面线圈在结构上是对称的，通过正、反面线圈在纵行和横列的交替，可分别形成罗纹组织和双反面组织。两层罗纹组织被称为

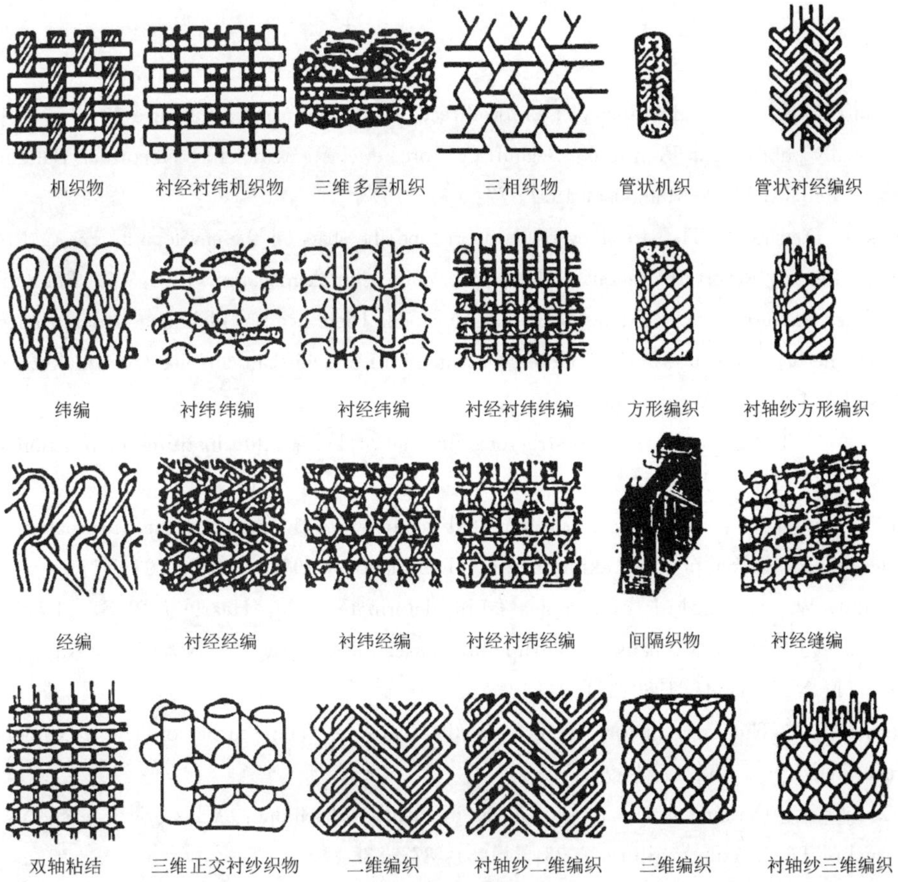

图 1.8 常见织物类型[19]

双罗纹织物。为提高针织物的刚度和强度，可衬入不交织的经纱或纬纱，形成衬经或衬纬针织物。

编织物由三股或以上纱线通过彼此间上下多次交织而形成。编织有平面编织和管状编织两种类型，平面编织形成狭窄细长平面扁带，管状编织形成中空结构编织物。二维编织有平纹编织、菱形编织或方平编织、衬轴纱的三轴编织。三维编织一般通过二步法和四步法编织技术织造。二步法编织中，轴纱维持不动，编织纱围绕轴纱做二步循环编织运动。二步法编织物具有高的轴向刚度与强度，其中：轴纱可以排列成各种形状，如工字形、口字形、圆管形等；编织纱参与编织，与轴纱一起形成稳定编织结构。四步法通过纱锭纵向和横向的四个相对移动完成一个编织循环过程，不断积累，形成四步法编织物。

非织造织物由固结在一起的纤维网构成，其中的纤维如果紧密固结，会使其缺乏机织物和针织物的手感与悬垂性，但如果纤维松散固结，纤维网的强力会很低，因此通常使用的非织造物的固结程度处于这两种情况的中间。纤维网的形成和固结有多种方式。棉网沿纤维长度方向取向排列，为提高取向均匀度，可以进行交叉铺层。纤维间的固结可以采用黏合剂实现，如液体黏合剂或可熔融颗粒，或采用压力热黏合的方式。针刺和水刺也是固结方法，它们可以增加非织造织物中纤维的缠结程度。缝编织物是利用经编原理在纤维网或纱线层上以线圈纵向串套而缝合固结的非织造织物。

参考文献

[1] Gégauff C. Strength and elasticity of cotton threads. Bull. Soc. Ind. Mulhouse, 1907, 77: 153-176 (originally published in French as: Gegauff C. Force et elasticite des files en cotton. Bulletin De La Societe Industrielle De Mulhouse, 1907, 77: 153-176).

[2] Haas R, Dietzius A. The stretching of the fabric and the shape of the envelope in non-rigid balloons. Annual Report, Report 16 National Advisory Committee for Aeronautics, 1918: 149-271 (originally published in German as: Rudolf Haas und Alexander Dietzius, Stoffdehnung und Formaenderung der Huelle bei Prall-Luftschiffen. Untersuchungen im Luftschiffbau der Siemens-Schukkert-Werke, 1913, Luftfahrt und Wissenschaft, Hft. 4).

[3] Peirce F T. The geometry of cloth structure. Journal of The Textile Institute Transactions, 1937, 28(3): T45-T96.

[4] Womersley J R. The application of differential geometry to the study of the deformation of cloth under stress. Journal of The Textile Institute Transactions, 1937, 28(3): T97-T113.

[5] Lloyd D W. The analysis of complex fabric deformation. In: Hearle J W S, Thwaites J J, Amirbayat J (Eds.). Mechanics of flexible fibre assemblies. Sijthoff & Noordhoff, Alphen ann den Rijn, The Netherlands, 1980:331-341.

[6] Turner A J. The early history of The Textile Institute. The Journal of The Textile Institute Proceedings, 1965, 55(4): P59-P72.

[7] Jackson K C. Defining textile technology as a scientific discipline: A historical perspective. The Journal of The Textile Institute, 2023, 114(6): 877-888.

[8] Dastoor P H, Tov F C. Frederick Thomas Peirce: His life and contributions to textile science. The Journal of The Textile Institute, 1986, 77(6): 426-436.

[9] Oxenham W, Chen X G. Introduction to the late professor John W. S. Hearle's publication list. The Journal of the Textile Institute, 2017, 108(9): 1477-1488.

[10] https://blog.sciencenet.cn/blog-39184-1203371.html.

[11] https://blog.sciencenet.cn/blog-39184-1203721.html.

[12] https://blog.sciencenet.cn/blog-39184-1203899.html.

[13] https://blog.sciencenet.cn/blog-39184-1394424.html.

[14] https://blog.sciencenet.cn/blog-39184-1394832.html.

[15] https://blog.sciencenet.cn/blog-39184-1394972.html.

[16] https://blog.sciencenet.cn/blog-39184-1395093.html.

[17] https://blog.sciencenet.cn/blog-39184-1395179.html.

[18]《姚穆教授文集》编辑委员会. 姚穆教授文集. 西北纺织工学院学报(庆祝姚穆教授执教50周年专辑), 2001, 15(2): 3-8.

[19] Morton W E, Hearle J W S. Physical properties of textile fibres (the Fourth edition). Woodhead Publishing Limited, Cambridge, England, 2008: 97.

[20] Antonio Miravete. 3-D textile reinforcements in composite materials. Woodhead Publishing Limited, Cambridge, England, 1999: 9-42.

2 纤维力学：羊毛纤维的黏弹性能

2.1 应力-应变曲线

当单根羊毛纤维被拉伸至指定应变时，纤维的应力会相应增加至特定值。羊毛纤维的应力-应变曲线形状受到纤维拉伸速率、测试条件及其前期预处理过程的影响。

图 2.1 所示为 Speakman[1]通过实验得到的英格兰科茨沃尔德地区的羊毛纤维的典型应力-应变曲线，测试条件为温度维持 25 ℃，改变空气相对湿度(RH)。科茨沃尔德地区的羊毛纤维在长度方向相对比较直。

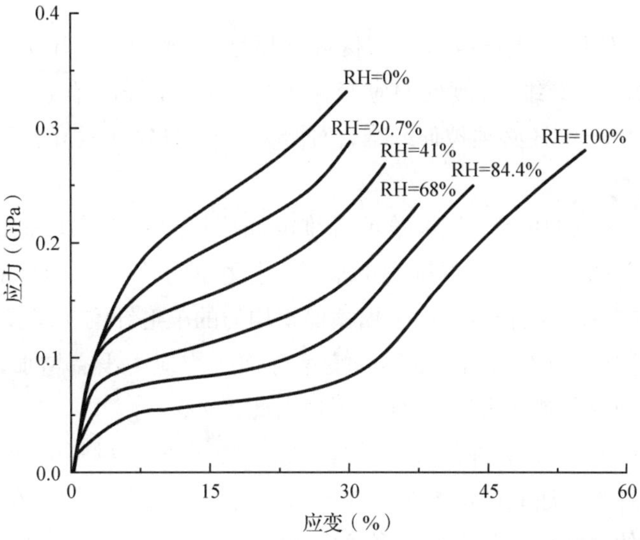

图 2.1　英格兰科茨沃尔德地区的羊毛纤维在不同相对湿度条件下(25 ℃)的应力-应变曲线

图 2.1 中的应力-应变曲线可以近似划分为三个线性区域，分别定义为预屈服区、屈服区和屈服后区。三个区域对应的应变范围分别为 0 至 2%、2%至 30%、30%至断裂点的应变。

大多数羊毛纤维具有不同程度的卷曲。卷曲可定义为羊毛纤维的曲线长度除以其投影长度。需要施加少量的应力，将羊毛纤维从卷曲状态变为伸直状态，这使得羊毛纤维的应力-应变曲线在预屈服区出现较大的表观应变。这个应变并非纤维真实的拉伸应变，而是为了消除羊毛纤维的卷曲而产生的。通常在预屈服区绘制直线部分的切线，确定由羊毛纤维卷曲造成的应变区域，切线与应变轴的交点作为羊毛纤维零应变点。有些羊毛纤维具有许多小幅度卷曲，如美利奴羊毛纤维，卷曲造成的应变区域几乎覆盖整个预屈服区。此时需要采用另一种方法来确定纤维的模量。该方法较为复杂，需要测量应力-应变曲线的初始区域的曲率半径。

在羊毛纤维的应力-应变曲线上，预屈服区和屈服区之间，以及屈服区和屈服后区之间，在过渡处的区分度，取决于纤维长度方向的横截面积是否均匀。有文献[2]通过计算表明：如果羊毛纤维在长度方向具有恒定的横截面积，上述区域在过渡处的区分度将非常明显；如果羊毛纤维在长度方向具有变化的横截面积，不同区域之间的过渡将更早出现，过渡处发生在横截面积较小的位置。此时，整个羊毛纤维的应力-应变曲线上不同区域之间的过渡将更加平滑。三个线性区域的斜率也受到羊毛纤维横截面积均匀性的影响。如果羊毛纤维在长度方向的横截面积是非均匀的，纤维较厚部分可能只在预屈服区受到应力，而纤维较薄部分可能受到应力进入屈服后区，这两种效应都会增加纤维在屈服区的表观斜率[2]。

在羊毛纤维的预屈服区，其应力与应变大致成正比。因此，该区域通常被称为“胡克”区域。然而，严格来说，“胡克”固体具有弹性，其机械响应与时间无关。羊毛纤维的应力-应变具有时间相关性，因此羊毛纤维具有黏弹性。在预屈服区，纤维应力与应变成正比，该区域可以更准确地描述为线性黏弹性。因此，将 0～2%的应变范围定义为“预屈服区”而不是“胡克区”。

在不同测试条件下，羊毛纤维预屈服区和屈服区（屈服点）之间过渡处的应变值存在差异。对于浸湿的羊毛纤维，过渡处的应变为 2%。对于干燥的羊毛纤维，在其达到屈服区之前，除了 2%的应变，还必须拉伸纤维，拉伸量相当于纤维从浸湿态到干燥态的长度收缩量[3]。

在亚硫酸盐等还原剂的作用下，羊毛纤维的屈服区可能会在较低的应变下出现[4]。此外，在 130 ℃左右的水中，羊毛纤维的预屈服区会更早的转变，甚至可能完全消失[5]。

在 20 ℃的水中，在纤维长度方向上横截面积均匀的羊毛纤维在屈服区斜率为零[2]，即纤维长度增加而纤维应力不增加。纤维应变增加而纤维应力没有增加，这意味着材料内部发生了流动，这种现象被称为屈服，屈服区也因此得名。

金属和热塑性塑料等材料在拉伸超过其屈服点时，会发生材料流动，但体积不发生变化。类似地，羊毛纤维在屈服区的变形也是在恒定体积下进行的[6]。在 65%相对湿度下测试时，羊毛纤维的原纤相和基质相都会发生屈服[7]。

角蛋白拉伸至屈服区，羊毛纤维 X 射线衍射图案的强度会逐渐减弱，其对应于羊毛纤维中的 α-准晶体[8]。如果羊毛纤维拉伸至屈服区的最大值，大约有三分之一的 α-螺旋结构会被破坏。

当羊毛纤维在水中被拉伸至屈服区时，α-螺旋结构的破坏伴随着折叠结构 β 晶体的形成[9]。当羊毛纤维在空气中被拉伸至屈服区时，即使部分 α-螺旋结构被破坏，也不会形成 β 晶体[10]。如果将已拉伸至屈服区的羊毛纤维在水中释放，纤维将逐渐收缩至原始未拉伸的长度，伴随着 α-螺旋结构的再次形成和 β 晶体结构的消失。这一现象通过 X 射线分析得到验证。然而，如果将已拉伸至屈服区的羊毛纤维在空气中释放，羊毛纤维既不会完全回复至其原始长度，也不会重新形成已经被破坏的 α-螺旋结构[10]。随后将羊毛纤维浸入水中，纤维长度会完全回复，同时回复纤维中的 α-螺旋结构。

通过比较未拉伸角蛋白和拉伸至屈服区的角蛋白的 X 射线衍射图案，发现未破坏的螺旋结构仅被拉伸了 2%[11]。这个值对应于羊毛纤维应力-应变曲线上屈服区的起始点，这表明羊毛纤维的应变大于 2%时，部分 α-螺旋结构被破坏并开始流动。

如果羊毛纤维拉伸应变超过 30%，进入屈服后区，应力-应变曲线的斜率会突然增加。这可以解释为基质中晶体的进一步变形。一旦羊毛纤维拉伸至屈服后区，会发生永久性损伤，导致纤维在重新浸入水中时无法完全回复其长度。在水温低于 60 ℃时，羊毛纤维屈服区和屈服后区之间过渡处的应变值与水温无关；在水温超过 60 ℃后，该值开始急剧增加。

尽管目前已经发现羊毛纤维中角蛋白对纤维应力-应变曲线的影响，然而尚未厘清羊毛纤维化学组成对应力-应变曲线的作用机理[12]。在碱性或酸性环境中，羊毛纤维的拉伸应力-应变曲线显著不同[10]。此外，增加温度会降低羊毛纤维在水中任何特定应变下的应力[1]。

Chapman 和 Hearle 详细研究了羊毛纤维的力学性能[13]。针对羊毛纤维单个重复单元，他们提出一个由原纤和基质平行排列的力学模型。当加载应力超过临界应力时，原纤从 α 形态转变为 β 形态。为了维持原纤中 α 形态和 β 形态的正确平衡，需要较小的平衡应力。基质在水中的模量与橡胶的模量相当，相对于纤维在水中的初始模量而言，可以忽略不计。当羊毛纤维重复单元被拉伸时，原纤逐渐从 α 形态转变为高度延伸的 β 形态。由于基质类似橡胶的特性，在 β 形态下基质会产生大量的应力。通过调整多个参数，包括原纤的平衡应力水平和基质的橡胶模量，可以模拟浸湿态羊毛纤维的应力-应变曲线和曲线的回弹部分。通过引入与基质平行的黏壶元件，可以解释羊毛纤维力学性能的时间依赖性和在不同相对湿度条件下的力学性能变化[13]。

Chapman 和 Hearle 的羊毛纤维力学模型还存在一些尚未解决的问题[13]，其中两个问题涉及基质的橡胶模量和单个重复单元的扭转模量。需要通过实验测量，确定模型参数的有效性，使得模拟曲线与实验曲线相一致。该模型可以进一步完善，以解决这些悬而未决的问题，从而提高对羊毛纤维力学性能的理解。

2.2 应力松弛

当羊毛纤维被拉伸至某个应变，并保持应变不变，所需的应力会随着时间逐渐衰减，这一过程被称为应力松弛。对于在干燥空气中的羊毛纤维来说，这个过程可以持续数年。因此，羊毛纤维的拉伸历史都会影响后续实验中的应力松弛。

对于拉伸至屈服后区而未产生永久性损伤的羊毛纤维，浸入 20 ℃水中，浸入时间超过 24 h，可以消除前期拉伸过程对纤维的影响，使得纤维完全回复到一个稳定的浸湿态长度。这使得羊毛纤维的湿平衡状态可以被定义为一个参考状态。此外，通过将羊毛纤维浸入水中回复其初始状态，可以对同一根纤维进行多次测试，有助于减少实验之间的差异。

图 2.2 所示为羊毛纤维在 65%相对湿度下拉伸至预屈服区的应力松弛曲线[14]。实际上，这些应力松弛曲线是通过将羊毛纤维进行小应变弯曲测量得到的，相当于在弯曲的外侧拉伸纤维，在弯曲的内侧压缩纤维。弯曲和简单的拉伸会得到类似的结果。

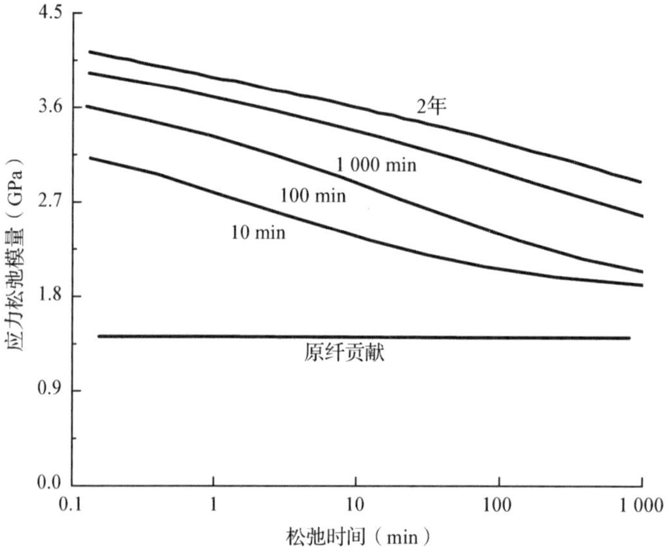

图 2.2　浸泡一定时间后弯曲羊毛纤维的应力松弛曲线

由于应力松弛持续很长时间，图 2.2 中的横轴采用对数形式表示时间。图 2.2 中的纵轴表示应力松弛模量，其等于在给定时间内羊毛纤维的应力除以施加的应变。羊毛纤维在预屈服区的应力与应变成正比，因此在预屈服区应力松弛模量与应变无关。四条曲线分别对应初始处于湿平衡状态在 65%相对湿度下处理 10 min、100 min、1 000 min 和 2 年的纤维。

羊毛纤维浸泡在水中后，在已知相对湿度下进行处理的过程被称为“物理老化”，或简称其为“老化”[15]。这个过程在某种程度上是完全可逆的，因为将老化 1 000 min 的羊毛纤维重新浸入水中并在 65%相对湿度下处理 10 min，可获得在 65%相对湿度下老化 10 min 的羊毛纤维。

物理老化不同于羊毛纤维的化学老化和环境老化。化学老化是指羊毛纤维的化学组成成分和力学性能随着时间发生不可逆的变化过程[12]。由于羊毛纤维的尖端比根端更老，可以发现新剪羊毛纤维的化学组成成分和力学性能沿着纤维长度方向是变化的。环境老化也是不可逆转的，比如暴露于紫外线辐射环境而发生的羊毛纤维力学性能恶化[16]。

图 2.2 中的曲线具有相似的形状，在水平时间轴上，曲线之间可以彼此偏移重合。如果纤维的老化时间增加 10 倍，应力松弛曲线会沿着水平对数时间轴平移 10 年。这相当于应力松弛时间增加了 10 倍。这种增加与实验温度无关，因为此时实验条件为 60 ℃、相对湿度 65%[17]。

由于图 2.2 中羊毛纤维在不同老化时间下的应力松弛曲线形状接近，可以将它们沿着对数时间轴平移，形成一条综合的应力松弛曲线，被称为主曲线。图 2.3 所示为羊毛纤维的一条主曲线[19]。

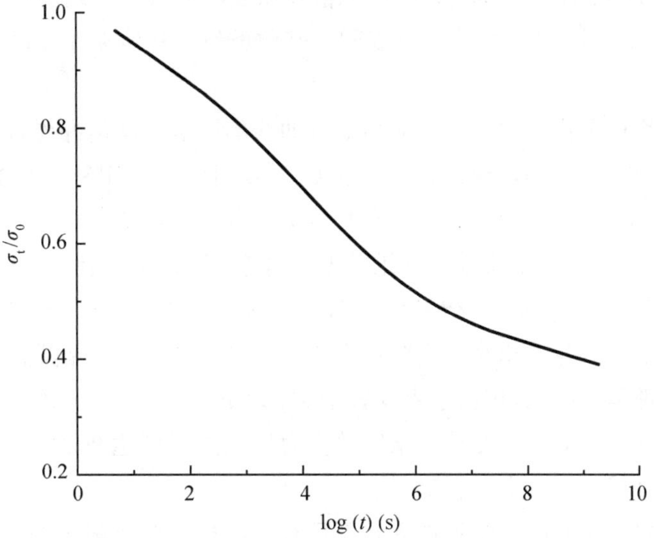

图 2.3　通过平移图 2.2 中的曲线得到的羊毛纤维应力松弛主曲线
（σ_0 为应变步骤完成后 1 s 内纤维中的应力）

沿水平轴平移应力松弛曲线是分析黏弹性材料应力松弛函数的常用方法[15,18]。主曲线将单个应力松弛曲线的时间尺度延长了数十年。通过主曲线，可以根据短期的测试结果得到长期的时间效应。图 2.3 表明，羊毛纤维的应力松弛是一个可以持续多年的过程。

不同相对湿度下羊毛纤维的应力松弛曲线与图 2.2 中的曲线形状相似[3]，但是垂直刻度发生变化，干燥的羊毛纤维具有更大的高度。所有曲线趋向于一个共同的极限。通过沿垂直轴适当缩放并沿水平轴适当移动，可以将不同相对湿度下的应力松弛曲线成为图 2.3 中主曲线的组成部分[19]。在较高的相对湿度下，曲线向左移动，意味着松弛时间缩短[19]。

羊毛纤维在水中拉伸至预屈服区，会加速应力松弛过程，以至于羊毛纤维在 1 h 内达到了平衡应力水平[20]。平衡应力水平源于羊毛纤维中 α 螺旋结构的弹性纤维。应力松弛曲线的衰减部分源于基质相的黏弹性，基质相的力学特性具有时间相关性。基质的作用类似于无显著弹性模量的非晶态黏弹性固体。

在温度更高的水中拉伸羊毛纤维，其应力松弛过程会进一步加速，在 50～60 ℃时，几乎没有明显的应力松弛现象，基质对纤维初始拉伸模量的贡献可以忽略不计，纤维扭转测试中也发现基质的模量降低[21]。

在超过 60 ℃的水中将羊毛纤维拉伸至预屈服区，会进一步加速纤维应力松弛过程，这意味着原纤丝的松弛。这些结果对于羊毛纤维的实际应用具有重要意义，因为将羊毛纤维浸入 60 ℃的水中，可以迅速消除任何残留的应力和应变。水温超过 60 ℃，原纤丝可能会受到不可逆的损伤。

羊毛纤维中基质在空气中应力松弛曲线的形状(图 2.3)类似于其他黏弹性材料的曲线形状。松弛曲线的宽度大约为 90 年[20]。松弛曲线的形状具有黏弹性材料中玻璃态-橡胶态的转变特征，即 α 松弛过程[18]。这表明：基质类似于其他黏弹性材料，内部分子之间通过弱键相互联系。

羊毛纤维的物理老化过程及其对应力松弛曲线的影响与其他黏弹性材料类似[15]。将黏弹性聚合物的温度提高到玻璃化转变温度 (T_g) 以上，可以消除聚合物前期的应变加载历史，这一过程与羊毛纤维浸入水中的效果类似。由于浸湿态的羊毛纤维的 T_g 低于室温，羊毛纤维浸入水中相当于将羊毛纤维的温度升至 T_g 以上。在 T_g 以下对弹性聚合物进行老化，测试其应力松弛曲线，结果将与图 2.2 所示的类似，即延长老化时间会导致应力松弛时间相应延长。降低相对湿度会提高羊毛纤维的 T_g 至室温以上，因此在较低的相对湿度条件下处理羊毛纤维，相当于将其置于 T_g 以下。

在 20 ℃的水中，羊毛纤维在预屈服区的应力松弛曲线可达 90 年，这是因为 α 松弛过程与更快的松弛过程之间发生了叠加[22]。

羊毛纤维在屈服区的应力松弛现象并不只有基质相。在屈服区的最终纤维松弛模量远低于在预屈服区纤维的平衡模量[7]。纤维的平衡模量来源于原纤丝，这意味着原纤丝相在屈服区也发生了应力松弛[7, 23]。

原纤丝相的应力松弛受硫醇键(如—SH)和应力状态的二硫键(—S—S—)位置交换难易程度的影响，上述位置交换后形成新的硫醇键和无应力状态的二硫键，即[23]：

$$\underset{a}{—S\sim} + \underset{\substack{b\ c \\ \text{应力}}}{—S—S—} \longrightarrow \underset{b}{—S\sim} + \underset{\substack{a\ c \\ \text{无应力}}}{—S—S—}$$

在这个交换反应下，仅需要一个硫醇基团，即可缓解大量二硫键的应力。例如，在 50 ℃水中，新剪羊毛纤维在长度方向上的硫醇含量差异导致羊毛纤维在屈服区的应力松弛存在差异[12]。通过控制硫醇基团，可减少应力松弛并消除羊毛纤维尖端和根端之间的差异。这种现象似乎仅与羊毛纤维的部分硫醇基团有关[12, 23]。

在超过 50 ℃的水中将羊毛纤维拉伸至预屈服区，纤维应力松弛将低于在较低温度下羊毛纤维中原纤丝相的平衡水平[21]。这与硫醇-二硫键交换机制及其导致的原纤丝相衰变有一定关系。酸的存在也会促进原纤丝相的应力松弛[10]。

2.3 应力松弛与回复的关系

尽管羊毛纤维在拉伸、应力松弛和随后的释放加载下，其内部结构会发生复杂的变化，羊毛纤维的尺寸变化可以通过线性黏弹性模型进行定量描述。该模型适用于许多拉伸至低应变的黏弹性材料。羊毛纤维的线性黏弹性模型可考虑测试过程中的老化和环境条件的变化。即使羊毛纤维的拉伸超过其屈服点，也可以准确地捕获叠加的应力。

在线性黏弹性中，t 时刻的应力 s 是在 t 时刻之前给材料施加应变 e 的结果。时间 t 之前，在 r 时刻施加应变变化 $\mathrm{d}e$ 将导致在 t 时刻应力的变化 $\mathrm{d}s$。这种应力变化会随着时间 $t-r$ 的增加而松弛，应力变化与 r 时刻应变变化 $\mathrm{d}e$ 和应力松弛模量 Y 均有关系[18]：

$$\mathrm{d}s(t)=Y(t-r)\mathrm{d}e(r) \tag{2.1}$$

这意味着在距离时间 t 最远的时间施加单位应变变化会导致时刻 t 残余应力变化最小。如果在测试过程中材料的老化状态发生变化，导致如图 2.2 所示的应力松弛函数水平移至更长的时间，则[24]：

$$\mathrm{d}s(t)=Y(t-r,\ r)\mathrm{d}e(r) \tag{2.2}$$

式中：应力松弛模量的第二个参数为材料在应变变化后的时间。

假设材料中不同应变变化产生的应力可以线性叠加，则线性黏弹性材料的总应力：

$$s(t)=\int_{-\infty}^{t}Y(t-r,\ r)\mathrm{d}e(r) \tag{2.3}$$

这对于应力松弛模量随时间变化的材料的应力线性叠加的玻尔兹曼原理。类似的方程也可以写成对材料的应变线性叠加的形式，使用材料的柔度函数而不是应力松弛模量 Y[24]。

将叠加原理应用于羊毛纤维，基于应力松弛模量随时间变化的曲线，预测羊毛纤维纯弯曲循环期间发生的黏弹性滞后现象[25]。假设在对数时间（10 为底）下绘制的应力松弛模量曲线的斜率为 R，预测的黏弹性滞后约为 $1.06R$，与实验结果相符[25]。

基于已知的应力松弛模量曲线，假设经历时间 t_e 的线性黏弹性材料在 t_e 时刻的应变为 e_0，计算线性黏弹性材料从给定应变释放后的应变回复量[26]。假设在 t_e 时刻之前材料未受到拉伸。材料在 w 时刻之前保持应变为 e_0，在 w 时刻释放材料，此时的约束应力为 f。在 $t(>w)$ 时刻产生的应变为 $e(t)$。将玻尔兹曼应力线性叠加原理应用于 t_e 时刻的瞬时应变 e_0 以及从 w 时刻开始的应变变化，可得：

$$e_0Y(t-t_e,\ t_e)+\int_{w}^{t}Y(t-r,\ r)\mathrm{d}e(r)=f \tag{2.4}$$

上式也可写成以下形式：

$$e_0Y(t-t_e,\ t_e)-\int_{w}^{t}Y(t-r,\ r)\mathrm{d}[e(t)-e(r)]=f \tag{2.5}$$

对式(2.5)中的积分部分进行积分，可得：

$$e_0Y(t-t_e,\ t_e)+[e(t)-e(w)]Y(t-w,\ w)+\int_{w}^{t}[e(t)-e(r)]\mathrm{d}Y(t-r,\ r)=f \tag{2.6}$$

式(2.6)中的积分值可以忽略不计[26]。令 $e(w)=e_0$，近似得到下式：

$$\frac{e(t)}{e_0}=1-\frac{Y(t-t_e,\ t_e)}{Y(t-w,\ w)}+\frac{f}{e_0Y(t-w,\ w)} \tag{2.7}$$

因此，$e(t)/e_0$ 是应力松弛模量 $Y(t-w,\ w)$、$Y(t-t_e,\ t_e)$ 和释放时纤维的约束力 f 的简单函数。

$e(t)/e_0$ 表示残余应变与施加应变之比，被称为纤维的定型。当纤维在应变 e_0 下释放而不收缩时，$e(t)/e_0$ 定型值为 1，或 100%。如果纤维完全回复，则 $e(t)/e_0$ 定型值为 0。在应变 e_0 下，材料回复率定义为 $1-e(t)/e_0$。在零约束应力 f 下，材料回复率等于应力松弛模量之比 $Y(t-t_e,\ t_e)/Y(t-w,\ w)$。

式(2.7)改写为以下形式：

$$e_0Y(t-t_e,\ t_e)+[e(t)-e_0]Y(t-w,\ w)-f=0 \tag{2.8}$$

式(2.7)的第一项表示纤维维持应变 e_0 所需的应力。式(2.7)的第二项表示在 w 时刻应变从 e_0 变化为 $e(t)$ 时，纤维在 t 时刻的应力。式(2.8)表明：对于释放时受到约束应力 f 的纤维，这些应力的总和(大约)等于零。这一结果已经被独立推导出来[26]，对应于其他材料"准静态"黏弹性的结果[24]。

式(2.8)表明：预测纤维释放后的残余应变 $e(t)$，只需要两条应力松弛模量曲线。一条是在 t_e 时刻拉伸纤维至初始应变 e_0 的曲线，另一条是在 w 时刻纤维释放的曲线。然而，当时间远大于 w 时，只需初始拉伸纤维的曲线。图 2.4 为两条曲线的示意图。

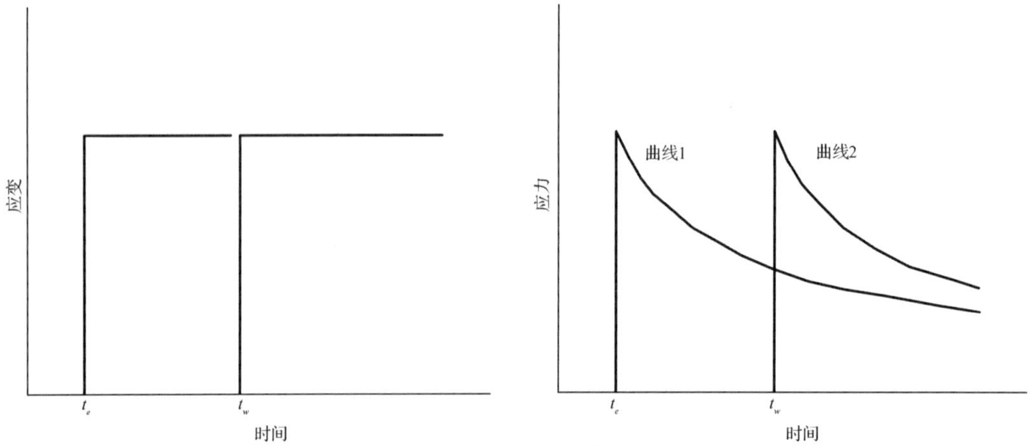

(a) 在 t_e 或 t_w 时刻施加的应变　　(b) 施加应变产生的应力松弛模量曲线

图 2.4　纤维应力松弛

在标准条件下(温度 20 ℃、相对湿度 65%)对羊毛纤维进行处理和测试，在零约束应力 $f=0$ 下释放，图 2.5 显示了式(2.7)的预测结果[14]。点为 $e(t)/e_0$ 定型值的实验值，线为 $e(t)/e_0$ 定型值的预测值。

图 2.5(a)中羊毛纤维的老化条件在实验过程中没有改变。图 2.5(a)中羊毛纤维在实验室标准条件下老化约 2 年(即高度老化)，然后在 1%应变下弯曲 1 min、10 min、100 min

和 1 000 min，并随后释放[14]。由于羊毛纤维在弯曲前（t_e）和释放时（w）的老化条件几乎相同，因此图 2.2 中的应力松弛模量曲线可用式(2.9)预测。

$$\frac{e(t)}{e_0}=1-\frac{Y(t-t_e,\ t_e)}{Y(t-w,\ t_e)} \tag{2.9}$$

式中：$t-t_e$ 表示对羊毛纤维施加应变 e_0 之后经过的时间。

图 2.5(a)中横轴表示释放时间 $t-w$ 的对数。从图 2.5(a)可以观察到一个重要的实验结果：在回复时间大于应变期 w 值的 10 倍以上时，黏弹性的 $e(t)/e_0$ 定型值非常接近于零。这意味着，不考虑纤维在施加应变后实验过程中的使用寿命，如果等待比施加应变时间长 10 倍的时间，纤维将完全回复。

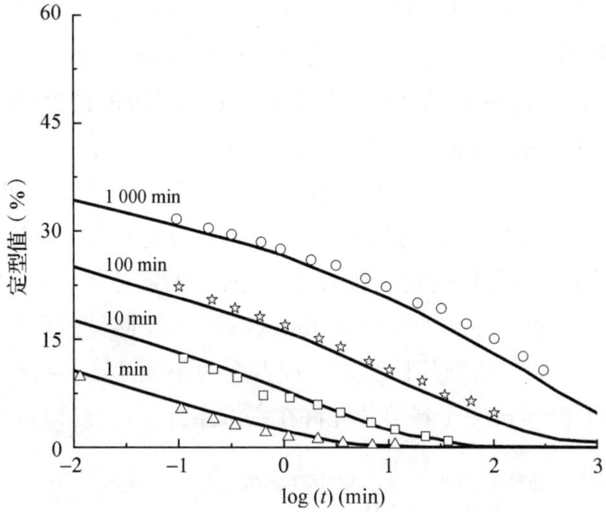

(a) 高度老化后拉伸 1 min、10 min、100 min 和 1 000 min

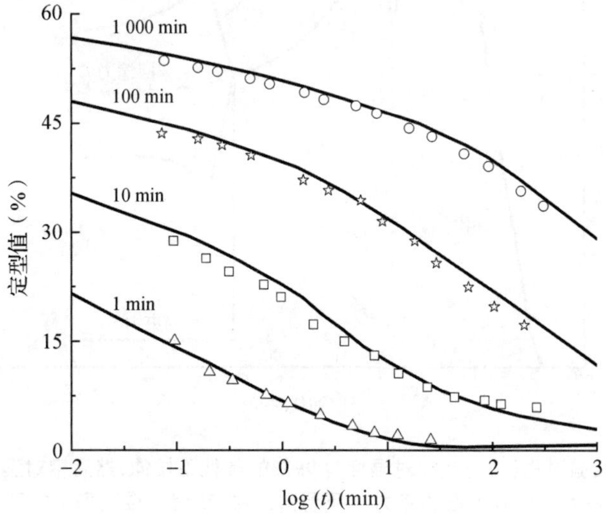

(b) 老化 10 min 后弯曲 1 min、10 min、100 min 和 1 000 min

图 2.5　$e(t)/e_0$ 定型值的实验与预测结果

图 2.5(b)中羊毛纤维的老化条件在实验过程中发生了显著变化[14]。图 2.5(b)中羊毛纤维首先浸湿，然后在标准条件下(温度 20 ℃、相对湿度 65%)处理 10 min，随后在 1%应变下弯曲 1 min、10 min、100 min 和 1 000 min，在零约束应力下 ($f=0$) 释放。图 2.5(b)横轴表示自释放以来经过的时间 $t-w$ 的对数(以 10 为底)。为了使用式(2.9)预测老化 10 min 且纤维应变加载 1 min 的 $e(t)/e_0$ 定型值，需要老化 10 min 和 11 min 的应力松弛模量曲线。类似地，预测老化 10 min 且纤维应变加载 1 000 min 的 $e(t)/e_0$ 定型值，需要老化 10 min 和 1 010 min 的应力松弛模量曲线。这些曲线通过对图 2.2 进行对数插值获得[14]。

图 2.5(b)还表明，如果实验过程中羊毛纤维的老化条件发生变化，即使等待时间比施加应变时间长 100 倍，纤维释放后的残余 $e(t)/e_0$ 定型值仍相当大。

图 2.5 所示为羊毛纤维在预屈服区的测试结果[10]。实验证明，即使羊毛纤维被拉伸至屈服区，应力线性叠加仍然适用于其回复过程[27, 28]。这可以通过羊毛纤维的拉伸实验而不是弯曲实验来证明。改变羊毛纤维在测试过程中的环境条件，得到的实验结果如图 2.6 所示。因此，在式(2.1)～式(2.9)中，重新定义 Y 为纤维的松弛刚度，而不是纤维的松弛模量，并将 f 表示为约束力，而不是纤维上的应力。

如图 2.6 所示[28]，羊毛纤维在 20 ℃水中(99%相对湿度)，在 $t=0$ 时刻被拉伸，并保持此拉伸状态。此时，羊毛纤维的应变接近 10%，纤维上的应力迅速松弛。然后将相对湿度改变为 50%，同时纤维长度保持恒定。如图 2.6 所示，纤维应力先升后降。此时的纤维应力称为回缩力。在 50%相对湿度下保持 30 min ($w=30$)，测试过程变为将纤维应力减小到指定的小约束载荷 f 同时监测其长度 3 h，或者变为小应变 $\Delta e=\pm 0.3\%$，同时监测其应力。实验结束之后，纤维被完全释放并允许在潮湿条件下回复，以备进行下一步实验。

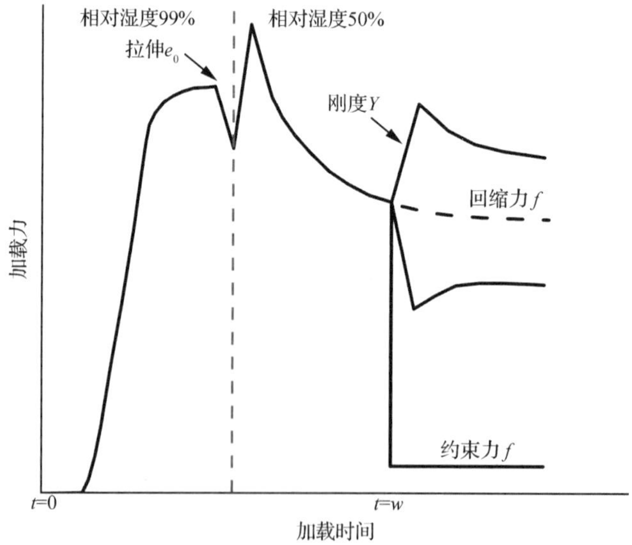

图 2.6　羊毛纤维的实验过程(首先在相对湿度为 99%的条件下拉伸，然后相对湿度改变为 50%，保持 30 min，随后在 $t=w$ 时刻，在约束力 f 下释放纤维，或者纤维受到小的正或负应变)

如图 2.6 所示，假设应力线性叠加，可以计算在 50%相对湿度下 30 min 后纤维的回

缩力 F_R。假设在添加小应变 Δe 后纤维的力为 F_1，减去小应变 Δe 后纤维的力为 F_2，可得：

$$F_R(t)=\frac{F_1(t)+F_2(t)}{2} \tag{2.10}$$

类似地，释放后纤维的松弛刚度为 $Y(t-w,\ w)$，则松弛刚度曲线可表达如下：

$$Y(t-w,\ w)=\frac{F_1(t)-F_2(t)}{2\Delta e} \tag{2.11}$$

即使纤维被拉伸至屈服区，也可以根据正切刚度计算有效松弛刚度：

$$Y(t,\ 0)=\frac{F_R(t)}{e_0} \tag{2.12}$$

根据应力线性叠加，式(2.7)变为以下形式：

$$\frac{e(t)}{e_0}=1-\frac{\dfrac{F_R(t)-f}{e_0}}{Y(t-w,\ w)} \tag{2.13}$$

图 2.7 中以释放时间 $t-w$ 的对数为横轴，图 2.7 显示了释放后纤维 $e(t)/e_0$ 定型值的变化。图 2.7 中，线为实验值，点为式(2.13)的预测值。即使纤维被拉伸至 10%的应变，已经完全进入纤维的屈服区，实验值和预测值非常一致。将纤维拉伸至 3%、6%或 10%的应变，并在 100 mN 约束力下释放纤维，纤维的 $e(t)/e_0$ 定型值几乎相同。如果将同一根纤维拉伸至 10%，并在 16 mN 约束力下释放，纤维长度收缩约 2%。2%的长度变化会导致纤维在回复过程中进一步屈服。式(2.13)并不包括这种进一步屈服，导致预测值偏离实验值。尽管预测值小于实验值，差异还是较小[29]。

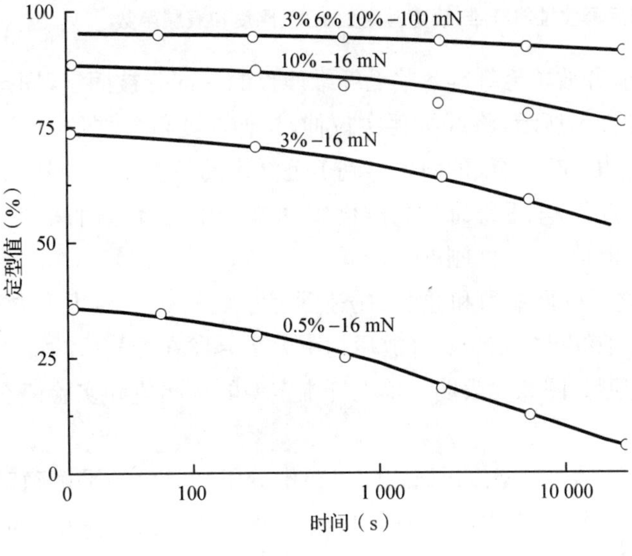

图 2.7　不同加载条件下定型 $e(t)/e_0$ 的实验值与预测值

在图 2.5 和图 2.7 所示的实验中，将羊毛纤维浸入水中释放，移除纤维的 $e(t)/e_0$ 定型值。在水中移除的纤维 $e(t)/e_0$ 定型值，通常被称为内在定型。羊毛纤维永久形式的 $e(t)/e_0$ 定型值，意味着纤维不能在单次实验后回复，此时需要改变实验步骤。

图 2.8 所示的实验中，在 $t=0$ 时刻，羊毛纤维在 20 ℃水中被拉伸至小于 10%的应变并保持，此时纤维发生应力松弛。当纤维保持固定长度时，将纤维周围的水用定型溶液取代。定型溶液可以是热水，也可以是含有化学定型剂的溶液，比如尿素-亚硫酸盐等溶液。此时，纤维应力松弛将加速。纤维保持固定长度，移除定型溶液，冲洗干净后在清水中浸泡。此时的纤维残余应力为回缩力。通常情况下，这个阶段的残余应力与时间无关。

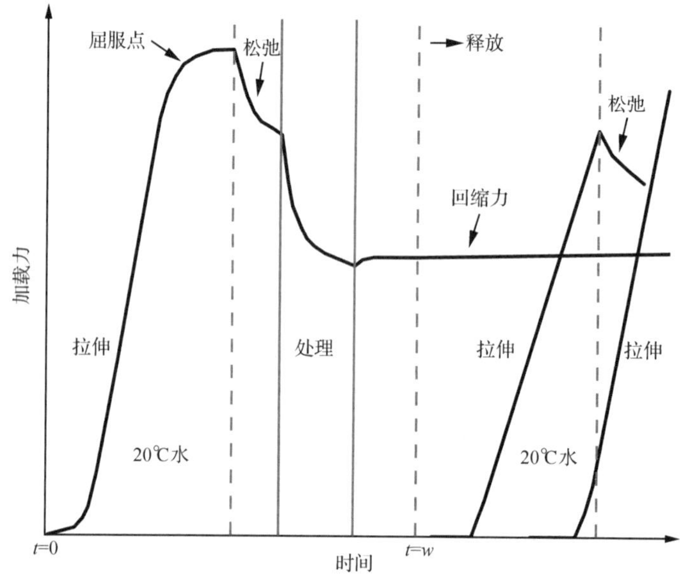

图 2.8　羊毛纤维的定型实验过程(首先在水中被拉伸，可能超过其屈服点，随后固定纤维应变，同时将水置换为定型溶液，在 $t=w$ 时刻，在水中释放纤维，一段时间后再次拉伸纤维，确定其定型长度、刚度和衰减函数[27])

在 $t=w$ 时刻，释放羊毛纤维。羊毛纤维伸长的一部分被固定，固定长度随着时间的推移而减少。如图 2.8 所示，将纤维再次拉伸，拉伸应变低于屈服点，测量释放后纤维的固定长度。通过应力-应变曲线的斜率得到羊毛纤维的新刚度，该刚度值通常不同于定型处理之前的刚度。此外，羊毛纤维的新刚度 Y 可能会随着释放时间的增加而增加。如果纤维固定在一个新的伸长长度，刚度会衰减。

基于 w 时刻之后的回缩力和纤维的松弛刚度 $Y(t-w,\ w)$ 与释放时间的函数，可以用式(2.13)预测羊毛纤维的定型。释放后约束力 $f=0$，在释放后的第 3～60 min 时间内，测量羊毛纤维的定型。图 2.9 表明：羊毛纤维定型的预测值和实验值在各种定型条件下具有很好的一致性。

羊毛纤维的 $e(t)/e_0$ 定型值根据式(2.13)中分子和分母的平衡确定。式(2.13)中的分子和分母都可能会受到定型实验的影响。如图 2.5(b)所示，在 Chapman 的实验中[14]，与内在定型类似，$\dfrac{F_R(t)}{e_0}=Y(t-t_e,\ t_e)$ 的值在定型后迅速减小，但是由于老化的影响，分

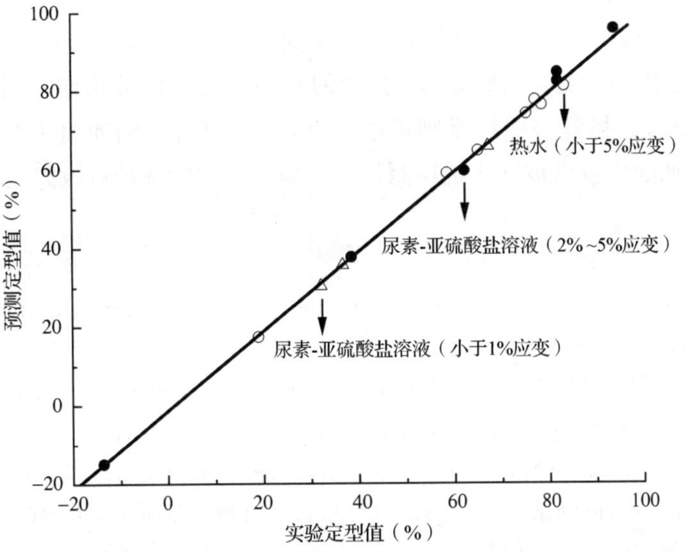

图 2.9　不同实验条件下(图 2.8)羊毛纤维 $e(t)/e_0$ 定型值的实验与预测结果

母中的松弛刚度增加，导致定型值相对较大。在图 2.5(a)的实验中，分母中的松弛刚度在实验过程中没有增加，而分子中的松弛刚度逐渐减小，从而导致定型值相对较小。在羊毛纤维永久形式的定型中，纤维在释放时刻 w 的松弛刚度也可能降低，导致定型值较小。在定型过程中，如果式(2.13)中分母比分子减少得更多，会导致纤维出现负定型，如图 2.9 所示。这意味着羊毛纤维在定型为一个伸长长度后，长度反而会收缩。这种现象在羊毛纤维的研究文献中被称为超收缩[9,-10]。

根据羊毛纤维的两相模型，羊毛纤维定型机理为"纤维的刚度是基质相和原纤丝相的刚度之和"。在 20 ℃水中基质相的刚度迅速衰减，可以忽略不计，此时羊毛纤维的任何定型作用都源于原纤丝相。在 20 ℃条件下，小于 2%应变的定型作用源于基质相。

图 2.9 表明：定型处理会削弱部分原纤丝相[27]。因为在温和的定型条件下(热水中 1%应变)，纤维的刚度随着释放时间的增加而增加，原纤丝相似乎能够随着时间的推移而回复其部分原始刚度。然而，在热水或尿素-亚硫酸盐溶液中，羊毛纤维在屈服区定型，随后释放纤维会使其变弱，从而进一步削弱原纤丝相。这对于定型效果是不利的。

2.4 结论

羊毛纤维在低于 2%应变下，具有线性黏弹性性质。即使改变羊毛纤维的处理条件，基于应力松弛曲线，也可以准确预测从小应变释放后羊毛纤维的回复率。

羊毛纤维在 2%至 30%应变下，内部结构会发生复杂变化，可以通过测量应力松弛模量，预测在屈服区释放后的回复过程。即使羊毛纤维拉伸应变远远超过屈服点，根据应力线性叠加原理，也可以实现准确预测。

羊毛纤维定型的计算方法可以扩展至纱线和织物。例如，褶皱织物的黏弹性定型可以通过应力松弛曲线计算。在受拉伸而发生应变的纱线或织物中，并不需要所有纤维的应变相同才能应用式(2.13)。纱线或织物中的一些纤维可能被拉伸至屈服区(例如由于残余的加工应变)，而另外一些纤维则可能完全没有被拉伸(例如由于纤维卷曲)。类似地，应力线性叠加的假设已被证明是预测地毯压扁和回弹的一种有效方法。

参考文献

[1] Speakman J B. The intercellular structure of the wool fibre. Journal of the Textile Institute Transactions, 1927, 18(10): T431-T453.

[2] Collins J D, Chaikin M. The stress-strain behavior of dimensionally and structurally non-uniform wool fibers in water. Textile Research Journal, 1965, 35(9): 777-787.

[3] Feughelman M, Robinson M S. The relationship between some mechanical properties of single wool fibers and relative humidity. Textile Research Journal, 1967, 37(6): 441-446.

[4] Feughelman M, Irani F, Gan M. Stress relaxation of wool fibers in different media at 96 ℃. Textile Research Journal, 1968, 38(10): 1039-1044.

[5] Mitchell T W, Feughelman M. The mechanical properties of wool fibers in water at temperatures above 100° C. Textile Research Journal, 1967, 37(8): 660-668.

[6] Haly A R, Feughelman M. Stress changes at constant strain and hydrogen bonding in keratin fibres. Journal of The Textile Institute Transactions, 1960, 51(12): T573-T588.

[7] Wortmann F J, Jong de S. Nonlinear viscoelastic behavior of wool fibers in a single step relaxation test. Journal of Applied Polymer Science, 1985, 30(5): 2195-2206.

[8] Bendit E G. A quantitative X-ray diffraction study of the alpha-beta transformation in wool keratin. Textile Research Journal, 1960, 30(8): 547-555.

[9] Bendit E G, Feughelman M. Keratin. Encyclopedia of polymer science and technology. New York: Wiley, 1968.

[10] Chapman B M. A review of the mechanical properties of keratin fibres. Journal of The Textile Institute, 1969, 60(5): 181-207.

[11] Astbury W T, Haggith J W. Pre-transformation stretching of the so-called 5. 1 A and 1. 5 A spacings in α-keratin. Biochimica et Biophysica Acta, 1953, 10: 483-484.

[12] Rigby B J, Mitchell T W, Robinson M S, Pavlov C, Haly A R. Proceedings of the International Wool Textile Research Conference, Pretoria, Vol. II, 1980: 297-303.

[13] Hearle J W S, Susutoglu M. Proceedings of the International Wool Textile Research Conference, Tokyo, Vol. I, 1985: 214-223.

[14] Chapman B M. Proceedings of the International Wool Textile Research Conference, Aachen, Vol. III, 1975: 483-292.

[15] Struik L C E. Physical Aging in Amorphous Polymers. Amsterdam: Elsevier, 1978.

[16] Louw D F. Weathering and the resulting chemical changes in some south african merino wools. Textile Research Journal, 1960, 30(6): 462-468.

[17] Chapman B M. The ageing of wool. Part I: Ageing at various temperatures. Journal of The Textile Institute, 1975, 66(10): 339-342.

[18] Ferry J D. Viscoelastic properties of polymers (3rd edition). New York: Wiley, 1980.

[19] Wortmann F J, Jong de S. Analysis of the humidity-time superposition for wool fibers. Textile Research Journal, 1985, 55(12): 750-756.

[20] Feughelman M, Irani F. Set in the hookean and yield regions for wool fibers. Textile Research Journal, 1969, 39(10): 971-975.

[21] Feughelman M, Robinson M S. Stress relaxation of wool fibers in water at extensions in the hookean region over the temperature range 0～90 ℃. Textile Research Journal, 1969, 39(2): 196-198.

[22] Feughelman M. The mechanical properties of permanently set and cystine reduced wool fibers at various relative humidities and the structure of wool. Textile Research Journal, 1963, 33(12): 1013-1022.

[23] Robinson M S. Changes in some mechanical and chemical properties of keratin fibers with time (M. Sc. Thesis). University of New South Wales, 1981.

[24] Schapery R A. Viscoelastic behavior and analysis of composite materials. Composite materials. New York: Academic Press, 1974, Vol. 2(Broutman L J, Krock R H, eds.).

[25] Chapman B M. The recovery of a nylon fabric bent at various angles to the thread directions. Textile Research Journal, 1975, 45(11):137-144.

[26] Denby E F. A note on the interconversion of creep, relaxation and recovery. Rheologica Acta, 1975, 14(7): 591-593.

[27] Jong de S. Linear viscoelasticity applied to wool setting treatments. Textile Research Journal, 1985, 55(11): 647-653.

[28] Jong de S, Michie N. Linear viscoelasticity applied to wool fiber setting. Objective Measurement: Applications to Product Design and Control. Osaka: Textile Machinery Society of Japan, 1985.

[29] Postle R, Carnaby G A, Jong de S. The Mechanics of Wool Structures. Chichester, West Sussex: Ellis Horwood Limited, 1988.

3 纤维摩擦

3.1 纤维摩擦特点

纤维材料以及由纤维组成的纺织品主要表现出黏弹性，用弹性材料的经典摩擦定律描述纤维和纺织品摩擦会存在较大误差。20 世纪下半叶，许多杰出纺织科学家开始研究不同类型纤维的摩擦特性，包括探索新的测试方法和测试设备，以便快速、准确和简单地测量纤维的摩擦特性。

摩擦力的加入使分析过于复杂。对于基础物理和力学课程中的大多数力学问题，常通过忽略摩擦力来得到简化和理想状态下的结果。虽然，摩擦在许多经典的力学问题中被忽略了，但它是人们日常生活中非常重要的现象。摩擦力达到一定程度，会使每个旋转轴停止运转。例如现代汽车，其 20%左右的发动机功率被消耗用于克服内摩擦力[1]。

近三十年来，纺织机械的生产速度得到了提升。为了充分提高生产速度，需要精确测量纤维的性能。纤维摩擦是在纤维转化为最终产品的每个阶段都非常重要的特性。例如，在纺纱过程中存在纤维间摩擦和纤维与机器间摩擦。借助 HVI（High Volume Instrument）和 AFIS(Advance Fibre Information System)系统可快速评估大多数纤维特性，包括其长度、颜色和厚度，但测量纤维摩擦性质仍是一项困难的工作。摩擦力测量不仅在纺织领域是一个具有挑战性的问题，而且在许多其他高科技行业都是一个具有挑战性的关键问题，例如控制系统[2]、金属成型[3]、计算机驱动器[4]、手术工具和土木工程应用[5]等产业。

历史上一直有关于摩擦力测量的例子，例如达・芬奇(Leonardo da Vinci)和阿芒顿(Guillaume Amontons)最早深入研究了摩擦现象。描述摩擦作用的最著名的方程是 $F = \mu N$，摩擦力 F 与法向力 N 成正比，μ 为摩擦系数[1,6]。但这个方程没有明确提及物体的表面特征。这个方程可以解释大多数塑料的摩擦特性，但并不能完整地解释摩擦力。对于纤维或黏弹性材料，这个方程在任何情况下都不成立。

摩擦在纺织领域发挥着重要作用。例如，在纺纱过程中，加捻是将纤维保持在一起的唯一过程[7]。纱线通过专门设计的导纱器从一个工序转移到另一个工序。在卷绕和整经过程中，纱线与张力器相互作用；在机织过程中，纱线穿过综眼；在针织和缝纫过程中，纱线穿过针眼。纱线和机器部件之间的相互作用会降低纱线质量，并可能导致后续工序中机器停机。根据应用类型，在某些应用中可能需要具有较高的摩擦力。例如，在短纤纱中，摩擦力是固定纤维并赋予纱线强度的力；在织物中，它是交织纱线之间的力。一般来说，较高的摩擦力值是必要的，但另一方面，如果其值较高，也可能会使纺纱过程中产生一些操作困难。因此，纤维的摩擦特性，即摩擦系数，需要达到某一特定值，既能防止纺织加工过程中出现困难，又能赋予纤维之间足够的内聚力，这种现象被称为“鲍尔悖论”[8]：“在罗拉之前，棉纤维要光滑；在罗拉之后，棉纤维要粗糙。”

对于纺纱工艺来说，摩擦作用必须在可接受的范围内，即摩擦系数低于某特定值，以便在牵伸过程中易于加工；在成纱运动中，摩擦系数应高于某特定值，以赋予纤维之间一定的抱合力，从而使纱线不会松散。这一与“静摩擦”和“动摩擦”差异相关的概念被称为黏滑现象。摩擦力应根据物体及其环境特性来决定其是否有利。

本章从历史角度综述纺织纤维摩擦和黏滑现象及摩擦力测量方法与仪器。历史文献给出的大多数摩擦模型是经验形式，因此复现测试结果可能非常困难[9-11]。表 3.1 给出了不同测量者得到的棉纤维摩擦系数。对于其他纤维，也有类似的现象。

表 3.1　棉纤维的摩擦系数

研究者	静摩擦系数（μ_s）	动摩擦系数（μ_k）	差异（$\mu_s-\mu_k$）
Morrow	0.396	0.220	0.176
Mercer	0.570	0.316	0.254
Krowicki	0.452	0.249	0.203
McBride	0.54	0.300	0.240
Viswanathan	0.587	0.327	0.260
Bryant	0.523	0.293	0.230
Levy	0.500	0.275	0.225
Gunther	0.590	0.240	0.350
Belser	0.520	0.271	0.249
Belser	0.496	0.243	0.253
Cromer	0.490	0.250	0.240
Whitworth	0.453	0.250	0.198
Whitworth	0.386	0.173	0.213

3.2 摩擦基本定律与现象

图 3.1 为精细抛光钢截面的高度放大视图。为减少摩擦，金属材料表面通常加工得非常光滑，但在原子尺度上观察时会发现，高度抛光的金属表面与理想平整表面还相差甚远。

当两个物体接触时，实际接触面积远小于接触的表观宏观面积。实际接触面积与法向力成正比，因为在这些接触点上产生的重应力下会发生塑性变形。这些接触点产生“冷焊”效应，并产生“表面黏附”。在接触点处，表面相对两侧的分子彼此非常接近，在分子之间产生较高的分子间作用力。当一个物体与另一个物体发生表面滑移时，摩擦阻力与成千上万个微小“焊点”的剪切破坏有关，而且在摩擦中会不断形成新的接触点，如图 3.2 所示。

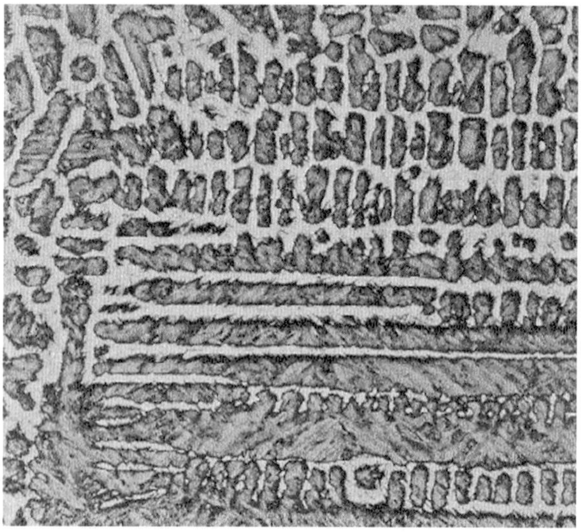

图 3.1　精细抛光钢截面的高度放大视图

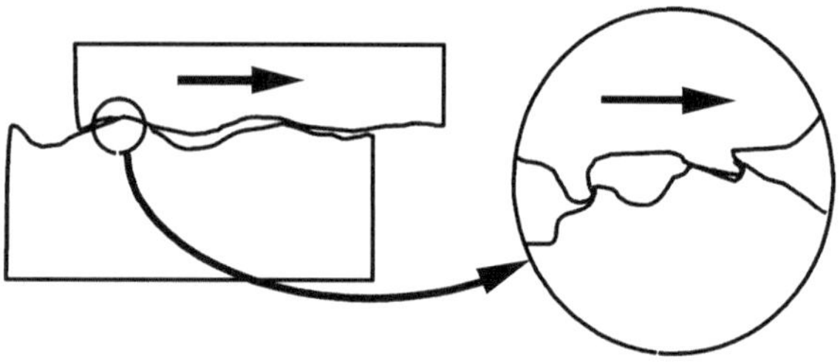

图 3.2　滑动摩擦细节

3.2.1　摩擦原理

物理学书籍中关于摩擦力的基本定义是“当两个物体接触并产生相互滑动时遇到的阻力”[1, 6, 9]。经常遇到的两种力是重力和摩擦力。经典文献描述固体摩擦力有三条定律：

(1) 摩擦力与接触区域的压力成正比。

(2) 摩擦力与接触面积无关。

(3) 摩擦力与滑动速度无关。

前两条定律由 Leonardo da Vinci 在 15 世纪提出，并由 Guillaume Amontons 在 1690 年代报道。第三定律在静电学中更为人所知，它首先由法国物理学家 Charles Augustine de Coulomb 提出[1, 6, 9]。前两条定律通常适用于金属塑性变形时偏差不超过 10%的情况[12]。一段时间以来，人们已经知道摩擦力取决于滑动速度，随着滑动速度提高，摩擦力首先增大然后减小，如图3.3所示[6]。

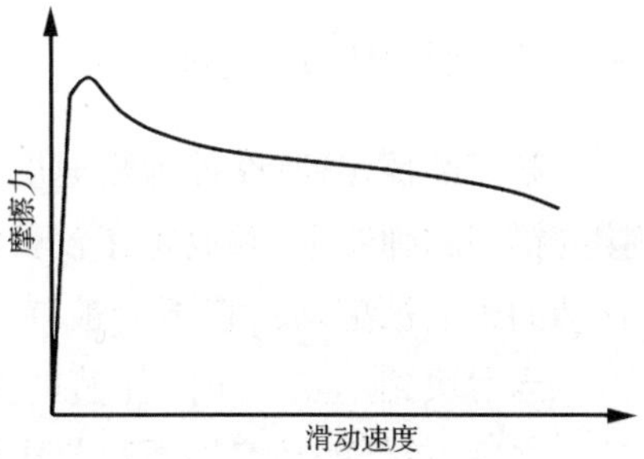

图3.3 滑动速度对摩擦力的影响

另外，摩擦系数和时间有关。在任何黏合过程中，不受干扰的时间越长，黏合力就越大。静摩擦系数随着接触时间增加而增加，这表明了黏附理论的有效性[6,12]。在表面滑动情况下，当表面缓慢滑动时，两个表面上的点之间的接触周期比它们快速移动时更长。如果一个表面在另一个表面上的滑动减慢，摩擦作用就会增加，这种情况有利于黏滑现象。但是实验结果有时相反，即在移动极慢的速度下，随着摩擦力增加，滑动速度也会增加。这一观察结果与纺织纤维等黏弹性材料的蠕变效应有关。即在适度的力作用下，所有材料的形状都会慢慢改变，力增加，材料的蠕变速率也会增加。因此，在表面非常缓慢地相互滑动时，摩擦力的增加可能会以一个表面经过另一个表面的蠕变形式产生可察觉的滑动加速度。蠕变机制能达到的速度极限因材料而异，因为软材料的蠕变速率比硬材料的快。例如，钢的蠕变非常慢，以至于无法观察到，铅可以通过蠕变以每秒百万分之一厘米的速度滑动。

如果一个质量为m、初始速度为v_0的滑块沿着水平桌子从运动到静止，其间会产生一个与运动方向相反的平均加速度a。根据牛顿第二运动定律，桌子施加在滑块上的摩擦力平均值为ma。当一个物体表面在另一个物体表面上滑动时，每个物体都会对另一个物体施加平行于表面的摩擦力。每个物体上的摩擦力方向与其相对于另一个物体的运动方向相反。即使没有相对运动，相互接触的两个表面之间也会存在摩擦力。另一种类型的摩擦是滚动摩擦。当轮子、球或圆柱体在表面上自由滚动时就会发生滚动摩擦。滑动摩擦系数一般比滚动摩擦系数大100～1 000倍。从科学史上看，正是这种现象推动了从雪橇到车轮的飞跃。

作用在静止表面之间的摩擦力称为静摩擦力。静摩擦力的最大值与物体开始运动所需的最小值相同。一旦开始运动，物体之间的摩擦力通常会减小，因此只需要较小的力来维持匀速运动，这被称为动摩擦力。静摩擦力的最大值的大小与法向力的大小之比被称为静摩擦系数，其平均值如下：

$$\mu_s = \frac{F_s}{N} \quad \text{或} \quad \frac{\int_0^t f_s \mathrm{d}t}{\int_0^t N \mathrm{d}t}\text{（如果力是时间的函数）} \tag{3.1}$$

动摩擦力的大小与法向力的大小之比，被称为动摩擦系数，其平均值由下式给出：

$$\mu_k = \frac{F_k}{N} \quad \text{或} \quad \frac{\int_0^t f_k \mathrm{d}t}{\int_0^t N \mathrm{d}t}\text{（如果力是时间的函数）} \tag{3.2}$$

3.2.2 黏滑运动机理

第三摩擦定律(摩擦力随速度变化)失效是造成黏滑现象的原因。假设将一个滑块连接到锚固的弹簧上,并放置在较长的板上,该板以低速运动,如图 3.4 所示。首先,滑块在移动的板上被拖动:它不会被弹簧拉住,而是在板上滑动,直到弹簧的拉力等于静摩擦力。当滑块到达点 *A* 时,弹簧的拉力达到静摩擦力,此时,滑块开始在移动的板表面滑动。之后,较低的动摩擦系数起作用,物体会迅速向左滑动。当滑块回到 *C* 点,它就静止,在此处,较高的静摩擦系数在运动中是有效的,滑块再次黏附在板的表面并被拖动到 *A* 点,然后,它滑回 *C* 点。这是 Bowden 和 Leben[6] 提出的黏滑现象的简单实验室演示。Morton 和 Hearle[11] 指出,这种装置是研究纺织材料动静摩擦的最佳通用方法。大多数测量纤维摩擦性能的仪器设备都采用了这一原理。

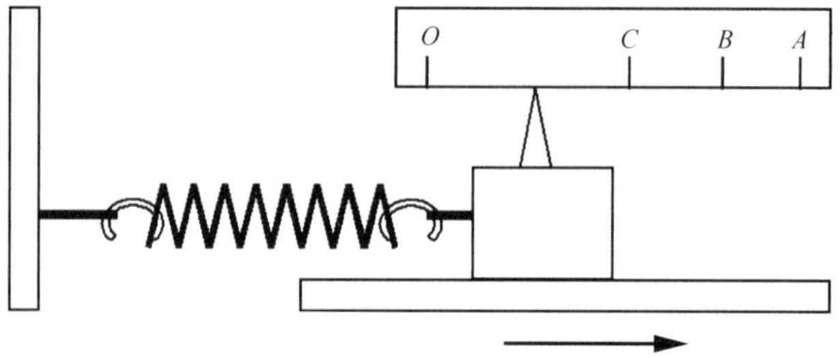

图 3.4 动静摩擦测量装置

在 *B* 点,即 *A* 点和 *C* 点的中间,弹簧拉力等于动摩擦力。如果静摩擦力与动摩擦力相同,则滑块将被拖到 *B* 点,然后停留在那里,之后在其下方的移动板上滑动。但实际上,滑块在这个位置旋转、黏住和滑动,情况会复杂得多。在运动过程中,摩擦系数随着滑动速度变化而变化。在任何给定情况下,黏滑是否可能发生,都可以简单地从这种关系变化的方向来确定。如果想在上述实验中记录摩擦力与时间的关系,使用适当的信号记录设备,根据板的速度,可以获得两种不同类型的曲线。如果板的速度较低,则曲线形状看起来像锯齿,而在高速下,它更可能是正弦曲线,如图 3.5 所示。

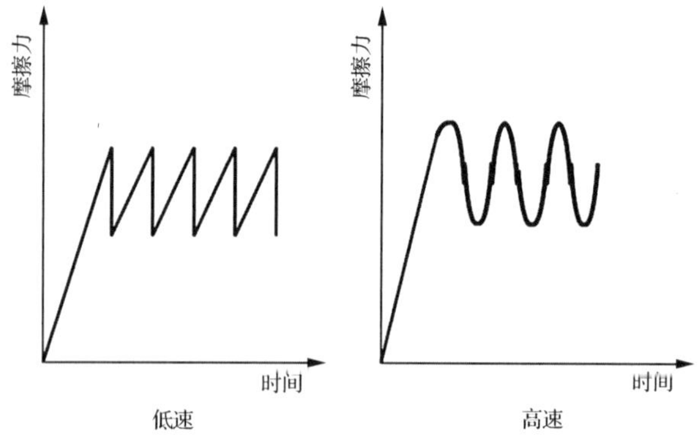

图 3.5 不同速度的黏滑现象

目前,大多数研究者[6,9,10,12-14] 认为,摩擦由分子在相互接触表面上的黏附引起。在某些点上,表面之间的结合可能非常牢固,微小的碎片被撕下并粘在另一个表面上。为了解黏滑现象的流变行为,可在实验中使用放射性示踪材料[6]。如果放射性棒的末端沿着平坦的表面摩擦,则小颗粒会转移并使表面具有放射性。即将一块照相胶片铺在表面,用放射性棒摩擦。在几个小时后,胶片表面显现放射性棒摩擦胶片时的轨迹。轨迹图像不是一条连续线，而是一系列斑点。滑杆端卡住并打滑，在被卡住之处留下较多材料，而在滑移处则留下较少材料。

3.2.3 圆柱面摩擦

摩擦力的基本方程可以写成不同的形式，对圆柱面进行分析。考虑纱线绕过固定导轨（导轨应固定，否则应考虑滚动摩擦和导轨的动能），如图 3.6 所示。T_1 是输入张力，T_2 是输出张力，θ 是接触角，μ 是摩擦系数。输出张力 T_2 必须增加必要的量，以克服摩擦阻力。为了简单起见，在分析中忽略扭转堵塞的影响。由纱线张力引起的法向力的变化由下式给出：

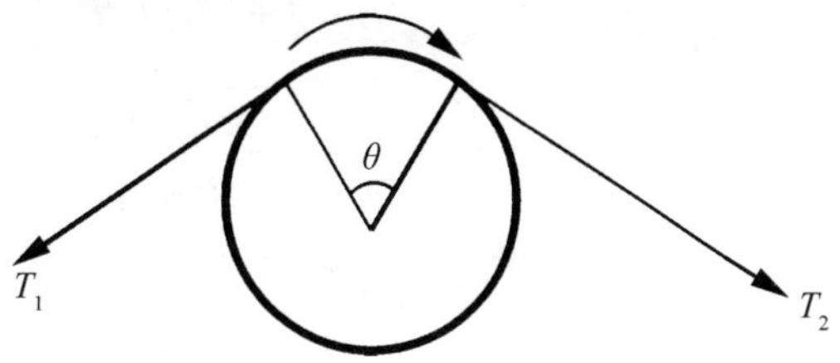

图 3.6 纱线通过圆棒的摩擦

$$dN = T\sin\left(\frac{d\theta}{2}\right) + (T + dT)\sin\left(\frac{d\theta}{2}\right) \tag{3.3}$$

由于 $d\theta$ 很小，因此 $\sin(d\theta/2)$ 可以用 $d\theta$ 近似表达。忽略高阶项，给出以下关系：

$$dN = T d\theta \tag{3.4}$$

张力增大是由于存在摩擦阻力。因此，摩擦力的基本方程可以应用如下：

$$dT = \mu T d\theta \tag{3.5}$$

将式(3.4)代入式(3.5)，可得：

$$dT = \mu T d\theta \tag{3.6}$$

式(3.6)是一个可分离微分方程。因此，使用变量分离法和合适的积分极限，式(3.6)可以用以下形式给出：

$$\int_{T_1}^{T_2} \frac{dT}{T} = \int_0^{\theta} \mu d\theta \tag{3.7}$$

式(3.7)的解给出以下关系：

$$T_2 = T_1 e^{\mu\theta} \tag{3.8}$$

式(3.8)被称为绞盘方程（也称之为欧拉方程）。只有当摩擦系数恒定时，该摩擦力的结果才是精确的。否则，绞盘法无法给出准确的结果。

3.2.4 纺织品中的摩擦

纺织品中的摩擦以纤维与纤维之间或纤维与机器零件之间的摩擦作用出现，这是纺织加工中的常见现象。纱线被引导元件限制在不同工艺之间的移动。尽管纺织生产中纤维摩擦是从开松到织造的每个阶段的重要现象，但在牵伸操作中更为关键（图 3.7）。De Luca[15] 报道称，在粗纱中，牵伸力和纤维摩擦比扭转和弯曲刚度更重要。

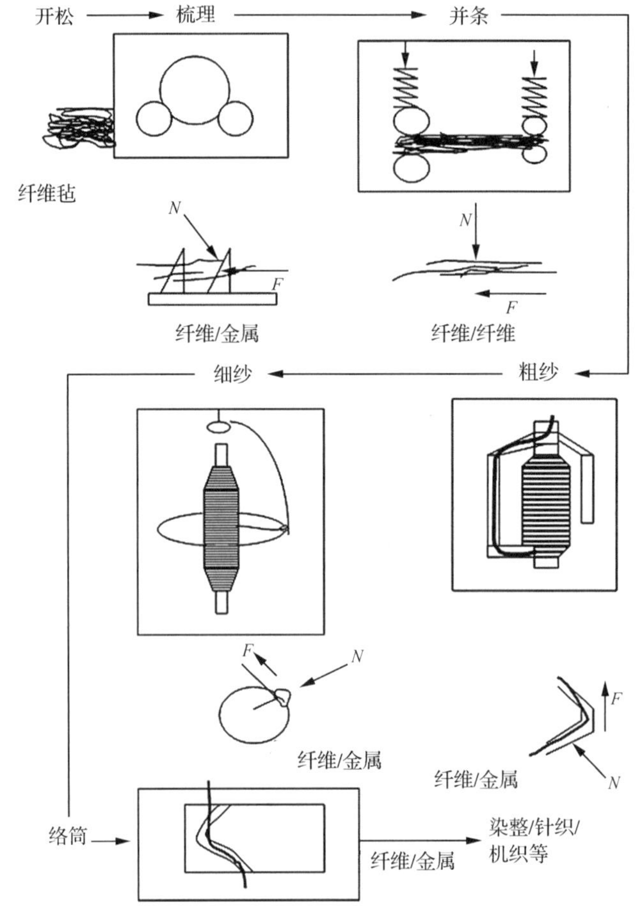

图 3.7　纺织生产中的摩擦

当每根纤维以较低的速度 v_1 进入牵伸系统并以较高的速度 v_2 离开时，纤维沿流动方向相对彼此移动，这是罗拉牵伸的本质。在牵伸场中，一些纤维的速度在 v_1 和 v_2 之间。为了简单起见，假设纤维被一根一根地喂入牵伸区。纤维作为第一组的元素进入系统，以速度 v_1 移动。当第一根纤维到达第二对滚轮时，它的速度将是 v_2，因此它将滑过仍然与后滚轮接触的纤维，以 v_1 运动。这将在两个纤维束之间产生摩擦力。

当力施加在刚体装配器件上时，该力可以在一定空间内传播，并传递给相互接触的众多物体。例如图 3.8 中，施加在单个点上的滚轮压力 P，由单个点传递到其他纤维上，并在纤维间传递。因此，在由刚性纤维组成的纱条中，罗拉施加的压力应远离纱条。在完全柔性纤维的情况下，根据其几何形状，施加在纤维上的压力区域仅

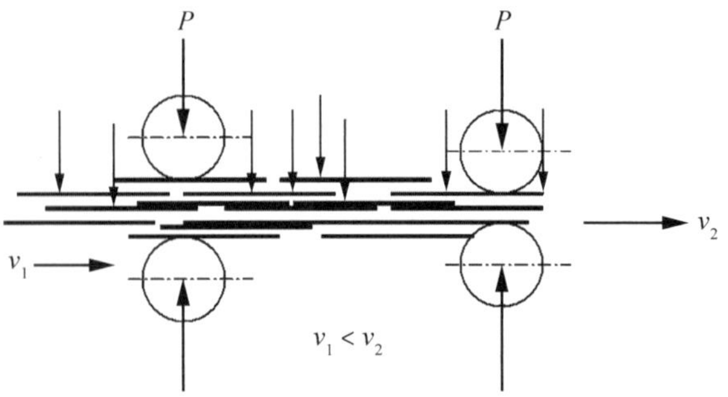

图 3.8　摩擦区

限于与罗拉直接接触并被罗拉压缩变形的区域。实际上，纤维既不是刚性的，也不是完全柔性的。因此，纤维上的侧向压力施加在距离滚轮之间的变形区不远的地方。

影响摩擦场的因素主要有以下几个[7]：

(1) 罗拉的压力。通常，罗拉的压力越大，摩擦场中每个点的强度值就越高。由于在中点附近强度值最小，因此摩擦场既长又宽。

(2) 罗拉的半径。纤维上的压力由罗拉的几何形状施加。在辊面之间最小距离的区域内，纤维束受到最大变形，施加的压力具有最大值。随着罗拉表面彼此远离，它向前和向后都会减少。因此随罗拉直径的增加，摩擦场也随之增加。

(3) 纤维排列。纱条的横截面没有确定的形式。可用一个"准圆形"截面定义纱条横截面，其中的纤维数量从中间区域到两侧减少，压力也减小。也可以定义一个"准矩形"截面，其中纤维均匀分布在其宽度方向，并且压力均匀。均匀的压力情况可以通过使用具有特殊轮廓的聚集器来获得。纤维在纱条上排列不均匀会导致摩擦场强度的变化，特别是当纤维数量较少或分布在大滚筒上时。

(4) 纱条的密度。与其他因素相比，这个因素的影响不太大。然而，由于纤维数量增加需要更大的厚度，因此纱条与罗拉的接触延伸到更大的表面上，导致摩擦场的长度增加，尽管其中间强度值降低。需要注意的是，摩擦场的变化远小于相应纤维数量的变化。

(5) 罗拉表面的特点。刚性织物不符合整个条子的纤维密度变化大部分罗拉压力集中在纤维密度较高的区域，尽管密度较低区域压力值也较低。为了平衡棉条中纤维上的压力，需要适当的弹性覆盖层。弹性覆盖层延长了下罗拉和上罗拉之间的直接接触，并且沿着摩擦场平衡了压力。

3.3 摩擦场中的摩擦力

在牵伸区，纤维由于与其他纤维和罗拉接触而受到摩擦力。为简单起见，假设纤维是直的、不可延伸的，并且以罗拉的表面速度沿纤维长度移动。此外，假设纤维与其周围纤维和罗拉的接触是连续的，并且压力垂直于纤维长度方向。在特定摩擦场中，纤维产生的总摩擦力可表达如下：

$$F=\int_{x_t}^{x_l}\mathrm{d}F(x)=\int_{x_t}^{x_l}N_1(x)\mathrm{d}x \tag{3.9}$$

上式中，x_t 代表纤维尾端，x_l 代表纤维前端。对于摩擦场中的纤维，有六种不同的可能排列，如图 3.9 所示。当纤维处于摩擦场时，积分极限是从尾端到前端。如果纤维完全脱离摩擦场，则摩擦场中不可能产生摩擦力。在这种情况下，纤维由于其相邻纤维的黏附力而保持移动。黏附力主要与静摩擦系数有关。

在 Foster 提出的"双速度假说"中，纤维以后罗拉的速度进入摩擦场，直至到达前罗拉，那么它的速度就是前罗拉的速度。后罗拉的纤维数量为 n_1，前罗拉的纤维数量为 n_2。摩擦场中产生的静摩擦力和动摩擦力如式(3.10) ~ 式(3.13) 所示，下标"1"代表后罗拉，

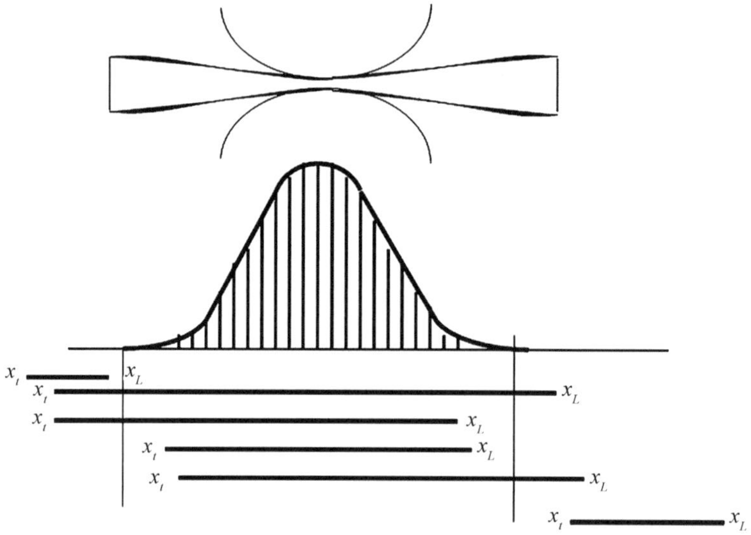

图 3.9 摩擦场中的纤维位置

下标"2"代表后罗拉，由于 μ_s 大于 μ_k，因此始终满足不等式即式(3.14)。

$$F_{1s}=\mu_s\int_{x_t}^{x_l}n_1(x)N(x)\mathrm{d}x \tag{3.10}$$

$$F_{2s}=\mu_s\int_{x_t}^{x_l}n_2(x)N(x)\mathrm{d}x \tag{3.11}$$

$$F_{1k}=\mu_k\int_{x_t}^{x_l}n_1(x)N(x)\mathrm{d}x \tag{3.12}$$

$$F_{2k}=\mu_k\int_{x_t}^{x_l}n_2(x)N(x)\mathrm{d}x \tag{3.13}$$

$$F_{2s}>F_{2k} \text{ 和 } F_{1s}>F_{1k} \tag{3.14}$$

开始时，大多数纤维以 v_1 移动，因此 F_{1s} 和 F_{1k} 分别高于 F_{2s} 和 F_{2k}。然后，前两个力减小并最终消失，后两个力变得越来越大，如图 3.10 所示。因此，当纤维达到较高速度时，它会继续移动并且不会返回较低速度[16]。

静摩擦系数和动摩擦系数的值在纺织应用中具有重要意义。一般而言，希望在拉伸过程中具有低的纤维摩擦力，以避免对牵伸力的高阻力。然而，为了在纺纱过程中获得更高的黏合力，也需要一定程度的摩擦。如前所述，摩擦是赋予纱线强度的力，也是加工过程中纤维黏附的主要因素。因此，要求纤维之间以及纤维与机器零件表面之间具有摩擦力，以实现最佳工艺。

天然纤维的性能变化很大，其摩擦特性也变化很大。天然纤维沿其轴线表现出局部变化，纤维的特性取决于测试方向。关于天然纤维(羊毛、棉花等)的摩擦特性，已有很多文献报道[17-21]。天然纤维摩擦特性与其表面特征以及形态结构有关，其中形态结构是评价摩擦特性的重要因素。

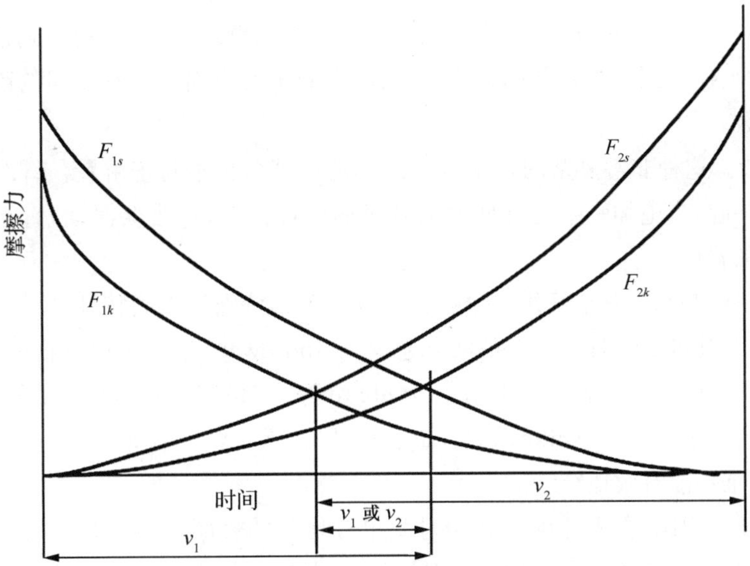

图 3.10 作用在光纤上的拉力和摩擦力

纤维或纱线摩擦的方向会影响摩擦系数。通过羊毛纤维表面的鳞片结构，可以很容易理解。这被称为方向性摩擦效应(DFE)，摩擦系数根据拉力方向的不同而不同。羊毛纤维表面角质层细胞形成重叠的鳞片结构。每个鳞片暴露部分都指向纤维尖端。正是由于这种表皮形态，羊毛纤维间摩擦力取决于摩擦方向。方向性摩擦效应是羊毛毡缩的基本原因，对于羊毛纤维制品生产具有重要的实用价值。

棉纤维具有明显的扭曲带状形态结构，通常被称为螺旋或卷曲，沿其纵轴具有螺旋线。棉纤维之间的接触发生在卷曲的尖端。这一特性对棉纤维的摩擦特性有影响。Hood[22]报道称，棉纤维的丝光处理导致纤维间摩擦力显著增加。丝光处理由于溶胀而使纤维的横截面呈圆形，沿纤维轴提供了更多接触点。在讨论棉纤维的摩擦特性时，需要考虑内聚力、黏着力和纤维表面粗糙度等因素。在大多数摩擦分析中，这些现象并未明确包含在模型中，而是隐含在摩擦系数、摩擦指数或任何其他固有系数中[10]：

(1) 内聚力。在棉条、粗纱和纱线的制造过程中，这种力将纤维保持在一起，当纤维呈几乎没有捻度的条子形式时，这一点更为重要。内聚力是将纤维保持在一起的唯一力以及条子中的黏附力，内聚力是纤维间摩擦、扭转或两者共同作用的结果，纤维的排列和粗细对纤维间的抱合力有很大影响。一般来说，较细且精梳的纤维比粗且规则梳理的纤维具有更高程度的内聚力，这主要是由于纤维的排列和真实的接触面积。在棉纤维中，纤维卷曲的互锁是黏合力的另一个原因。随着抱合力的增加，纱线的均匀度和强力也随之增加。

(2) 黏附力。这是将相邻纤维固定在一起的力。“黏附力”一词最初由 Adderley[17]引入，用于描述棉纤维的特性行为。法向压力越高，接触点越多，黏附力越高。黏附力还受到纤维细度、卷绕度、规整度、清洁率和纤维混合比的影响。Hood 发现摩擦阻力与卷曲存在相关性[22, 23]。

(3) 丝鸣。当用手压缩纤维材料时,可以从其声音表征材料。桑蚕丝常有"丝鸣"现象。但通过对某些纤维素纤维、纱线和织物进行适当的整理,也可以观察到这一现象。更有趣的是,丝鸣还受到摩擦系数的影响,丝鸣产生的主要原因是蚕丝之间的静摩擦系数高于动摩擦系数。

(4) 黏滑。这种非常复杂的现象可以简单地用其名称本身来解释。纤维由于摩擦而彼此黏附在一起,当施加一个力并使该力超过静摩擦力时,纤维会滑动,直至找到另一个可以固定的黏着点。

黄麻、亚麻、苎麻和其他纤维的摩擦特性取决于其特殊的表面特性。对这些纤维的摩擦研究表明,对其可纺性具有重要的实际意义。Andrews[24] 和 Louis[25] 报道,乳草纤维的可纺性受到其硬度和柔软表面的限制。Lombard 等[26] 实验发现通过增加马利筋纤维的摩擦系数可降低其刚度。从 Andrews、Louis、Lombard 等人的工作来看,必须有适当的摩擦系数,否则纤维不能有效地纺纱。

与天然纤维相比,合成纤维具有相对简单且均匀的表面几何形状。由于合成纤维的结构相对均匀,合成纤维的大多数性能都是可预测的,包括它们的摩擦特性。合成纤维的摩擦行为可以用 Howell[14, 27] 提出并得到其他一些研究人员证实的基本方程 ($F = aN^n$) 描述[14, 28, 29]。Robins、Rennell 和 Arnell[30] 指出,清洗后的聚酯纤维的摩擦特性与 Bowden 和 Tabor[12] 提出的摩擦黏附理论一致。

3.4 纤维材料摩擦理论

在纱线制造和后续加工过程中,应适当控制纱线张力。控制张力涉及两种力:一种是驱动力;另一种是摩擦力。纤维摩擦很重要,因为它是纺织过程中纤维相互黏附的主要原因。

3.4.1 黏附剪切理论

材料的大部分表面和形态特性都被作为摩擦系数的常数项而包含在摩擦方程中。摩擦系数 μ 来源于著名的金属表面"黏附剪切理论"[12]。根据该理论,接触仅发生在物体粗糙表面的尖端处(图 3.11)。当两个物体接触时,接触区中每个凹凸的面积最初很小并且压应力很高,因此凹凸处会发生塑性流动,导致接触面积增加和压力降低。这种情况会持续到不再发生塑性流动并且粗糙体开始达到弹性变形状态时。该条件是金属和纤维材料的平衡条件,如图 3.12 所示。如果压力高于屈服压力,则会发生塑性流动并导致面积增加,从而压力降低。物体的凹凸不平会变形,直到压力降低到可以弹性支撑压力的值。Bowden 和 Tabor[12] 指出,黏附是在两个物体之间的接触点处产生的,为了发生滑动,必须剪切物体之间产生的黏附力。如果 A 是剪切的总面积,S 是较弱材料的平均剪切强度,则摩擦力的黏附分量由下式给出:

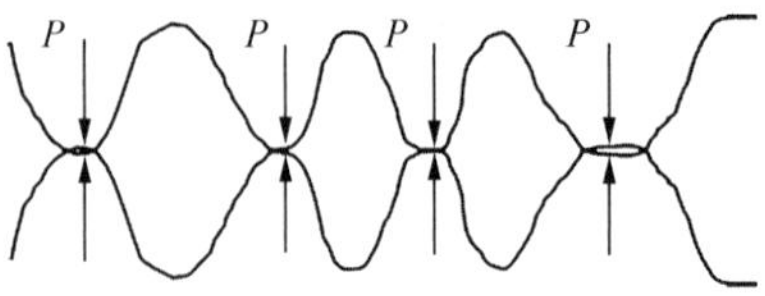

图 3.11 两个物体接触时的负载分布

$$F_A = AS \tag{3.15}$$

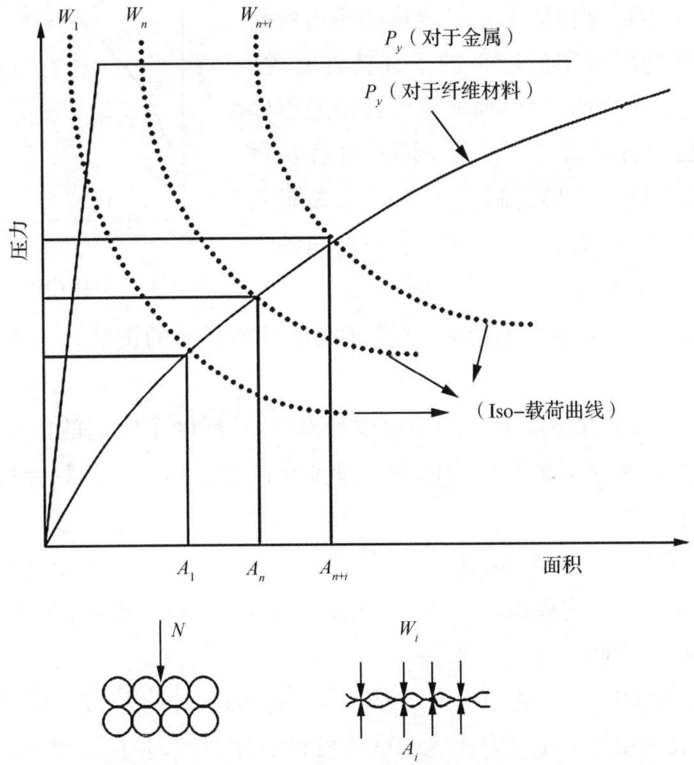

图 3.12 金属和纤维材料的压力-面积曲线

就固体的摩擦行为(在滑动和滚动过程中)取决于其变形和表面特性而言,对金属摩擦机制的讨论似乎非常有效。尽管一般理论公式并不能保证对黏弹性和纤维材料有好处,但金属摩擦黏附理论的常见概念已扩展到聚合物摩擦。Schick[31]报道,当一种聚合物表面相对于另一种聚合物表面滑动时,会发生强烈的黏附,并且观察到从一种聚合物剪下的碎片黏附在其他聚合物上。Adams[32]测量了尼龙在玻璃上的摩擦力和表观接触面积,得出切向力对接触面积影响不大的结论。尼龙和玻璃之间接触区域的剪切强度随着压力增加而增加。因此,金属摩擦和聚合物摩擦的黏附理论之间似乎存在合理的一致性。然而,应该注意的是,这两种材料的变形性质之间存在差异:金属通常表现出塑性变形,而聚合物在一定的载荷范围内表现出弹性变形。由于这种黏弹性变形,聚合物会产生滞后损失[33]。这种黏弹性变形会影响总摩擦力,此时经典摩擦定律不再适用。对于许多固体,不规则体的变形是弹性的而不是塑性的,或者可能遵循中间定律。据报道,接触面积几乎与载荷成正比增长,并被 Bowden 和 Tabor[12]证实,即摩擦力近似等于接触面积和塑料块的剪切强度的乘积。许多聚合物表现出黏弹性行为,并且很容易变形。在金属的情况下,滞后不能贡献总滑动阻力的较大部分[34]。纤维中的摩擦力与法向力并不表现出线性关系,如图 3.13 所示。

两个表面之间的黏附力主要来自静电力和范德华力。如果彼此接触的材料具有不同极性,则两个表面之间会产生静电力。除了黏着作用外,当两个表面相互滑动并产生一系列波纹时，变形机制也有重要影响。许多作者给出的变形原理如下[12,16]：将能量输入到表面突起前方的聚合物中，并在突起后方损失能量。能量的净损失与输入能量和聚合物在特定温度下的损耗特性有关。有关变形机制的理论表明，变形项涉及聚合物的整体性能而不是表面的特殊条件[9]。由于刚性聚合物材料的摩擦通常由黏附和变形机制组成[9,11,35]，黏附机制更多地与表面化学组成有关，即两个表面之间的吸引力。以下特征影响刚性聚合物的摩擦特性：

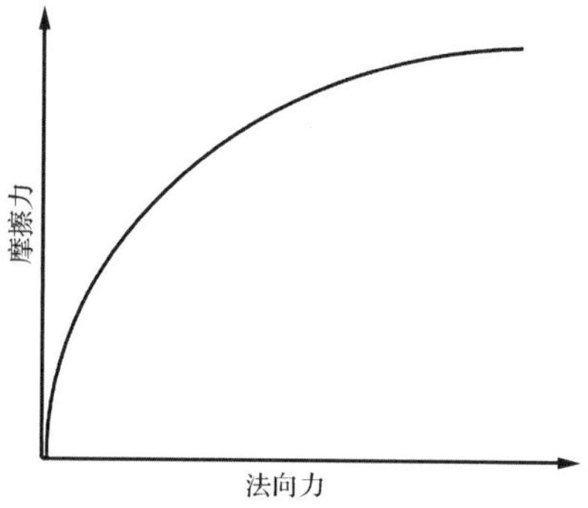

图 3.13　纤维中的摩擦力与法向力

(1) 摩擦力不仅受到载荷的影响，还受到表面几何形状的影响。一般来说，光滑表面具有较小的摩擦力。

(2) 刚性聚合物的摩擦取决于滑动速度和温度，这反映了它们的黏弹性特性[9,36,37]。温度不同，来自黏附和变形机制的力的贡献量发生改变。但材料的黏弹性特性尚未被纳入大多数摩擦模型中。

(3) 玻璃态聚合物的摩擦-速度-温度关系曲线可以通过一系列合适的位移，由“阿累尼乌斯因子”转化为单一主曲线。阿累尼乌斯因子取决于聚合物的黏弹性能，可以通过聚合物的黏弹性测量来确定[9]。

(4) 在摩擦过程中，能量的净损失以弹性滞后的形式出现。大部分损失的能量转化为热量，从而提高表面温度。温度升高也会影响材料的黏弹性，并且会改变摩擦-速度-温度关系曲线。

(5) 刚性聚合物的摩擦力以黏附力和变形分量的总和给出。黏附力是接触面积的函数，变形与法向力有关。

(6) 黏附力和变形分量的相对重要性受到接触表面性质、温度、滑动速度、聚合物厚度以及工艺中使用的润滑剂性能的影响[9,12]。

3.4.2　纺织纤维的摩擦性质研究

纺织纤维具有纤细、柔韧和形态结构复杂等特征，它们都会影响纤维的摩擦特性。Gralen[37]进行了纤维间摩擦测试，结果表明经典摩擦定律对于纤维材料无效。摩擦力通常随着负载增加而减小。此外，摩擦系数不是常数，也没有简单的表达式。因此，评估纺织材料摩擦力并非易事。Mercer 和 Makinson[21]、Makinson[19]和 Howell[35]证实了 Gralen[37]的发现，并提出一个更简单的关系式 ($F = aN^n$)，该关系式更符合纤维材料的实验数据。

如前所述，黏弹性系统中的接触面积与压力相关。下式描述了与面积相关的压力 P：

$$P = KA^a \tag{3.16}$$

上式中，常数 K 为材料的刚度或硬度系数，与参数 a 有关。参数 a 与物体形状有关，同时决定了式(3.16)定义曲线的形态[38]。根据 K 和 a 的值，压力和面积之间的关系如图 3.14 所示。

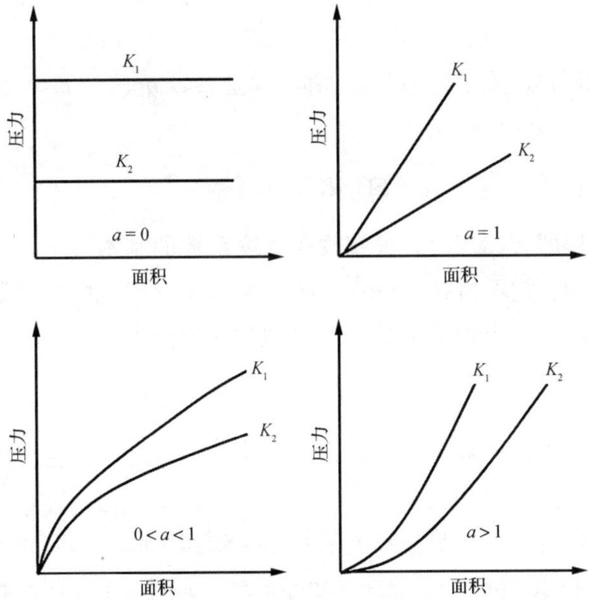

图 3.14 不同 K 和 a 值的压力-面积曲线($K_1>K_2$)

Gupta 和 El Mogahzy[38]将影响纤维摩擦力的因素分为两大类：一类决定接触的形态;另一类决定连接点的力学性能。根据 Bowden 和 Tabor 提出的黏附剪切理论[12]，连接点是在实际接触位置形成的，在滑动之前必须将其剪切。摩擦力 F 由真实接触面积 A 和接合处的体积比剪切强度 S 的乘积给出，如方程(3.15) 所示。对于塑性变形的材料(例如延展性金属)，面积 A 由法向力 N 与材料的屈服压力 P_y 之比给出。因此，方程(3.15)可以重写如下：

$$F=AS=\left(\frac{N}{P_y}\right)N=\mu N \tag{3.17}$$

摩擦系数是这个经典方程中的材料属性。Gupta 和 El Mogahzy[38]及 El Mogahzy[9]开发了腈纶和丙纶纱线的结构模型，如下式所示：

$$F=SC_M\left(\frac{1}{K}\right)^n m^{1-n}N^n \tag{3.18}$$

接触的形态由物体之间的接触数量 (m) 和接触区域的应力分布性质给出，并可以通过模型常数(C_M) 描述，对于均匀应力分布，其值为1，对于其他分布，其值为 0.92 ~ 1。同时，接触的形态与接触点的机械行为有关，由常数 K 和 a 的值给出。然而，a 与压力面积的关系(以 $P=KA^a$ 给出) 以及连接处的比剪切强度 S 相关。参数 K 代表材料的刚度，a 是与物体形状有关的参数。El Mogahzy[9, 38]还表明，经验常数 n 与理论常数 a 相关：

$$a=n^{-1}-1 \tag{3.19}$$

式(3.18)描述的模型的主要缺点是它取决于粗糙体的数量。其实，为任何材料定义正确的粗糙体数量，都是不容易的。El Mogahzy[9]曾假设应力分布与纤维的横截面形状相关，即如果纤维横截面是圆形的，则应力分布被认为是均匀的。在模型假设中，接触仅发生在物体表面存在的粗糙点的尖端。在式(3.18)描述的模型中定义了均匀、球形和圆锥形物体的应力分布参数，无论应力分布如何，模型参数 m、n、K 和法向力 N 均相同，其摩擦系数由下式给出：

$$\mu = SC_M K^{-n} m^{1-n} N^{n-1} \tag{3.20}$$

可以看出，新方程即式(3.20)并没有改变摩擦系数的基本含义，即摩擦力与法向压力之比：$\mu = F/N$。然而，它不再是 Amontons 方程即式(3.23)中的常数，而是成为依赖于 N 的变量。由 $F = aN^n$ 得出理论常数 a（n 已包括在模型中）：

$$a = SC_M K^{-n} m^{1-n} \tag{3.21}$$

利用该模型，可以用许多基本因素表达理论常数 a，其中一些与材料性能有关，其余与接触点的形态和应力分布有关。

El Mogahzy 和 Broughton[10]后来扩展了 Gupta 和 El Mogahzy[38]的模型，并解释了摩擦剖面的概念以及测量技术，还分析了棉纤维摩擦系数。如图 3.15 所示，考虑了纤维接触同一参考表面的两种不同情况：在情况 A 中，接触的纤维数量为 n_1；在情况 B 中，接触的纤维数量为 n_2。假设在两种情况下施加到纤维集合体上的总法向力恒定，并且大小为 N。为了简化分析，假设所有纤维具有相同的尺寸。如果经典摩擦定律成立，则每根纤维的法向力 $N_1 = N/n_1$，并且每根纤维所受正压力均为常数。因此，每根纤维的摩擦力由下式给出：

$$f_1 = \mu N_1 = \mu \frac{N}{n_1} \tag{3.22}$$

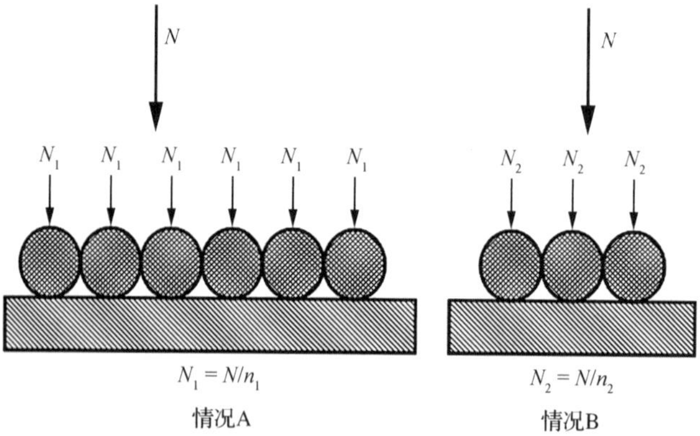

图 3.15　两种接触面积情况

总摩擦力是纤维集合体上的力的总和，由下式给出：

$$F_A = \sum f_1 = \mu \frac{N}{n_1} n_1 = \mu N \tag{3.23}$$

同样，情况 B 的总摩擦力也是 $F_A = \mu N$，因此 $F_A = F_B$。按照 Amontons 摩擦定律，对于给定的法向力，摩擦力与接触面积无关。

对于上述两种情况，还考虑了关系式 $F = aN^n$。在情况 A 中，每根纤维的摩擦力由下式给出：

$$f_1=\mu N_1^n=\mu\left(\frac{N}{n_1}\right)^n \tag{3.24}$$

情况 A 的总摩擦力由下式给出：

$$F_A=\sum f_1=n_1a_1\left(\frac{N}{n_1}\right)^n=a_1n_1^{1-n}N^n \tag{3.25}$$

类似地，情况 B 的总摩擦力由下式给出：

$$F_B=\sum f_2=n_2a_2\left(\frac{N}{n_2}\right)^n=a_2n_2^{1-n}N^n \tag{3.26}$$

此外，计算了 F_A 和 F_B 的比值，表达式如下：

$$\frac{F_B}{F_A}=\frac{a_2}{a_1}\left(\frac{n_2}{n_1}\right)^{1-n} \text{或} F=Ca(n_f)^{1-n} \tag{3.27}$$

上式中，C 被定义为模型常数。式(3.27)与 Gupta 等[38]给出的模型相关，因此，它可以用以下形式给出：

$$F=a_0(n_f)^{2(1-n)} \tag{3.28}$$

a_0 被视为摩擦指数，定义如下：

$$a_0=CSC_MK^{-n}\delta^{1-n} \tag{3.29}$$

摩擦指数与摩擦过程中物体之间接触部分的变形密切相关。a_0 值高表示连接处的剪切强度高或连接处在侧向应力下硬度低。根据实验数据，可以估计 a_0 和 n 的经验值[10]。

假设接触点数量是纤维数量的线性函数：

$$m=\delta n_f \tag{3.30}$$

由于纤维长度不是均匀分布的，接触点数量可能不与纤维长度呈线性关系。因此，固体材料经典摩擦理论中的接触点数量可能会误导纤维摩擦力测试。

El Mogahzy 和 Broughton[10]的工作在理论分析意义上是 Gupta 和 El Mogahzy[38]工作的延续。从分析可以看出，提供的用于表征摩擦现象的方程确实取决于接触点的特征，而这是通过经典分析方法无法获得的结论。然而，引入摩擦指数确实是分析纤维摩擦的有效手段。以这种方式评估纤维摩擦需要进行大量实验，因为应分别确定每种类型纤维的摩擦指数。对于棉花和羊毛等天然纤维，这是极为困难的，因为其摩擦指数往往每年都在变化。

经常表现出的一种典型摩擦行为是黏滑运动，当剪切运动开始，摩擦力突然下降时，就会发生黏滑运动。根据所施加的载荷、滑动速度、表面粗糙度和湿度，黏滑运动可能具有不同的特性。包括 Rabinowics 在内的许多研究人员曾详细研究黏滑运动[2,4,6]。粗糙的表面显然会产生黏滑运动，因为一个表面的凹凸不平会滑过另一个表面的凹凸不平。表面粗糙度引起的黏滑运动表现出黏滑幅度的不规则性，取决于凹凸体的高度、斜率和弹性模量。Gao[39]给出的这一解释表明，黏滑运动只能由表面粗糙度引起，而不是由润滑介质的内在相互作用引起，这些现象使得黏结开始时就产生很大的静摩擦力。Gao 和

Wilsdorf[39]发现由于表面能产生吸引力，被液膜包围的粗糙体导致弯月面形成，黏滑现象可能受到用作润滑剂的液体产生的吸引力的影响。

Yoshizawa、McGuiggan 和 Israelachvili[40]研究表面之间分子键产生的吸引力来解释黏滑运动，发现黏附和黏滑运动来自润滑剂的剪切稀化效应。触发运动的力高于运动开始后维持运动的力。随着滑动速度的减小，摩擦力会导致周期性的表面运动。因此，相对运动是由两个表面之间润滑剂的固有行为引起的，而不是表面粗糙度的直接相互作用结果。Jang 和 Tichy[41]的研究也支撑了 Yoshizawa、McGuiggan 和 Israelachvili[40]关于润滑产生的吸引力影响黏滑现象的结论。

由于大多数静止表面对纱线都有一定的曲率半径，因此绞盘方程一直是纤维材料摩擦方面许多理论和实验研究的主题。绞盘方程的应用程度是有限的，因为它不包括纱线或纤维的任何关键参数，例如纱线或纤维的速度、直径和弯曲度。Martin 和 Mittelman[42]表示他们的实验不符合 Amontons 定律。后来，Breazeale[34]确定了 Martin 和 Mittelman 的结果与 Amontons 定律的偏差程度。Gonsalves[43]尝试用绞盘法测量人造丝纤维的摩擦系数，发现摩擦系数不是常数，而是随 T_1 变化。对于较小的包角值，μ 可以视为常数。因此，绞盘方程并不能充分解决纤维材料的摩擦问题。例如，当输入张力 T_1 为零时，T_2 也为零，无论包角的值如何变化。

Olofsson[44]进一步研究（T_2/T_1）对 T_1 的依赖性，如果根据下式修改 Amontons 定律，则 Martin 等[42]的结果可能是合理的：

$$F=\mu_0 N+\alpha A \tag{3.31}$$

式中：μ_0 和 α 均为常数；A 为接触面积。

然后，通过常规推导得到：

$$T_2=T_1 e^{\mu_0\theta}+\beta\frac{e^{\mu_0\theta}-1}{\mu_0} \tag{3.32}$$

式中：β 为模型常数。

Howell 等[14]、Howell[27, 35, 45]和 Guthrie[28]修改了缠绕导向器的纤维或纱线的绞盘方程，提出了第二个被广泛使用的方程，特别是对于黏弹性材料（如纤维）：

$$F=aN^n \tag{3.33}$$

式中：a 和 n 的值因材料不同而异。

Howell 和 Mazur[14]指出 a 和 n 的值取决于材料属性。Lincoln[29]也给出了与 Howell 和 Mazur[33]相似的结果。这种替代关系表明了摩擦力对法向力的依赖性[10, 27, 36-38]。表 3.2 给出了通过实验获得的不同纤维的 α 和 n 值。上面给出的方程即式（3.33）可以被认为是纤维材料的通用摩擦定律。Howell[45]还研究了摩擦系数不是常数的情况（它是半径和传入张力的函数），并采用了摩擦系数与圆柱体半径之间的以下关系：

$$\mu=a\left(\frac{\rho}{T_0}\right)^{1-n} \tag{3.34}$$

进一步得到下式：

$$T_2 = T_1 e^{a\left(\frac{\rho}{T_0}\right)^{1-n}\theta} \tag{3.35}$$

表 3.2 实验获得的 *a* 和 *n* 值

纤维-纤维	a	n
拉伸尼龙-拉伸尼龙	0.92	0.80
未拉伸尼龙-未拉伸尼龙	0.85	0.90
黏胶纤维-黏胶纤维	0.49	0.91
醋酸纤维-醋酸纤维	0.60	0.94
醋酸纤维-尼龙	—	0.81
醋酸纤维-黏胶纤维	—	0.90
醋酸纤维-羊毛	—	0.92
醋酸纤维-聚酯纤维	—	0.88

从式(3.35)可以看出，该模型也是有局限性的，不包含任何与材料弯曲性能相关的参数，只要 T_1 为零，T_2 就为零，μ 是摩擦表面半径和 ρ 的函数。Lyne[46]、Olsen[47]、Baird 和 Mieszik[13] 的实验结果证实，摩擦系数随着半径的增加而增加。后三项实验采用不同尺寸的导纱器，导纱器直径为 1.7～25.4 mm，采用尼龙纱线和醋酸纤维纱线。一些研究发现了与 Howell[45]、Lyne[46]、Olsen[47]、Baird[13] 不同的结论。例如 Galuszynski[48] 测试了直径在 0.3～0.5 mm 的羊毛、棉和涤纶纱线的摩擦性质，发现摩擦力随着导纱器直径的增加而减小。Kawabata 和他的同事[49] 使用了 Bowden 和 Tabor[12] 的假设，即总摩擦力 F 是由下式给出的两个分量之和：

$$F = F_A + F_D \tag{3.36}$$

上式中，F_A 是唯一与导纱器和纱线之间的表面接触相关的分量；F_D 与其他因素（如纱线变形）相关。在小直径下，变形分量 F_D 的贡献非常显著。

Howell[45] 和 Lincoln[29] 给出了另一种形式的纱线绕着挂钩转动的摩擦方程，它包括曲率半径和包角。这是纤维材料基本方程 $F = aN^n$ 的扩展，由下式给出：

$$T_2 = T_1\left[1 + (1-n)a\left(\frac{\rho}{T_1}\right)^{1-n}\alpha\right]^{\frac{1}{1-n}} \tag{3.37}$$

根据这个定义，摩擦系数可以推导如下：

$$\mu = \frac{1}{\alpha(1-n)}\ln\left[1 + (1-n)a\left(\frac{\rho}{T_1}\right)^{1-n}\alpha\right] \tag{3.38}$$

从上式可以看出，μ 的值不仅取决于半径和包角，还取决于传入张力的大小。Kowalski[50] 建立了纱线与固体摩擦的方程，他在模型中考虑了纱线的流变参数、弯曲刚度、动态黏度、几何参数和速度：

$$T_2 = T_1 + c\dot{\varepsilon}t + \eta\dot{\varepsilon}(1 - e^{-\frac{lc}{\eta}}) \tag{3.39}$$

式中：$\dot{\varepsilon}$ 是由式(3.40)给出的纱线伸长率。

$$\dot{\varepsilon} = \frac{dT}{c\,dt} \tag{3.40}$$

式(3.39)中，η 为纱线的相对黏度，c 为纱线的相对弯曲刚度，l 为纱线间的接触长度。式(3.39)的最终形式如下：

$$T_2 = H + \frac{nvT_1}{c\rho\alpha}\left\{\left[1 + (1-n)a\left(\frac{\rho}{T_1}\right)^{1-n}\alpha\right]^{\frac{1}{1-n}} - 1\right\}(1 - e^{-\frac{\rho d c_1}{v\eta}}) \tag{3.41}$$

式中：H 与 Howell[45] 和 Lincoln[29] 所提摩擦模型中的 H 相同。

Kowalski[50] 提出的方程由于复杂而难以实用。该模型还取决于众多系数，其中一些系数必须凭经验确定，且不会在整个表面范围内保持恒定。

Wei 和他的同事 Chen[51] 提出了一种针对非柔性纤维和纱线的改进绞盘方程。他们考虑了传统的绞盘方法，添加了作用在纱线上的剪切力和弯矩，如图 3.16 所示。如果忽略元件的惯性矩，则纱线自由体的平衡方程如下：

$$\sum F_T = (T + dT)\cos\left(\frac{d\varphi}{2}\right) - T\cos\left(\frac{d\varphi}{2}\right) + (Q + dQ)\sin\left(\frac{d\varphi}{2}\right) + Q\sin\left(\frac{d\varphi}{2}\right) - dF\mu \tag{3.42}$$

$$\sum F_n = (Q + dQ)\cos\left(\frac{d\varphi}{2}\right) - Q\cos\left(\frac{d\varphi}{2}\right) - (T + dT)\sin\left(\frac{d\varphi}{2}\right) - T\sin\left(\frac{d\varphi}{2}\right) - dN \tag{3.43}$$

$$\sum M_0 = (M + dM) - M - (Q + dQ)\left(\frac{R\,d\varphi}{2}\right) - Q\left(\frac{R\,d\varphi}{2}\right) + dF\mu r_1 \tag{3.44}$$

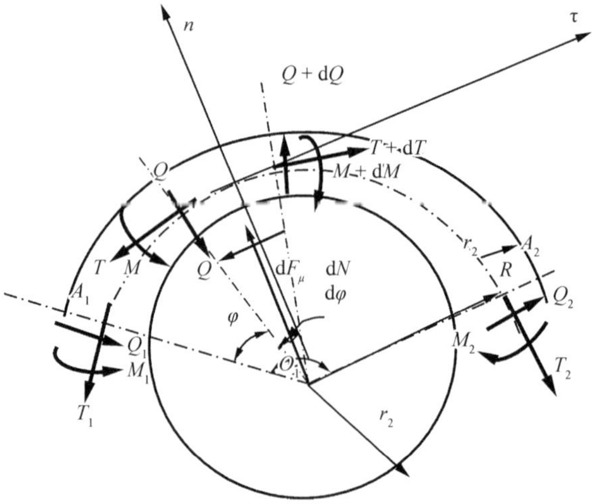

图 3.16　非柔性纤维或纱线绕过挂钩时的摩擦力

闭合形式的平衡方程的解析解由下式给出：

$$T_2 = T_1 e^{\mu K\theta} + f_0 \tag{3.45}$$

上式中针对纤维和纱线给出的符号 f_0 表现出线性弯曲行为：

$$f_0 = \frac{\mu K\sqrt{B}}{R}(\sqrt{T_1} + \sqrt{T_2}) \tag{3.46}$$

对于具有非线性弯曲行为的纱线，则有：

$$f_0 = \frac{2m_0}{R} + \frac{\mu K\sqrt{B}}{R}(\sqrt{T_1} + \sqrt{T_2}) \tag{3.47}$$

式中：K 为曲率；B 为纱线的弯曲刚度。

从最终方程即式(3.47)可以看出，即使是改进的绞盘方程，也受到其自身的限制。输出张力不能直接从方程获得。Wei 和 Chen 提出的方程[51]可利用绞盘法分析纤维或纱线的摩擦系数。然而，由于摩擦系数同时取决于纤维或纱线的弯曲刚度，此方程也很难被验证。

如前所述，如果输入张力 T_1 为零，则输出张力也为零，这是绞盘方程的局限性。Wei 和 Chen[51]声称通过使用他们改进的方程，可以克服绞盘方程的局限性，即“当 $T_1 = 0$ 时，$T_2 = f_0 \neq 0$”。这个结果不仅有助于克服绞盘方程的限制(即 T_2 始终为零)，而且可用于计算细纱中纤维的实际张力。如果检查 f_0 给出的方程，可以看出它的结论并不完整。首先，f_0 是 T_2 的函数，这表明在任何实验中误差都是相关的。如果纤维和纱线具有线性弯曲特性，则可以根据给出的公式计算纱线的张力。对于非线性弯曲行为的材料(大多数纤维和纱线都属于此类)，因为张力本身就是一个函数，f_0 无法直接计算。此外，Wei 和 Chen 的模型仅适用于小包角，且适用于刚性的纤维和纱线。与大多数其他研究者一样，Wei 和 Chen[51]在分析中也忽略了单元扭转阻力和惯性矩的影响。

20 世纪下半叶，人们对纤维摩擦性能的兴趣有所增加。由于纤维的摩擦特性主要决定纤维在加工过程中的相互黏附，因此许多研究人员提出了纤维材料的摩擦模型。大多数模型未将单元的弯曲、黏弹性属性和速度纳入。Kowalski 的摩擦模型[50]包含大部分这些项，但模型非常复杂，几乎没有实际用途。据报道，金属摩擦和聚合物摩擦的黏附理论之间存在合理的一致性。因此，金属摩擦黏附理论的常见概念已扩展到聚合物摩擦。表 3.3 总结了不同研究者提出的摩擦模型。

表 3.3 不同研究者提出的摩擦模型

研究者	提出的摩擦模型	年份
Da Vinci, Amontons	$F = \mu N$	1690
Euler	$T_2 = T_1 e^{\mu\theta}$	—
Whitehead, McFalane, Tabor	$F = \mu(N)N$	1950

（续表）

研究者	提出的摩擦模型	年份
Olofsson	$F=\mu_0 N+\alpha A$，$T_2=T_1 e^{\mu_0\theta}+\beta\dfrac{e^{\mu_0\theta}-1}{\mu_0}$	1950
Bowden，Young	$F=\mu(N)N$	1951
Gralen，Makinson	$F=aN+bN^{1-\beta}$	1952
Howell	$F=aN^m$	1953
Howell，Lincoln	$T_2=T_1\left[1+(1-n)a\left(\dfrac{\rho}{T_1}\right)^{1-n}\alpha\right]^{\frac{1}{1-n}}$	1953
Garbaruk	$T_2=T_1 e^{\mu\theta}+\dfrac{v^2}{Nmg}(e^{\mu\theta}-1)$	1963
Fieles-Kahl，Helli	$T_2=T_1 e^{\mu\theta}+\dfrac{R}{\mu}(e^{\mu\theta}-1)$，$R=\eta S\dfrac{dv}{dz}$	1966
Rogoza	$T_2-T_1 e^{\mu\theta}+\dfrac{EJ}{2\rho^2}(e^{\mu\theta}-1)$	1967
Kowalski	$T_2=T_1 e^{\mu\theta}+\dfrac{ED^2}{12\rho}(e^{\mu\theta}-1)$	1973
El Mogahzy	$F=SC_M\left(\dfrac{1}{K}\right)^n m^{1-n}N^n$	1987
Kowalski	$T_2=H+\dfrac{nvT_1}{c\rho\alpha}\left\{\left[1-(1-n)a\left(\dfrac{\rho}{T_1}\right)^{1-n}\alpha\right]^{\frac{1}{1-n}}\alpha-1\right\}(1-e^{-\frac{\rho dc_1}{v\eta}})$	1991
El Mogahzy，Broughton	$F=a_0(nf)^{2(1-n)}$，$a_0=CSC_M K^{-n}\delta^{1-n}$	1993
Wei，Chen	$T_2=T_1 e^{\mu K\theta}+f_0$ 线性弯曲时，$f_0=\dfrac{\mu K\sqrt{B}}{R}(\sqrt{T_1}+\sqrt{T_2})$ 非线性弯曲时，$f_0=\dfrac{2m_0}{R}+\dfrac{\mu K\sqrt{B}}{R}(\sqrt{T_1}+\sqrt{T_2})$	1998

3.5 测量纤维摩擦力

在过去的几年中，开发了不同类型的仪器来测量纤维的摩擦特性。其中一些方法用于基础研究工作，而其他方法用于与加工相关的实际研究。如上所述，摩擦系数取决于材料。因此，重要的是进行不同表面的摩擦试验，并根据试验涉及的材料报告摩擦系数的值。纤维间摩擦力可能是评估纤维摩擦特性的首要考虑因素，其次是纤维与金属之间的摩擦力。

3.5.1 测量方法

尽管已经开发出不同类型的仪器用于纤维间摩擦力测试，但它们都属于以下类别之一(图 3.17)[9,11]：

- 面接触方法。
- 线接触方法。
- 点接触方法。

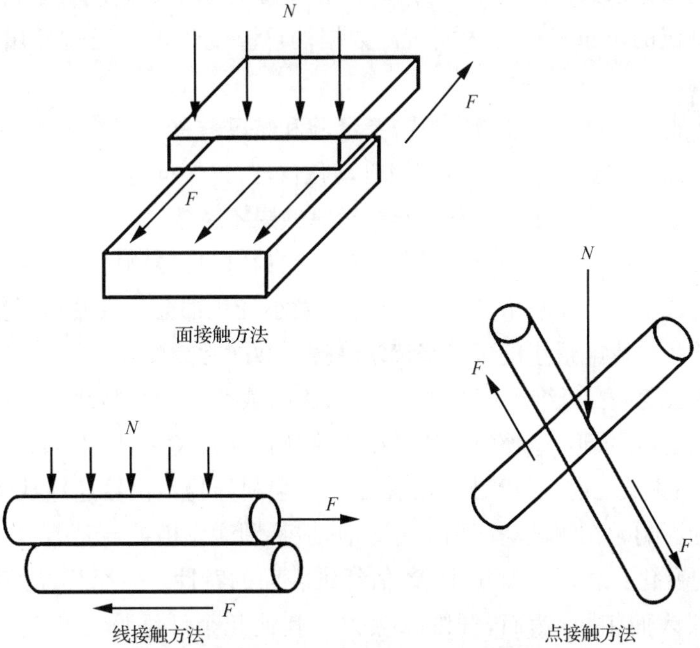

图 3.17 摩擦性能测量的常用方法

这些方法实际上都是对摩擦作用的模拟。在纺织品加工中，涉及这三种接触的工序和变形模型的示例如下：

(1) 点接触：开清棉、梳理、机织和针织。

(2) 线接触：牵伸、针刺、粗纱、纺纱和织造。

(3) 面接触：开松和清棉、粗纱、牵伸和纺纱。

后两种方法通常需要足够长的纤维长度，以允许在摩擦测试期间滑动并且易于处理纤维。这些方法还需要非常大的样本量才能从测试中获得可靠的结果。点接触和线接触方法可用于化纤长丝、蚕丝和羊毛。但它们不是棉纤维的适当测试方法。面接触方法是评估棉纤维摩擦特性的更好选择，因为实际上棉纤维倾向于成组而不是单独移动。在模拟短纤维的摩擦行为时，面接触方法还可以给出更准确的结果[11]。

无论使用何种方法，纤维摩擦特性的测量都应符合以下标准，否则测试结果会不准确：

(1) 该方法应该是对纤维集合体加工或变形过程中发生的情况的实际模拟。

(2) 该方法必须允许快速制备样品和快速测试，同时不违背标准的准确性和不超出操作员技能水平。仪器应该是自动化的，或者至少是半自动化，以消除与操作员的交互问题。该标准可能是开发纤维摩擦性能测量仪器中最具挑战性的任务[11,38]。

(3) 使用上述任何一种方法从仪器获得的数据应准确且可重复,这是测量纤维摩擦特性的另一个具有挑战性的问题[10]。

在测试之前和测试过程中采取一些预防措施,可以提高数据的可重复性。例如,纤维的采样必须仔细进行,并且能代表整个群体。表 3.1 给出了不同研究者得出的棉纤维的静摩擦系数和动摩擦系数。从表 3.1 可以看出,摩擦力似乎是高度分散的。这证实了单纤维摩擦性能测试的可重复性并未实现。数据的可重复性可以通过使用大样本量来实现,原因如下:

(1) 测试性能不一致:纤维的处理需要经验和特殊技能。纤维的处理是导致摩擦性能测试结果不一致的主要因素。通过使用自动化仪器,这个问题可能变得微不足道[9,38]。表 3.1 中数据的波动就是源于测试前纤维的处理效果不一致。

(2) 测试条件:一般而言,摩擦系数一直是所有摩擦性能测试方法测量的主要参数。由于纺织纤维对环境条件比较敏感,测试条件的微小变化都会导致摩擦系数的较大变化。因此通过受试验条件影响最小的试验来确定摩擦系数非常重要[9,10]。

(3) 测试灵敏度:在纤维摩擦力的测量中,法向载荷为 mN 量级,这意味着摩擦测试非常敏感。事实上,据报道,摩擦测试比纤维强度测试对环境条件(例如相对湿度和温度)更敏感。因此,在测试之前,表面必须没有环境灰尘和异物。仪器还应放置在容器中,以消除空气流通的影响。在测试高回潮率纤维时,应特别注意相对湿度[11]。

(4) 纤维的变化:在摩擦测试中,评估纤维表面的特性。一个样品的纤维表面与另一个样品的纤维表面相同;然而,纤维摩擦力与其他几个纤维特性相关。因此,表面的变化将是一个复杂的函数。由于纤维其他特性的高变异性,纤维摩擦力的置信区间会很大[9,38]。

纤维摩擦性能测量装置的研制一直是许多实验研究的重要内容。尽管在纤维间摩擦力测量方面已经做了很多工作,但还没有开发出标准的测试仪器。据报道,Bowden 开发的装置(图 3.4)是摩擦基础研究的最佳通用方法[11]。该装置适用于 5～100 cN 的载荷。然而,使用该仪器测试纤维材料是非常困难的。在纤维间摩擦性能测试中,使用一对经过相同处理并彼此做相对移动的纤维进行测量。在实践中,纤维间摩擦力的测量可以通过以下三种方法进行:

(1) 经典绞盘法:将纤维穿过圆柱形杆,测量引起滑动所需的张力。

(2) 经典摩擦定律:测量一根纤维对另一根纤维施加的正常压力所产生的滑动力。

(3) Gralen 和 Lindberg[18,36] 方法:将两根纤维加捻在一起,并测量引起滑动所需的力。

Gralen 和他的合作者[36]进行了上述测试,他们将纤维以直角接触,并通过扭转丝在其中一根纤维上施加越来越大的扭矩。纤维保持在一起,直到扭矩大到足以克服它们之间的摩擦力,此时其中一根纤维就会滑动。为了从 Gralen 和 Olofsson[36] 开发的仪器中获得准确的结果,在处理纤维样品和仪器时应特别小心。在实验中,使用相机记录一根纤维的运动。Lindberg 和 Gralen[18] 修改了 Gralen 和 Olofsson[36] 提出的方法,并提出了另一种被称为"纤维加捻方法"的方法。在此方法中,通过添加一定捻度来测量单纤维之间的摩擦系数，并在每根纤维的头端施加张力，如图 3.18 所示。在纤维另一头端随着张力增加直至临界值，张力差不再由纤维之间的摩擦支撑。在发生滑移的值处，摩擦系数可以使用以下关系式计算：

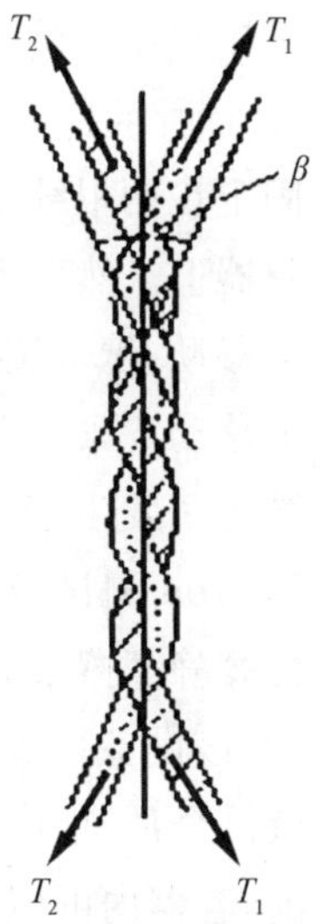

图 3.18 加捻方法

$$\mu = \frac{\ln T_2 - \ln T_1}{\pi n \beta} \tag{3.48}$$

上式中，T_1 和 T_2 是端部张力，β 是扭转角，n 是圈数。该方法也适用于纱线摩擦力的测量。Howell[27] 使用了另一种方法，其中一根纤维以可变角度倾斜，而另一根纤维则可以沿着它滑动。用肉眼观测纤维的滑移，并从刻度盘上读取倾斜角度。Howell 和 Mazur[14] 使用稍微改进的装置来研究醋酸纤维和黏胶纤维的摩擦特性。他们发现，虽然样品上没有看到磨损，但一定程度的磨损可能会改变纤维的摩擦性能。Scheier 等[52] 在实验中也使用相同方法，通过力传感器系统将摩擦力转化为电压输出，并记录在图表上。

尽管 Scheier 和 Lyons[52] 使用的方法相似，但他们未能给出实验中使用的换能器的响应时间。Betts 等[53] 根据 Gralen 和 Olofsson[36] 的描述，开发了另一种纤维摩擦力测试装置，并做了一些修改，如图 3.19 所示。在实验中，将两根经过相同处理的纤维放入钳口。其中一个钳口位于控制正常质量的天平顶部，另一个钳口位于向夹具施加扭矩的螺旋螺钉的顶部。纤维运动由光学系统检测，该系统的工作承载质量可达 200 mg。

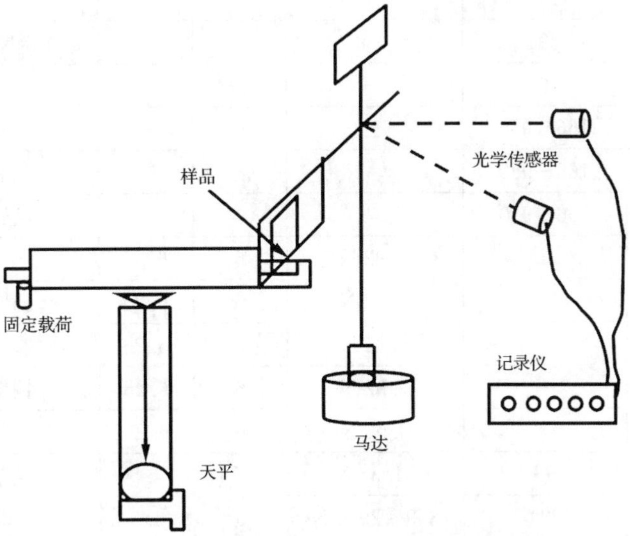

图 3.19 Betts 等提出的纤维摩擦力测试装置

线接触（纤维加捻法）测试广泛应用于摩擦性能研究。Fair[54] 等研究了人类头发的摩擦特性。在他们的研究中，他们根据 Gralen 和 Lindberg[18] 给出的方法开发了一种装置，用标准拉力计测量摩擦力，如图 3.20 所示。该装置可以夹在 Instron 测试仪加载单元的下钳口中。将具有所需捻度的样本放置于图3.20所示装置中，将两个相同质量的重物各自固定在两根纤维的一端，另一端则一起夹在传感器上。然后Instron测试仪的十字头开始向下移动，携带装置和附着在样品上的重物也向下移动。张力在纤维中不断增加，直至克服纤维之间发生滑动的摩擦力。黏滑模式可以在Instron测试仪输出的图表中看到，由此可以计算静摩擦系数和动摩擦系数。如图3.20所示，该设备只适用于长丝纤维。该设备能够在液体介质而不是空气中进行测量，在测试之前，容器内可以填充所需的液体介质。表3.4给出了不同研究者测量得到的纤维摩擦系数以及对应的测试方法和条件等。

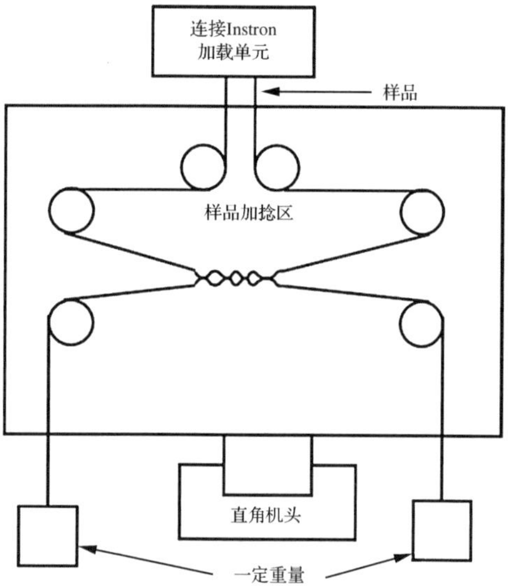

图3.20 线接触摩擦性能测试装置

表3.4 纤维的摩擦系数

研究者	测试方法	测试条件				纤维类型	μ_s
		$N(\times10^{-3}\text{mN})$	T_0	β	n		
Mercer	点接触	294	—	—	—	尼龙66	0.26
Mercer	点接触	294	—	—	—	黏胶纤维	0.30
Mercer	点接触	294	—	—	—	醋酸纤维	0.39
Mercer	点接触	294	—	—	—	铜氨纤维	0.32
Gralen	点接触	166	—	—	—	黏胶纤维	0.30
Olofsson	点接触	166～950	—	—	—	羊毛	0.61
Olofsson	点接触	166～950	—	—	—	黏胶纤维	0.35
Olofsson	点接触	166～950	—	—	—	尼龙66	0.47
Hood	扭转法	—	3.92 N	6	6.25	棉	0.17
Hood	扭转法	—	3.92 N	6	6.25	尼龙66	0.43
Hood	扭转法	—	3.92 N	6	6.25	黏胶纤维	0.46
Hood	扭转法	—	3.92 N	6	6.25	铜氨纤维	0.30
Hood	扭转法	—	3.92 N	6	6.25	苎麻	0.49
Gralen	扭转法	—	21.36 N	5.74	4.5	羊毛	0.35
Gralen	扭转法	294	3.9～29.4 N	5	4.5	羊毛	0.11
Gralen	扭转法	294	3.9～29.4 N	5	4.5	棉	0.22
Gralen	扭转法	—	—	—	—	黄麻	0.46
Gralen	扭转法	—	—	—	—	蚕丝	0.52
Gralen	扭转法	—	—	—	—	醋酸纤维	0.56
Gralen	扭转法	—	—	—	—	涤纶	0.58

（续表）

研究者	测试方法	测试条件				纤维类型	μ_s
		$N(\times 10^{-3}$ mN)	T_0	β	n		
Roder	绞盘法	—	0～9.8 mN/cm	π	—	羊毛(与玻璃摩擦)	0.60
Roder	绞盘法	—	0～9.8 mN/cm	π	—	绵羊毛	0.63
Duckle	绞盘法	—	0.245 N	<π	—	黏胶纤维(与钢摩擦)	0.38
Duckle	绞盘法	—	0.245 N	<π	—	醋酸纤维(与钢摩擦)	0.38
Duckle	绞盘法	—	0.245 N	<π	—	尼龙纤维(与钢摩擦)	0.32
Duckle	绞盘法	—	0.245 N	<π	—	棉纤维(与钢摩擦)	0.29

Pascoe 和 Tabor 描述了另一种用于测量纤维摩擦力的装置。在该装置上，滑动纤维一端位于装置一端，滑动纤维另一端位于横向移动的纤维之上，如图 3.21 所示，由滑动纤维运动产生的垂直偏转给出法向力，而滑动纤维滑移期间的水平偏转给出摩擦力。通过安装在周围外壳上的玻璃窗，用显微镜观察挠度[9,11]。通过使用该仪器，Pascoe 和 Tabor 能够在 1 μN～1 cN 法向力的载荷范围进行实验。静摩擦系数和动摩擦系数也可以通过雪橇测试方法进行测量。该测试装置通过测量拉动承受一定重压的纤维所需的水平方向的力来得到摩擦系数，如图 3.22 所示。该方法适用于纤维与纤维以及纤维与金属的摩擦性能测试。

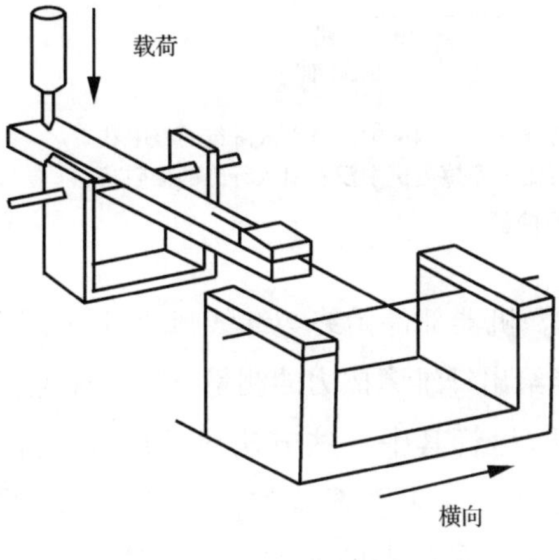

图 3.21 Pascoe 和 Tabor 的纤维摩擦力测试装置

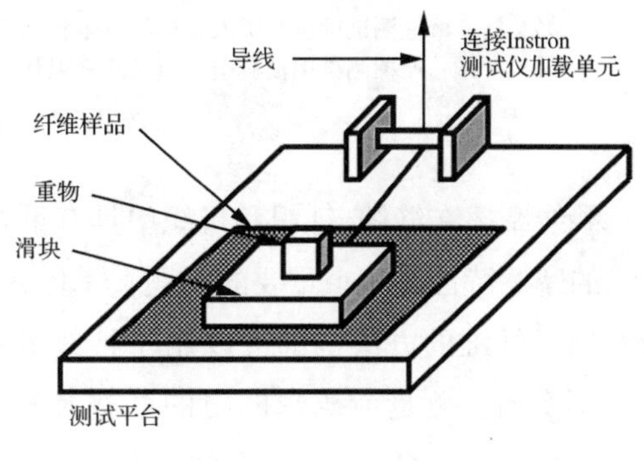

图 3.22 滑块测试装置

Lord[55]提出了一种不同的测试方法，他在实验中使用了两组纤维条。他的方法是通过在接触的纤维边缘顶部放置一个矩形块，使一根纤维边缘在横向载荷下相对于另一根纤维边缘滑动。通过使用连接到顶部边缘的悬臂弹簧来间接测量摩擦力。El Mogahzy 和 Broughton[10]采用 Lord[55]描述的方法开发了一种用于测量棉纤维摩擦力的装置。如图 3.23 所示，将纤维束固定在夹具中，并从上到下地摩擦纤维束表面。如果施加的法向力保持恒定，则随着滑动表面从纤维最致密的区域移动到接触纤维较少的区域，滑动阻力将逐渐减小。这种阻力减小是由于随着表面向较长纤维的末端移动，纤维数量减少。如果在不同的滑动点测量摩擦力，结果将是摩擦力与接触固定区域表面的纤维数量之间的关系。

这种关系通常被称为“纤维的摩擦力分布”。图 3.24 显示了典型的纤维摩擦曲线。如此图所示，纤维数量与摩擦力之间存在关系，在纤维-金属摩擦试验中，滑动表面仅为金属板，而在纤维-纤维摩擦试验中，滑动表面被纤维覆盖。

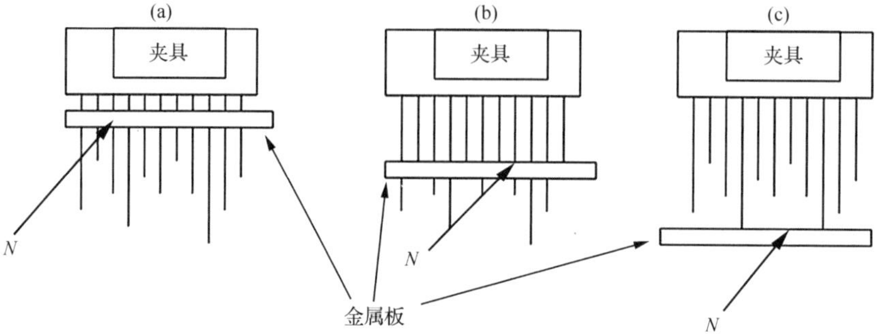

图 3.23　纤维束摩擦性能测试装置

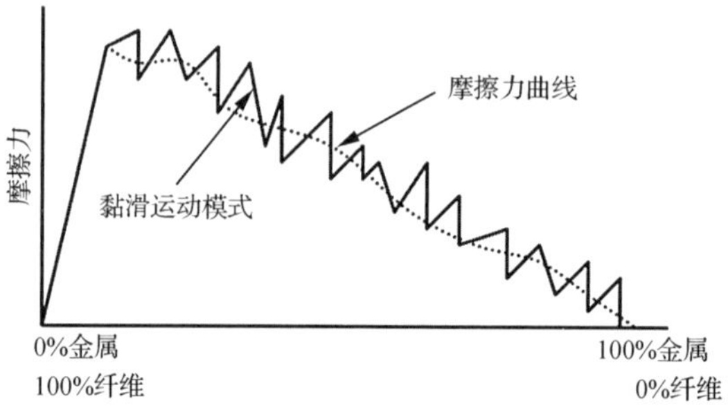

0%金属—摩擦测试中没有引入金属的极限状态　100%金属—摩擦测试中没有引入纤维的极限状态
100%纤维—摩擦测试中没有引入金属的极限状态　0%纤维—摩擦测试中没有引入纤维的极限状态

图 3.24　纤维摩擦曲线

纱线摩擦在缝纫、针织和机织中具有重要作用。机器部件始终与纱线接触，因此评估纱线的摩擦特性是一个重要的问题[23]，上一节已经给出纤维摩擦力的测量方法。理论上，所有用于纤维的方法也都可以用于纱线摩擦测试，尽管其中一些方法对于纱线摩擦测试并不实用。测量纱线摩擦力的基本装置是绞盘法。如果摩擦系数恒定，则可以使用基本方程（$T_2 = T_1 e^{\mu\theta}$）计算摩擦系数 μ。绞盘法可以是静态的或动态的，如图 3.25 所

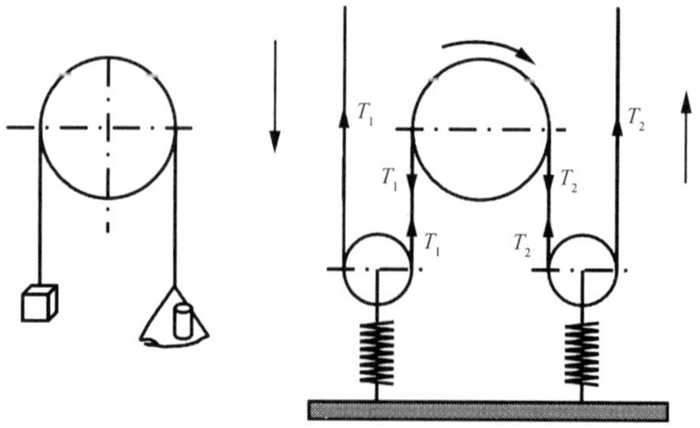

图 3.25　绞盘方法

示。静态绞盘法适用于静摩擦系数的测定，反之，动态绞盘法用于评估动摩擦系数。Buckle 和 Pollitt[56]对动态绞盘法进行改进，增加了刻度，可以直接读取摩擦系数。图 3. 26 所示为 Buckle 和 Pollitt[56]开发的装置。

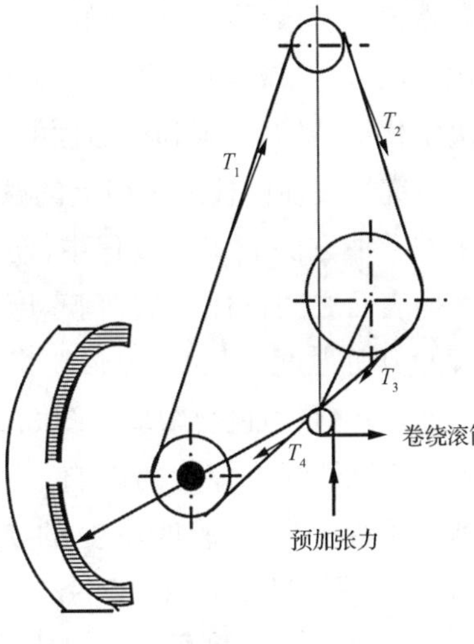

图 3. 26　摩擦系数自动指示装置

上述方法主要用于纱线与金属的摩擦测试。对于纱线-纱线间的摩擦，方法应稍作修改。静态绞盘法可以通过用相同的纱线覆盖圆筒表面来进行纱线与纱线之间的摩擦测试。另一种方法是纱线加捻法，如图 3. 27 所示。美国材料试验协会(ASTM)有两种用于纱线-纱线和纱线-金属测试的标准测试方法。ASTM 标准[57]给出了设备的精确程序和尺寸。

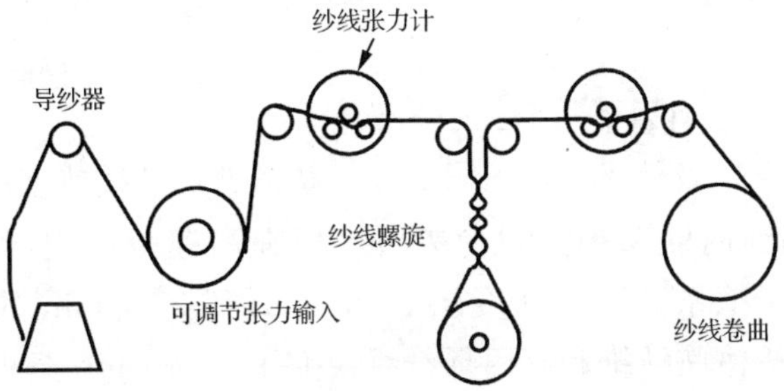

图 3. 27　纱线加捻法

3. 5. 2　影响纤维材料摩擦力的因素

在前面的章节中，给出了为测量纤维摩擦特性而提出的几种实验技术和理论模型。如前所述，摩擦测试比大多数物理测试更敏感，有必要考虑影响纤维摩擦特性的因素。如果对纤维进行整理后，则不能应用一般方程来计算摩擦系数。Olsen[47]研究了纺纱后整理润滑纱线的摩擦行为。摩擦系数、纱线速度、润滑剂黏度和接触面外加压力之间的关系如图 3. 28 所示。Olsen[47]的研究后来被 Schick[31, 58-60]证实，图 3. 28 显示了该过程的理想化摩擦行为。从此图可以看出，总摩擦系数由边界摩擦和流体动摩擦组成，并且在半边界区

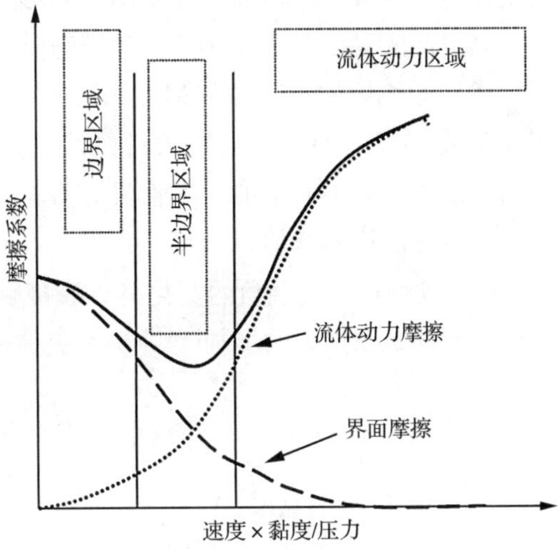

图 3. 28　液体润滑纱线的一般摩擦行为

域获得最小摩擦系数。速度低于 0.1 m/min 为边界区域，高于 5 m/min 为流体动力区域。在边界区域，机械作用、化学作用和物理作用占主导地位，尽管在流体动力区域，摩擦特性取决于化学结构、润湿和剪切性能。

研究纱线在圆柱形表面上的摩擦行为是广泛采用的一种方法。在此过程中，纺纱油剂在纤维和摩擦表面之间形成一层薄膜，摩擦力取决于该薄膜的剪切强度[47, 60]。Lyne[46]发现随润滑剂黏度增加，最终张力也会增加。图 3.29 显示了黏度对醋酸纤维纱线摩擦力的影响。Hansen 等[16]在变黏度下保持纱线速度不变的实验中，证实了 Lyne 的发现。Hansen 和 Tabor[16]还通过研究变速及恒定黏度下的摩擦力来扩展他们的实验发现，最终张力与速度×黏度的关系图几乎相同，即摩擦力仅取决于速度和黏度的乘积。他们的图线形状与图 3.29 类似。

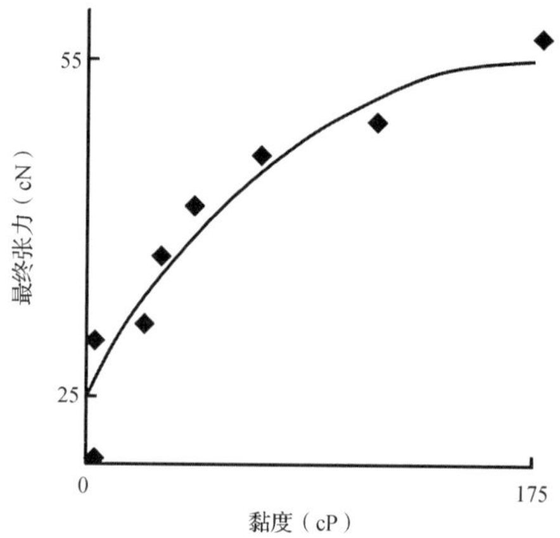

图 3.29　醋酸纤维纱线的摩擦力与润滑剂黏度的关系

影响摩擦力的因素还有以下几个：

(1) 速度。Schick[61]评估了三种不同黏度下摩擦力对纱线速度的依赖性。尽管黏度存在差异，但低速范围内的摩擦力没有差异。但在高速范围内，摩擦力取决于黏度。Röder[62]报道称，静摩擦系数随着速度从 3 cm/min 到 2 m/min 的增加而增加。Park 等[63]使用聚酯纤维、聚酰胺纤维和聚丙烯纤维研究了 1 cm/min 至 400 m/min 速度范围的影响。一般来说，摩擦力在一定速度下达到最大值，超过该速度，摩擦力往往会随着滑动速度的进一步增加而减小。

(2) 温度。Mercer 和 Makinson[21]在研究羊毛纤维的摩擦特性时注意到温度的影响。温度的影响很重要，因为在加工过程中，高纺丝速度和拉伸速度会导致经过导向器的纤维温度升高。Schick[58]研究了导轨温度的影响，发现导轨温度升高会导致摩擦力减小，同时还与润滑剂的黏度有关，因为随着温度升高，润滑剂的黏度降低。

(3) 线密度。Martin 和 Mittelmann[42]报道了羊毛的摩擦力与纤维直径之间存在正相关关系，他们发现摩擦力随着纤维线密度增加而增加。Schick[58]还发现合成纤维摩擦力随着线密度增加而增加。尽管没有直接测量接触面积，但这种增加可解释为较大线密度纤维接触面积的增加。

(4) 接触角。接触角的变化将导致接触面积成比例地变化，在边界区域，接触面积的增加导致纤维摩擦力的增加[31, 58]。在流体动力区域，摩擦力由下式给出：

$$F=\eta\left(A\,\frac{V}{d}\right) \tag{3.49}$$

式中：η 为润滑剂的黏度；A 为接触面积；V 为纱线速度；d 为润滑剂膜的厚度。

(5) 回潮率。研究发现，回潮率取决于纤维的类型。在亲水纤维中，Schick[58]观察到，通过将相对湿度从 12%增加到 69%，流体动力区域的摩擦力显著增加。摩擦力的增加归因于纤维和表面之间接触面积的增加。Röder[62]发现，当相对湿度超过 70%时，羊毛的摩擦系数甚至进一步增加[58]。

(6) 导纱器表面粗糙度。Olsen[47]报道，导纱器表面粗糙度增加会导致摩擦力降低，Schick[60]也有类似发现，即表面粗糙度增加会导致张力在 50 m/min 的速度下从 1.35 N 降低到 0.80 N。由于该速度处于流体动力区域，Schick 将其解释为摩擦力的降低。然而，当速度低于 10 m/min 时，出现了相反的现象。

(7) 纤维材料。相同的润滑剂可以通过不同的纤维类型产生不同的摩擦力结果。图 3.30 所示为使用相同润滑剂的不同纤维类型获得的摩擦系数，这种现象与纤维的润湿性能有关，Schick[60]指出聚合物的润湿性较差导致摩擦系数较高。

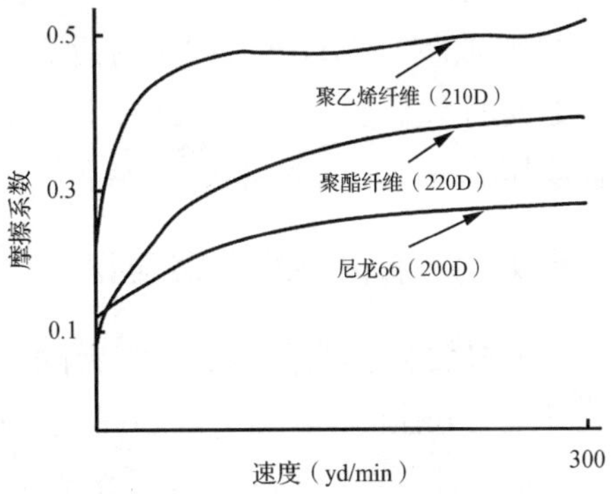

图 3.30 纤维材料对摩擦的影响

(8) 润滑剂黏度。Lyne[46]发现在高速下，摩擦力随着润滑剂黏度增加而增加。Schick 的实验还表明，在良好润湿条件下，摩擦力在边界区域与润滑剂黏度无关，而在流体动力区域则与润滑剂黏度有关[60]。

(9) 分子基团。Röder[62]研究了分子基团对纤维摩擦的影响，由于黏度成分增加，环氧乙烷基团数量增多会导致摩擦力增加。分子结构中的—COOH 和—OH 基团对纤维摩擦的影响几乎没有差异；当将—NH_2 基团引入结构中时，结果有所减小。Schick[59]也有类似的发现，如图 3.30 所示。

(10) 纤维横截面。对黏胶轮胎帘线进行的实验表明，摩擦系数与横截面形状无关。这些横截面差异仅是由于制造参数或原材料的变化造成的，而不是喷丝孔设计的变化造成的。但 El Mogahzy[9]报道了接触面积与纤维横截面有关，并发现非圆形截面纤维的 μ 值低于圆形截面纤维。由此也表明纤维摩擦的复杂性。

(11) 润滑剂用量。许多研究都分析了润滑剂用量对纤维的影响[47, 59, 60, 62]。Olsen[47]和 Röder[62]发现纤维表面的润滑剂质量分数为 0.20%时摩擦力会达到最小值，在纤维质量分数为 0.15%时，润滑剂最低用量水平与摩擦力的关系归因于在纤维上形成单分子膜所需的量。Schick[60]进行了另一组实验，其中润滑剂质量分数在 0.25%～2.0%，在测量摩擦力与速度的关系时，曲线在纤维质量分数约为 0.5%时趋于平稳。

(12) 结晶度。随着纤维结晶度的增加，其密度、刚度、屈服应力、硬度和耐磨性也增加。在低结晶度水平下，结晶度增加导致干摩擦系数降低。

(13) 纤维光泽。光泽是合成纤维的重要表面特性，其强度取决于聚合过程中添加的 TiO_2 量。实际生产中，一般会遇到以下三种不同光泽度的纤维：

- 光亮纤维：最多可含 0.1%的 TiO_2。
- 半消光纤维：TiO_2 含量高达 0.5%。
- 消光纤维：含有约 2.0%的 TiO_2。

3.6 纤维材料的压缩

纤维集合体材料的主要特征应是柔软、透气、可压缩。在纤维集合体的压缩期间，压力被施加到纤维团上，并且该压力导致纤维集合体的体积变化。压缩过程中会发生其他物理变化；然而，纤维的弯曲和表面特性对纤维的压缩特性影响最大。对纤维集合体进行压缩测试的传统方法包括“筒内活塞式”法。压缩纤维块所需的能量包括克服纤维与圆筒壁之间的摩擦力、纤维的弯曲能和卷曲所消耗的能量。许多实验研究了纤维性能和纤维体积压缩特性之间的关系[33]。纤维材料压缩的研究可分为两大类，即实验技术和理论。

3.6.1 纤维材料的压缩理论

大多数关于纤维材料压缩特性的理论和实验都是用羊毛纤维进行的。尽管人们认识到纤维集合体的一个重要属性是其在压缩载荷下的行为，但人们特别关注羊毛纤维的质量和适用性[64, 65]。已有关于纤维集合体压缩特性的许多研究以及表征这些特性的措施。van Wyk[65]在他的早期工作中引用了 Eggert 方程来计算压缩羊毛的体积变化：

$$\left(\frac{V}{V_0}\right)^{\gamma}(p+p_0)=p_0 \tag{3.50}$$

式中：V_0 为羊毛初始体积；p_0 为零施加压力下羊毛的潜在压力；γ 为羊毛柔度（刚度的倒数或者刚度矩阵的逆矩阵）。

van Wyk 指出，指数 p_0 和 γ 对实验误差极其敏感，并且取决于初始体积，因此，数据的再现性几乎是不可能的。由于 Eggert 模型不能良好地适用于纤维的压缩特性，van Wyk 将问题简化为组件中纤维的简单弯曲。他设想了一种理想的杆，它由大量的点水平支撑，支撑点在水平方向均匀分布且间隔为 $2b$，点与支撑物之间有相等的向下的力。对于小变形，变形和力之间的关系如下：

$$F=\frac{24IY}{b^2}y \tag{3.51}$$

式中：I 为转动惯量；Y 为杨氏模量；y 为弯曲变形挠度。

由于纤维集合体中纤维方向是随机分布的，因此 van Wyk 采用组件中的平均距离和平均接触数，假设元件长度 b 等于纤维之间的平均距离。完成分析推导后，压力与体积之间的关系如下：

$$p=\frac{KYm^2}{\rho^2}\left(\frac{I}{V^2}-\frac{I}{V_0^2}\right) \tag{3.52}$$

式中：K 为弱化常数；m 为纤维质量；ρ 为纤维密度。

式(3.52)描述的模型仅包含材料的弯曲特性参数，没有包括与纤维其他性能相关的参数。材料的初始体积应通过外推法获得，这会给模型带来另一个误差。从式(3.52)可以看出，van Wyk 方程完全由两个参数指定，即常数 K、Y 和初始体积 V_0。因此，必须为给定模型指定两个参数。由于压缩过程中发生的纤维滑移等多种因素，测量这两个参数并不容易。因此，样品条件的再现性是一个主要问题。尽管该模型并不完全适用于纤维材料的压缩特性，但它是纤维材料压缩相关研究的开端。因此，它在研究纤维材料的压缩行为领域具有历史意义。

接触点的数量对于确定纤维集合体的机械性能至关重要。van Wyk[65] 计算了均匀圆柱形纤维集合体中纤维上相邻点之间的平均距离，并给出如下公式：

$$\bar{l}=\frac{2V}{\pi DL} \tag{3.53}$$

式中：V 为纤维集合体的体积；D 为纤维的直径；L 为纤维的总长度。

该结果是基于纤维随机取向的假设得出的。Stearn[64] 不接受压缩后纤维随机取向的这个假设，而是通过考虑压缩过程中纤维取向变化来修改 van Wyk 的方法，他将单位体积的触点数量由下式给出：

$$n_V=\frac{4}{\pi}L_c^2D\,\frac{2}{\pi\sigma}\int_0^{\pi/2}I_c\xi(\varphi_c)\mathrm{d}\varphi_c \tag{3.54}$$

式中：L_c 表示单位体积中纤维的总长度；σ 为压缩系数；φ_c 为压缩方向与纤维轴线之间的角度。

I_c 和 $\xi(\varphi_c)$ 的计算式如下：

$$I_c=\int_0^{\pi/2}\sqrt{\sin^2\varphi_c\cos^2\gamma(1-\sigma^2)+\sigma^2}\,\mathrm{d}\gamma \tag{3.55}$$

$$\xi(\varphi_c)=\sigma\sin\varphi_c(\sigma^2\cos^2\varphi_c+\sin^2\varphi_c)^{\pi/2} \tag{3.56}$$

Stearn 提出的公式非常复杂，应用范围有限。另一方面，Kallmes 和他的同事[66] 推导出区域面积 A 中纤维交叉点数量的表达式：

$$n_V=\frac{N^2\lambda^2}{\pi A} \tag{3.57}$$

式中：N 是长度为 λ 的纤维总数。

假设所有纤维都放置在一个平面上，其方向完全随机，并且纤维集合体的厚度是这些纤维直径的两倍。虽然给出的表达式很简单，但如果纤维形成三维结构，则不能应用。

van Wyk 提出的纤维集合体压缩模型完全基于随机分布的纤维梁状弯曲变形。虽然该理论在许多情况下是可行的，但它并未深入探讨纤维集合体受压缩时的一些重要特性，包括摩擦和滑移、压缩导致的纤维取向度增加以及纤维卷曲对压缩性能的影响。

另外，大多数压缩曲线大幅偏离 van Wyk 的逆立方压力-体积关系，常数 K 比理论预期的要小两个数量级，压缩初期有一个不可逆应变，压缩-释压循环中有一个机械滞后，最后，该理论不能解释在方程中具有相同参数的不同纤维类型的不同压缩性质。日本岐阜大学小森(Komori)等扩展了该理论，考虑了非随机取向的集合体、非直弯曲单元以及纤维间的空间位阻，引入纤维间接触点理论，并结合摩擦作用，得到压缩体积与压缩力的关系。值得一提的是，小森非常专注，从 1977 到 1997 年的 20 年间，发表的论文都是聚焦于纤维集合体压缩性质，值得敬佩。

Komori 和 Makishima[67]导出了单位体积内纤维交叉点数量的公式。他们做出以下假设：

（1）所有纤维都是直径为 D、长度为 λ 的圆柱体。

（2）纤维质心的分布是随机的。

（3）端对端或侧对端的接触可以忽略不计。

基于上述假设，他们给出了以下方程，用于计算具有任意方向和纤维长度分布的纤维集合体中的平均接触点数量：

$$\bar{n}_V = DL_V^2 I \tag{3.58}$$

上式中的 I 表达如下：

$$\int_0^\pi \int_0^\pi \int_0^\pi \int_0^\pi Y(\theta, \theta', \varphi, \varphi')\Omega(\theta, \varphi)\Omega(\theta', \varphi')\sin\theta\sin\theta' \mathrm{d}\varphi' \mathrm{d}\theta' \mathrm{d}\varphi \mathrm{d}\theta$$

上式中的 Y 表达如下：

$$Y = \sqrt{1 - [\cos\theta\cos\theta' + \sin\theta\sin\theta'\cos(\varphi - \varphi')]^2} \tag{3.59}$$

其中 Ω 是取向的密度函数，θ、φ、θ' 和 φ' 分别是表征彼此接触的两根纤维的取向的极角。该模型取决于直径 D、长度 L 和密度函数 Ω。对于给定的纤维集合体，可以轻松完成直径和长度的测量，然而，没有确定密度函数的通用方法。因此，应评估纤维团的密度函数。Komori 和 Makishima[67]考虑了密度函数的两种特殊情况，即：（1）随机方向的集合体，其密度函数为 $1/2\pi$；（2）片状集合体，其密度函数为 $(1/\pi)\delta(\theta - \pi/2)$。第一种情况证实了 van Wyk 方程[65]，第二种情况证实了 Kallmes 和 Corte 方程[66]。

Komori 和 Makishima 的分析[67]随后被作为大多数研究的起点[68-70]。例如 Komori 和 Itoh[69]曾得出结论："Hsu 和 Lee 从 Komori 和 Makishima 对处理各向同性集合体中的纤维接触的分析出发，探索了一种理论，使各各向同性集合体的切向弹性模量和泊松比与纤维的取向密度和性能之间的关系成为可能。"Carnaby 和 Pan[33]然后扩展了 Hsu 和 Lee 给出的模型，考虑了纤维滑移的影响。Carnaby 和 Pan 能够重现纤维团的压缩滞后。在分析中，纤维分为滑移和非滑移两类并分别进行分析。给出的模型与高压缩比下的实验具有很好的一致性。他们建议可以考虑纤维黏弹性的影响，使模型更加准确。Carnaby 和 Pan 根据他们之前的研究提出了纤维团剪切变形的理论。该理论的推导很复杂，但对于低应变情况是有效的。虽然关于纤维集合体压缩的理论对纤维与压缩相关的特性有了新的认识，但纤维的弯曲行为并没有直接包括在模型中。平均自由纤维长度仅通过对整个质量上接触的两根相邻纤维之间的距离进行平均来考虑（与方向无关）。Komori 和 Itoh[69]扩展了由 Komori 和 Makishima[67]与 Carnaby 和 Pan[33]发展的理论，包含与方向相关的平均长度的弯曲元素。模型的描述基于能量法，他们声称该模型更容易满足纤维团的压缩力学理论。然而，模型中使用的密度函数没有像 Komori 和 Makishima[67]给出的模型那样明确指定。尽管使用的符号彼此相似，但由于纤维取向的假设，它们完全不同。

Abbott 和 Nason[68]考虑了羊毛纤维被压缩时的摩擦特性。在将摩擦系数引入分析之前，当对纤维样品施加压力时，距离 x 处的压力 p 由下式给出：

$$p = p_0 e^{-qx} \tag{3.60}$$

上式中，q 为压力衰减指数，由下式给出：

$$q = 2\mu\alpha\left(\frac{a+b}{ab}\right) \tag{3.61}$$

式中：a 和 b 分别为长方形压缩区域的高度和宽度；μ 为摩擦系数，并假设为常数。

根据压力箱的载荷和尺寸推导出摩擦系数方程：

$$\mu = \frac{A_s}{2d(a+b)}\left(\frac{L_0}{L_s}\right)\left(\frac{L_d}{L_0}\right)^{s/d}\ln\left(\frac{L_0}{L_d}\right) \tag{3.62}$$

式中：d 为压缩后纤维集合体的长度；L_s 为载荷。

上式表明，摩擦系数不是常数，而是施加压力的函数。为做比较，引入剪切载荷梯度，等于$(L_0 - L_d)/d$。

尽管给出的模型在参数及其关系方面相当复杂，但剪切载荷梯度可以很好地估计各个阶段的摩擦系数。得出的实验结果表明，羊毛、黄麻和高密度聚乙烯纤维在不同相对湿度和使用某种油脂和蜡的情况下，其摩擦系数与剪切载荷梯度指数具有良好的相关性[68]，该模型没有考虑纤维的弯曲特性。此外，Neckar[70]开发了一个模型，用于研究纤维材料在法向应力引起的一维和多维压缩下的机械行为。尽管他没有将纤维表面特性的影响引入模型，但他指出该问题的解决方案应加以推广，以考虑纤维间摩擦和其他形式的能量耗散（如弯曲和卷曲）的影响。

3.6.2 纤维团压缩的实验方法

关于纤维集合体压缩的发展理论已通过实验室压力机的实验研究得到证实。在工业中，压缩机被广泛用于包装棉花和羊毛纤维。由于储存和运输的成本，羊毛的压缩具有经济重要性。Hearle 和 El Behery[71]开发了一种设备来测量负载下纤维集合体的横向应力，将样本放入一个矩形容器中，并通过施加到上部活动板的载荷进行压缩。容器的一侧侧壁的一部分也是可移动的。将测力装置安装在容器的可移动侧，以获取样品上的侧向压力，如图 3.31 所示。他们没有考虑纤维之间以及纤维与容器侧壁之间的摩擦力。另一

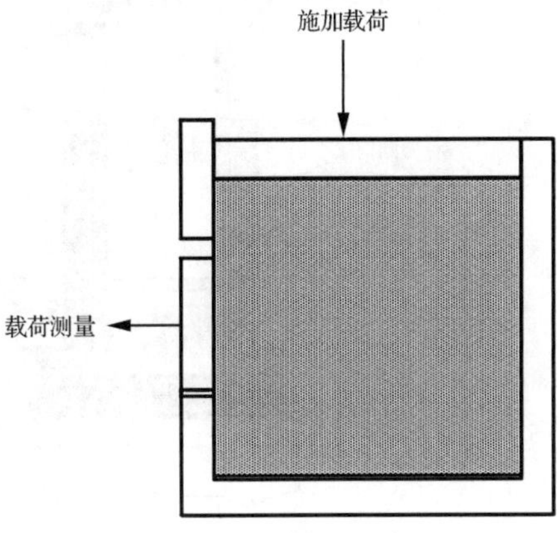

图 3.31 Hearle 等提出的装置

方面，Abbott 和 Nason[68]使用图 3.32 所示的压机来压缩羊毛纤维，他们在仪器上放置了一个传感器，以监测压缩过程中的样品长度，然而他们未能提供数据采集过程中使用的实验技术以及传感器的响应时间。

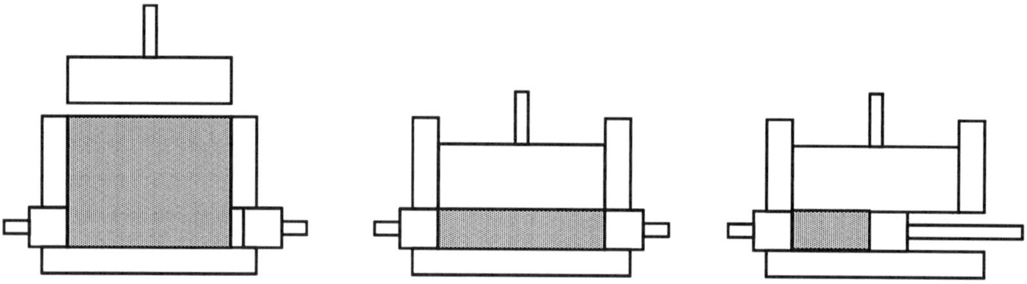

(a) 织物放入测试装置前无任何压缩　(b) 沿垂直方向压缩　(c) 沿水平方向压缩

图 3.32　压制阶段

许多实验中使用的更现实的压缩单元是活塞压缩单元[72,73]。Dunlop[72]采用活塞装置来估计 van Wyk 的模型参数，通过传统的缸内活塞装置获得表征羊毛压缩性能所需的参数存在相当大的困难。Young 和 Dricks[73]研究了将羊毛纤维从初始体积 v_0 压缩到最终体积 v 所需的能量，采用了"缸内活塞"对纤维块进行压缩测试的传统方法排列，如图 3.33 所示，根据载荷压缩和松弛曲线测量了压缩样品所需的能量。尽管通过使用压力板消除了边界摩擦效应，但纤维与金属(气缸壁)的摩擦效应仍在实验中，因此由于纤维与缸壁之间的摩擦，结果也被高估了，然而，这种方法对于估计纤维的压缩特性是有用的。另一方面，Yuksekkaya[74]提出了另一种压缩测试装置来测量纤维的摩擦特性，该仪器应用活塞缸的基本原理，图 3.34 为仪器照片，研究发现可以区分纤维样品的表面差异。

图 3.33　传统活塞缸

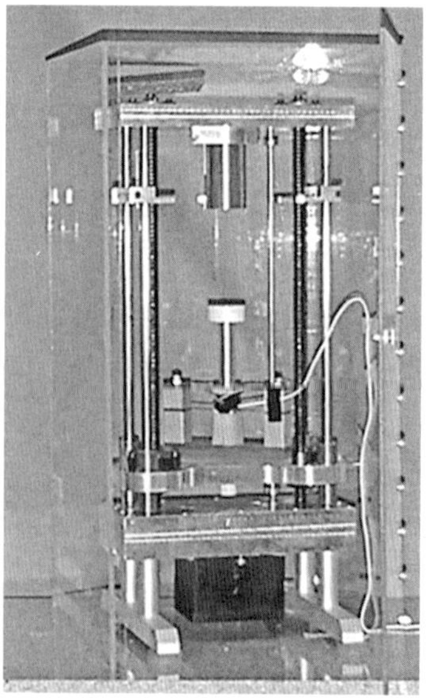

图 3.34　压缩测试仪器照片

3.7 结论

经典摩擦理论和经验摩擦定律并不适用于大多数纺织纤维和纺织品。从 20 世纪下半叶起，对纺织材料表面形态结构和摩擦性质的有关深入研究表明了纤维摩擦的复杂性。由于纤维材料摩擦作用对于纺织生产和纺织品设计具有显著的重要性，准确表征纤维摩擦性能显得十分重要和必要，尤其是研制可以快速、准确、轻松地测量纤维摩擦特性的测试方法和测试装置。但目前为止，未开发出用于快速大批量测量纺织纤维摩擦力的标准方法和仪器装置[75]。棉纤维的大部分特性可以使用 HVI 快速测试，但是摩擦性能测试仍未较好地解决。纺织纤维种类繁多，使得研究摩擦性能测试方法和仪器比棉纤维摩擦性能测试更具挑战性。彻底研究各种不同种类纤维的摩擦性能和机理，仍将是纺织研究者今后需要长期坚持的工作。

参考文献

[1] Encyclopaedia of britannica. Chicago: Britannica Corporate, 1993.

[2] Harnoy A. Simulation of stick-slip friction in control systems. Tribology Transactions, 1997, 40 (2): 360-366.

[3] Chang W R, Etsion I, Bogy D B. Static friction coefficient model for metallic rough surfaces. Journal of Tribology, 1988, 110 (1): 57-63.

[4] Dutta A. An alternative analysis of the plane stick-slip problem. Journal of Applied Mechanics, 1983, 50 (4a):863-868.

[5] Chopra A K. Dynamics of structures: Theory and applications to earthquake engineering. Upper Saddle River, NJ: Prentice Hall, 1995.

[6] Rabinowicz E. Stick and slip. Scientific American, 1956, 194 (5):109-119.

[7] Taylor D S. The measurement of fibre friction and its application to drafting force and fibre control calculations. Journal of The Textile Institute Proceedings, 1955, 46 (1): P59-P83.

[8] Balls W L. Studies of quality in cotton. London: Macmillan, 1928.

[9] El Mogahzy Y E. A study of the nature of friction in fibrous materials. Raleigh: North Carolina State University, 1987.

[10] El Mogahzy Y E, Broughton R M. A new approach for evaluating the frictional behavior of cotton fibers. Part I: Fundamental aspects and measuring techniques. Textile Research Journal, 1993, 63 (8): 465-475.

[11] Morton W E, Hearle J W S. The physical properties of textile fibres. London: The Textile Institute, 1995.

[12] Bowden F P, Tabor D. The friction and lubrication of solids. Oxford: Clarendon Press, 1954.

[13] Baird M E, Mieszkis K W. Frictional properties of nylon yarn and their relation to the function of textile guides. Journal of The Textile Institute Proceedings, 1955, 46 (1): P101-P111.

[14] Howell H G, Mazur J. Amontons' law and fibre friction. Journal of The Textile Institute Transactions,

1953, 44 (2): T59-T69.

[15] Deluca L B, Thibodeaux D P. The relative importance of fiber friction and torsional and bending rigidities in cotton sliver, roving, and yarn. Textile Research Journal, 1992, 62 (4): 192-196.

[16] Hansen W W, Tabor D. Hydrodynamic factors in the friction of fibers and yarns. Textile Research Journal, 1957, 27 (4): 300-306.

[17] Adderley A. The clinging power of single cotton hairs. Journal of The Textile Institute Proceedings and Abstracts, 1922, 13 (12): 249-255.

[18] Lindberg J, Gralen N. Measurement of friction between single fibers. II. Frictional properties of wool fibers measured by the fiber-twist method. Textile Research Journal, 1948, 18(5): 287-301.

[19] Makinson K R. Correspondence: The kinetic friction of wool. Journal of The Textile Institute Transactions, 1947, 38 (9): T332-T334.

[21] Mercer E H, Makinson K R. The frictional properties of wool and other textile fibres. Journal of The Textile Institute Transactions, 1947, 38 (5): T227-T240.

[22] Hood B G. Investigation of the frictional properties of textile fibers under variable fiber stress. Textile Research Journal, 1953, 23 (7): 495-505.

[23] Navkal H, Turner A. The foundations of yarn strength and yarn extension. Part III: The clinging-power of cotton. Journal of The Textile Institute Transactions, 1930, 21(11): T511-T523.

[24] Andrews B A K, Kimmel L B, Bertoniere N R, et al. A comparison of the response of cotton and milkweed to selected swelling and crosslinking treatments. Textile Research Journal, 1989, 59 (11): 675-769.

[25] Louis G L, Andrews B A K. Cotton/milkweed blends: A novel textile product. Textile Research Journal, 1987, 57 (6): 339-345.

[26] Lombard G, Vermeersch O G, Weltrowski M, et al. Measurement of the bending rigidity and the friction coefficient of milkweed fibers with the Kawabata Evaluation System. Experimental Techniques, 1994, 18: 9-14.

[27] Howell H G. Inter-fibre friction. Journal of the Textile Institute Transactions, 1951, 42 (12): T521-T533.

[28] Guthrie J C, Oliver P H. Inter-fibre friction of viscose rayon. Journal of The Textile Institute Transactions, 1952, 43 (12): T579-T594.

[29] Lincoln B. The frictional properties of the wool fibre. Journal of The Textile Institute Transactions, 1954, 45 (2): T92-T107.

[30] Robins M N, Rennell R W, Arnell R D. The friction of polyester textile fibres. Journal of Physics D: Applied Physics, 1984, 17(7): 1349-1360.

[31] Schick M J. Friction and lubrication of synthetic fibres. New York: Marcel Dekker, 1975.

[32] Adams N. Friction and deformation of nylon. I. Experimental. Journal of Applied Polymer Science, 1963, 7 (6): 2075-2103.

[33] Carnaby G A, Pan N. Theory of the compression hysteresis of fibrous assemblies. Textile Research Journal, 1989, 59 (5): 275-284.

[34] Breazeale F. Apparatus for determining the coefficient of friction of running yarn. Textile Research Journal, 1947, 17 (1):27-31.

[35] Howell H G. The friction of a fibre round a cylinder and its dependence upon cylinder radius. Journal of the Textile Institute Transactions, 1954, 45 (8): T575-T579.

[36] Gralen N, Olofsson B. Measurement of friction between single fibers. Textile Research Journal, 1947, 17 (9): 488-496.

[37] Gralen N, Olofsson B, Lindberg J. Measurement of friction between single fibers. Part VII: Physicochemical views of interfiber friction. Textile Research Journal, 1953, 23 (9): 623-629.

[38] Gupta B S, El Mogahzy Y E. Friction in fibrous materials. Part I: Structural model. Textile Research Journal, 1991, 61 (9): 547-555.

[39] Gao C, Kuhlmann-Wilsdorf D. On stick-slip and the velocity dependence of friction at low speeds. Journal of Tribology, 1990, 112 (2): 354-360.

[40] Yoshizawa H, McGuiggan P, Israelachvili J. Identification of a second dynamic state during stick-slip motion. Science, 1993, 259: 1305-1308.

[41] Jang S, Tichy J. Rheological models for stick-slip behavior. Journal of Tribology, 1997, 119 (4): 626-631.

[42] Martin A J P, Mittelmann R. Some measurements of the friction of wool and mohair. Journal of the Textile Institute Transactions, 1946, 37 (12): T269-T280.

[43] Gonsalves V E. Theoretical considerations and measurements with regard to the longitudinal abrasion of rayon filaments. Textile Research Journal, 1950, 20 (1): 28-42.

[44] Olofsson B. Measurement of friction between single fibers. VI. A theoretical study of fiber friction. Textile Research Journal, 1950, 20 (7): 476-480.

[45] Howell H G. The general case of friction of a string round a cylinder. Journal of The Textile Institute Transactions, 1953, 44 (8-9): T359-T362.

[46] Coulson AFW, Lyne D G. The dynamic friction between cellulose acetate yarn and a cylindrical metal surface. Journal of The Textile Institute Proceedings, 1955, 46 (1): P112-P122.

[47] Olsen J S. Factional behavior of textile yarns. Textile Research Journal, 1969, 39 (1): 31-37.

[48] Galuszynski S, Ellis R. Frictional forces in the heald eye. Textile Research Journal, 1983, 53 (8): 462-468.

[49] Kawabata S, Morooka H. Frictional characteristics of yarns. Journal of The Textile Machinery Society of Japan, 1978, 31 (6): 96-102.

[50] Kowalski K. Modelling of yarn friction against solid bodies. Melliand Textilberichte, 1991, 72 (3): 171-175, E65-E67.

[51] Wei M, Chen R. An improved capstan equation for nonflexible fibers and yarns. Textile Research Journal, 1998, 68 (7): 487-492.

[52] Scheier S C, Lyons W J. Measurement of the surface friction of fibers by an electro-mechanical method: The relevancy of surface geometry. Textile Research Journal, 1965, 35 (5): 385-394.

[53] Betts J A, Hurt F N, O'Connor K D, et al. Inter-fibre friction. HATRA Research Report, 1974 (8): 31.

[54] Fair N J B. The effect of chlorination of friction and surface morphology of dark brown and blond human hair fibres. Raleigh: North Carolina State University, 1984.

[55] Bayes A W, Lord E. Frictional forces between fringes of fibres. Journal of The Textile Institute

Proceedings, 1955, 46 (1): P41-P58.

[56] Buckle H, Pollitt J. An instrument for measuring the coefficient of friction of yarns against other materials. Journal of The Textile Institute Transactions, 1948, 39 (6): T199-T210

[57] American Society for Testing and Materials (ASTM). Standard test method for coefficient of friction, yarn to solid material. ASTM designation D3108-95. In: ASTM Book of Standards, Section 7 Vol. 7.01. ASTM, Philadelphia, PA, 1997: 814-819.

[58] Schick M J. Friction and lubrication of synthetic fibers. Part III: Effect of guide temperature, loop size, pretension, denier, and moisture regain on fiber friction. Textile Research Journal, 1973, 43 (5): 254-259.

[59] Schick M J. Friction and lubrication of synthetic fibers. Part IV: Effect of fiber material and lubricant viscosity and concentration. Textile Research Journal, 1973, 43 (6): 342-347

[60] Schick M J. Friction and lubrication of synthetic fibers. Part I: Effect of guide surface roughness and speed on fiber friction. Textile Research Journal, 1973, 43 (2): 103-109.

[61] Schick M J. Friction and lubrication of synthetic fibers. Part II: Two-component systems. Textile Research Journal, 1973, 43 (4): 198-204.

[62] Röder H L. Measurements of the influence of finishing agents on the friction of fibres. Journal of The Textile Institute Transantions, 1953, 44 (6): T247-T265.

[63] Park K, Seefried C G, Bryant G M. Relation of lubricant structure to frictional properties: Polyoxyalkylene monoether lubricants on filament yarns. Textile Research Journal, 1974, 44 (9): 692-700.

[64] Stearn A E. Effect of anisotropy in randomness of fiber orientation on fiber-to-fiber contacts. Journal of The Textile Institute, 1971, 62(7): 353-360.

[65] van Wyk C M. Note on the compressibility of wool. Journal of The Textile Institute Transactions, 1946, 37 (12): T285-T292.

[66] Kallmes O, Corte H. The structure of paper in the statistical geometry of an ideal two dimensional fiber network. TAPPI Journal, 1960, 43(9): 737-752.

[67] Komori T, Makishima K. Numbers of fiber-to-fiber contacts in general fiber assemblies. Textile Research Journal, 1977, 47 (1): 13-17.

[68] Abbott G M, Nason D. Role of press wall friction in the high-density compression of wool bales. Textile Research Journal, 1986, 56 (12): 715-721.

[69] Komori T, Itoh M. A new approach to the theory of the compression of fiber assemblies. Textile Research Journal, 1991, 61 (7): 420-428.

[70] Neckar B. Compression and packing density of fibrous assemblies. Textile Research Journal, 1997, 67 (2): 123-130.

[71] Hearle J W S, El Behery H M A E. The transmission of transverse stresses in fibre assemblies. Journal of The Textile Institute Transactions, 1960, 51(4): T164-T171.

[72] Dunlop J I. Characterizing the compression properties of fibre masses. Journal of The Textile Institute, 1974, 65 (10): 532-536.

[73] Young M D, Dircks A D. Importance of boundary friction in measuring bulk compression of loose wool fibers. Textile Research Journal, 1985, 55 (4): 223-226.

[74] Yuksekkaya M E. A novel technique for the assessing frictional properties of fibers. Raleigh: North Carolina State University, 1999.

[75] Yuksekkaya M E. More about fibre friction and its measurements. Textile Progress, 2009, 41(3): 141-193.

4 长丝纱拉伸力学

4.1 发展历史

长丝纱是由连续长丝经并丝或加捻而形成的纱线，短纤纱是由短纤维彼此纠缠而形成的纱线。纺织品是柔性物质，其轴向或面内方向承拉但不承压，所以拉伸性质是纺织品力学性质的重要内容。纺织专业的学生最熟悉的就是纱线和织物拉伸实验，戏称其为“拉拉扯扯”。但是，“拉拉扯扯”内部的机理绝非戏言，而是严肃的科学。

纺织科学与工程作为一门独特的学科，有两个主要研究内容，分别是纤维集合体物理和化学。纤维集合体被广泛使用的主要原因是它们有独特的力学性能组合，即承受拉伸应变时具有的强度和弯曲应变时的柔软性。通过对这种力学行为的分析，相关研究人员迅速优化了刚性结构工程中常用的简单的小应变线性模型。到 20 世纪 60 年代末，对于纤维集合体力学的研究工作和发表的论文如雨后春笋般涌现。这方面的工作大部分由当时的英国物理学家完成并首发在 JTI 上。

当时，纤维集合体力学研究的核心对象是结构看似简单但极为重要的加捻长丝纱。短纤纱主要用于服装领域，它的拉伸强度虽然重要，但人们对其强度并没有非常精确的要求。同时，短纤纱中纤维的内外转移和滑脱长度这两个关键因素使得短纤纱的拉伸强度研究十分复杂。即使是简单的长丝纱，在从单纤维性质预测纱线性质时，就遇到了极大的困难。实际长丝纱结构极为复杂，图 4.1(a)为缆绳结构示意图，可以看出从纤维、单纱、股纱、绳纱、单绳、缆绳的多尺度几何结构。实际工程中的缆绳则不是图 4.1(a)中的三股式结构，而是呈现出图 4.1(b)这样复杂的编织结构。预测拉伸力学性质则更为复杂。

Platt 和 Hearle 是纱线拉伸力学研究方面的先驱，分别在美国和英国开展系统研究。Platt[1-4] 和 Hearle[5-7] 的早期研究工作中，假设加捻长丝纱是一组具有等节距和均匀密度的同轴螺旋线，用于小应变时还具有一定精度，但是在大拉伸应变时变得极为困难。这主要因为力是矢量，在纱线内部的螺旋线上，力的叠加计算非常繁琐，而当时的计算工具还很简单，这也是那个时代 Platt 和 Hearle 做了很多分析模型的原因。Platt 将其研究工作发表在 TRJ 上，连续以十几篇论文报道纱线拉伸力学，Hearle 的研究工作则在后来被写入了教科书[8]。

经过 Platt 和 Hearle 十多年的努力推进，力法在纱线拉伸力学上得到了广泛深入的使用，其潜力已经被挖尽。Treloar 和 Riding[9] 于 1963 年在 JTI 上发表的论文改变了“打

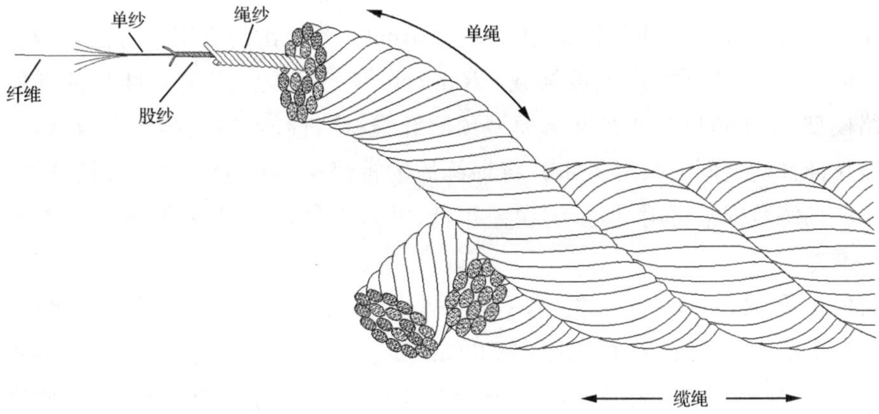

(a) 缆绳结构

(b) 实际缆绳

图 4.1　加捻长丝结构

法”,巧妙之处在于把重点放在应变能上。能量是一个标量,有大小但没有方向;而应力是矢量,既有大小又有方向。用能量方法(以下简称能量法)更加简单有效,能量对位移的导数就是力,由此可以得到拉伸力与拉伸位移的关系。采用能量法得到整个应变范围内纱线的应力应变理论曲线。除了应变值偏小和捻度值偏高以外,这些曲线与实验结果非常吻合。

Treloar 和 Riding 非常清楚他们的假设之一,即纱线的恒体积张力,也就是在纱线受力过程中体积保持不变,似乎“不太合理”。从本质上讲,这个假设被用来确定径向位置和施加拉伸载荷后建立单丝的螺旋形状。这个假设在连续长丝纱线上基本适用,因为加捻长丝纱的结构紧密,在较小的径向位置上,横向压力即可紧密包裹长丝,可以防止单丝径向位置变化。但对于体积较大的结构,这个假设会导致刚度预测不是非常精确。解决方案是假设变形状态的更真实的几何模型,或者将径向位移作为一个新的自由度,引入到任意给定拉伸伸长处的能量计算中,求解弹性应变能最小值。总而言之,Treloar 和 Riding 的首创工作极易为大家采用,能量法也成为纺织物理领域经受住时间考验的重大突破。另外,Treloar 对股线的力学性质研究也极为简洁优雅。虽然后续很多数值模型(例如有限元方法)被 Carnaby 等应用于长丝纱的拉伸性能计算[10-12],但是 Treloar 和 Riding 的工作是基础性的。本书第十章还会进一步用能量法揭示非织造布的力学性质。

由于影响纱线拉伸性质的因素很多，在 Carnaby 等提出的有限元方法等数值模型之后，人工神经网络方法开始进入该领域。Ramesh 等[13]建立了预测纱线拉伸性能的人工神经网络模型，使用负反馈神经网络模型预测纤维材料性能、纱线结构参数、纺纱工艺参数和纱线拉伸性能之间的映射关系。将训练后的神经网络用于预测纱线拉伸性能，尽管只有较小的训练数据集可用，但预测误差很低，并且在每种情况下，预测误差都小于实验结果的标准差。

从目前来看，Ramesh 等[13]的工作只是一个标准人工神经网络结构的简单应用，然而在 20 世纪 90 年代，它却代表了纺织材料和纺织工艺建模方面的突破性进展或转折点。在它之前，纺织品建模工作主要基于经典统计定理和机械/化学模型，受到相关假设和材料复杂性的限制，从未从实验、工艺（如众多工艺参数及其与产品功能之间的非线性关系）、性质（涉及变量的不确定性）中提取数据直接建模。采用人工神经网络方法是纺织领域表征工艺参数之间复杂关系初步且成功的尝试，该方法后来被广泛应用于纱线拉伸性能预测以外的其他纺织工艺。从那时起，越来越多关于基于数据学习建模的研究工作发表在 JTI 和其他纺织期刊上，使用的主要技术已经从经典的人工神经网络扩展到深度学习（例如卷积神经网络），以及数据学习和专业知识的结合。虽然不是经典方法，但是从人工神经网络方法之后，越来越多的类似方法被用于纺织工业的数字化和智能化。

在纱线结构上的经典力学方法是基础，在工艺大数据上的人工神经网络训练方法、以及最近的深度学习方法和人工智能技术是有益补充。现在出现的基于人工智能技术的 AlphaFold 3 甚至能精确预测生物分子间相互作用和蛋白质结构[14]，应用于纺织结构力学当然不成问题。但经典力学方法是人工智能技术应用的基础，未来有可能应用于纺纱实际生产工艺控制。无论是经典力学方法，还是后者的人工智能技术方法，都能在纱线“拉扯”上有很多新发现。

4.2 纱线模型和能量公式

本章采用能量守恒方法和有限元方法相结合研究长丝纱拉伸性质。有限元方法依据虚功原理，并在纱线发生大变形时采用非线性连续介质力学。由于同时采用了能量守恒原理，该有限元模型能合理预测长丝纱和短标距拉伸测试下羊毛纱线的应力-应变曲线。关于长丝纱解析模型，已有较多中文教科书进行详细介绍，这里不再赘述，主要围绕数值化有限元模型和能量守恒方法展开，并把这两种方法应用于比长丝纱更复杂的短纤纱短标距拉伸。

采用计算机程序的数值计算方法在纺织品结构力学中已有许多成功应用，例如模拟织物悬垂变形等。由于各种原因，纱线力学发展没有跟上计算机辅助设计方法快速发展的步伐。就连续长丝纱而言，导致其力学发展停滞不前的原因之一是 Treloar 和 Riding[9]提出的相对简单的半解析理论对预测此类纱线的拉伸行为非常有效。连续长丝纱拉伸行为分析之所以相对简单，主要是因为假设了纱线径向收缩与伸长率成正比，并且在整根纱线中变形是均匀的。

由于纤维存在不连续性，纱线中的纤维部分会滑动，因此短纤纱的拉伸行为分析比较复杂。Carnaby 和 Grosberg[15] 以短标距短纤纱(羊毛纱)为对象，评估在不考虑纤维不连续性(以简化问题)的前提下，均匀径向收缩这个假设在此类纱线中的适用性。由于短标距试样中大部分短纤维是连续的，这意味着短纤纱可以有效表现为连续长丝纱。即使考虑了一些不可避免的滑移，使用 Treloar 和 Riding[9] 的均匀径向收缩理论分析得到的结果也明显高于短标距实验结果曲线 D (见图 4.2)，误差原因是假定纱线均匀径向收缩不适用于短纤纱，因为短纤纱通常比连续长丝纱结构更松散和不均匀。

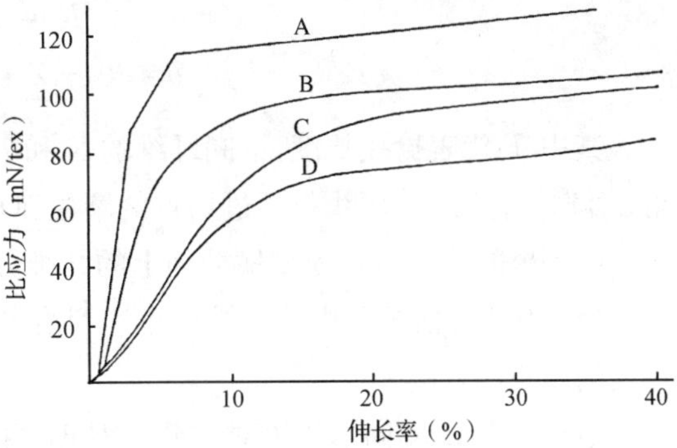

A—纤维实验结果(分段线性插值)
B—Treloar 和 Riding 理论分析
C—Carnaby 和 Grosberg 理论分析
D—真实纱线实验结果(标距长度=25.4 mm)

图 4.2 应力-应变理论曲线与实验曲线

通过应用 van Wyk[16] 推导的纤维横向压力与纤维比容之间的关系，可设计一种方法来预测纱线径向收缩。采用 Treloar 和 Riding[9] 的理论分析，将纤维横向压力与纤维比容之间的这种关系与真实的纤维分布结合在一起，发现对短标距羊毛纱线拉伸性能的理论预测(曲线 B)要好得多，特别是在纱线延伸率较低的情况内，如图 4.1 所示。由于引入了径向不均匀性，纱线径向位移不再是连续函数。这需要对问题做离散化处理，使用的技巧可视为有限元方法的非正式应用。尽管它实际上是一种有效的连续长丝纱分析，但它也是目前对短标距和长标距羊毛纱线最有效的分析方法。

这种分析的一个主要缺点是需要大量计算工作才能获得足够详细和准确的结果。这不仅是由于模型本身，更多的是由于控制方程的表述，即最小势能原理。其基本思路是通过直接最小化总势能得到给定纱线伸长下的平衡状态结构。借助变分技术重新表述控制方程，直接通过一组联立方程求解未知参数，计算效率更高。

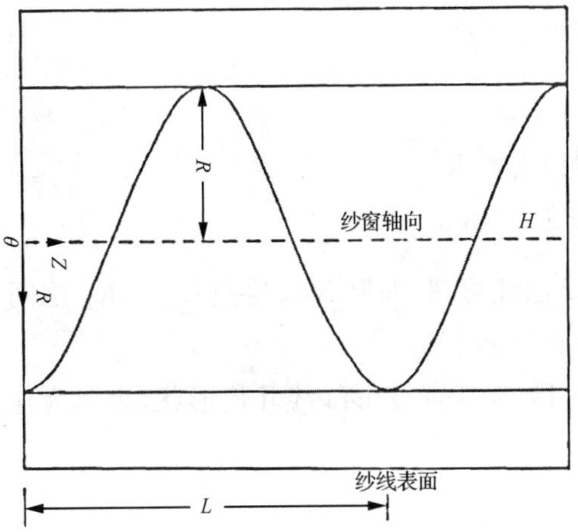

图 4.3 理想螺旋纱线模型

4.2.1 纱线几何模型

使用 Carnaby 和 Grosberg[15] 纱线模型作为有限元分析的基础，并以更严谨的数学公式表述纱线拉伸过程中的能量变化。

理想螺旋长丝纱线模型以柱坐标系 R、θ 和 Z 描述(图 4.3)。Z 轴与模型轴(即纱线轴向)重合，固定端(底部)位于 $Z=0$，另一端

(顶部)位于 $Z=H$。假设所有纤维都是相同的,沿其长度方向连续且均匀。

未变形纱线几何结构采用以下假设:

(a)每根纤维遵循螺旋路径:

$$R=常数$$
$$\theta=\theta_0+Z\cdot 2\pi\cdot R/T$$

其中 T 代表捻线长度,不同纤维的 R 和 θ_0 不同,但所有纤维的 T 相同,这意味着螺旋角 α(圆柱螺旋线的切线与通过切点的圆柱面直母线之间的锐角)取决于 R,θ 代表位移。

(b) θ_0 的值使纱线模型横截面上的纤维分布($Z=$常数)呈轴对称。

(c) 当纱线横截面中的纤维分布达到给定的堆砌密度条件时,用来计算纤维与纱线轴线之间的距离。

当模型在 Z 方向承受轴对称载荷 P 时,横截面上的纤维伸长率均匀,H 变为 H',变形结构描述为:

(d) $T'=T\cdot H'/H$。

(e) 模型两端固定在 θ 方向,因此:

$$\theta_0'/R'=\theta_0/R$$

(f) 纤维螺旋路径由最初的"$R=$常数;$\theta=\theta_0+2\pi\cdot Z\cdot R/T$"变为以下形式:

$$R'=常数;\ \theta'=\theta_0'+2\pi\cdot Z'\cdot R'/T'$$

其中:

$$Z'=Z\cdot H'/H$$

因此:

$$\theta'=\theta_0'+2\pi\cdot Z\cdot R'/T$$

由此可知:

$$\theta'/R'=\theta/R$$

(g) 纤维螺旋路径半径发生变化:

$$如果\ R_A>R_B,则\ R_A'>R_B'$$
$$如果\ R_A=R_B,则\ R_A'=R_B'$$

R_A 和 R_B 分别为不同的纤维螺旋路径半径。由此可知,如果 N 是穿过 R_A 和 R_B 之间横截面的纤维根数,则 R_A' 和 R_B' 之间的纤维根数也是 N。

如果给定纱线变形长度 H',则仅剩一个未知数来描述变形纱线几何形状,表示为连续函数:

$$R'=R'(R,\ H,\ H')$$

该函数表示变形纱线结构中的径向位置。

4.2.2　有限元能量分析

假设纱线由等效连续材料组成，该材料内的应力形成连续的应力场，与实际纱线中存在的不连续应力场相对应。在 Carnaby 和 Grosberg[15] 描述的早期模型中有两个重要应力，其中横向压力可以直接用于应力分析，因为 van Wyk 方程[16] 将横向压力定义为连续应力。纤维中的轴向应力是不连续的，因为它们只存在于纤维中，不存在于纤维之间的空隙中。为获得连续应力场，将纤维应力平均到纤维周围区域。作用于纤维轴向某一点的应力 K 的定义如下：

$$K = \Sigma F_A / \mathrm{d}A_\alpha \tag{4.1}$$

式中：$\mathrm{d}A_\alpha$ 为该点周围的无穷小横截面面积，垂直于纤维轴向；ΣF_A 为通过 $\mathrm{d}A_\alpha$ 的纤维中的轴向应力之和。

与横向应力和轴向应力相比，螺旋曲率和扭转引起的应力可以忽略不计。

尽管具体表述可能因具体问题而异，但有限元方法可以通过以下特征区分：

(a) 问题的物理区域被假想线或面网格化细分为若干个子区域，即所谓的有限元。

(b) 一个或多个因变量在每个单元上以函数形式近似，这些试验或形状函数的参数是问题未知数。

(c) 上述近似值代入问题控制方程，得到一组未知参数方程，求解方程即可得到问题近似解。

此外，为确保理想化有限元纱线模型能够准确描述问题，试验函数必须满足一定条件。

纱线模型被细分为同心圆柱单元，这与 Carnaby 和 Grosberg[15] 使用的“区域”相同。如图 4.4 所示，单元纵向横截面是矩形的，每个单元以四个表面为边界，即内外圆柱面和轴向两端平面，这些被称为节点，编号为 1～4。

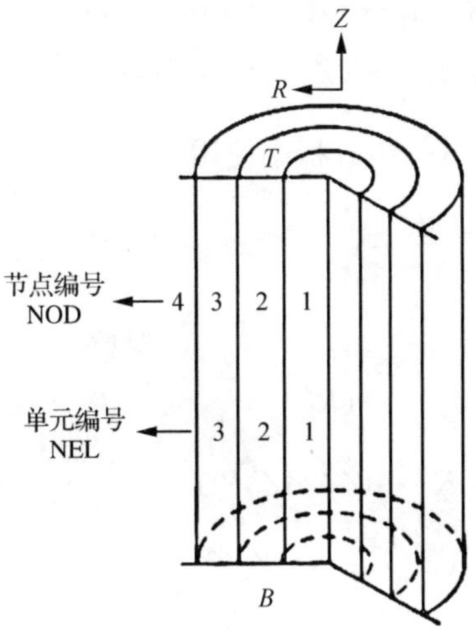

(a) 有限元细分纱线模型

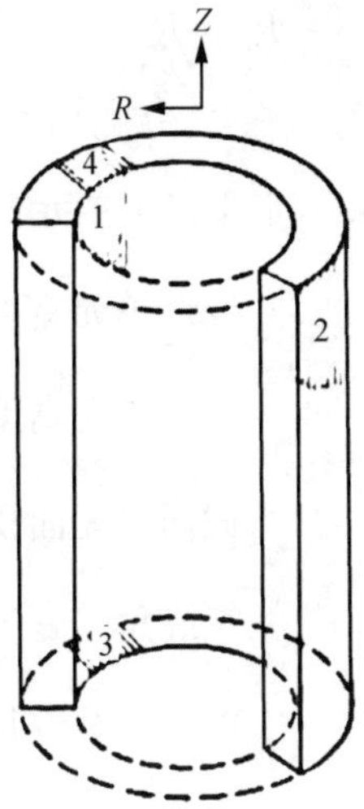

(b) 带有节点编号的单元

图 4.4　有限元纱线模型

由于不考虑扭转，单元变形模式简单，可以用四个参数描述，即节点 1 和 2 在 R 方向的位移以及节点 3 和 4 在 Z 方向的位移。这些位移被集合到单元中节点的位移向量 $\{u\}$ 中，定义如下：

$$\{u\}^T = \langle u_1, u_2, u_3, u_4 \rangle \tag{4.2}$$

式中：u_1 和 u_2 分别为节点 1 和 2 在 R 方向的位移；u_3 和 u_4 分别为节点 3 和 4 在 Z 方向的位移。

节点坐标在未变形结构中由 R_1、R_2、Z_3 和 Z_4 表示，在变形结构中由 R'_1、R'_2、Z'_3和 Z'_4 表示。其中：

$$R'_1 = R_1 + u_1,\ Z'_3 = Z_3 + u_3 \tag{4.3}$$

以此类推。

四个节点位移作为未知参数。单元中近似的相关函数就是位移场 $\{\bar{u}\}$，它包含两个分量，一个是 R 方向的 $\bar{u}_R$，另一个是 Z 方向的 $\bar{u}_z$。忽略第三个分量 $\bar{u}_\theta$，因为 θ 方向没有位移。

单元中的位移场可通过节点位移线性插值得到唯一值：

$$\bar{u} = \begin{Bmatrix} \bar{u}_R \\ \bar{u}_Z \end{Bmatrix} = \begin{bmatrix} N_1 & N_2 & 0 & 0 \\ 0 & 0 & N_3 & N_4 \end{bmatrix} \cdot \{u\} \tag{4.4}$$

式中：$N_1 = (-R + R_2)/\mathrm{d}R$；$N_2 = (R - R_1)/\mathrm{d}R$；$N_3 = (-Z + Z_4)/\mathrm{d}Z$；$N_4 = (Z - Z_3)/\mathrm{d}Z$；$\mathrm{d}R = R_2 - R_1 =$ 单元宽度；$\mathrm{d}Z = Z_4 - Z_3 =$ 单元高度。

形状函数 $N_1 - N_4$ 符合有限元方法规则。

任意点在 R、Z 方向的变形结构坐标可以写成以下形式：

$$\begin{aligned} R' &= R + \tilde{u}_R = R + [(R - R_1)u_2 - (R - R_2)u_1]/\mathrm{d}R \\ Z' &= Z + \tilde{u}_Z = Z + [(Z - Z_3)u_4 - (Z - Z_4)u_3]/\mathrm{d}Z \end{aligned} \tag{4.5}$$

借助图 4.5，定义以下单元参数，它们将在进一步分析中使用：

变形单元宽度　$\mathrm{d}R' = R'_2 - R'_1$　(4.6a)

变形单元高度　$\mathrm{d}Z' - Z_4 \quad Z'_3$　(4.6b)

截面单元面积　$A' = \pi[(R'_2)^2 - (R'_1)^2]$　(4.6c)

螺旋角　$\alpha' = \arctan\,[2\pi \cdot R' \cdot \mathrm{d}Z/(\mathrm{d}Z' \cdot T)]$　(4.6d)

单元中纤维长度　$FL' = [(2\pi \cdot R' \cdot \mathrm{d}Z/T)^2 + (\mathrm{d}Z')^2]^{0.5}$　(4.6e)

比体积　$V'_{\mathrm{sp}} = \mathrm{d}Z' \cdot A'/(N_t \cdot FL \cdot R_f^2 \cdot \pi \cdot \rho_t)$　(4.6f)

式中：N_t 为单元中纤维数量；R_t 为变形纤维半径；ρ_t 为变形纤维密度。

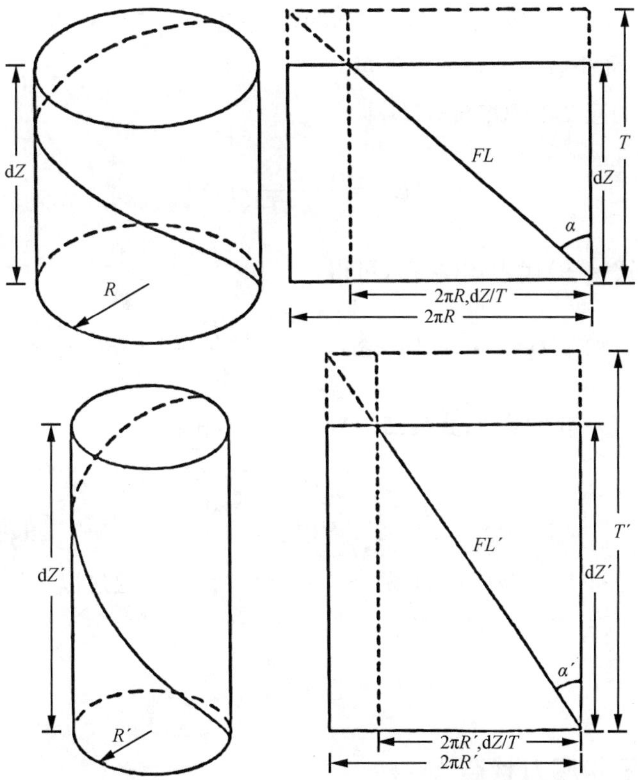

图 4.5　变形前(上)和变形后(下)的纱线和纤维结构

以上是变形结构中的参数定义,未变形状态下的值,删除撇号即可获得。前三个和最后一个参数定义单元几何形状,因此与单元内位置无关。其他两个参数与变形结构中径向位置 R' 有关。通过方程(4.5),它们可以表示为未变形结构中径向位置 R 的函数,这在非线性连续介质力学的拉格朗日公式中非常重要。

这里采用基于虚功原理的控制方程。虚功原理规定:给定处于静态平衡的物体某一结构,当物体位移场 $\bar{u}$ 被一个运动学上可接受的虚拟位移场 $\delta\bar{u}$ 增强时,以下关系成立:

$$\delta W_{ext}=\int_V \delta\{E\}^T \cdot \{S\}\mathrm{d}V \tag{4.7}$$

式中:δW_{ext} 为物体受力做的功;$\delta\{E\}$ 为 $\delta\bar{u}$ 引起的应变虚拟增量;$\{S\}$ 为给定结构中的应力;$\int_V$ 为物体体积积分。

由于有限元纱线模型中发生大位移和应变,必须使用非线性连续介质力学描述问题。有几种方法可以做到这一点,这里选择拉格朗日方法。如上所述,控制方程仍然有效,但应力和应变必须是拉格朗日的第二 Piola-Kirchhoff 应力和 Green-Lagrange 应变。采用这种方法,积分运算在原始未变形体积 V_0 上进行。

外功 δW_{ext} 是由与 $\bar{u}$ 引起的内应力场处于平衡状态的外力导致的。将虚功原理应用于单个有限元,并假设外力集中在节点上,则外功可以表示如下:

$$\delta W_{ext}=\{\delta u\}^T \cdot \{f\} \tag{4.8}$$

式中：$\{\delta u\}^T=\langle\delta u_1, \delta u_2, \delta u_3, \delta u_4\rangle$，为虚拟单元中各个节点的位移矢量；$\{f\}=\langle f_1, f_2, f_3, f_4\rangle$，为虚拟单元中各个节点的力矢量。

因 $\{\delta u\}$ 产生的应变虚拟增量 $\delta\{E\}$：

$$\delta\{E\}=\frac{\partial\{E\}}{\partial\{u\}^T}\{\delta u\} \tag{4.9}$$

将式(4.8)和式(4.9)代入式(4.7)，可得：

$$\{\delta u\}^T\cdot\{f\}=\{\delta u\}^T\cdot\int_V\frac{\partial\{E\}^T}{\partial\{u\}}\{S\}\mathrm{d}V \tag{4.10}$$

对于 $\{\delta u\}$ 任何一组非零值，式(4.10)变为以下形式：

$$\{f\}=\int_V\frac{\partial\{E\}^T}{\partial\{u\}}\{S\}\mathrm{d}V \tag{4.11}$$

其中，节点力向量 $\{f\}$ 与内应力场 $\{S\}$ 处于平衡状态，通过以 $\{u\}$ 为变量表达的应力和应变，$\{f\}$ 可以写成 $\{u\}$ 的函数：

$$\{f\}=[f(\{u\})]$$

4.2.3 应变向量和应力状态

由于变形简单，完整的非线性拉格朗日应变矢量 $\{E\}$ 可写为以下形式：

$$\left.\begin{aligned}
E_{RR}&=E_1=\bar{u}_{R,R}+0.5(\bar{u}_{R,R})^2\\
E_{\theta\theta}&=E_2=\bar{u}_R/R+0.5(\bar{u}_R/R)^2\\
E_{ZZ}&=E_3=\bar{u}_{Z,Z}+0.5(\bar{u}_{Z,Z})^2\\
E_{r\theta}&=E_4=0\\
E_{\theta Z}&=E_5=0\\
E_{ZR}&=E_6=0
\end{aligned}\right\} \tag{4.12}$$

式(4.12)中的各项可以由式(4.4)推导出：

$$\left.\begin{aligned}
\bar{u}_{R,R}&=(u_2-u_1)/\mathrm{d}R\\
\bar{u}_{Z,Z}&=(u_4-u_3)/\mathrm{d}Z\\
\bar{u}_R/R&=(R-R_1)u_2-(R-R_2)u_1/(R,\mathrm{d}R)
\end{aligned}\right\} \tag{4.13}$$

单元中的节点力向量中，$\partial\{E\}^T/\partial\{u\}$ 是一个矩阵，其各项定义如下：

$$[\partial\{E\}^T/\partial u]_{i,j}=\partial E_j/\partial u_i \tag{4.14}$$

在以节点位移为函数表达应力时，通常将应力写成单元应变函数来间接表示。这样比直接根据位移表示应力更方便。在这种特殊情况下，直接表达应力相对容易。

该纱线模型中只存在两种应力：与纤维轴向平行的应力和垂直于纤维轴向的应力。

这两种应力都可以从涉及单元几何形状的关系中推导出来。作用于纤维上某一点的轴向应力 K 的定义见公式(4.1)。

中心位于 R 处的纤维轴向力是由该半径处纤维伸长 $E_f(R)$ 推导得到的,可表达如下:

$$E_f(R)=[FL'(R')-FL(R)]/[FL(R)] \tag{4.15}$$

通过对图 4.1 中的曲线进行分段线性近似,得到轴向力:

$$F_A=a\cdot E_f+b \tag{4.16}$$

式中:a 和 b 都是依赖于纤维轴向伸长的材料常数。

假设纤维总是均匀地分布在纱线横截面上,K 表示如下:

$$K=(a\cdot E_f+b)N_f/(A'\cdot\cos\alpha') \tag{4.17}$$

根据式(4.6)、式(4.15)和式(4.17),K 可以利用节点位移完全展开。

借助广义 van Wyk 关系[16]确定横向应力 L,即:

$$L=k[(1/V'_{sp})^3-(1/V_{sp})^3] \tag{4.18}$$

为方便处理 K 和 L,使用纤维坐标系 $\bar{R}$、$\bar{\theta}$ 和 $\bar{Z}$,该坐标系由纱线坐标系在变形结构中围绕 R 轴旋转一个角度 α 或 α' 而得到。$\bar{Z}$ 轴与纤维轴重合,$\bar{R}$ 轴与纱线 R 轴重合,θ 轴垂直于纤维轴,与纤维所在圆柱体相切。应力 $\bar{T}_{RR}$、$T_{\theta\theta}$ 和 $\bar{T}_{zz}$ 将分别等于 L、L 和 K。纤维坐标系中,其他应力均为零。

事实上,应力 $\{\bar{T}\}$ 是欧拉应力,因为它是变形结构中以及相对于变形结构测得的实际应力。对于虚功方程即式(4.7),需要使用纱线坐标系中的拉格朗日应力 $\{S\}$。将 $\{\bar{T}\}$ 转化为 $\{S\}$,需要进行两次变换。第一次是将 $\{\bar{T}\}$ 变换为 $\{T\}$,即纱线坐标系中的欧拉应力。这需要借助变换矩阵 $[TM]_\alpha$ 完成,定义如下:

$$[TM]_\alpha=\begin{bmatrix}1&0&0&0&0&0\\0&c^2&s^2&0&-2cs&0\\0&s^2&c^2&0&2cs&0\\0&0&0&c&0&-s\\0&cs&-cs&0&c^2-s^2&0\\0&0&0&s&0&c\end{bmatrix} \tag{4.19}$$

式中:$c=\cos\alpha$;$s=\sin\alpha$。

欧拉应力 $\{T\}$ 写为以下形式:

$$\{T\}=[TM]_\alpha\{\bar{T}\} \tag{4.20}$$

然后,将欧拉应力 $\{\bar{T}\}$ 转化为拉格朗日应力{S}。通过使用张量符号,变换如下:

$$S_{ij}=J\cdot\frac{\partial X_i}{\partial X'_m}\cdot T_{\min}\cdot\frac{\partial X_i}{\partial X'_n} \tag{4.21}$$

(对下标“i”作求和约定)

式中：$X_1=R$，$X_2=\theta$，$X_3=Z$，$X'_1=R'$，等；$\partial X'_i/\partial X_j$ 和 $\partial X_i/\partial X'_j$ 是变形梯度；J 是变形梯度的雅各布值，见式(4.22)。

$$J=\left|\frac{\partial X'_i}{\partial X_j}\right|=\frac{V'}{V} \tag{4.22}$$

式中：V' 和 V 分别是变形单元体积和未变形单元体积。

在上述分析的简单变形中，只有三个类型为 $\partial X_i/\partial X'_f$ 的非零变形梯度：

$$\frac{\partial X_1}{\partial X'_1}=\frac{\mathrm{d}R}{\mathrm{d}R'},\ \frac{\partial X_2}{\partial X'_2}=\frac{R'}{R},\frac{\partial X_3}{\partial X'_3}=\frac{\mathrm{d}Z}{\mathrm{d}Z'}$$

通过以下关系：

$$\frac{\partial X'_i}{\partial X_j}\cdot\frac{\partial X_j}{\partial X'_k}=\delta_{ik}$$

可以得出 $\partial X'_i/\partial X_j$ 类型的变形梯度，J 可以写成以下形式：

$$J=(\mathrm{d}R'\cdot R'\cdot \mathrm{d}Z')/(\mathrm{d}R\cdot R\cdot \mathrm{d}Z)$$

通过式(4.20)、式(4.21)和式(4.22)，$\{S\}$ 以 $\{\bar{T}\}$ 写成以下形式：

$$\left.\begin{array}{c}S_{RR}=J\cdot \mathrm{d}R^2\cdot \bar{T}_{RR}/(\mathrm{d}R')^2\\ S_{\theta\theta}=J\cdot R^2(\bar{T}_{\theta\theta}\cdot\cos^2\alpha'+\bar{T}_{ZZ}\cdot\sin^2\alpha')/R'^2\\ S_{ZZ}=J\cdot \mathrm{d}Z^2(\bar{T}_{\theta\theta}\cdot\sin^2\alpha'+\bar{T}_{ZZ}\cdot\cos^2\alpha')/(\mathrm{d}Z')^2\\ S_{\theta Z}=J\cdot R\cdot \mathrm{d}Z(\bar{T}_{\theta\theta}-\bar{T}_{ZZ})\cos\alpha'\cdot\sin\alpha'/(R'\cdot \mathrm{d}Z')\\ S_{R\theta}=S_{ZR}=0\end{array}\right\} \tag{4.23}$$

纱线坐标系中拉格朗日应力 $\{S\}$ 是纤维坐标系中欧拉应力 $\{T\}$、螺旋角和变形梯度的函数。由于这些项目都可以表示为 $\{u\}$ 的函数，$\{S\}$ 也可以表示节点位移的函数：

$$\{S\}=[S(\{u\})]$$

将 $\partial\{E\}^T/\partial\{u\}$ 和 $\{S\}$ 作为 $\{u\}$ 的函数代入式(4.11)，即可求出单元中的节点力向量。

4.2.4 全局坐标系中的单元装配

如图 4.4(a)所示，使用全局节点编号系统，将各单元贡献集合到一个全局(即整个模型)平衡方程中。为此，需要圆柱节点从 1→NOD 开始编号，底部和顶部环形节点分别用 B 和 T 表示。最后两个节点在全局系统中被视为单个节点，因为每个单元顶部和底部的节点位移相同。

与这些节点相关的位移和节点力分别集合在全局节点位移向量和全局节点力向量中：

$$\{U\}^T=\langle U_1, U_2, \cdots, U_{\mathrm{NOD}}, U_B, U_T\rangle$$

$$\{F\}^T=\langle F_1, F_2, \cdots, F_{\mathrm{NOD}}, F_B, F_T\rangle$$

全局节点力 F_i 装配是一个众所周知且相对简单的技术,这种特殊情况可以用以下方程描述:

$$\left.\begin{aligned} F_i &= (f_2)_{i-1}+(f_1)_i, \quad i=1\rightarrow \mathrm{NOD} \\ F_B &= \sum_{k=1}^{\mathrm{NEL}}(f_3)_k \\ F_T &= \sum_{k=1}^{\mathrm{NEL}}(f_4)_k \end{aligned}\right\} \tag{4.24}$$

式中:NEL 是单元编号(number of element 的缩写形式)。

与 $\{f\}$ 和 $\{U\}$ 引起的单元内应力场处于平衡状态一样,全局节点力向量与 $\{U\}$ 引起的整个模型内应力处于平衡状态。这意味着作用于模型并导致一定应力场的任何外部载荷 P 必须与相应的全局节点力矢量相同:

$$\{P\}=\{F(\{U\})\} \tag{4.25}$$

式中:$\{P\}$ 为全局载荷向量。

这种情况下,上述方程是关于 $\{U\}$ 的一组非线性联立方程。解决方法在本书 4.3~4.5 节中讨论。通过 Legendre-Gauss 正交积分每个单元体积,以获得单元贡献。

非线性材料特性与沿纱线轴向和垂直纱线轴的大尺寸变化相结合,必须采用非线性公式表述问题。然而,现在可用的数值方法能够在适度计算工作量下提供准确的解决方案。

4.3 长丝纱应力分析

Treloar 和 Riding[9] 是系统采用解析方法研究长丝纱拉伸性质的创始者,他们提出的方法比先前 Hearle[17] 描述的应力分析方法更易于求解。放弃应力分析的主要原因是,在 20 世纪 60 年代初期,似乎很难将其推广到更精细的纱线模型。随着计算机计算能力大幅度提升,可以用有限元等数值计算方法大规模计算非常精细的纱线模型在受载下的响应问题。复杂几何模型可以采用计算机辅助工程软件(CAE 软件)绘制,唯一需要解决的就是材料本构模型。

4.3.1 模型和控制方程

此处将直接从单元几何性质推导出作用在长丝纱单元上的力。

理想螺旋纱线模型应力分析关键方程是纤维轴向应力 K 与垂直于纤维轴向的横向应力 L 之间的关系:

$$\frac{\partial L}{\partial R}+\frac{\sin^2\alpha(L-K)}{R}=0 \tag{4.26}$$

式中：α 为螺旋角；R 为模型径向位置值。

这个方程可以从 Cauchy 运动方程推导得出，并且之前已由 Hearle[17] 和 Treloar[9, 18] 以及 Cheng 等[19] 描述。假设 K 和 α 在整个单元中是常数，根据上述微分方程可以求解出 L：

$$L_1=K[1-(R_2/R_1)\sin^2\alpha]+L_2(R_2/R_1)\sin^2\alpha \tag{4.27}$$

上式中，L_1 为 R_1 处横向压力，L_2 为 R_2 处横向压力，且 $R_2>R_1$。对于较小的 α 值，可以获得另一种解决方案，该解决方案考虑 α 随 R 的变化，也可用于 $R_1=0$ 的情况。

假设 K 和 α 在整个单元中是常数，则将宽度限制在 R 较小的范围内。虽然能量守恒分析中没有假设单元内 K 和 α 是常数，但 R 方向上每个单元使用一个积分点具有相同效果，并且已被证明是相当准确的。

平衡方程的一个明显特点是，将每个单元中的横向压力 L 与 van Wyk 关系即式(4.18)中的横向压力匹配：

$$F=L'-L''=0 \tag{4.28}$$

式中：L''是由张紧的螺旋缠绕纤维引起的纤维法向压力；L'是抵抗紧密堆积的纤维法向压力。

如果对每个单元求出方程(4.3)，并用未知节点位移向量 $\{U\}$ 表示，则可以从这些方程中求解，因为如果给定端节点 B 和 T 的位移，则中心节点是固定的且单元数等于未知位移。

为建立平衡方程，需要为每个单元定义 L'、L'' 和 K 值($\{U\}$ 的函数)，无论它们是假定为常数还是随单元变化。通过式(4.17) 可以确定 K 值：

$$K=(aE_f+b)N_f/(A'\cos\alpha') \tag{4.29}$$

如果取节点 1 和 2 的平均值，则会正确收敛。

对于 L'，把下式代入式(4.18)，得到式(4.30)：

$$\left.\begin{aligned}V_{sp}&=\mathrm{d}Z\cdot A/M_f\\ V'_{sp}&=\mathrm{d}Z'\cdot A'/M_f\end{aligned}\right\}$$

式中：M_f 为式(4.18)中的单元纤维质量。

$$L'=k[(1/V'_{sp})^3-(1/V_{sp})^3] \tag{4.30}$$

如本书 4.2 节所述，K 和 L' 都可以写成单元相邻节点位移的函数。使用图 4.6 中的单元和节点编号，得到：

$$\left.\begin{aligned}K_j&=K_j(U_i,U_{i+1})\\ L'_j&=L'_j(U_i,U_{i+1})\end{aligned}\right\} \tag{4.31}$$

4.3.2 径向平衡条件

根据单元 L'' 值的定义方式，平衡方程可以采用多种可能的形式。图 4.6 对此进行了说明。通过使用式(4.27)，单元 j 中的 L'' 被定义为 R 的函数：

$$L''_j(R)=K_j[1-(R_{i+1}/R)\sin^2\alpha_j]+O_j(R_{i+1}/R)\sin^2\alpha_j \tag{4.32}$$

平衡方程的差异是由作用在单元外的横向压力 O_j 和 $\bar{L}_j$ 的不同解释造成的，$\bar{L}_j$ 应等于 L'_j。

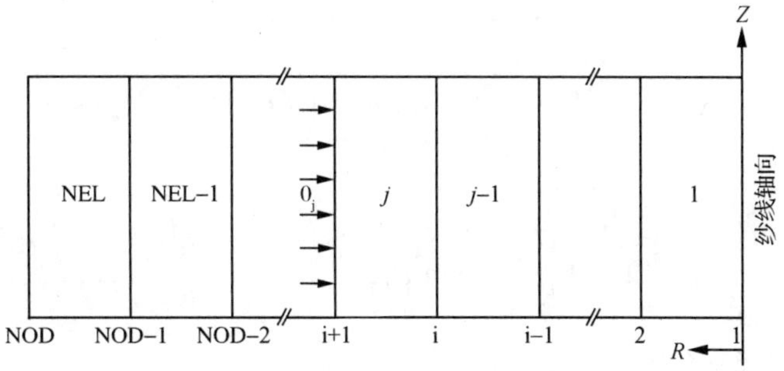

图 4.6 作用在单元上的横向压力

评估五种组合，讨论如下：

(i) $O_j=L''_{j+1}(R_{i+1})$，得出递推公式：

$$L''_j(R_i)=K_j\left[1-\left(\frac{R_{i+1}}{R_i}\right)\sin^2\alpha_j\right]+L''_{j+1}(R_{i+1})\left(\frac{R_{i+1}}{R_i}\right)\sin^2\alpha_j \tag{4.33}$$

假设 L'' 等于相邻节点处 L'' 平均值，则平衡方程变为以下形式：

$$F_j=L'_j-0.5[L''_{j+1}(R_{i+1})+L''_j(R_i)] \tag{4.34}$$

这意味着 $F_j=F_j(U_{i\to NOD})$，即 F_j 是 U_i 到 U_{NOD} 的函数。

(ii) 在式(4.32)中设置 $O_j=L'_j$，并假定 $\bar{L}''_j=L''_{j+1}(R_{i+1})$，得到以下形式的平衡方程：

$$F_j=L'_j-K_{j+1}\left[1-\left(\frac{R_{i+2}}{R_{i+1}}\right)\sin^2\alpha_{j+1}\right]-L'_{j+1}\left(\frac{R_{i+2}}{{}_{i+1}}\right)\sin^2\alpha_{j+1} \tag{4.35}$$

由此可知，$F_j=F_j(U_i, U_{i+1}, U_{i+2})$。

(iii) 在式(4.32)中设置 $O_j=L'_{j+1}$，并假定 $\bar{L}''_j=L''_{j+1}(R_{i+1})$，得到以下形式的平衡方程：

$$F_j=L'_j-K_{j+1}\left[1-\left(\frac{R_{i+2}}{R_{i+1}}\right)\sin^2\alpha_{j+1}\right]-L'_{j+2}\left(\frac{R_{i+2}}{R_{i+1}}\right)\sin^2\alpha_{j+1} \tag{4.36}$$

式中：$F_j=F_j(U_i, U_{i+1}, U_{i+2}, U_{i+3})$。

(iv) 在式(4.32)中设置 $O_j=0.5(L'_j+L''_{j+1})$，并假定 $\bar{L}''_j=L''_{j+1}(R_{i+1})$，得到以下形

式的平衡方程：

$$F_j = L'_j - K_{j+1}\left[1-\left(\frac{R_{i+2}}{R_{i+1}}\right)\sin^2\alpha_{j+1}\right] - 0.5(L'_{j+2}+L'_{j+1})\left(\frac{R_{i+2}}{R_{i+1}}\right)\sin^2\alpha_{j+1} \tag{4.37}$$

式中：$F_j = F_j(U_i, U_{i+1}, U_{i+2}, U_{i+3})$。

(v) $\bar{L}''_j$ 分两个阶段计算。单元 j 中心的 R 定义如下：

$$\bar{R}_j = 0.5(R_{i+1}+R_i)$$

$\bar{L}''_j$ 假设如下：

$$\bar{L}''_j = K_j[1-(R_{i+1}/\bar{R}_j)\sin^2\alpha_j] + O_j(R_{i+1}/\bar{R}_j)\sin^2\alpha_j$$

O_j 假设如下：

$$O_i = K_{j+1}\left[1-\left(\frac{\bar{R}_{j+1}}{R_{i+1}}\right)\sin^2\alpha_{j+1}\right] + L''_{j+1}\left(\frac{\bar{R}_{j+1}}{R_{i+1}}\right)\sin^2\alpha_{j+1}$$

由此得到以下形式的平衡方程：

$$F_j = L'_j - K_j\left[1-\left(\frac{\bar{R}_{i+1}}{\bar{R}_j}\right)\sin^2\alpha_j\right] - K_{j+1}\left[1-\left(\frac{\bar{R}_{j+1}}{R_{i+1}}\right)\sin^2\alpha_{j+1}\right]\left(\frac{R_{i+1}}{\bar{R}_j}\right)\sin^2\alpha_j$$
$$-L''_{j+1}\left(\frac{\bar{R}_{j+1}}{R_{i+1}}\right)\sin^2\alpha_{j+1}\left(\frac{R_{i+1}}{\bar{R}_j}\right)\sin^2\alpha_j \tag{4.38}$$

式中：$F_j = F_j(U_i, U_{i+1}, U_{i+2}, U_{i+3})$。

4.3.3 增量求解

与前述能量守恒分析一样，平衡方程扩展为节点位移向量$\{U\}$的函数，得到的方程是一个关于$\{U\}$的非线性联立方程组：

$$\{F(\{U\})\} = 0$$

在非线性控制方程增量求解中，对于能量分析和应力分析，平衡方程都是一组形式为$\{U\}$的非线性方程：

$$\{F(\{U\})\} = \{P\} \tag{4.39}$$

在应力分析中，上式等号右侧的载荷向量为零。

由于需要整个载荷-位移曲线（或至少是频繁间隔的点），因此使用增量法求解平衡方程，即 Newton-Raphson 迭代增量法：

$$[G(U^{k,l-1})]\{\Delta U^{k,l}\} = \{\Delta P^k\} + \{P^{k-1}\} - \{F(U^{k,l-1})\} \tag{4.40}$$

式中：k 为增量数；l 为迭代次数；$U^{k,l} = U^{k,l-1} + \Delta U^{k,l}$。

全局切线刚度 G 各分量定义如下：

$$G_{ij}=\partial F_i/\partial U_j \tag{4.41}$$

这些项可以通过 F_j 关于 U_j 的表达式微分得到。

由于控制方程推导不同，两种情况下，求解方法应用细节有所不同。

能量分析中，每个平衡方程都与一个节点关联。与这些节点关联的全局位移向量为 $\{U\}$：

$$\{U\}^T=\langle U_1, U_2, \cdots, U_{\mathrm{NOD}}, U_{\mathrm{B}}, U_{\mathrm{T}}\rangle$$

其中：编号节点表示径向边界，B 和 T 分别代表底部和顶部节点。

与这些节点相关的还有全局载荷向量 $\{P\}$，其结构与 $\{U\}$ 相同。作用于径向节点的 $\{P\}$ 项为零。与顶部和底部节点 P_T 和 P_B 相关的项分别为 P_y 和 $-P_y$，其中 P_y 是作用在纱线模型上的轴向力。

由于纱线模型底部在轴向上是固定的，因此 U_B 和 ΔU_B 始终为零。分析中，ΔU_T 作为纱线模型伸长增量，纱线模型轴向载荷 P_y 等效于顶部节点 P_T 上的荷载，是一个未知数。

由于未知数 P_B 和 P_T 位于式(4.40)的右侧，因此需要重新排列。具体做法是从一般矩阵方程中分离出与顶部和底部节点相关的两个方程：

$$[G]^c\{\Delta U\}^c=\{P\}^c-\{F\}^c-\{Q\}^c \tag{4.42a}$$

$$\sum_{i=1}^{\mathrm{NOD}}F_{B,i}\cdot\Delta U_i=P_B-F_B-Q_B \tag{4.42b}$$

$$\sum_{i=1}^{\mathrm{NOD}}F_{T,i}\cdot\Delta U_i=P_T-F_T-Q_T \tag{4.42c}$$

其中：$Q_i=F_{i,B}\cdot\Delta U_B+F_{i,T}\cdot\Delta U_T$，且 $\{Q\}c^T=\langle Q_1, Q_2, \cdots, Q_{\mathrm{NOD}}\rangle$，上标 c 表示收缩矩阵或向量，即不包含与顶部和底部节点相关的项。

联立方程组(4.42a)独立求解 U_i-U_{NOD}，并借助方程(4.42c)计算 P_T。

应力分析中，平衡方程与单元相关。方程数量等于未知径向位移数量，顶部和底部节点位移已知。平衡方程中径向位移求解很简单，纱线力 P 可通过沿纱线轴向对纱线顶面平衡校验单独求得。

顶面任何一点，都存在一个坐标系，其中只有主应力。这就是纤维坐标系 $\bar{R}$、$\bar{\theta}$ 和 $\bar{Z}$，它是通过将纱线坐标系绕 R 轴旋转一定角度 α（螺旋角）获得的。沿 $\bar{R}$、$\bar{\theta}$ 和 $\bar{Z}$ 方向的应力分别等于 L、L 和 K。这些应力沿纱线轴向作用于顶面的分量如下：

$$\left.\begin{aligned}T_{RR}&=0\\T_{\theta\theta}&=-\sin^2\alpha\cdot L\\T_{ZZ}&=-\cos^2\alpha\cdot K\end{aligned}\right\} \tag{4.43}$$

其中：K 和 L 在拉伸时为正值，压缩时为负值。

假设螺旋角 α 在整个单元中是常数，则纱线力 P 可以从 Z 方向的平衡条件中得到：

$$P=\sum_{j=1}^{NEL}(L_j \cdot \sin^2\alpha_j + K_j \cdot \cos^2\alpha_j)\cdot A_j \tag{4.44}$$

其中：A 为单元横截面面积。

4.4 实例验证

纱线模型既然能验证短纤纱，对于连续纤维长丝纱则更适用。为显示纱线模型更具一般性，采用文献[15]给出的真实纱线数据验证本章提出的分析方法。这是一种由新西兰Romcross 羊毛混纺制成的半精梳地毯纱线，其参数见表 4.1。

表 4.1　纱线模型中的相关参数

相关参数	符号	数值
纱线半径	R_f	18.5 μm
纤维材料密度	ρ_f	1.31 mg/mm³
纤维轴向模量		见图 4.7
捻长	T	5.42 mm
van Wyk 常量	k	3.44 mm⁷ N/mg³
单元宽度	dR	83.3 μm
单元数量		25
每个单元中的纤维数量，从单元 1 开始	N_f	5, 15, 27, 39, 42, 40, 26, 9, 5, 3, 2, 2, 2, 1, 1, 1, 1, 1, 1, 1, 1, 1, 1, 1, 1
单元高度	dZ	25.4 mm
未变形纱线体积	V_{sp}	可根据原始结构不同尺寸计算得到
伸长增量	Δu_T/dZ	1%

Carnaby[20]的研究方法与本章方法的区别是，Carnaby 在整个未变形纱线中使用了 V_{sp} 常数值(实验确定)。这意味着，如果未变形纱线的实际体积小于 V_{sp}，原始结构就会存在横向压力。这会打破平衡状态(假设纤维轴向力为零)，因此纱线模型首先处于"松弛"状态，这导致内部元件中纤维的轴向压缩和外部元件的伸长率。此外，纱线会少量缩短。

本分析中，V_{sp} 设置为实际值，该值可根据原始结构尺寸计算得出。通过这种方法获得的 V_{sp} 值因单元而异，与实验测定值不同，可更准确地反映纤维中的内应力，纤维在弯曲状态下保持一段时间，因此应力松弛。V_{sp} 只在横向压缩水平很低时才会在 van Wyk 方程中发挥重要作用，因此对于大多数纱线应力-应变曲线而言，差异应该非常很小。

在能量分析结果证实了这一点，与 Carnaby[20]结果的差异非常小，无法在图 4.7 中清晰显示。

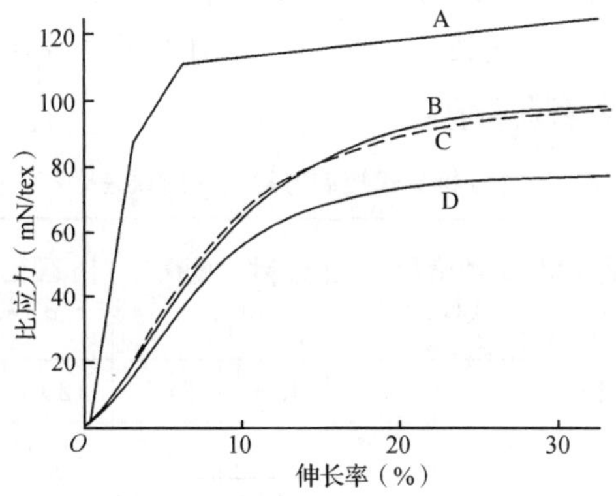

A—纤维应力-应变插值曲线；B—本章能量分析；C—Carnaby 和 Grosberg[15, 20]分析；
D—真实纱线实验结果(标距长度＝25.4 mm)

图 4.7　本章能量分析与 Carnaby 和 Grosberg[15, 20]分析的比较

与 Carnaby[20]采用的分析方法相比，有限元能量分析的一个主要优点是所需计算量极小，保守估计约为 20∶1。因此，现在可以研究某些参数对模型行为的影响，而不必像以前的能量最小化方法那样付出巨大的计算成本。

有限元能量分析精度的两个重要方面是单元中的积分点数量(如果使用数值积分)和单元网格细化。

为找到最佳积分点数量，能量分析程序在每个单元具有不同积分点数量的情况下运行。结果发现，对于这一特定目的，在 R 方向使用两个积分点就足够准确，两个积分点和五个积分点的结果差异小于 0.2%。在较低伸长率范围内，使用单个积分点，误差达 5%，随着伸长率增加，误差逐渐减小。计算成本与积分点数量成正比，因此某些情况下可以使用单个积分点。

原始网格尺寸由 Carnaby[20]实验发现的纤维密度函数决定。当使用更小或更大的网格时，每个单元中的纤维数量必须适应新的单元尺寸。细化网格的最简单方法是将单元宽度减半，并根据横截面积将原单元中的纤维重新分配到两个新单元上。这样得到的结果差异很小，最多不到 0.3%，而计算成本却是原来的三倍。这就是有限元分析中的网格尺寸敏感性问题，在计算结果收敛时取尽可能大的网格，以节省计算时间。

在没有使用较大的单元，而仅用较稀疏的外部单元计算时，结果表明，只使用 10 个外部单元，结果变化不到 0.2%。这不仅是因为外部单元中纤维数量很少，还因为即使纱线伸长率非常大(例如 30%)，这些纤维也不会产生任何张力。需要指出的是，在确定纱线密度时，不能忽视这些纤维的质量，其对纱线应力的影响约为 7%。

另外，应力分析并没有依据有限元理论的严格规则。因为有限元分析需要保证网格的收敛性，即随着网格细化，计算结果单调收敛到正确答案。

评估五种不同方法，同样使用 Carnaby[20]提出的纱线模型，但只采用 12 个外部单元。为检查收敛性，还使用了比原始网格精细两倍的单元网格，这种情况下仅使用了 24 个外部单元。表 4.2 列出了应力分析得到的纱线比应力与能量分析得到的纱线比应力之间的相对误差(%)。其中,较小网格和较大网格之间没有显著差异。表 4.2 底部显示了每个增量的平均 Newton-Raphson 迭代次数。此外,表 4.2 还显示了使用均方根方法计算得到的整个伸长率范围内的平均误差近似值。

表 4.2 应力分析替代控制方程的相对误差[11]

纱线伸长率(%)	纱线比应力*	理论(i)式(4.33)、式(4.34)		理论(ii)式(4.35)		理论(iii)式(4.36)		理论(iv)式(4.37)		理论(v)式(4.38)	
		12+	24+	12+	24+	12+	24+	12+	24+	12+	24+
1	2.4	−8.3	−5.4	8.9	3.2	30.0	29.5	19.0	17.6	0.7	−0.5
2	8.0	−9.7	−6.4	8.7	2.9	25.9	24.9	17.4	14.7	−0.4	−1.4
3	15.6	−9.3	−6.1	7.8	2.3	21.5	20.3	14.7	12	−0.6	−1.7
4	24.6	−8.2	−5.9	6.9	1.7	18.3	16.7	12.7	9.7	−1.2	−2.3
6	41.5	−8.0	−5.5	5.3	1.1	13.7	12.3	9.5	7.2	−1.9	−2.2
8	55.6	−6.4	−4.5	4.7	1.0	11.1	8.8	7.9	5.5	−1.6	−1.8
10	67.0	−5.0	−3.5	4.0	0.8	8.2	6.7	6.1	4.0	−1.4	−1.5
12	75.7	−2.6	−2.8	3.7	0.8	5.7	4.6	4.7	3.1	0.0	−1.1
14	81.8	−2.4	−1.7	3.0	0.9	4.8	3.2	4.1	2.1	−0.5	−0.6
16	86.4	−0.7	−1.7	1.8	0.7	2.5	2.0	2.1	1.4	0.0	−0.4
18	89.5	−1.9	−2.1	1.3	0.4	1.9	1.3	1.6	1.0	0.0	−0.2
20	91.8	−3.1	−1.9	1.2	0.3	1.5	1.0	1.4	0.7	0.2	−0.1
均方差		6.2	4.3	5.4	1.64	15.3	14.4	10.3	8.5	0.95	1.37
Newton-Raphson 迭代次数		23	35	5	6	5	6	5	6	24	32

注: * 能量分析;+单元数量

从表 4.2 可以看出,理论(v)更胜一筹,理论(iii)和(iv)由于在较低伸长率范围内出现了不可接受的偏差而被否定。在纱线伸长率较高水平下,这些理论也能得出可接受结果。考虑到计算效率时,理论(ii)远远优于理论(i)和(v),这不仅是因为所需迭代次数较少,而且每次迭代所需工作量少。这是由切向刚度矩阵结构导致的,当使用理论(ii)时,该矩阵包含的非零单元较少,而且它们的位置对于经济解决方案也更有利。

理论(ii)经济合理,理论(v)的精度好,但经济性差,两者最终选择取决于具体应用。

4.5 连续长丝应力应变关系经典解析模型

4.5.1 拉伸能量计算的解析模型

本节根据长丝纱几何结构和组成长丝的纤维性能来预测加捻长丝纱在大应变条件下的拉伸应力应变关系。假设长丝和纱线在变形过程中体积不变。

从 Platt[1] 开始的长丝纱几何模型中，用一组同轴螺旋表示单丝并均匀填充到整个纱线中。长丝纱在轴向受拉时每根单丝长度将增大，但径向位置保持不变。单丝拉伸性质假设由式(4.45)的弹塑性形式表示

$$f = a + b\varepsilon \tag{4.45}$$

上式中，f 是纱线在非张紧状态时的单位面积受力(名义应力)，ε 是应变，参数 a 和 b 拟合未捻纱在断裂点附近的受力伸长曲线。假设唯一需要考虑的应力是长丝轴向的拉伸应力，通过对单丝应力的轴向分量积分，得到沿纱线轴向的总力。

Hearle[5] 考虑单丝之间的侧向压力，也假设单丝径向位置在拉伸变形时保持不变，在拉伸应变增大时纱线将产生横向收缩，也即考虑纱线拉伸时的泊松比效应。

为进一步简化长丝纱拉伸性质计算，Treloar 等[9] 用应变能的标量加和方法替代力矢量加和，计算长丝纱拉伸性质，除了在小应变和大捻度时，都表现出与实验测试结果的一致性。

Treloar 假设纱线由一个同轴螺旋系统组成，每单位长度都有相同的螺旋数，单丝均匀填充到整个纱线圆柱体中，每根单丝的应变状态包括平行于轴线方向的拉伸应变和垂直于轴线方向的横向收缩应变。

设 λ_c 为沿纱线轴线测量得到的伸长比(即拉伸长度与伸长前的长度之比)，λ_r 是单丝受拉伸前后初始半径和最终半径分别为 r_0 和 r 时的伸长比，在变形前后纱线体积不变时，有以下关系：

$$r^2 = \frac{r_0^2}{\lambda_c} \tag{4.46}$$

α_0 为初始状态时长丝与纱线轴的倾角，其表达式如下：

$$\tan\alpha_0 = 2\pi n_0 r_0 = \psi_0 r_0 \tag{4.47}$$

n_0 为单位长度长丝纱捻回数，$\psi_0 = 2\pi n_0$。由于拉伸变形时总捻数是恒定的，因此应变状态下对应的倾角 α 可表达如下：

$$\tan\alpha = \psi r = \frac{\psi_0}{\lambda_c} \cdot \frac{r_0}{\lambda_c^{\frac{1}{2}}} = \lambda_c^{-\frac{3}{2}} \tan\alpha_0 \tag{4.48}$$

假设用垂直于纱线轴向的两个平面截取得到未拉伸状态的单位长度纱线，则倾角为 α_0 的单丝初始长度为 l_0，且有以下关系：

$$l_0 = \sec\alpha_0 \tag{4.49}$$

受拉伸后纱线轴向长度成为 λ_c，则对应的单丝长度表示如下：

$$l = \lambda_c \sec\alpha \tag{4.50}$$

因此单丝伸长比 λ_r 表示如下：

$$\lambda_r = \lambda_c \frac{\sec\alpha}{\sec\alpha_0} = \lambda_c \left(\frac{1 + \lambda_c^{-3}\psi_0^2 r_0^2}{1 + \psi_0^2 r_0^2}\right)^{\frac{1}{2}} \tag{4.51}$$

不失一般性，单丝材料的拉伸性能用函数表示如下：

$$f=\varphi_0(\lambda) \tag{4.52}$$

上式中，f 为名义应力，λ 为伸长率。对于单位体积纱线、单位横截面积或单位长度的纱线，拉伸力从纱线初始状态($\lambda=1$)到最终状态($\lambda=\lambda_r$)的拉伸过程中所做的功 W_f 表示如下：

$$W_f=\int_1^{\lambda_r}\varphi_a(\lambda)\mathrm{d}\lambda \tag{4.53}$$

这个表达式表示单位体积纱线受拉伸时的能量储存量。对于体积为 $\mathrm{d}V$ 的纱线，由于其中的单丝之间存在空隙，单丝实际占用的体积要乘以填充系数 k，表示单位体积纱线中单丝实际体积。单丝中实际能量 $\mathrm{d}W$ 的表达式如下：

$$\mathrm{d}W=kW_f\mathrm{d}V \tag{4.54}$$

在半径分别为 r_0 和 $r_0+\mathrm{d}r_0$ 的圆柱形之间的纱线体积是 $2\pi r_0\mathrm{d}r_0$(与应变无关)，拉伸应变能的表达式如下：

$$\mathrm{d}W=2\pi k\left[\int_1^{\lambda_r}\varphi_a(\lambda)\mathrm{d}\lambda\right]r_0\mathrm{d}r_0 \tag{4.55}$$

式中：λ_r 是单丝在半径 r 处的伸长比。

纱线总能量表达式如下：

$$W=2\pi k\int_0^{R_0}\left[\int_1^{\lambda_r}\varphi_a(\lambda)\mathrm{d}\lambda\right]r_0\mathrm{d}r_0 \tag{4.56}$$

式中：R_0 为纱线在非拉伸状态下的半径。

如果纱线轴向伸长相对于初始单位长度是 $\delta\lambda_c$，则外力 F 对纱线做的功是 $F\cdot\delta\lambda_c$：

$$F=\frac{\mathrm{d}W}{\mathrm{d}\lambda_c} \tag{4.57}$$

因此，为了求得轴向拉伸力 F，对式(4.57)求关于 λ_c 的导数。

由于 R_0 不是 λ_c 的函数，可在积分符号外面求解，得到下式：

$$\frac{\mathrm{d}}{\mathrm{d}x}\int_0^Y f(x,\ y)\mathrm{d}y=\int_0^Y\frac{\partial}{\partial x}f(x,\ y)\mathrm{d}y \tag{4.58}$$

由于 λ_c 和 r_0 是独立变量，得到：

$$F=\frac{\mathrm{d}W}{\mathrm{d}\lambda_c}=2\pi k\int_0^{R_0}\frac{\partial}{\partial\lambda_c}\left[\int_1^{\lambda_r}\varphi_a(\lambda)\mathrm{d}\lambda\right]r_0\mathrm{d}r_0 \tag{4.59}$$

方括号内的积分只是 λ_r 的函数，但 λ_r 又是关于 λ_c 和 r_0 的函数，可得：

$$\int_1^{\lambda_r}\varphi_a(\lambda)\mathrm{d}\lambda=\Phi(\lambda_r)=\Phi[\chi(\lambda_c,\ r_0)] \tag{4.60}$$

式中：Φ 和 χ 均表示函数。

$$\frac{\partial\Phi}{\partial\lambda_c}=\frac{\partial\Phi}{\partial\lambda_r}\cdot\frac{\partial\lambda_r}{\partial\lambda_c} \tag{4.61}$$

$$\frac{\mathrm{d}}{\mathrm{d}\lambda_r}\int_1^{\lambda_r}\varphi_a(\lambda)\mathrm{d}\lambda=\varphi_a(\lambda_r) \tag{4.62}$$

$$F=2\pi k\int_0^{R_0}\varphi_a(\lambda_r)\frac{\partial\lambda_r}{\partial\lambda_c}r_0\mathrm{d}r_0 \tag{4.63}$$

因此纱线名义应力为 F 与纱线原始横截面积之商：

$$X_a=\frac{F}{\pi R_0^2}=\frac{2k}{R_0^2}\int_0^{R_0}\varphi_a(\lambda_r)\frac{\partial\lambda_r}{\partial\lambda_c}r_0\mathrm{d}r_0 \tag{4.64}$$

式(4.64)中的 $\varphi_a(\lambda_r)$ 具有与应力相同的量纲(例如 g/cm^2)。由于是载荷除以纱线原始横截面积，式(4.64)描述的是名义应力，而不是除以纱线实时横截面积得到的真实应力。

对于柔性纱线，用比应力更为便捷，比应力的单位通常是 g/tex 或者 g/D。例如采用旦尼尔(D)时，比应力 $\varphi(\lambda)$ 和名义应力 $\varphi_a(\lambda)$ 的关系如下：

$$\varphi(\lambda)=\frac{\varphi_a(\lambda)}{9\times10^5\rho} \tag{4.65}$$

式中：ρ 为单丝密度。

纱线名义应力 X 定义如下：

$$X=\frac{X_a}{9\times10^5\rho k} \tag{4.66}$$

式中：ρk 为纱线的有效密度。

分别将式(4.65)和式(4.66)引入式(4.64)的左右两侧，可得：

$$X=\frac{2}{R_0^2}\int_0^{R_0}\varphi(\lambda_r)\frac{\partial\lambda_r}{\partial\lambda_c}r_0\mathrm{d}r_0 \tag{4.67}$$

为了便于计算，引入一个新变量 μ，定义如下：

$$\mu=\tan^2\alpha_0=\psi_0^2r_0^2 \tag{4.68}$$

式中：α_0 为初始状态时长丝与纱线轴的倾角。

由式(4.47)得到：

$$\psi_0^2R_0^2=\tan^2\alpha_m=U \tag{4.68a}$$

式中：α_m 为外表面单丝倾角。

由式(4.67)可得：

$$X=\frac{1}{U}\int_0^{U}\varphi(\lambda_r)\frac{\partial\lambda_r}{\partial\lambda_c}\mathrm{d}u \tag{4.69}$$

再由式(4.51)可得：

$$\lambda_r=\lambda_c\left(\frac{1+\lambda_c^{-3}\mu}{1+\mu}\right)^{\frac{1}{2}} \tag{4.70}$$

因此：

$$\frac{\partial\lambda_r}{\partial\lambda_c}=\frac{1-\frac{1}{2}\lambda_c^{-3}\mu}{[(1+\mu)(1+\lambda_c^{-3}\mu)]^{1/2}} \tag{4.71}$$

4.5.2 实际计算与实验比较

从测量得到的单丝拉伸性质和式(4.69)，有两种方法可得到长丝纱的应力-应变关系。第一种方法是找出实验得到 $\varphi(\lambda)$ 数值的数学拟合表达式，再代入式(4.69)进行计算。但是，这个方法的缺点是只有某些函数形式可积。例如以下函数：

$$\varphi(\lambda)=C(\lambda-1/\lambda^{n}) \tag{4.72}$$

上式中 C 为常数，只有当 n 是奇自然数时可积，当 n 是偶自然数时不可积。另外，表示函数曲线所需的项数是很难确定的，例如对于化学纤维的测量非常繁琐。

第二种方法是利用 $\varphi(\lambda)$ 的实际数据进行数值积分，由于避免了数学拟合误差和不可积分的缺点，计算结果更为精确。

在小应变时可采用胡克定律：

$$\varphi(\lambda)=E(\lambda-1)=E\varepsilon \tag{4.73}$$

式中：E 为长丝材料的杨氏模量；ε 为长丝应变。

因此，从式(4.70)可得：

$$1+\varepsilon_r=(1+\varepsilon_c)\left[\frac{1+(1+\varepsilon_c)^{-3}\mu}{1+\mu}\right]^{\frac{1}{2}} \tag{4.74}$$

式中：ε_r 和 ε_c 分别为长丝应变和纱线应变。

展开式(4.74)等号右边第二项，并只保留 ε_c 中的一阶项，得到：

$$\varepsilon_r=\varepsilon_c\,\frac{1-\mu/2}{1+\mu} \tag{4.75}$$

由此也可得到（当 $\lambda=1+\varepsilon$ 时）：

$$\frac{\partial\lambda_r}{\partial\lambda_c}=\frac{\partial\varepsilon_r}{\partial\varepsilon_c}=\frac{1-\mu/2}{1+\mu} \tag{4.76}$$

$$X=\frac{E}{U}\int_0^U\varepsilon_r\,\frac{1-\mu/2}{1+\mu}\mathrm{d}\mu=\frac{E\varepsilon_0}{U}\int_0^U\left(\frac{1-\mu/2}{1+\mu}\right)^2\mathrm{d}\mu \tag{4.77}$$

对式(4.77)积分，可得：

$$X=\frac{E\varepsilon_c}{U}\left[\frac{9}{4}\,\frac{U}{1+U}-\frac{3}{2}\log(1+U)+\frac{U}{4}\right] \tag{4.78}$$

对于外表面倾角是 α_m 的单丝，从式(4.68a)可得：

$$X=E\varepsilon_c\left[\frac{9}{4}\cos^2\alpha_m-3\cot^2\alpha_m\operatorname{logsec}\alpha_m+\frac{1}{4}\right] \tag{4.79}$$

加捻对初始模量的影响，可以通过式(4.79)对 $\tan\alpha_m$ 进行多阶级数展开而得到。

纱线模量 $E_c=X/\varepsilon_c$，把 $\tan\alpha_m$ 简写成 t，则纱线模量与单丝模量之比可表达如下：

$$\frac{E_c}{E}=\frac{9}{4}\frac{1}{1+t^2}-\frac{3}{2t^2}\log(1+t^2)+\frac{1}{4}$$

$$=\frac{9}{4}(1-t^2+t^4-t^6+\cdots)-\frac{3}{2t^2}\left(t^2-\frac{t^4}{2}+\frac{t^6}{3}-\frac{t8}{4}+\cdots\right)+\frac{1}{4} \quad (4.80)$$

$$=1-\frac{3}{2}t^2+\frac{7}{4}t^4-\frac{15}{8}t^6+\cdots$$

Platt 模型的对应表达式如下[1]：

$$\frac{E_c}{E}=\cos^2\alpha_m=1-t^2+t^4-t^6+\cdots \quad (4.81)$$

对比式(4.80)和式(4.81)，对于小捻度情形，用式(4.80)计算得到的由加捻引起的模量减少量比 Platt 模型的结果多 50%左右。

如图 4.8 所示，对每根纱线进行 10 次拉伸试验，从伸长率为 1.0% 到拉伸断裂点之间，通过计算得到比应力 X 的平均值，图中曲线上的交叉符号“×”表示平均断裂点。除了小捻度区域，其余区域的计算结果与实验结果均吻合良好。

图 4.9 中，应力被绘制为捻度变量 $\tan\alpha_m$ 的函数，其中 α_m 是由式(4.68a)计算得到的单丝外表面倾角，每条曲线上的第一个点（对于 $\tan\alpha_m=0.0928$）对应于 $\varphi_1(\lambda)$，这些点可用于计算 $\varphi(\lambda)$。

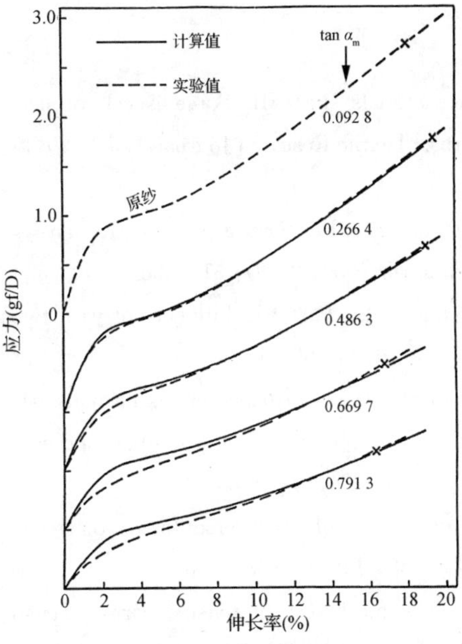

图 4.8　不同捻度纱线的实验与计算应力-应变曲线（用 $\tan\alpha_m$ 表示）

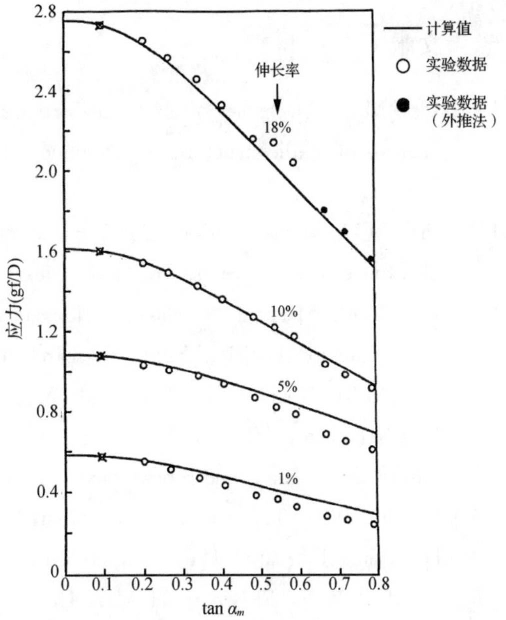

图 4.9　对于不同的纱线伸长值，纱线应力与捻度的关系（用 $\tan\alpha_m$ 表示）

从图 4.8 和图 4.9 可以看出，除了应变小、捻度大的情况，理论曲线与实验曲线基本吻合。低应变下的偏差可能与单丝中存在少量卷曲或其他不规则性有关，从而产生虚高的低初始应力。

4.6 总结

对纱线拉伸行为的建模有力法和能量法，两种方法各有千秋：力法简洁，但矢量计算复杂，能揭示理想螺线模型的应力状态；能量法模型复杂，但标量计算量小，但能适用于复杂纱线结构。同时应用能量和应力方法将更具有优势。但现在的发展方向是数值计算方法和人工智能技术(包括本书第12章涉及的神经网络方法)。本章给出依据虚功原理的严格有限元计算方法，同时给出非线性方程组的数值解。有限元方法是数值计算方法之一，计算精度随网格细分而逐渐提高，并能解决复杂的纺织结构力学问题，例如织物悬垂、非织造布拉伸断裂等。在第10章中还会看到Hearle等人建立的极为复杂的非织造布解析模型仅限于小应变和密集纱线结构的横向收缩，对于更为实际的受力状态则无法得到相对准确的结果。对于长丝纱也是如此，Platt、Hearle和Treloar等的长丝纱力学性质研究工作都依据一个非常简单的螺旋模型，其中纤维是连续的，且径向上没有长丝迁移。该模型仍可用于预测短纤维在较小延伸率下的应力-应变行为，因为短纤维行为最初阶段主要受几何变化的影响，而不是纤维滑移的影响。但对于较大延伸率的应力-应变行为则无法预测。为了更真实地处理长丝纱或者短纤纱的大变形拉伸，本章所述的数值计算方法将是有效的途径。

参考文献

[1] Platt M M. Mechanics of elastic performance of textile materials. Part III. Some aspects of stress analysis of textile structures — Continuous-filament yarns. Textile Research Journal, 1950, 20(1): 1-5.

[2] Platt M M. Mechanics of elastic performance of textile materials. Part IV: Some aspects of stress analysis of textile structures—Staple-fiber yarns. Textile Research Journal, 1950, 20(8): 519-538.

[3] Platt M M. Mechanics of elastic performance of textile materials. Part VI: Influence of yarn twist on modulus of elasticity. Textile Research Journal, 1950, 20(10): 665-667.

[4] Platt M M, Klein W G, Hamburger W J. Mechanics of elastic performance of textile materials. Part XI: Factors affecting the translation of certain mechanical properties of cordage fibers and yarns into cordage strands and ropes. Textile Research Journal, 1954, 24(10): 907-939.

[5] Hearle J W S. The mechanics of twisted yarns: the influence of transverse forces on tensile behaviour. Journal of The textile Institute Transactions, 1958, 49(8): T389 T408.

[6] Hearle J W S, El-Behery H M A E, Thakur V M. The mechanics of twisted yarns: Tensile properties of continuous-filament yarns. Journal of The Textile Institute Transactions, 1959, 50(1): T83-T111.

[7] Hearle J W S, El-Behery H M A E, Thakur V M. The mechanics of twisted yarns: Further studies of the tensile properties of continuous-filament yarns. Journal of The Textile Institute Transactions, 1960, 51(8): T299-T316.

[8] Hearle J W S, Grosberg P, Backer S. Structural mechanics of fibers, yarns and fabrics. Vol. 1.

New York: Wiley-Interscience, 1969.

[9] Treloar L R G, Riding G. A theory of the stress-strain properties of continuous-filament yarns. Journal of The Textile Institute Transactions, 1963, 54(4): T156-T170.

[10] van Luijk C J, Carr A J, Carnaby G A. Finite-element analysis of yarns. Part I: yarn model and energy formulation. Journal of The Textile Institute, 1984, 75(5): 342-353.

[11] van Luijk C J, Carr A J, Carnaby G A. Finite-element analysis of yarns. Part II: stress analysis. The Journal of The Textile Institute, 1984, 75(5): 354-362.

[12] Postle R, Carnaby G A, Jong de S. The Mechanics of wool structures. Chichester, West Sussex: Ellis Horwood Limited, 1988.

[13] Ramesh M C, Rajamanickam R, Jayaraman S. The prediction of yarn tensile properties by using artificial neural networks. The Journal of The Textile Institute, 1995, 86(3): 459-469.

[14] Josh Abramson, Jonas Adler, Jack Dunger, et al. Accurate structure prediction of biomolecular interactions with AlphaFold 3. Nature, 2024, 630 (8016): 493-500.

[15] Carnaby G A, Grosberg P. The tensile behaviour of staple-fibre yarns at small extensions. The Journal of The Textile Institute, 1976, 67(9): 299-308.

[16] van Wyk C M. Note on the compressibility of wool. Journal of The Textile Institute Transactions, 1946, 37(12): T285-T292.

[17] Hearle J W S. The mechanics of twisted yarns: the influence of transverse forces on tensile behaviour. Journal of The Textile Institute Transactions, 1958, 49(8): T389-T408.

[18] Treloar L R G, Hearle J W S. The mechanics of twisted yarns: a correction. Journal of the Textile Institute Transactions, 1962, 53(9): T446-T448

[19] Cheng C C, White J L, Duckett K E. A continuum mechanics approach to twisted yarns. Textile Research Journal, 1974, 44(10): 798-803.

[20] Carnaby G A. The structure and mechanical properties of wool carpet yarns. Leeds: University of Leeds, 1976.

5 弱环定理

日常生活中的木桶原理，是指一只木桶盛水的多少并不取决于桶壁上最高的那块木板，而取决于最短的那块，也就是常说的短板原理。只有桶壁上所有木板都足够高，木桶才能盛足够多的水；只要木桶里有一块高度不够，木桶里面的水就不可能多。材料强度也有类似的“木桶原理”——弱环定理。

一个试件的强度取决于其长度方向最弱的单元，无论它是一根金属棒、一根纱线，还是一根棉纤维。这使得断裂载荷这一物理量有别于大多数其他物理量，比如，质量的值是由长度方向所有单元的平均值决定的。但拉伸强度取决于最薄弱位置的值，不能取平均值。同时拉伸强度随试件长度增加而减小。短试件强度不规则性的减小导致平均强度增加；长试件强度不规则性的增加导致平均强度降低。

5.1 与长度有关的强度离散性[1]

令长度为 l 的试件，f 是强度，其断裂载荷分布表达为一条频率分布曲线：$y_l = \varphi(f)$。式中：$y_l\delta f$ 为任意给定试件的强度介于 f 和 $f+\delta f$ 之间的概率，并假设该函数在整个试件的各部分之间无明显差异，即频率分布曲线光滑、无突变跳跃。

任意一根纤维或纱线的强度不低于 f 的概率为 $\int_f^\infty \varphi(f)\cdot \mathrm{d}f$，则 r 倍的长度 l 中有一段的强度介于 f 和 $f+\delta f$ 之间的概率为 $r\varphi(f)\cdot \mathrm{d}f$，其他强度都不低于 f 的概率为 $\left[\int_f^\infty \varphi(f)\cdot \mathrm{d}f\right]^{r-1}$。因此，长度为 rl 的任意给定试件，其强度介于 f 和 $f+\delta f$ 之间的概率为 $y_r\cdot\delta f$，式中：

$$y_r = r\varphi(f)\left[\int_f^\infty \varphi(f)\cdot \mathrm{d}f\right]^{r-1} \tag{5.1}$$

式(5.1)是一个独立于频率分布曲线的表达式，前提是该函数与试件的具体部位无关。该式可应用于任意经验频率分布曲线，从而推导多倍长度试件的强度分布，只需给出每个观测值的权重 $(N'/N)^{r-1}$，式中 N' 为强度与指定强度相等或更大的纱线根数，N 为纱线总根数，则：

$$y_r = \sum (N'/N)^{r-1} \tag{5.1a}$$

表示在指定强度时断裂的概率。

式(5.1a)省略了式(5.1)中的 $r\varphi(f)$，默认为1，表示纱线中的一段在指定强度时肯定断裂，而其余$(r-1)$段不断裂。

对于长度为75 cm的纱线，每个分组中断裂纱线的根数是该组断裂概率与纱线总根数(N)的乘积，即 $N\cdot\left[\left(\frac{N'_{i-1}}{N}\right)^{r-1}-\left(\frac{N'_i}{N}\right)^{r-1}\right]$。

表5.1显示了32英支环锭纺纱线(长度分别为25 cm和75 cm，即 $l=25$ cm)的拉伸试验结果，75 cm纱线$(r=3)$的断裂概率分布由25 cm纱线$(r=1)$的试验结果推导而来，并与75 cm纱线的试验值对比。

表5.1　25 cm和75 cm长度纱线的断裂载荷对比——32英支环锭纺纱线

断裂载荷分组(gf)	130	140	150	160	170	180	190	200
25 cm长度纱线断裂频数试验值 $y_1\times100$(总和为200)	0	0	3	10	20	18	29	24
N'	200	200	198	188	168	150	121	97
分组中的纱线断裂根数(总和为200)	0	0	2	10	20	18	29	24
纱线断裂根数计算值 $N\cdot\left[\left(\frac{N'_{i-1}}{N}\right)^{r-1}-\left(\frac{N'_i}{N}\right)^{r-1}\right]$(四舍五入)	0	0	4	19	36	29	39	26
75 cm长度纱线断裂频数试验值 $y_3\times100$(总和为200)	2	0	3	12	27	38	33	29
断裂载荷分组(gf)	210	220	230	240	250	260	270	280
25 cm长度纱线断裂频数 $y_1\times100$(总和为200)	23	36	17	8	8	3	0	1
N'	74	38	21	13	7	4	1	1
分组中的纱线断裂根数	23	36	17	8	7	4	1	1
纱线断裂根数计算值 $N\cdot\left[\left(\frac{N'_{i-1}}{N}\right)^{r-1}-\left(\frac{N'_i}{N}\right)^{r-1}\right]$(四舍五入)	20	20	7	0	0	0	0	0
75 cm长度纱线断裂频数试验值 $y_3\times100$(总和为200)	24	14	10	7	1	0	0	0

图5.1(a)所示为600个纱线试样(长度为25 cm和75 cm)的拉伸强度频率分布曲线。长试件试验结果(即曲线Ⅱ)显示出平均强度和标准偏差减小，但减小幅度低于根据短试件试验结果(即曲线Ⅰ)预测的结果(即曲线Ⅲ)。

为得到与长度相关的强度，先假设一条初始强度频率分布曲线。相比于正态分布曲线，试验得到的频率分布曲线通常不规则且可能存在偏度，但可利用正态分布曲线近似逼近实测结果。式(5.1)中的多倍长度试样强度分布函数可写为以下形式：

$$\varphi(f)=\frac{h}{\sqrt{\pi}}\mathrm{e}^{-h^2(f-a)^2} \tag{5.2}$$

上式中，a 为均值，h 为长度 l 的“精度模量”，$h=1/\sqrt{2}\sigma$（σ 为标准差），记 $f-a=x$。把正态分布函数转换为标准化正态分布函数：

$$\begin{aligned} y_r&=r\cdot\frac{h}{\sqrt{\pi}}\cdot\mathrm{e}^{-h^2x^2}\left[\frac{1}{\sqrt{\pi}}\int_0^{\infty}\mathrm{e}^{-h^2x^2}\cdot h\,\mathrm{d}x-\frac{1}{\sqrt{\pi}}\int_0^{x}\mathrm{e}^{-h^2x^2}\cdot h\,\mathrm{d}x\right]^{r-1}\\ &=\frac{h}{\sqrt{\pi}}\cdot\mathrm{e}^{-h^2x^2}\cdot r\left[\frac{1-\Phi(hx)}{2}\right]^{r-1}\text{，式中 }\Phi(x)=\frac{2}{\sqrt{\pi}}\int_0^{x}\mathrm{e}^{-x^2}\,\mathrm{d}x \end{aligned} \tag{5.1b}$$

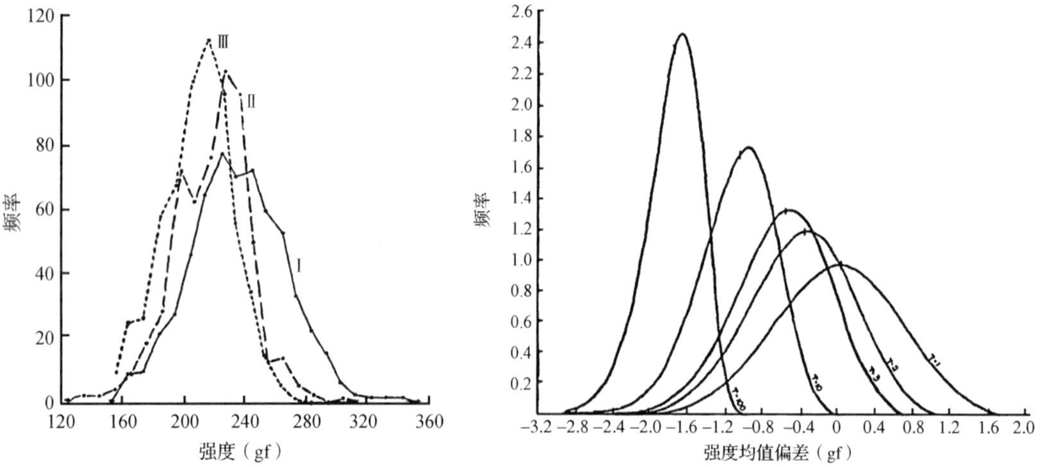

(a) 600 个纱线试样(长度为 25 cm 和 75 cm)的拉伸强度频率分布曲线①

(b) 多倍长度试样的强度频率分布曲线

图 5.1 强度频率分布曲线

其中标准化正态分布函数 $\Phi(x)$ 的积分没有解析式，可由正态分布函数表查阅。由此可得长度 l 以及 $2l$、$3l$、$10l$ 和 $100l$ 的正态分布曲线，见图 5.1(b)。为简化和便于应用，图 5.1(b)中的横轴和纵轴已分别采用 hx 和 $1/\sqrt{\pi}$ 进行处理。

可以看出，平均强度随长度增加持续降低，从峰值高度可以看出标准差也在持续减小。此外，曲线出现负偏度，均值、中位数和众数不再相同，其中后两者可不通过对 y_r 积分而求得。

众数可由一阶导数为零时解出：

---

① 为了横坐标取整，此处用“gf”作为载荷单位。载荷的单位主要包括牛顿(N)、帕斯卡(Pa)、兆帕(MPa)、克力(gf)、千克力(kgf)、毫牛顿(mN)、厘牛顿(cN)。这些单位反映了断裂载荷在不同应用场景下的计量需求，其中牛顿和帕斯卡是国际单位制中的基本单位，兆帕、克力、千克力等是基于这些基本单位的衍生单位。

$$\frac{\mathrm{d}}{\mathrm{d}f}\cdot y_r=0$$

或：

$$\varphi(f)\cdot\left[\int_f^{\infty}\varphi(f)\cdot\mathrm{d}f\right]^{r-1}\cdot\left\{(r-1)\varphi(f)+2h^2(f-a)\int_f^{\infty}\varphi(f)\cdot\mathrm{d}f\right\}=0$$

当 $f=\pm\infty$ 时，前两项为零，其中众数由大括号中的表达式为“0”的条件给出，或：

$$\frac{h^2(f-a)}{\varphi(f)}\int_f^{\infty}\varphi(f)\cdot\mathrm{d}f=\frac{r-1}{2}$$

或：

$$\frac{hx}{\mathrm{e}^{-h^2x^2}}\left[\frac{1-\Phi(hx)}{2}\right]=-\frac{r-1}{2\sqrt{\pi}} \tag{5.2a}$$

给出中位数的条件为，一半试样（包含长度 l）的强度低于中位数，即 r 倍长度试样中有一段的强度低于中位数的概率为 1/2。任意一个长度的纤维，其强度低于均值的偏差量超过 hx 的概率如下：

$$\frac{1-\Phi(hx)}{2}$$

则 r 倍长度试样中至少有一段有以上长度偏差的概率如下：

$$1-\left[1-\frac{1-\Phi(hx)}{2}\right]^r=1-\left[\frac{1+\Phi(hx)}{2}\right]^r$$

对于长度 rl 试样，其强度低于中位数的概率为 1/2。因此，若 hx 为中位数与原始均值的偏差：

$$\left[\frac{1-\Phi(hx)}{2}\right]^r=\frac{1}{2} \tag{5.3}$$

或：

$$\frac{1-\Phi(hx)}{2}=2^{-\frac{1}{r}}$$

多倍长度试样的强度均值 a_r 如下：

$$a_r=\int_{-\infty}^{+\infty}y_r\cdot f\cdot\mathrm{d}f \tag{5.4}$$

一般只能通过绘制的曲线计算得到。

很容易绘制式(5.2a)和式(5.3)左侧的(hx)函数曲线，并通过取值使得式(5.2a)和式(5.3)对任意 r 都能满足。表 5.2 列出了一些取值，图 5.2 所示为中位数和众数降低的曲线。一般可以近似认为，对于一条偏态分布曲线，均值和众数之间的差异为均值和中位数之间的差异的三倍。基于该假设得到的均值也在表 5.2 中列出。

表 5.2* 多倍长度(rl)纱线的拉伸强度

r	众数(gf)	中位数(gf)	均值(gf)	S. D. $\times\sqrt{2}$	Sk	$r^{-\frac{1}{5}}$	$3(1-r^{-\frac{1}{5}})$
1	0	0	0	1	0	1	0
2	0.360	0.386	0.399	0.82	0.067	0.87	0.388
3	0.543	0.580	0.598	0.74	0.106	0.80	0.592
4	0.663	0.705	0.726	0.70	0.128	0.76	0.727
5	0.751	0.797	0.820	0.66	0.147	0.72	0.826
10	1.006	1.062	1.09	0.58	0.205	0.63	1.11
30	1.351	1.414	1.45	0.49	0.271	0.51	1.48
40	1.434	1.496	1.53	0.48	0.276	0.48	1.57
80	1.622	1.688	1.72	0.44	0.316	0.42	1.75
100	1.679	1.743	1.77	0.42	0.324	0.40	1.81
160	1.796	1.860	1.89	0.41	0.334	0.36	1.91
275	1.922	1.988	2.02	0.39	0.358	0.33	2.02
1 000	2.202	2.266	2.30	0.35	0.388	0.25	2.25

*：偏度 $\text{Sk}=\frac{\text{均值}-\text{众数}}{\text{S. D.}}$(S. D. 为均方差)。其他量按照低于初始均值的偏差与 $r=1$ 时正态分布曲线的精度模量(h)的乘积给出。均值和众数可从绘制的曲线中得到，而最后一个数是不明确的。为将这些指标表示为强度 S. D. 的比值，于是乘以 $\sqrt{2}$。

S. D. $\times\sqrt{2}$ 的值为曲线[见图 5.1(a)]在均值处高度的倒数。

最后一列 $3(1-r^{-\frac{1}{5}})$ 对应均值的近似公式，倒数第二列 $r^{-\frac{1}{5}}$ 对应 S. D. 的近似公式。

随着众数与中位数之间的差异迅速趋近于常数 0.065，多倍长度的偏度可近似为 $-0.138r^{-\frac{1}{5}}$。

如果曲线依然为正态的，标准差则与曲线高度呈负比例关系。由于引入了偏度，分布范围变得更大，将均值处的纵坐标作为 S. D. 的度量更好且足够准确。偏度则为：

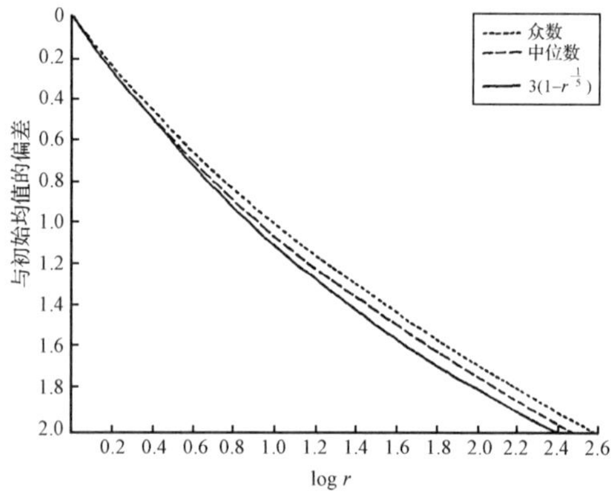

图 5.2 中位数和众数降低的曲线

$$\text{Sk}=\frac{3}{\sqrt{2}}\cdot\frac{\text{中位数}-\text{众数}}{\text{均值处的 } y_r}$$

中位数和众数按低于初始均值的偏差用 $1/h$ 给出。

在 $r=10$ 和 $r=100$ 的曲线中，根据 $hx=0.05$ 时的纵坐标间隔计算出均值和 S. D.，如表5.2给出的数据，均值分别为1.087 gf和1.769 gf，$\sqrt{2}\times$S.D.分别为0.605 gf和0.441 gf，偏度分别为−0.189和−0.288。

曲线($r=2$)的均值可能需要另外假设正态分布而给出。假设长度为$2nl$的试样在试验时为$2n$段长度l，或n段长度$2l$。令f为一对(2段)长度l中较低的强度，f'为较高的强度。

$2n$段长度l的均值$=\dfrac{\sum f+\sum f'}{2n}$，$n$段2倍长度$l$的均值$=\dfrac{\sum f}{n}=\dfrac{2\sum f}{2n}$。

以上两个均值之间的差异$=\dfrac{\sum(f'-f)}{2n}$。

在正态分布中，$\sqrt{\dfrac{\sum(f'-f)^2}{n}}=\sqrt{2}\cdot\sigma$，式中，$\sigma$为单倍长度的S.D.，$f$和$f'$为任意两个随机数，平均绝对差值为均方根差的$\sqrt{2/\pi}$倍，或：

$$\frac{\sum(f'-f)}{n}=\frac{2\sigma}{\sqrt{\pi}}$$

所以平均强度的减少$=\dfrac{\sigma}{\sqrt{\pi}}=0.565\sigma=0.399/h$。

当$r=2$、10和100时，以上均值与根据众数和中位数计算得到均值之间的差异在1%以内，对于所有r可能都适用。2倍长度显示出一个简单事实，强度的减少是由多倍长度内的差异决定的，即长试样的“内部”离散性，强度和强度规则性的变化将小于根据大量短试样的离散性计算的变化，在棉纱中，连续长度纱线的强度往往更相似。

实际中可更方便地将这些变化用均值和标准差表示。若a_l为长度l的均值，σ_l为标准差，则有：

$$a_l-a_{rl}=v_r\sigma_l \tag{5.5}$$

以及：

$$\sigma_{rl}/\sigma_l=u_r \tag{5.6}$$

式中：v_r和u_r与离散性无关，且为倍数r的已知函数，长度l的分布曲线为正态分布。

根据从实际纱线中发现的强度不规则性分布曲线来确定较短长度纱线的强度分布曲线是否为正态分布曲线，也不考虑偏度(如果存在的话)，是不切实际的。为得到试样长度对试样强度影响的一般性的表达，必须忽略由偏度造成的v_r和u_r的微小变化。由式(5.5)和式(5.6)可得：

$$a_l-a_{rsl}=v_{rs}\cdot\sigma_l \tag{5.5a}$$

以及：

$$\sigma_{rsl}/\sigma_l=u_{rs} \tag{5.6a}$$

同样有：

$$a_{rl}-a_{rsl}=v_s\cdot\sigma_{rl} \tag{5.5b}$$

以及：

$$\sigma_{rsl}/\sigma_{rl}=u_s \tag{5.6b}$$

所以：

$$a_{rl}-a_{rsl}=(v_{rs}-v_r)\sigma_l$$

以及：

$$\sigma_{rsl}/\sigma_{rl}=u_{rs}/u_r$$

因此：

$$v_s\sigma_{rl}=(v_{rs}-v_r)\sigma_l \quad 以及 \quad \frac{\sigma_{rsl}}{\sigma_{rl}}=\frac{u_{rs}}{u_r}$$

或：

$$v_s=\frac{v_{rs}-v_r}{u_r}$$

以及：

$$v_{rs}=v_r+v_s\cdot u_r=v_s+v_r\cdot u_s$$

所以：

$$\frac{v_r}{1-u_r}=\frac{v_s}{1-u_s}=常数=c$$

或：

$$v_r=c(1-u) \tag{5.7}$$

但是，$u_{rs}=u_r\cdot u_s$，因此通过对 r 和 s 不断进行因子分解，可知对于任意 r，其对应的 u 值等于 r 各因子的乘积，或者等于 r 取 n 次根时的 n 次幂)，所以：

$$u_r=u_s^{\ln r}=r^b \quad (其中,b=\ln u_s) \tag{5.8}$$

以及：

$$v_r=c(1-r^b)\ 且\ u_r=r^b \tag{5.9}$$

由表 5.2 给出的值计算得到 c 和 b，随 r 和偏度增加而缓慢变化，但是，当均值的变化以 $1/h$ 为单位时，c 和 b 分别取值 3 和 $-\frac{1}{5}$；或者在式(5.5)和式(5.6)中，c 和 b 分别取 4.2 和 $-\frac{1}{5}$；当计算较短长度的均值偏差影响时，c 和 b 分别取 5.3 和 $-\frac{1}{5}$，均足以给出很好的近似值。由式(5.9)给出的值,见表5.2,与一个经验频率的正态分布假设接近。

5.2 偏度

一元正态分布概率密度曲线以随机变量期望值为对称轴左右对称,是零偏度分布。假如一个概率密度分布曲线异于正态分布,则具有偏度。正态分布中概率最大值对应的随机变量值(众数)与中位数(左右采样点一样多时对应的随机变量值)、随机变量平均值都相同,属于"三点合一"。假如平均值大于众数和中位数,按照表5.2中偏度计算公式,属于正偏度,属于"左偏";负偏度属于"右偏"。

如果任意给定长度的试样强度按正态分布规律变化,则较长试样的频率分布曲线为负偏分布,或者说,其强度分布一般不能由正态或对称频率分布曲线描述。但此时由弱环定理仍然适用,因为弱环定理与分布无关。通过简单地从一个固定的大值减去每个单元值,可以看到任何由试样单元最大值决定的物理量的分布呈现正偏分布,比如,测量平板之间未被压缩的织物厚度。当构成试样的单元中,个体值的偏差与各单元之间的正负偏差不等时,其不等程度虽小,但足以使正态分布假设在理论上不适用,例如,杆的扭转刚度或弯矩。这类物理量大且重要,很有必要用代数类型的曲线重写式(5.1b)。从正态分布曲线可以得到,一种代数类型可以是

$$y=\mathrm{e}^{-h^2x^2}(a+bx+cx^2+\cdots) \tag{5.10}$$

已经尝试通过中位数、众数和原始均值拟合求解其常数的解析解,但仅能计算1项或2项,对于均值的减少,结果是复杂的隐式函数。长试样的偏度曲线,比如 $r=100$,可以近似为

$$y=y_0x^{-p}\cdot\mathrm{e}^{-r/x} \tag{5.11}$$

偏度是反映数据偏移正态分布的指标,取决于"内部"离散性。如果偏度与个体之间由于来源不同而产生的离散性相比,偏差较小,则偏度可忽略不计,或由生产性质决定。棉纤维强度分布未呈现系统性的偏度,这是由于生长差异导致的个体之间巨大差异所决定的,符合正态分布假设,即"偏差由大量独立偏差的总和构成"。

在棉纱的例子中,长度的单元太大而使得棉纤维不能跨越多段。对于长度为几厘米或十几厘米的试样,强度分布不应被由"内部离散性"导致的偏度影响,应由生产性质决定。由于每个部分的纤维数量呈现正偏度,纤维在拉伸过程中倾向于保持在一起,使得强度并不服从正态分布。此外,较细处的纤维更易加捻,使得强度随着纤维数量增加而增加,同时也会带来正偏度,因此非常短的试样或多或少地呈现正偏态分布。例如对长度为7.5 cm的两组5 000个试样进行试验,得到偏度为+0.085和+0.173。对于较长试样,偏度逐渐减少到零,然后变成负值。采用30 cm长度的试样进行试验,未发现系统性的偏度,这与理论一致,对于 $r=4$,偏度为−0.128。

5.3 全部长度中的局部标准参考长度试验

令试样的全长度为 rl,标准参考长度为 l,$\varphi(f)$ 为非标准参考长度的强度分布函数,$\varphi'(f)$ 为标准参考长度的强度分布函数。非标准参考长度的强度分布函数由前文的式(5.10)和式(5.11)给出。对于长度 rl,其包括标准参考长度 l:

$$y'_r=\varphi'(f)\left[\int_f^{\infty}\varphi(f)\cdot \mathrm{d}f\right]^{r-1}+(r-1)\varphi(f)\left[\int_f^{\infty}\varphi(f)\cdot \mathrm{d}f\right]^{r-1}\int_f^{\infty}\varphi'(f)\cdot \mathrm{d}f \tag{5.12}$$

上式为严格的且一般的表达式,当标准参考长度大到足以发生局部断裂时,为应用目的,可进行大幅简化。本例中,名义标准参考长度为 $(a_r-a'_1)$,而实际标准参考长度为:

$$\begin{aligned}(a_1-a'_1)&=(a_r-a'_1)+(a_1-a_r)\\&=(a_r-a'_1)+v\sigma_1\\&=(a_r-a'_1)+\frac{v}{u}\cdot\sigma_r\end{aligned} \tag{5.13}$$

由于纱线中 σ 的有效值可能小于采用大量试件的传统方法计算得到的结果,因此需要将 r 控制到足够小,使误差达到最小值。一个可应用的简单修正为 $(+v\sigma_r)$,与理论和表5.1给出的试验结果均一致。

5.4 复合试样

试件强度与长度的关系已在前文推导,但对于复合试样则较为复杂。例如对于混纺纱如何用纤维强度表示纱线强度,对于织物如何用纱线强度表示织物强度,进一步推广到缆绳、复合材料等试件的强度。这些材料的横截面可被认为由多个平行单元构成。下面以绞纱为例进一步论述。

单元强度和复合试件强度之间的关系取决于每股之间拉力和有限伸长的离散性。实际情况可采用几种数学上的近似分布。

情况(a)——每股两端夹持,初始长度相等,且断裂伸长一致。无论单纱断裂载荷如何离散,试件最大载荷会在任何一股断裂前得到,为所有股线断裂载荷之和,一旦有单纱断裂,载荷值就会下降。

情况(b)——每股两端夹持,均匀拉伸。当载荷与伸长的比值非常规则,尤其是当绞纱在高度均匀拉力下缠绕时,这种情况近似于绞纱试验。试件承受的载荷 $F=(N-n)f$,式中 N 为总股数,n 为断裂股数,f 为每股的拉力。若单股的强度分布函数为 $y=\varphi(f)$,且 N 很大,则:

$$\frac{N-n}{N}=\int_{f}^{\infty}\varphi(f)\cdot \mathrm{d}f \tag{5.14}$$

以及：

$$\frac{F}{N}=f\int_{f}^{\infty}\varphi(f)\cdot \mathrm{d}f \tag{5.15}$$

F 取最大值时，应满足 $\frac{\mathrm{d}F}{\mathrm{d}f}=0$，或：

$$\frac{1}{N}\frac{\mathrm{d}F}{\mathrm{d}f}=\int_{f}^{\infty}\varphi(f)\cdot \mathrm{d}f-f\varphi(f)=0 \tag{5.16}$$

载荷最大时，未断裂的每股的拉力 f 或$(a+x)$，其中对于经验分布曲线，有：

$$f=\frac{1}{\varphi(f)}\int_{f}^{\infty}\varphi(f)\cdot \mathrm{d}f=\frac{N-n}{Ny} \tag{5.16a}$$

或对于正态分布曲线，有：

$$h(a+x)=\frac{1-\Phi(hx)}{2}\cdot\frac{\sqrt{\pi}}{\mathrm{e}^{-h^2x^2}} \tag{5.16b}$$

每股强度与单股强度均值的比值，对于经验分布曲线为：

$$\frac{F}{Na}=\frac{f^2\varphi(f)}{a}=\frac{N-n}{N}\cdot\frac{f}{a} \tag{5.15a}$$

对于正态分布曲线为：

$$y=\frac{1}{\sqrt{\pi}}\cdot\frac{h^2(a+x)^2}{ha}\cdot \mathrm{e}^{-h^2x^2} \tag{5.15b}$$

未断裂股数的比例，对于经验分布曲线为：

$$\frac{N-n}{N}=f\varphi(f)=f\cdot y \tag{5.14a}$$

未断裂股数的比例，对于正态分布曲线为：

$$y=\frac{h(a+x)}{\sqrt{\pi}}\cdot \mathrm{e}^{-h^2x^2} \tag{5.14b}$$

只有当试件中所有强度区间都相等时，式(5.14)～式(5.16)才能应用于连续分布曲线。一些特定尺寸试件的平均断裂载荷会在一个均值附近波动，有可能超出式(5.15b)给出的值，以标准差表示的关系见图 5.3。将股线之间拉力的微小差异与断裂载荷的变化相关联，即通过调整 h 的值，可以允许标准差存在。

情况(c)——夹持的股线具有相等的初始长度。股线伸长 e 在任何时刻都是相同的，未断裂数量比例为：

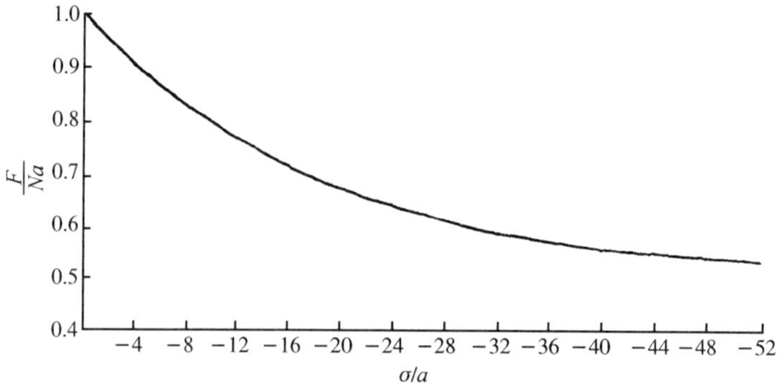

图 5.3　平均断裂强度会在一个均值附近波动形成标准差

$$\frac{N-n}{N}=\int_{e}^{\infty}\varphi(e)\cdot \mathrm{d}e \tag{5.17}$$

式中：$\varphi(e)$ 为断裂伸长分布函数。

试件承受的载荷会受到单股断裂伸长和载荷-伸长比值的影响。当

$$\frac{F}{N}=E\cdot e\cdot\int_{e}^{\infty}\varphi(e)\cdot \mathrm{d}e \tag{5.18}$$

时，采用不变的载荷-伸长比值的平均值，$E=f/e$，是足够精确的。

F 最大的条件是满足下式：

$$e=\frac{1}{\varphi(e)}\cdot\int_{e}^{\infty}\varphi(e)\cdot \mathrm{d}e \tag{5.19}$$

每股强度与单股强度均值的比值通过下式用 e 值替代得到：

$$\frac{F}{Na}=\frac{E}{a}\cdot e^{2}\varphi(e)=\frac{e^{2}}{\bar{e}}\cdot\varphi(e) \tag{5.18a}$$

这个结果与前文提到的结果相同，除了用断裂伸长分布曲线代替断裂强度分布曲线。对于情况(b)和(c)，每股强度的减少情况见图 5.2。情况(c)可能给出了对于大量物理情况的最接近的简化近似分布，包括绞纱试验，在这个试验中，股线被紧紧夹持，当相邻股线断裂时，它们不会滑脱。

情况(d)——股线保持均匀拉力，当其中之一断裂时，所有都滑脱。当连续股线缠绕在不能保持拉力差的钩子或滑轮上时，就可以产生情况(d)。该情况可完全用长试件的断裂强度公式即式(5.4)描述。

情况(e)——股线初始长度一致，均匀伸长(夹持)，直到其中之一断裂，所有都滑脱。这种情况与情况(d)的关系等同于情况(c)与情况(b)的关系。

断裂强度为每股中的最小值，数学上与长试件的断裂强度公式即式(5.4)一致。

若 e_r 为 r 股试件的平均断裂伸长，S_r 为标准差，则：

$$e_r=e_1-vS_1 \tag{5.20a}$$

$$\frac{S_r}{S_1}=u \tag{5.20b}$$

E 为模量，可简单理解为载荷与伸长之比的平均值：

$$Ee_r=Ee_1-rES_1$$

或：

$$a_r=a_1\left(1-v\cdot\frac{S_1}{e_1}\right) \tag{5.21}$$

以及：

$$\frac{\sigma_r}{a_r}=\frac{S_r}{e_r}=\frac{S_1 u}{e_r}=u\cdot\frac{e_1}{e_r}\cdot\frac{S_1}{e_1}$$

或：

$$\sigma_r=u\cdot E\cdot S_1 \tag{5.22}$$

式(5.22)目前近似忽略了 E 的离散性，而这可能对小数量股线试件有影响。若要考虑该因素，则需要考虑 E 和 e 之间的相关性，但这并不合理，因为即使当 $r=1$ 时，式(5.22)的结果也几乎准确。载荷与伸长的离散程度在相同的等级。

5.5 纺织材料性质的离散性

5.5.1 Peirce 弱环定理的改进

纺织纤维并非均匀的，一份试件的每根纤维之间，以及每根纤维沿其轴向的组分和细度均存在差异。前述的弱环定理可用图 5.4 简单解释：沿着纤维长度方向的每一点，拉伸强度都不同。整体强度取决于最弱的环节。

再进一步解释就是：若有一个逐渐递增的力施加于整个试件上，它会在其最弱处断裂，得到强度 S_1，但若将这个试件沿轴向均分为两部分，每一部分都会在其最弱处断裂，分别得到两个强度值(S_1、S_2)，而 S_2 肯定大于 S_1。因此，通过对二分之一长度试件试验得到的强度均值 $S_{1/2}$，即 S_1 和 S_2 的均值，肯定会大于对全长度试验得到的强度值。同样地，取四分之一长度，可得到四个强度值(S_1、S_2、S_3、S_4)以及均值($S_{1/4}$)，而 $S_{1/4}$ 同样会大于对全长度试验得到的强度值。这一规律将持续，直到取很短的长度时，均值趋近于 S_0，使得曲线[图 5.4(a)]在直线 $S=S_0$ 的上方和下方的面积相等，因为每个小单元都将在达到其强度时断裂。

由弱环定理可得到以下结果：

(1) 试件强度的试验结果随试件长度增加而降低。

(2) 试件形状越不规则，其试验结果的平均值的降幅越大。

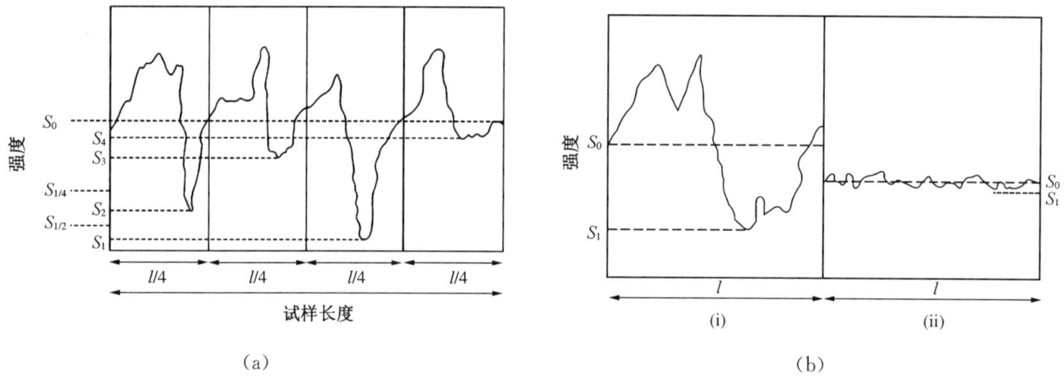

图 5.4　弱环定理

(3) 试件强度的平均值高，并不意味着试件最终强度高，强度取决于最弱部分的试验值。如图 5.4(b)所示，左侧的平均值 S_0 高于右侧，但是右侧的最低值 S_1 高于左侧，右侧的最终强度也大于左侧。

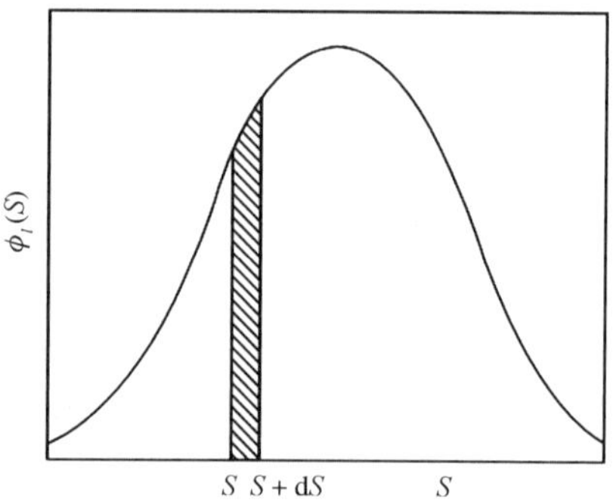

图 5.5　强度分布

按照 Peirce 的弱环定理，$\phi_l(S)\cdot dS$ 代表长度为 l 的试件的强度介于 S 和$(S+dS)$之间的概率，函数 $\phi_l(S)$ 给出了试件强度分布(图 5.5)。假设该函数在一批试件中的各部分之间没有显著差异。按照概率论的期望和方差计算方法，可通过 $\phi_l(S)$ 得到均值 S_l 和标准差 σ_l。

假如现在想得到长度为 nl 的试件的强度分布，即长度为 nl 的试件强度介于 S 和$(S+dS)$之间的概率 $\phi_{nl}(S)\cdot dS$。其发生的条件是，构成长度为 nl 的完整试件的 n 段长度 l 中，最小强度应介于 S 和$(S+dS)$之间。换言之，n 段中必有一段的强度介于 S 和$(S+dS)$之间，而其他$(n-1)$段的强度必须超过 S。n 段长度 l 中必有一段的强度介于 S 和$(S+dS)$之间的概率是 $n\cdot\phi_l(S)\cdot dS$。长度为 l 的试件强度超过 S 的概率为 $\int_S^\infty\phi_l(S)\cdot dS$，则所有$(n-1)$段的强度都超过 S 的概率为 $\left[\int_S^\infty\phi_l(S)\cdot dS\right]^{(n-1)}$。最后，长度为 nl 的试件强度介于 S 和$(S+dS)$之间的概率由以上两项的乘积给出，即：

$$\phi_{nl}(S)=n\cdot\phi_l(S)\left[\int_S^\infty\phi_l(S)\cdot dS\right]^{(n-1)} \tag{5.23}$$

利用这个公式，可求得任意长度试件的强度分布。无论 n 小于或大于 1，该公式都是可用的。

为深入分析，有必要假设函数 $\phi_l(S)$ 的分布类型，最简单的是假设其为正态分布，即：

$$\phi_l(S)=\frac{1}{2\sigma_l\sqrt{\pi}}e^{-(S_l-\bar{S}_l)^2/4\sigma_l^2} \tag{5.24}$$

式中：$\bar{S}_l$ 为 S_l 的均值；σ_l 为 S_l 的标准差。

值得注意的是，即使采用对称正态分布函数，推导出来的其他长度的强度分布却是非对称的。

函数 $\phi_{nl}(S)$ 由 S_l、σ_l 和 n 给出，分析该式，并进行数学上的近似，Peirce 得到了对应于长度 nl 试件强度的均值 $\overline{S}_{nl}$、标准差 σ_{nl}：

$$\overline{S}_l - \overline{S}_{nl} = 4.2(1 - n^{-1/5})\sigma_l \tag{5.25}$$

$$\frac{\sigma_{nl}}{\sigma_l} = n^{-1/5} \tag{5.26}$$

Spencer-Smith 等[2]改进了 Peirce 弱环定理，并应用于纱线。Peirce 弱环定理隐含一个假设，即试件断裂发生在某个点。实际上，试件断裂涉及的扰动将扩散一定长度，Spencer-Smith 称之为断裂区。因此，任何弱环效应理论都应考虑一系列的断裂区。

Spencer-Smith 进一步指出纱线中相邻断裂区的强度是相关的，纤维也是如此，因为相同的分子会穿过相邻区域，相邻区域的尺寸和组分不会有太大差异。因此，强的区域和弱的区域将分别聚集在一起，意味着在试验一些试件时，大多数弱区将集中于其中一部分，而只有一部分会给出断裂值，且一些更大的值会被考虑进来，使得均值更高。

Spencer-Smith 经研究并得到如下公式：

$$\overline{S}_l - \overline{S}_{nl} = W(n) \cdot F(n) \cdot \sigma_l \tag{5.27}$$

上式中，l 为断裂区长度，S_l 和 S_{nl} 分别对应于长度 l 和 nl 区域的强度均值，σ_l 对应于长度 l 区域的标准差，$W(n)$ 为统计函数，$F(n)$ 为相关函数。

$$F(n) = \left\{\frac{1}{n^2}\left[n(n-1) - 2(n-1)r_1 - 2(n-2)r_2 - \cdots - 2(n-m)r_m - \cdots - 2r_{n-1}\right]\right\}^{1/2} \tag{5.28}$$

式中：r_m 表示间隔长度为 ml 区域的强度相关系数。

$W(n)$ 描述的是数值因素，$F(n)$ 描述的是考虑了相邻区域强度相关系数的因素，σ_l 带来离散性。乘积 $W(n) \cdot F(n)$ 替代了 Peirce 提出的式(5.25)中的“$4.2(1-n^{-1/5})$”。

Spencer-Smith 理论已应用于纱线，如图 5.6 所示，其与试验结果仍有差异。

在断裂方面的许多研究中，Weibull 分布被发现可以给出最佳的统计分布，且已被应用于弱环理论。Weibull 分布和平均强度随长度变化的基本双参数和三参数方程如下：

$$\phi_l(S) = 1 - \exp\left[-N\left(\frac{S}{S_0}\right)^m\right] \tag{5.29a}$$

$$\phi_l(S) = 1 - \exp\left[-N^{\beta}\left(\frac{S}{S_0}\right)^m\right] \tag{5.29b}$$

$$\frac{\overline{S}_{nl}}{\overline{S}_l} = n^{-1/m} \tag{5.30a}$$

$$\frac{\bar{S}_{nl}}{\bar{S}_l}=n^{-\beta/m} \tag{5.30b}$$

$$\log\bar{S}_{nl}-\log\bar{S}_l=-(1/m)\log n \tag{5.31a}$$

$$\log\bar{S}_{nl}-\log\bar{S}_l=-(\beta/m)\log n \tag{5.31b}$$

式中：N 为强度 S_0 对应的独立分段数；m 为 Weibull 分布形状参数；β 为考虑直径差异的因子。

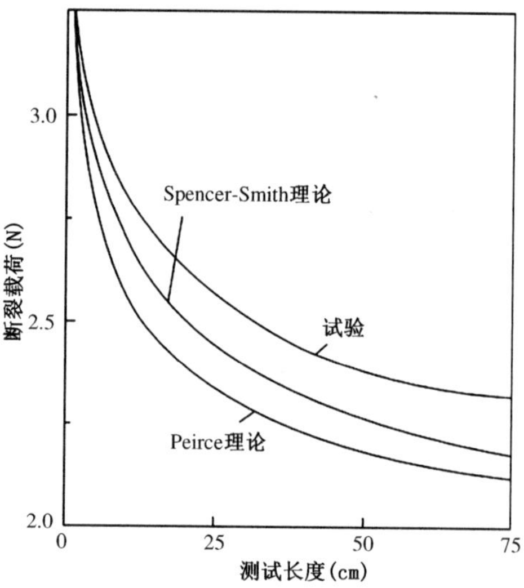

图 5.6　黏胶纤维纱的理论和试验结果对比

虽然 Peirce 理论是一个有用的近似方法，而 Spencer-Smith 理论是一个更好的方法，但关于弱环效应的理论仍在发展。Spencer-Smith 公式很容易受到质疑，因为它必须基于断裂区长度的试验结果。除了这个长度是未知的，甚至很难定义，当夹持试件两端的距离等于估计的断裂区长度，断裂的性质将很可能不同于更短或更长的长度。当夹持两端靠近时，它们会抑制纤维的变形，最终导致断裂的应变分布会有所不同。断裂机理变化的影响无法体现在任何统计理论中，而且似乎对于远大于和远小于断裂区长度的长度，可能适用不同的公式。断裂区长度附近的长度变化将取决于纤维的特殊性质。这也解释了图 5.6 显示的试验值和理论值之间的偏差。

5.5.2　应力和应变的离散性

由于应力的离散性，不同部位的应变也随之有所不同。较细部位的伸长率会大于较粗部位。表 5.3 所示为羊毛纤维沿每 5 mm 长度部位直径和伸长率的离散性。若一组特定试验中的所有长度都相等，那么无论长度大小，每个长度纤维的应变值的均值都将是相等的。

表 5.3　羊毛纤维连续部位(每部分长度为 5 mm)的离散性[3]

纤维 1					纤维 2	
直径(μm)	伸长率(%)				直径(μm)	伸长率(%) (整体伸长率=13.9%)
	整体伸长率(%)					
	5.2	15.5	24.2	32.9		
30.0	2.0	6.0	20.0	28.0	29.8	4.0
29.9	0.0	5.9	19.6	29.4	30.2	10.2
28.0	3.9	21.6	27.4	35.3	28.2	17.6
28.0	9.6	21.2	25.0	34.6	26.4	22.0
26.6	10.4	22.9	29.2	37.5	24.8	15.5
				(断裂)		(断裂)

由于纤维组成材料的离散性，单根纤维不同部位或纤维之间，其模量也可能存在差异。对于不规则试件，也会因试件长度带来离散性影响，其原因在于取测试数据均值时的差异。假设一个试件由 n 部分组成，每部分长度为 x，伸长量由 δx 表示，不同部位的伸长量有所差异。那么，若测试一个长度为 nx 的试件的模量，有：

$$\text{模量}=\frac{S}{\sum(\delta x)/nx}=Sx(1/\overline{\delta x}) \tag{5.32}$$

式中：S 为应力；$\overline{\delta x}$ 为 δx 的均值。

然而，若测试一些长度为 x 的试件的模量，再取均值，则有：

$$\text{模量}=\frac{1}{n}\sum\left(\frac{S}{(\delta x)/x}\right)=\frac{Sx}{n}\sum\left(\frac{1}{\delta x}\right)=Sx\left(\overline{\frac{1}{\delta x}}\right) \tag{5.33}$$

式中：$\left(\overline{\frac{1}{\delta x}}\right)$ 为 $\frac{1}{\delta x}$ 的均值。

$(1/\overline{\delta x})$ 和 $\left(\overline{\frac{1}{\delta x}}\right)$ 是有区别的，因此模量均值会随着试件长度变化而变化。

Pan 等[4]发现当夹持长度从 10 mm 增加到 100 mm 时，纤维初始模量显著增大，他们认为这是纤维性质发生了变化，而并非仅仅是一次试验现象。然而，对于一定长度的纤维，除了夹具附近，很难得出其刚度如何受到纤维上任意一点与夹持点间距离的影响，即测试间距的影响。

5.5.3 束纤维的拉伸断裂

与单根纤维不同，当对一束纤维进行试验时，试样形式会对试验结果产生较大影响。实际情况复杂，很难用数学公式描述。

Peirce 关于复合试样的拉伸弱环定理，假设一束纤维中的每根纤维都相互独立，同时满足如下条件：(1)所有纤维两端夹持，每根纤维初始长度相等，且断裂伸长率一致。在恒定伸长率拉伸试验(CRE)中，所有纤维将同时断裂，即使断裂载荷会有所差异，但每根纤维都会达到其可能的最大载荷，则复合试样的断裂载荷将等于所有纤维断裂载荷之和。(2)所有纤维两端夹持，每根纤维的断裂伸长率可能略有差异，每根纤维初始长度相等，同样进行恒定伸长率拉伸试验。具有最小断裂伸长率的纤维将首先断裂。令断裂伸长率介于 e 和$(e+\mathrm{d}e)$之间的纤维根数比例为 $\phi(e)\cdot\mathrm{d}e$，则当恒定伸长率为 e 时，所有纤维束中未断裂纤维根数比例 f 为：

$$f=\int_e^{\infty}\phi(e)\cdot\mathrm{d}e \tag{5.34}$$

作用在试件上的力会受到模量和断裂伸长率之间的相关关系的影响，但是如果假设一个恒定的模量 E，应力为：

$$\text{应力}=S=f\cdot Ee=Ee\cdot\int_e^{\infty}\phi(e)\cdot\mathrm{d}e \tag{5.35}$$

当 $\mathrm{d}S/\mathrm{d}e=0$ 时，即：

$$E\int_{e}^{\infty}\phi(e)\cdot\mathrm{d}e-Ee\phi(e)=0 \tag{5.36}$$

$$\int_{e}^{\infty}\phi(e)\cdot\mathrm{d}e=e\phi(e) \tag{5.37}$$

应力最大。

记 $\hat{e}$ 为此时的 e，替换式(5.35)中的"e"，可得最大应力：

$$最大应力=E\hat{e}^{2}\cdot\phi(\hat{e}) \tag{5.38}$$

单根纤维的平均断裂应力则为 $E\bar{e}$，那么，复合试样断裂应力与纤维平均断裂应力的比值为 $(\hat{e}^{2}/\bar{e})\cdot\phi(\hat{e})$。

图 5.7 所示为线性应力-应变曲线和正态分布的一个算例，可以清楚看出，部分纤维先断裂造成强度降低。

- 所有纤维两端夹持，每根纤维的断裂伸长率可能略有差异，每根纤维初始长度相等，进行恒定载荷拉伸试验(CRL)。达到最大载荷之前，应力应变关系与前文讨论的一致，见图 5.7，然而试件将完全失效，因为不再允许载荷的降低。
- 所有纤维两端夹持，每根纤维初始长度有所差异。当试件在夹具之间排列时，部分纤维可能并非为直的，如图 5.8 所示，这会导致分载更不均匀。当最初笔直的纤维开始断裂时，有一些"松弛"的纤维伸长较少，甚至可能根本对承载没有贡献。因此，可以达到的最大载荷将更小。
- 所有长丝承受均匀拉伸张力，其中一根断裂时，所有长丝都会滑移。如果将长丝放在多个轻滑轮上，会出现这种情况，并与单根长试件情况一样。
- 所有长丝均匀拉伸，其中一根断裂时，所有长丝都会滑移。纱线的绞纱试验接近这一条件。它与上一种情况类似，除了由于纤维的伸缩性的差异，在试件的两端不会有相同的张力。

通常有一个默认的假设，即认为应力-应变曲线是光滑的。如图 5.7 所示，对所有纤维匀速拉伸计算得到的复合试样应力-应变曲线，其中纤维具有相同的线性应力-应变曲线，但断裂伸长率服从正态分布。这对于纤维束中的无限数量的纤维都是有效的。但是，实际上存在断裂纤维。随着载荷增加和夹具远离，首先达到第一根纤维断裂的点。接着，由更少的纤维来承担载荷，在 CRE 试验中，拉伸载荷会降低；在 CRL 试验中，伸长率会增加。

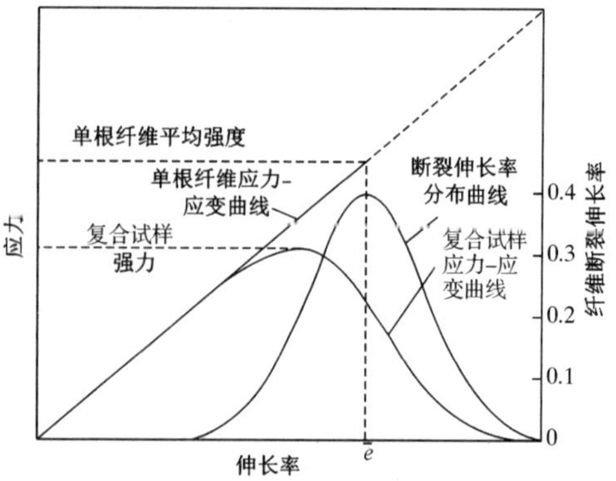

图 5.7　应力和纤维断裂伸长率随伸长率变化的曲线

当纤维之间相互影响时，其断裂机理是不同的，Hearle 等[5]对有捻连续长丝纱的断裂行为进行了研究。无捻纱强度较低于少量加捻的纱线。有捻纱在横向压缩载荷的作用下，薄弱处的纤维会被相邻纤维支撑。这种情况将持续下去，会有更多纤维断裂，直到纤维断裂导致的载荷增加足以导致另一根纤维断裂。过程累积，直到整个试件断裂，断裂载荷低于单根纤维断裂载荷之和。在有捻纱中，强度随捻角增大而提高，直到捻角为 7°时，捻角增大将开始导致强度降低。

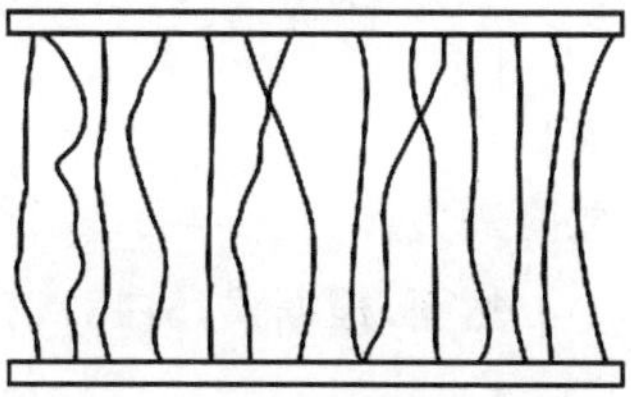

图 5.8 夹持端之间的纤维长度差异

5.5.4 纤维束离散性

表 5.4 所示为 Meredith[6] 对 1 cm 长度的不同纤维进行试验得到的变异系数。可以看到，天然植物纤维的变异系数较大，而天然蛋白质纤维和黏胶纤维更为规则，尼龙等合成纤维的变异系数较小。

表 5.4 纤维离散性[6]

纤维类别	变异系数(%)			
	细度	断裂载荷	比强度	断裂伸长率
棉	24	46	43	40
椴树韧皮纤维	24	45	40	31
黏胶纤维	12	20	17	23
蚕丝	17	19	20	15
尼龙	9	8	7	18
羊毛	21	34	28	32

当纤维被拉长时，通常直径变小，因而真实应力比按原尺寸计算的名义应力增加更快。这在基础研究中是很重要的，因为材料的基本性质可能为试验条件的函数。

令 σ 为真实应力，σ' 为基于原尺寸的名义应力，有：

$$F=\sigma A=\sigma' A' \tag{5.39}$$

$$\sigma=\sigma'\cdot\left(\frac{A'}{A}\right) \tag{5.40}$$

式中：A 为实际横截面面积；A' 为原横截面面积。

若试件均匀拉伸，体积不变，有：

$$Al=A'l' \tag{5.41}$$

$$\frac{A'}{A}=\frac{l}{l'}=1+\varepsilon \tag{5.42}$$

$$\sigma=(1+\varepsilon)\sigma' \tag{5.43}$$

式中：l 为试件长度；l' 为试件原长；ε 为应变。

当下式成立时：

$$\frac{dF}{d\varepsilon}=\sigma\frac{dA}{d\varepsilon}+A\frac{d\sigma}{d\varepsilon}=0 \tag{5.44}$$

载荷最大。

然而，根据式(5.43)，有：

$$\frac{dA}{d\varepsilon}=-A'\frac{1}{(1+\varepsilon)^2} \tag{5.45}$$

$$-A'\frac{\sigma}{(1+\varepsilon)^2}+\frac{A'}{(1+\varepsilon)}\frac{d\sigma}{d\varepsilon}=0 \tag{5.46}$$

$$\frac{d\sigma}{d\varepsilon}=\frac{\sigma}{(1+\varepsilon)} \tag{5.47}$$

从应变轴上的(−1)点画一条直线与真实应力曲线相切的点满足此条件，如图 5.9 所示。这表明断裂载荷对应任意条件下的真实应力，因此没有什么基本意义。

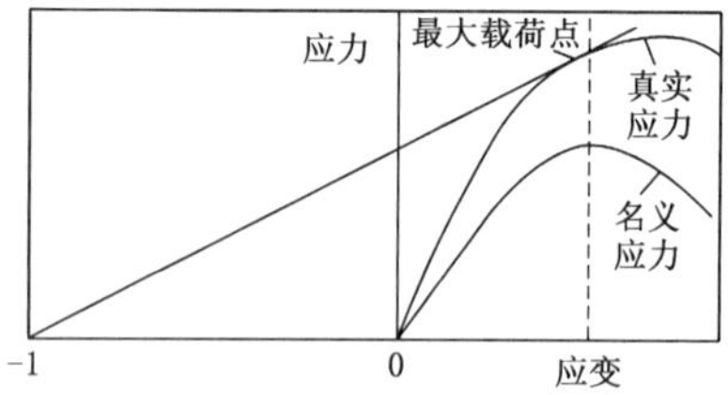

图 5.9　真实和名义应力应变曲线

然而，试样不会被均匀拉长，较弱区比较强区被拉长得更多，这导致弱区的应力进一步增加，过程累积，直到发生断裂。这意味着断裂处的真实应力会比图 5.9 显示的增加得更快。

综上所述，在研究材料行为时(主要为了理解机理，而非在实际中作为通用指标)，对于整个试样而言，平均应力-应变曲线仅可给出粗略参考，试件某点处的真实应力应变关系才更有价值。

参考文献

[1] Peirce F T. Tensile tests for cotton yarns — "The weakest link" theorems on the strength of long and of composite specimens. Journal of The Textile Institute Transactions, 1926, 17(7): T355-T368.

[2] Spencer-Smith J L. The estimation of fibre quality. Journal of The Textile Institute Proceedings, 1947, 38(8): P257-P272.

[3] Banky E C, Slen S B. Note on the effect of nonuniformity of the cross-sectional area upon the tensile behavior of wool fibers. Textile Research Journal, 1955, 25(4): 358-361.

[4] Pan N, Chen C, Inglesby M K, et al. The size effects on the mechanical behaviour of fibres. Journal of Materials Science, 1997, 32(10): 2677-2685.

[5] Hearle J W S, Grosberg P, Backer S. Structural mechanics of fibers, yarns and fabrics. New York: Wiley-Interscience, 1969.

[6] Meredith R. The tensile behaviour of raw cotton and other textile fibres. Journal of The Textile Institute Transactions, 1945, 36(5): T107-T130.

[7] Morton W E, Hearle J W S. Physical properties of textile fibres. Cambridge: Woodhead Publishing, 2008.

6 短纤纱力学

本章介绍短纤纱拉伸失效机理及内部应力传递机理，该机理包括纱线及其中的纤维在拉伸载荷作用下的应力产生、分布和传递过程。利用解析方法从纤维性质和纱线结构预测短纤纱强度，利用渗流相变解释短纤纱中的应力传递机理。

短纤纱强度是纱线品质的重要指标，也是影响纺织品内在品质的关键指标。短纤纱强度是纱线设计、生产和使用中需要关注的首要指标。有很多文献报道了短纤纱力学性质的研究成果[1-13]，但主要探讨的是短纤纱刚度性质，对短纤纱失效机制解释并不明确。本章利用简洁的结构模型解释纱线失效机理，根据纤维束强度预测短纤纱强度。本章还分析短纤纱内部应力在纤维间的传递过程，期望从根本上解决短纤纱强度预测问题，该传递过程所采用的方法可以扩展到各类织物等复杂结构纺织品。

6.1 短纤纱失效的理论分析[1]

英国的 Morton 和中国的严灏景[2]在国际上首次用示踪纤维方法表征短纤纱内部几何结构，图 6.1 是当时的观测照片。照片清晰显示了短纤纱中单纤维的内外转移情况。

在 Morton 和严灏景的短纤纱结构表征基础上，Hearle[3]解释了短纤纱在拉伸过程中纤维和纱线的受力行为和失效机理。短纤纱通常经过加捻，捻度使得纱中的短纤维以相对稳定的方式接触，因此短纤纱形成具有连贯性的整体结构。除了捻度，纤维迁移使每根纤维在纱线横截面上移动，这使得纱线中的纤维彼此纠缠得更紧密。短纤纱是一种自联自锁结构体。当纱线受到压力时，单根纤维之间通过纠缠传递强力。对短纤纱施加载荷时，纤维通过摩擦保持在一起，摩擦主要来自纱线捻度和纤维迁移等结构特征。对纱线施加给定载荷时，捻度和纤维迁移导致纱线外部施加的载荷在纱线内部转化为相邻纤维施加的垂直于纤维轴的侧向压力 σ_l（图 6.2）。侧向压力使纤维

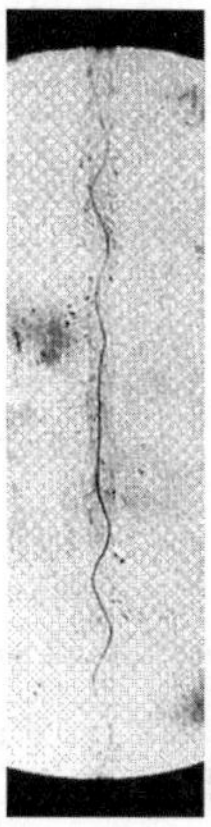

图 6.1 Morton 和严灏景拍摄的短纤纱内部示踪纤维照片[2]

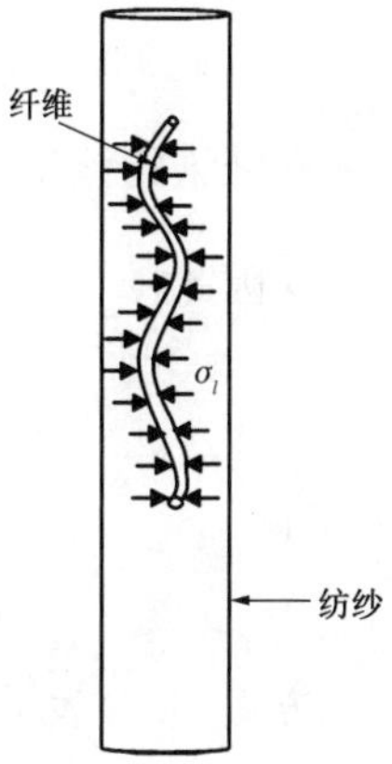

图 6.2 纤维侧向压力

之间产生摩擦力。

为对短纤纱失效进行简单的讨论,做以下假设:

(1) 相邻纤维施加的侧向压力是纱线张力的线性递增函数。

(2) 纤维具有均一长度。

(3) 纤维具有均一直径。

(4) 纤维之间遵循 Amonton 摩擦定律,即最简单的摩擦定律,见式(6.1)。

$$F=\mu N \tag{6.1}$$

式中:F 为摩擦力;N 为侧向力;μ 为纤维间摩擦系数。

使用以下符号:

L:纤维长度;d:纤维直径;σ_a:纤维的轴向应力;σ_l:纤维的侧向压力;k_c:临界长度;$\hat{\sigma}_a$:纤维在给定载荷下的最大应力。

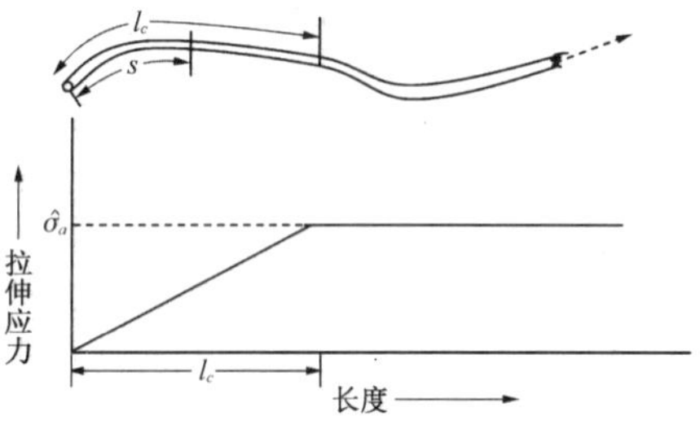

图 6.3 纤维中张力的积聚

图 6.3 显示纱线中纤维长度上的拉伸应力。纤维末端的张力为零,因为纤维的末端不能承受任何力。但是由于纤维上产生了侧向压力,纤维摩擦力会逐渐增加。在距纤维末端 s 处,纤维摩擦力等于累积的滑移阻力。因此,距离纤维末端 s 处的摩擦力 F_s 可以表示为:

$$F_s=\mu\pi d\int_0^s\sigma_I\,\mathrm{d}s \tag{6.2}$$

当纱线的外部张力为零时,$\sigma_I=0$。同样,未加捻时,$\sigma_I=0$。因此,在这两种条件下,没有摩擦阻力,纤维不能抵抗载荷。

下面计算纤维上拉伸应力的分布,如果假设 σ_I 沿纤维长度方向是恒定的,则纤维在距其末端 s 处的摩擦阻力由下式给出:

$$F_s=\mu\pi d\sigma_I s \tag{6.3}$$

在纤维的该位置施加的张力为 $\frac{\pi d^2}{4}\sigma_a$。在平衡状态下,纤维中的张力与摩擦阻力相平衡。因此:

$$\frac{\pi d^2}{4}\sigma_a=\mu\pi d\sigma_I s \tag{6.4}$$

$$\sigma_a=\frac{4\mu\sigma_I s}{d} \tag{6.5}$$

方程(6.5)表示纤维在距其末端 s 处的轴向应力。但是,如果假设 σ_I 沿纤维长度变化,则纤维在距其末端 s 处的轴向应力由下式给出:

$$\sigma_a=\frac{4\mu}{d}\int_0^s\sigma_I\,\mathrm{d}s \tag{6.6}$$

在距离纤维末端 k_c 处,纤维受到的拉伸应力达到给定纱线张力的最大值。这意味着在一定的纱线张力下，任何大于此张力的载荷都不能施加到纤维上。距离纤维末端的距离 k_c 称为临界长度。

对于沿纤维长度恒定的 σ_I，纤维在给定载荷下的最大应力由下式给出：

$$\hat{\sigma_a} = \frac{4\mu\sigma_I s}{d} \tag{6.7}$$

对于纱线上被施加的给定载荷，纤维长度 $(L-2k_c)$ 中的轴向应力大小是纤维上的有效应力值。图 6.4 描绘了沿纤维轴向的拉伸应力分布。

短纤纱中的纤维在握持状态下会产生滑移，从前面的讨论可发现，如果纤维满足以下条件，则在纱线被施加的给定载荷下，纤维上不能产生最大应力：

$$I_c = \frac{l}{2} \tag{6.8}$$

因此，滑移纤维将满足以下条件：

$$\mu\pi l_c d\sigma_I < \frac{\pi d^2}{4}\hat{\sigma_a} \tag{6.9}$$

所以：

$$l_c < \frac{d\hat{\sigma_a}}{4\mu\sigma_I} \tag{6.10}$$

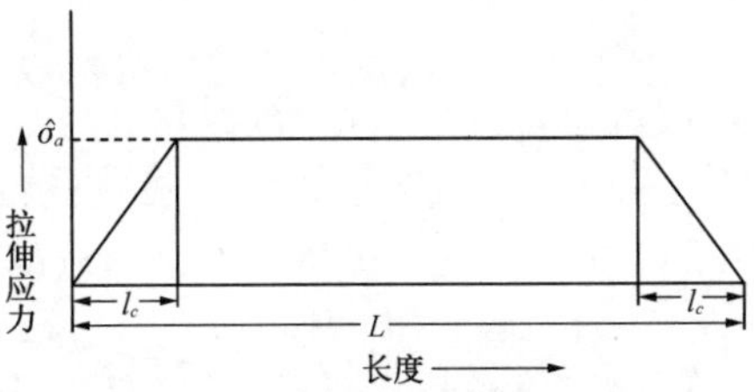

图 6.4　纤维中轴向张力分布

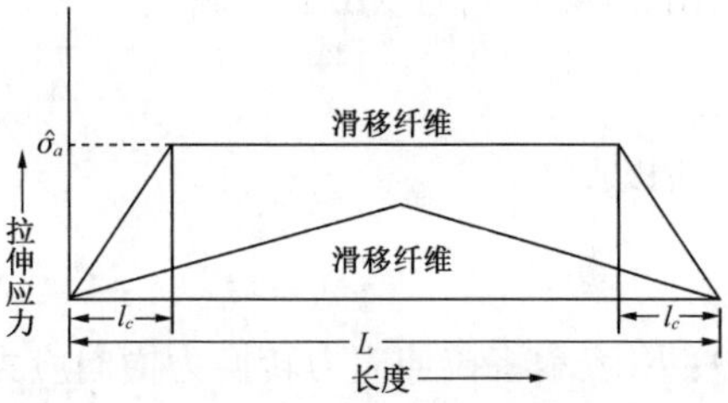

图 6.5　夹持纤维和滑移纤维上拉伸应力分布

滑移纤维也称为非负载贡献纤维。从式(6.10)可以得出，如果纤维的 σ_I 值较低，则纤维在纱线拉伸加载过程中产生滑移的可能性增加。具有不良滑移性的纤维，如纱线外层的纤维，往往会在纱线张力下滑移，而纱线中的短纤维更容易滑移。纱线中纤维互锁程度差，会导致更多的纤维滑移。典型的拉伸应力沿滑移纤维长度方向的分布如图 6.5 所示。

相反，夹持纤维将满足以下条件：

$$(L-2I_c) > 0 \tag{6.11}$$

所以：

$$k_c < \frac{L}{2} \tag{6.12}$$

对于夹持纤维，在张力和摩擦力的最大值之间可有效地建立平衡，得到：

$$\mu\pi k_c d\sigma_I = \frac{\pi d^2}{4}\widehat{\sigma_a} \tag{6.13}$$

所以：

$$k_c = \frac{d\widehat{\sigma_a}}{4\mu\sigma_I} \tag{6.14}$$

当纱线受到应力时，夹持纤维完全承受载荷。在纱线失效的地方，夹持纤维在达到其断裂载荷或断裂延伸率时断裂。因此，夹持纤维被称为贡献纤维。图 6.5 描绘了沿夹持纤维和滑移纤维上拉伸应力分布。

纱线中的轴向应力和侧向压力之间的关系是纱线结构稳定的基础，纤维的螺旋迁移配置导致施加到纱线上的载荷转换为侧向压力。假设 P 是施加到纱线上的载荷，对于夹持纤维，其最大应力与 P 成正比。图 6.6 显示了两个不同 P 值条件下纤维上的拉伸应力分布。

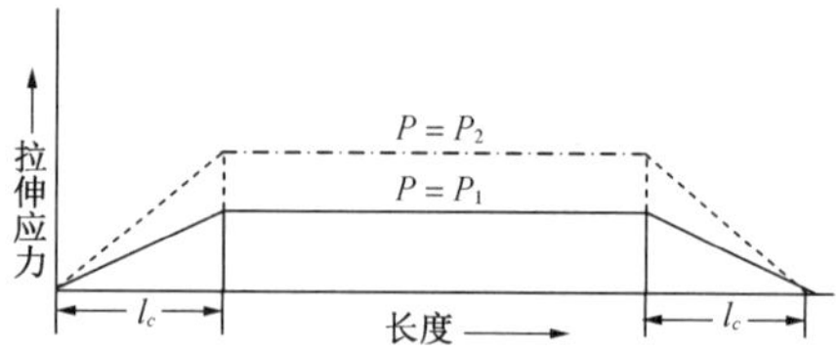

图 6.6 两个不同 P 值条件下纤维上的拉伸应力分布($P_2>P_1$)

$$\widehat{\sigma_a} \propto P \tag{6.15}$$

此外，相邻纤维施加的侧向压力与 P 成正比：

$$\sigma_l \propto P \tag{6.16}$$

由式(6.15)和式(6.16)可得：

$$\sigma_l \propto \widehat{\sigma_a} \tag{6.17}$$

所以：

$$\sigma_l = K\widehat{\sigma_a} \tag{6.18}$$

式中：K 表示将拉伸应力转换为横向应力的转换因子。

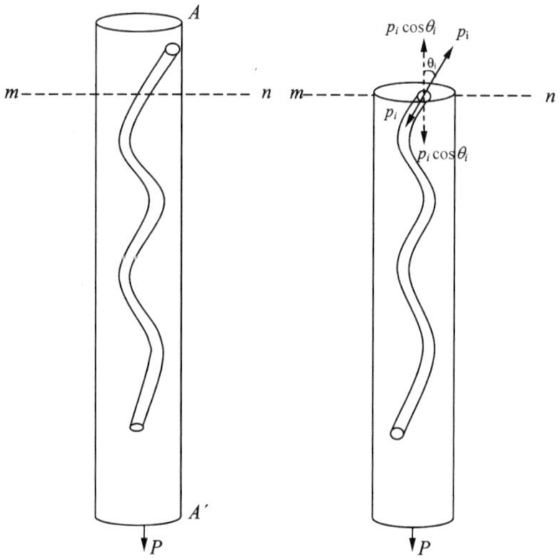

图 6.7 纱线中作用力

在图 6.7 中，纱线 AA' 通过沿纱线轴向施加的载荷 P 的作用而承受轴向张力，忽略重力。纱线被施加轴向载荷时，会受到拉伸作用而断裂破坏。这种破坏的趋势受到纱线内力的抵抗。为可视化这些内力，假设在垂直于纱线轴线的横截面 mn 处对纱线进行切割，并且横截面 mn 以下的部分被隔离为自由体。在自由体的下端，施加载荷 P。自由体上端是内力，代表纱线横截面 mn 上部纤维对下部纤维的作用。载荷 P 和内力连续分布在横截面 mn 上。可视化纱线中(图 6.7 右侧)的每根纤维都承受相当大的载荷，在这种情况下，似乎可以合理地假设纱线横截面上的力分布是均匀的。从自由体的平衡条件可以看出，这种内力均匀分布的结果必须等于外载荷。因此，如果力 p_i 沿第 i 根纤维轴向作用，则沿纱线轴向的力为 $p_i\cos\theta_i$，其中 θ_i 是第 i 根纤维与纱线轴形成的螺旋角。

$$P=\sum_{i=0}^{n}(p_i\cos\theta_i) \tag{6.19}$$

那些在纱线断裂位置发生断裂的纤维束决定了纱线的强度。因此，纤维束的强度（也可以认为是纱线的强度）必须与一定规格长度下的强度相对应，该长度称为有效夹持长度。随着捻度和纤维束互锁程度的增加，有效夹持长度会减小。除此之外，卷曲和摩擦等纤维特性可能会影响纤维束互锁程度，从而影响纤维束互锁的距离。

在普通纱线的断裂过程中，其断裂区的边界非常模糊，无法直接指定，但是可以通过观察纱线的断裂部分来估计断裂带长度。通过对纱线两个失效端进行分析，可以重建纱线断裂前的轮廓。图 6.8 为典型的纱线断裂端实物照片，从中可以看出：

$$k_h=l(1-\varepsilon) \tag{6.20}$$

式中：k_h 为纱线断裂前最薄弱区域的实际长度；l 为断裂区长度；ε 为纱线断裂应变。

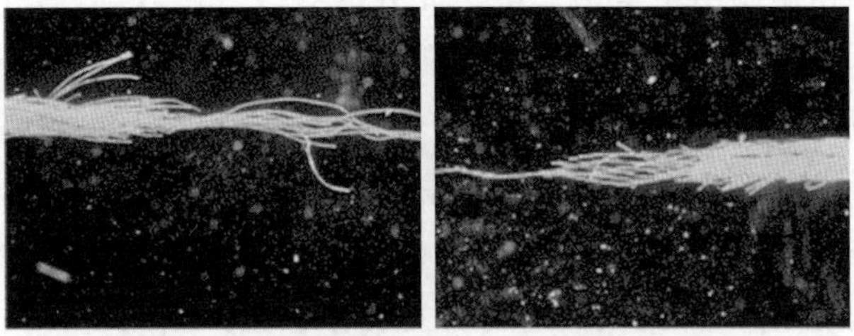

图 6.8　纱线断裂端实物照片

短纤纱可假设为由短纤维束（称为单元）通过连续连接而成，这些单元可能在长度、纤维排列和纤维线密度上有所不同，且存在平均单元长度[14]，一根纤维可以穿过多个纤维束单元。如图 6.9 所示，假设各单元的沿纤维方向的长度都等于单元长度 l_0，当纱线受到张力 P 时，载荷均匀地分布在各单元之间。但是，纤维束各单元的断裂载荷可能不同，纱线断裂会发生在最薄弱的单元位置，即纱线断裂载荷等于其最薄弱单元的断裂强度[15]。

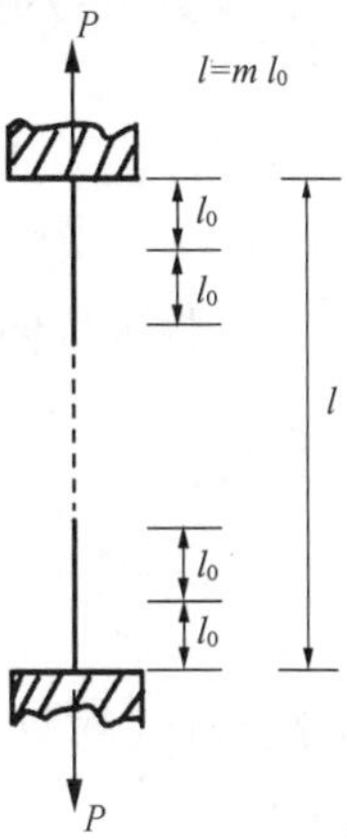

图 6.9　纱线作为纤维束单元的连接体

Phoenix[16]指出，对于纱线中纤维束互锁程度较差的情况，未断裂的纤维之间其承担的载荷可能相同，并且单元长度（l_0）往往会很大。在这种情况下，失效区域的外观是磨损型的。另外，为了提高纤维束的互锁程度，未断裂的纤维之间可能会发生局部载荷分担，纱线失效会因灾难性的裂纹扩展而发生，并且单元长度（l_0）往往会很小。Phoenix 还提到纺纱过程中纱线的实际载荷承担情况介于这两个极端之间。

图 6.10 所示为纤维在纱线最薄弱单元中的位置。在最薄弱单元，当纤维张力大于其断裂载荷时，单元就会断裂。据一些研究者报道，最薄弱单元的近似长度在 2～7 mm[17-18]。在纱线失效过程中，纱线最薄弱单元处的自由纤维一定会产生滑移，而一端位于最薄弱单元的被夹持纤维一定会打滑，因为夹持纤维需要从其夹持端保持一定距离才能抵消所有张力，并且该距离通常大于纱线中加捻纤维束最薄弱单元的长度[1,19]，否则通过最薄弱单元的夹持纤维也会断裂。

在最薄弱单元中一定数量的纤维断裂后，断裂和滑移的纤维不会直接承受载荷。未断裂纤维的应力集中，导致夹持纤维断裂，从而更快地传递断裂，最终的纱线失效发生在纤维断裂和滑移的混合模式之中。

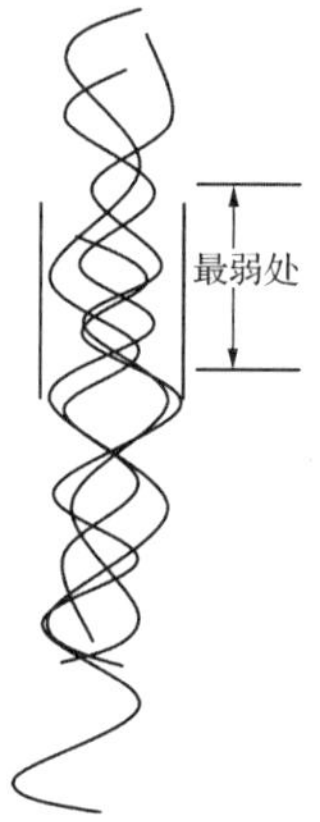

图 6.10　纱线中最薄弱部位的纤维位置

为推导出纱线强度与纤维束强度之间的函数关系，做以下假设：

(1) 当纱线承受拉伸载荷时，它会在最薄弱的部分断裂，该部分横截面包含纤维数量最少。纱线中纤维数量最少、纤维直径最小的部分，扭转刚度最低，因此扭曲往往集中在这里，导致该位置的扭矩超出正常值。虽然此处的纱线捻度较高，减少了纤维滑移，但增加的纤维倾角超过了减少纤维滑移的影响，导致最细处强度最低。由于纤维数量较少，最细处的应力集中度最高。与其他单元的纤维相比，最细处的每根纤维负荷更高。因此假设纱线断裂是在纱线中最细处而不是纱线中的其他位置发生是合乎逻辑的。

(2) 纱线横截面中的纤维数量呈正态分布。在 95%置信水平时，纱线横截面中的平均纤维根数与最薄弱部分的纤维根数之间的关系可以表示如下：

$$n_h = n_e - 1.96\sigma \tag{6.21}$$

式中：n_h 为纱线断裂端的纤维根数；n_e 为纱线横截面中的平均纤维根数；σ 为纱线横截面中纤维根数的标准偏差。

根据变异系数的定义，式(6.21)可以转换为以下形式：

$$n_h = n_e(1 - 0.0196V) \tag{6.22}$$

式中：V 为纱线横截面中纤维根数的变异系数。

(3) 在整个拉伸试验过程中，纱线体积保持恒定。Hearle[1] 计算出恒定体积变形的以下关系：

$$\frac{\tan\theta}{\tan\theta'} = (1+\varepsilon)^{3/2} \tag{6.23}$$

式中：θ 为纱线断裂前纤维的平均螺旋角；θ' 为纱线失效时纤维的平均螺旋角；ε 为纱线断裂应变。

从纤维束强度推导纱线强度时，首先要考虑的是纱线失效区长度。根据纱线断裂伸长率和纱线断裂区长度，可以根据式(6.20)估算出纱线发生断裂时加捻纤维股的实际长度。

设 F_h 是在等于 l_h 的规格长度下测量的纤维束强度，l_h 是纱线断裂前最薄弱区域的实际长度，由于纤维在纱线中具有螺旋构型，因此纤维束强度对纱线强度的贡献为 $F_h\cos^2\theta'$。图 6.11 展示了纤维束强度到纱线强度的转变。

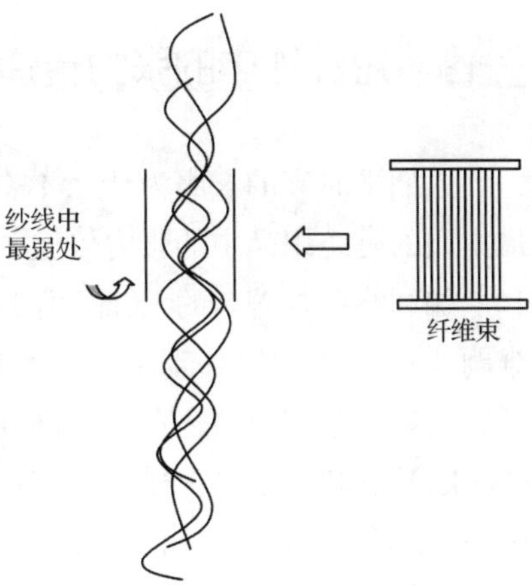

图 6.11 纤维束强度到纱线强度的转变

纱线断裂区由断裂和滑移的纤维组成，断裂的纤维总根数与纱线断裂端的纤维数量的比例必须乘以 $F_h\cos^2\theta'$ 才能计算出纱线强度。

此外，纱线的强度与其线密度有关，若线密度大大超过纱线实际断裂的强度，纱线强度的实测值会偏小。由于纱线的线密度与纱线横截面中的纤维根数成正比，为比较纱线强度的实测值和理论值，后者可以表示如下：

$$Q_t\frac{n_e}{n_h}=\frac{\psi}{n_h}F_h\cos^2\theta' \tag{6.24}$$

式中：Q_t 为纱线理论强度(cN/tex)；ψ 为纱线失效处的断裂纤维根数。

纤维断裂根数的百分比与 ψ 相关：

$$\psi=\frac{n_h\phi_b}{100} \tag{6.25}$$

式中：ϕ_b 为纱线断裂区纤维断裂根数的百分比。

将式(6.25)描述的 ψ 代入式(6.24)，则纱线理论强度可以表示如下：

$$Q_t=\frac{n_h}{n_e}\cdot F_h\cdot\frac{\phi_b}{100}\cos^2\theta' \tag{6.26}$$

式(6.26)表明，只有提高断裂纤维根数才能提高纱线强度。

从上面的讨论中可以清楚地看出，与夹持纤维相比，自由纤维对纱线最大断裂载荷的贡献要小得多。因此，在推导纱线强度时没有考虑自由纤维的贡献。

从式(6.22)和式(6.26)得到：

$$Q_t=(1-0.019\,6V)\cdot F_h\cdot\frac{\phi_b}{100}\cos^2\theta' \tag{6.27}$$

式(6.27)描述了纱线横截面中纤维根数的变异系数(V)与纱线理论强度之间的关系，可以明显看出，较高的 V 值会降低纱线理论强度。

6.2 短纤纱中的张力传递[19]

人们平时穿的衣服为什么不会散？这个问题涉及众多复杂的纺织结构力学，而其中最本质的是纺织品中的张力传递。

伽利略在其著名的《关于两门新科学的对话》中，提出了绳索力学中一个引人入胜的难题[20]。他虚构的对话者——萨尔维亚蒂提出了一个问题："每根长度小于两三腕尺①的纤维是如何紧密地结合在一起，形成长度超过一百腕尺的绳子，需要很大的力量才能将绳子拉断？"伽利略给出这样的回答："加捻过程使得纤维相互抱合在一起，当绳子被拉伸时……纤维会断裂而不是相互分离。"从现代的角度来看，可以说绳子的机械完整性源于纤维之间的摩擦接触，而伽利略的绳索问题只不过是一系列相关纤维组合摩擦现象中的一个例子，其中最典型的例子可能就是"短纤纱"[1,21-23]。这种纱线由长度仅为 2～3 cm 的纤维纺成[24]，但是能无限距离地传递张力。伴随着这些谜题的，还有一个更具现实意义的问题：为什么衣服不会散开？毕竟，就像伽利略的绳子和短纤纱，织物和由其缝制而成的衣服也只是通过摩擦捻接在一起。

如图 6.12 所示是 Gütermann 棉缝纫线的扫描电子显微镜照片，三层复合结构可防止在负荷下松开，其中一层纱线经过人工着色以突出其结构。典型的纱线横截面上约有 100 根纤维，并且每根纤维的每 100 μm(基准长度)可能存在多个摩擦接触点；每根纤维上约有 50 个以上接触点，总体接触密度为 10^3～10^4 $\mathrm{cm^{-1}}$。显然，这种纺织结构中的张力传递问题是一个统计物理学问题。纱线可以抽象为一个模型。该模型分离出此类问题的关键摩擦部分，在有足够摩擦力和接触点的情况下，随机纤维单元理论上可以通过类似于渗流相变的集体摩擦锁定机制，传递无限大的张力。

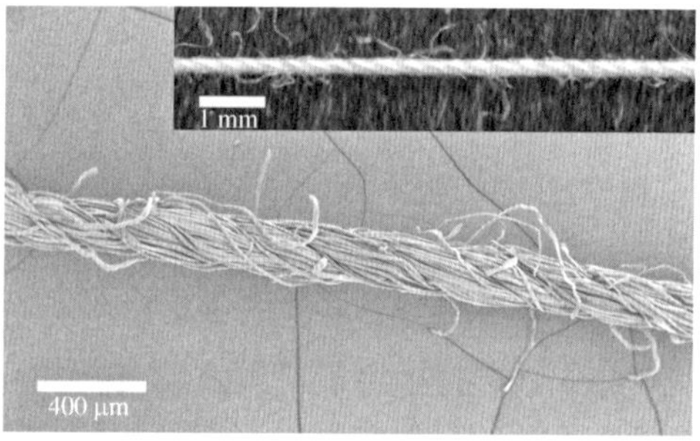

图 6.12 Gütermann 棉缝纫线的扫描电子显微镜(日立 S-3400N)照片；右上角附图：平板扫描仪(佳能 LiDE 220)结果

上述模型的基本假设如下：

作用于纤维对之间的法向力，有助于纤维之间的张力传递。根据阿蒙顿-库仑摩擦定律，纤维在滑移发生之前可传递的张力 ΔT 存在上限。在远离纤维末端区域，即使在模型载荷下，纤维也处于张力主导的状态；此时张力传递"上限"可以表示为 $|\Delta T| \leqslant \lambda T_m$，其中，$T_m$ 表示纤维名义上的平均张力，λ 表示张力传递系数。如果 $\langle \lambda \rangle$ 足够大，这种机制就会为张力传递"引导"一个渗流转变。

① 腕尺：古埃及、古希腊和古罗马用的长度单位，1 腕尺约折合 45 cm。

在纤维末端张力的下限中考虑了弯曲刚度的残余非单一效应，估计为 $T^* \lesssim 1$ mN。图 6.13(a)显示了纤维在摩擦接触点之间的各部分的张力从自由端的零开始逐渐增大。在实际纱线中，T^* 是从"韧性"失效模式(即纱线因纤维滑移而失效，每根纤维张力约为 T^*)到"脆性"失效模式(即失效机制为纤维断裂，每根纤维的张力为 $T^\ddagger \approx 20 \sim 130$ mN)的渗流转变应力。将纤维缠绕在一起会使加载超过渗流阈值，导致抗拉强度增加约 100 倍。这里，T^* 和 $T^\ddagger$ 之间的尺度分离意味着存在具有实际意义的重要加载机制，其中张力只能通过本部分确定的渗流理论传递。

给定传递系数后，计算纤维单元中张力 T_i 的问题就转化为一个线性不等式系统，可以通过线性编程(LP)技术解决。从这个角度看，纱线是否能传递任意大的张力就成为一个线性满足性问题。在这种形式下，利用重整化群理论[25]，很容易证明 T^* 是"无关的"，因此，可以在 $T^*=0$ 的条件下进行所有计算。该方法与贝曼的"挂钩理论"[26]有相同之处，不过在该方法中，纱线更类似于由许多短纤维组成的随机连续捻接结构，而不是单根绳子的绞接结构。

为了解释上述问题，引入一个实际拼接的"玩具"模型，如图 6.13(b)所示。假设各单元的张力如图 6.13(b)所示，传递系数为 λ_1 和 λ_2。那么：

$$|T_1 - T_0| \leqslant \frac{1}{2}\lambda_1(T_0 + T_1),\ T_0 = T_1 + T_2 \tag{6.28a}$$

$$|T_2 - T_3| \leqslant \frac{1}{2}\lambda_2(T_2 + T_3),\ T_1 + T_2 = T_3 \tag{6.28b}$$

式中：不等式为张力传递上限；等式为张力平衡约束。

如前所述，假定纤维末端无张力，相关计算得到简化。在这种情况下，选择包覆方向(否则，连接处会松开)。定义 LP 目标函数 $z = \sum T_i$，并通过 $z > 0$ 来确定渗流阈值。这与式(6.28)和约束条件 $T_i \geqslant 0$ 一起，构成 LP 问题。

这种情况可以手动求解。定义 $x = T_1/T_0$ 和 $1 - x = T_2/T_0$，$0 \leqslant x \leqslant 1$，得到 $x \geqslant \left(1 - \frac{1}{2}\lambda_1\right)\Big/\left(1 + \frac{1}{2}\lambda_1\right)$ 和 $x \leqslant \lambda_2\Big/\left(1 + \frac{1}{2}\lambda_2\right)$。因此，解得 $\left(1 - \frac{1}{2}\lambda_1\right)\Big/\left(1 + \frac{1}{2}\lambda_1\right) \leqslant \lambda_2\Big/\left(1 + \frac{1}{2}\lambda_2\right)$ 或 $\lambda_1 + \lambda_2 + \frac{3}{2}\lambda_1\lambda_2 \geqslant 2$，如果满足这个不等式，就处于"锁定"状态，即存在

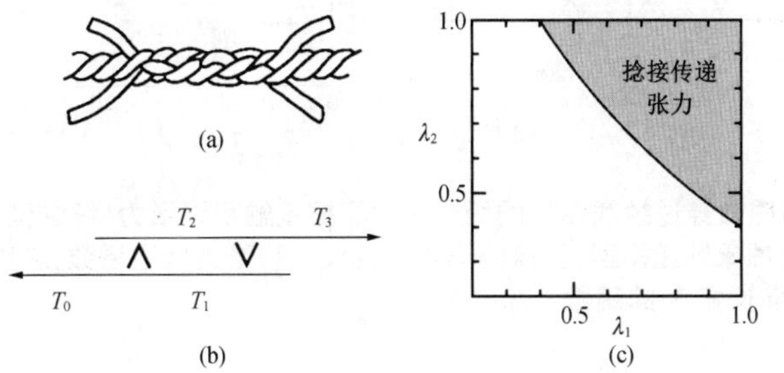

图 6.13 (a)两根绳子之间的"短"接头；(b)具有标记张力的拼接"玩具"模型(∨和∧表示固定方向)；(c)张力可以传递的区域(阴影区域)

$z \to \infty$ 的无约束解。图 6.13(c)直观地展示了这种不等式的解存在于高摩擦区域。确定超临界锁定状态下的 x 值(即单个纤维张力)非常复杂,它可能取决于加载历史、静摩擦力以外的力,或者摩擦接触可能适应载荷,从而改变传递系数。

抽象的纱线模型捕捉了纤维束中载荷传递的基本特征。如图 6.14(a)所示,该模型将纱线视为随机重叠的近平行纤维的集合,每根纤维的有限长度为 N,以摩擦接触点(捻接点)的数量为单元。该结构包括 m 行,每行 r 根纤维,每行有一个随机的纵向偏移,在横向和纵向周期性重复。图 6.14(b)中,$m=6$,$N=8$,$r=2$,每列的固定分配被随机排列,以模拟纤维在结构中的随机屈曲。在模型中,有 $(N+1)mr$ 个张力 $T_i \geqslant 0$ 和来自 $\frac{1}{2}Nmr$ 个捻接点 的 $\frac{3}{2}Nmr$ 个约束。因此,当 $N>2$ 时,问题可能存在过度约束,只有当张力传递系数有足够的"松弛"时,才可能出现 $\sum T_i > 0$ 的解。

如前所述,张力传递系数 λ 是独立且同分布的随机变量,其均值为 $\langle\lambda\rangle$,分布相对宽度为 σ。对于每种结构,通过数值法求解 $\langle\lambda\rangle$ 增加时线性满足性的开始时间,然后求出 $10^3 \sim 10^4$ 个样本的平均值。图 6.14(c)显示了临界值 $N\langle\lambda\rangle$ 对纤维长度 N 的依赖关系。我们还考虑了没有随机垂直排列(但具有随机固定方向)的"均匀"项,以及其中的"对称"项 T_m 是参与摩擦接触的所有纤维单元的平均张力。在这种表示方法中,结果对模型细节并不敏感,这验证了前文提出的论据,即对于足够长的纤维,该模型中存在一个通用的渗流相变。求解渗流阈值之上的 T_i,有助于深入了解渗流力系。因此,图 6.15 显示了一根纤维中的张力是如何从其自由端的零开始逐渐增大,在中间部分达到最大值的,即单个纤维单元中的张力分布。对于基准参数集,平均张力为纤维长度的函数,可用该函数在渗流相变上方的定义域计算得到。理论曲线是方程(6.29)在 $\Lambda=\Lambda_c$ 的解。

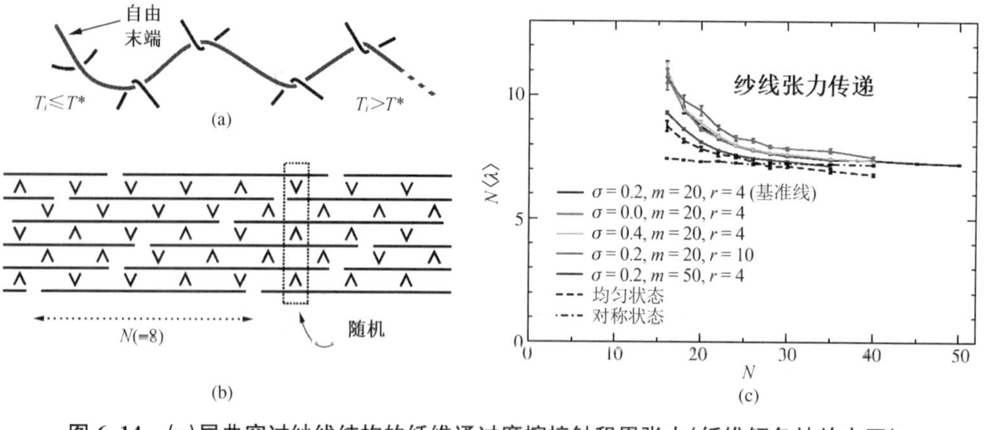

图 6.14 (a)屈曲穿过纱线结构的纤维通过摩擦接触积累张力(纤维倾角被放大了);(b)抽象纱线模型;(c)对于不同的 m、r 和张力传递系数,临界值 $N\langle\lambda\rangle$ 为纤维长度 N 的函数

对于 $N \geqslant 30$,渗流阈值大致恒定在 $N\langle\lambda\rangle \approx 7.3 \pm 0.2$。在张力主导机制中,在小倾角 θ 的限制下,张力传递系数 $\lambda \approx \mu\theta$,其中 μ 为纤维与纤维之间的摩擦系数。如果临界值

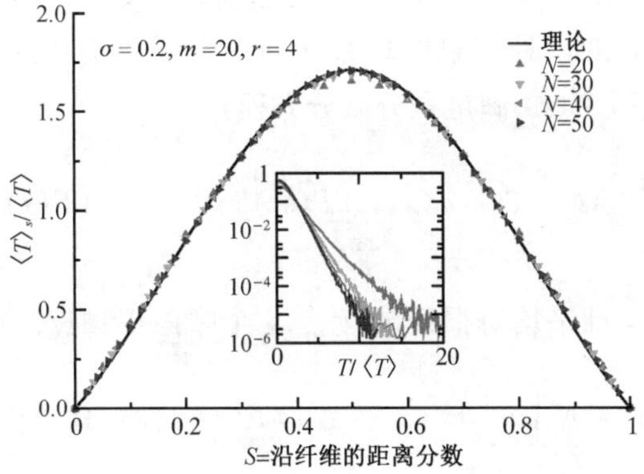

图 6.15 平均张力为纤维长度的函数，附图显示了一个纤维单元(即固定点之间)的张力分布

$N\langle\lambda\rangle \sim N^{-1}$，表明对于 $N \gg 1$，可以将渗流阈值解释为纤维总倾角的下限①，具体为 $\mu\langle\Theta\rangle \gtrsim 7$，其中 $\Theta \equiv N\theta$。这就量化了伽利略关于绳子的论断，因为将纤维捻接在一起会产生 Θ，这也从侧面解释了为什么纺纱工序是纱线制造过程中必不可少的部分。对于成熟度正常的棉花，$\mu \approx 0.3 \sim 0.4$[21-23]，因此 $\langle\Theta\rangle \gtrsim 20$。表 6.1 估算了图 6.12 所示纱线中的纤维总倾角，满足约束条件。

表 6.1 图 6.12 所示 Gütermann 缝纫线直径和表面节距(10%～90%)

项目	符号	数值	单位
直径	d	0.23～0.27	mm
表面节距	ϱ	0.30～0.39	mm
纱线曲率	k	1.7～2.5	mm^{-1}
纤维长度[23]	l	20～30	mm
纤维扭转角	Θ	30～70	°

纤维扭转角的估算值为 $\Theta \approx kl$。纱线曲率 k 是通过将层中心线建模为直径 $d/2$ 和节距长度为 3ϱ 的螺旋线估算出来的。

如果将张力传递理解为张力状态转变，那么很自然就会寻求一个阶次参数。对于每个接触点，使用前面介绍的平均张力 T_m 来定义松弛度 $S=\lambda Tm-|\Delta T|$，即张力传递低于摩擦极限。系统平均松弛度 $\langle S\rangle$ 是一个阶次参数。在超临界状态下，通常不存在唯一的张力集(参见拼接"玩具"模型中 x 的选择)，而是存在一个可行的解空间，在这种情况下，它是一个开放的多面体：纤维单元张力空间的正超象限内一个凸出的高维圆锥体。为了计算 $\langle S\rangle$，在高维锥体中随机选取锥的边，然后求各边平均值。结果(图 6.16)支持长纤维极限二阶相变的概念，尽管存在显著的有限尺寸效应。

为了理解渗流相变的本质，构建一个平均场理论，将纤维中的张力 $T(s)$ 作为分数弧

① 后面采用数学中的波浪大于符号 $\gtrsim$，表示一个数大于另一个数，并且两个数之间的差值小于某个特定的误差范围。

长 s 的连续函数。假设 $N \gg 1$，相应地，张力传递系数 $\lambda \ll 1$。该理论的核心是二维函数 $\psi(s, s')$，它给出了在 s 和 s' 处接触的纤维之间的实际张力传递，即 $\Delta T = \psi\lambda Tm$，其中 $|\psi| \leqslant 1$。在这些条件下，$T(s)$ 满足积分微分方程：

$$\frac{\mathrm{d}T}{\mathrm{d}s} = \Lambda \int_0^1 \mathrm{d}s' [\psi(s,s')T(s') - \psi(s', s)T(s)] \tag{6.29}$$

上式中，$\Lambda = \frac{1}{2}N\lambda$，即平均每根纤维有 $\frac{1}{2}N$ 个摩擦接触点。还要求 $T(0) = T(1) = 0$。平均松弛度由 $N\langle S\rangle = \Lambda \int \mathrm{d}s \int \mathrm{d}s'(1 - |\psi|)T(s)$ 给出，其中积分在方形域 $(s, s') \in [0, 1] \times [1, 0]$。

通过将张力转移到更长的纤维上，可以增强材料的承载能力，因此当 $s < s'$ 时，将张力从 s' 转移到 s，反之亦然。因此，选择 $\psi(s,s') = \mathrm{sgn}(s' - s)$（同时 $\langle S\rangle = 0$）。等式(6.29)变为 $\mathrm{d}T/\mathrm{d}s = \Lambda_c \int_0^1 \mathrm{d}s' \mathrm{sgn}(s' - s)[T(s) + T(s')]$，由此可求解类似于 $T(s) = 2x_0^2[1 - 2xF(x)]$ 的问题，得到一个归一化解 $x = x_0(2s - 1)$。临界值 $F(x) = \int_0^x \exp(y^2 - x^2)\mathrm{d}y$。图 6.15 中的张力曲线与数值法的结果精确吻合，推测该理论在长纤维的极限情况下会更精确。对于长纤维，临界值得出 $N\lambda_c \approx 6.83$，与图 6.14(b)所示非常吻合。

超临界行为有松弛的状态仅由摩擦约束决定。难点在于如何在摩擦约束 $|\psi| \leqslant 1$ 的条件下确定式(6.29)中的分数张力传递 $\psi(s, s')$，其结果取决于超临界状态下的物理选择。笔者在此简要介绍主要结果。例如，最大化松弛选择对角线带 $|s' - s| < w$ 中的 $\psi(s, s') = 0$，而在此之外保留临界形式 $\psi(s, s') = \mathrm{sgn}(s' - s)$；将频带视为扰动（$w \ll 1$）可回复临界 Sturm-Liouville 类问题，Λ_c 由 $\Lambda/(1 + \Lambda w^2)$ 代替。因此，后一个表达式必须与 Λ_c 匹配，导致 $\frac{1}{\Lambda} + w^2 = 1/\Lambda_c$。对于这种形式的 ψ，有以下关系：

$$N\langle S\rangle = 2\omega \Lambda \langle T\rangle = 2\langle T\rangle \sqrt{(\Lambda/\Lambda_c)(\Lambda - \Lambda_c)} \tag{6.30}$$

为了验证这一点，使用线性编程来求解单根长纤维自身传递张力的最大松弛条件。结果(图 6.16)显示与式(6.30)描述的理论曲线非常吻合。“最大松弛”数据点是来自三个样本的数值结果，每个样本具有一根自耦合纤维，$N = 2\,000$；匹配的理论曲线为方程(6.30)，没有可调参数。下方的虚线用于物理拉伸和滑移场景。在大 Λ 下的共同渐近线一般为 $N\langle S\rangle = \Delta T$。“最大熵”数据点显示了所有可接受张力在固定状态下的微观正则集合上的平均松弛度 $\langle T\rangle = 1$，对于单根自耦合纤维的两个样品，$N = 2\,000$。画圈的彩色曲线数据集来自

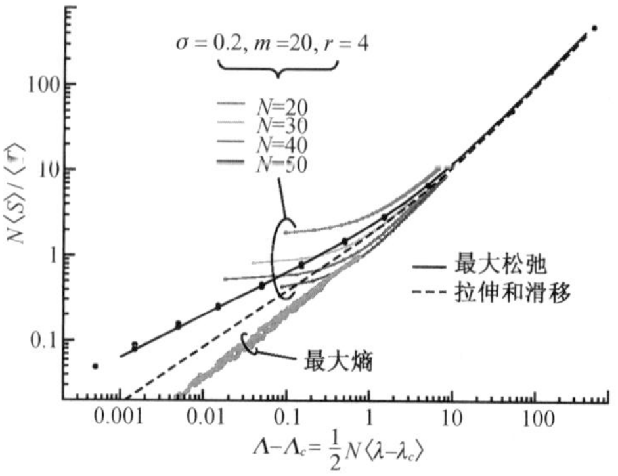

图 6.16　每根纤维的归一化松弛与偏离临界值的对比

图 6.14 的纱线模型，在其解锥的边缘取平均值：这些结果与在大 N 下接近最大熵的结果一致。

一个更物理化的抽象模型是假定在加载样品时，接触点在“核心”区域（即 $|s-\frac{1}{2}|<w$）内发生仿射位移，否则它们会在局部临界条件下滑移（“拉伸-滑移”模型[22]）。这意味着所有与“端部”（即 $|s-\frac{1}{2}|\geqslant w$）相关的接触点都处于滑移条件下，$\psi(s, s')=\mathrm{sgn}(s'-s)$，包括它们与核心区域中的点 s' 的接触点。对于核心区域中的点 s，可以仿射变形，因此预计均匀应变会导致均匀拉伸。当 s 和 s' 都在核心区域时，选择 $\psi(s, s')=0$，并注意到来自左右两个端部对核心区域中 $\mathrm{d}T/\mathrm{d}s$ 的贡献相互抵消，还发现这与式(6.29)完全一致。另一种可能情况是假设允许解锥内的超临界状态都具有相同的可能性（“最大熵”模型），类似于统计力学中的微观正则集合，或粒状堆积中的爱德华兹猜想[27]。

6.3 总结

本章介绍通过一种通用的渗流转变来解释短纤纱和伽利略绳索如何在任意距离上传递张力。在抽象模型中，摩擦定律被定义为线性满足性问题，出现的张力过度证实了纱线结构的稳定性。这种抽象模型可以通过各种方式加以推广和应用。例如，可以研究纤维混纺，并将其应用于优化功能化缝纫线的性能。另外，可以通过迭代断裂载荷最大的纤维单元来模拟失效（图 6.14 中的插图），参见弹性纤维束模型[28]。更广泛地说，用于解决阿蒙顿-库仑摩擦问题的 LP 方法，可应用于砂桩和粮仓等颗粒介质的应力传递。

另外，本章通过在抽象模型中解决短纤纱如何传递张力的问题，进一步把其中的阿蒙顿-库仑摩擦定律抽象为纤维单元中张力产生的线性编程（LP）问题[28]。发现纱线张力传递存在渗流转变，在渗流阈值之上，传递张力原则上是无限制的。确定 LP 约束中的平均松弛度是表征这种超临界状态的合适阶次参数。该机制具有通用性，在实际应用中，它对应于从韧性失效模式到脆性失效模式的转换，同时伴随着拉伸强度的显著提高。

参考文献

[1] Anindya Ghosh. A theoretical investigation on the generation of strength in staple yarns. Fibers and Polymers, 2006, 7(3): 310-316.

[2] Morton W E, Yen K C. The arrangement of fibres in fibro yarns. Journal of The Textile Institute Transactions, 1952, 43(2): T60-T66.

[3] Hearle J W S, Grosberg P, Backer S. Structural mechanics of fibres, yarns and fabrics. New York: Wiley-Interscience, 1969.

[4] Köhler S. The influence of fibre-length on the proportion of fibre-strength utilised in cotton yarn. Journal of The Textile Institute Transactions, 1934, 25(4): T141-T149.

[5] Sullivan R R. A theoretical approach to the problem of yarn strength. Journal of Applied Physics,

1942, 13(3): 157-167.

[6] Gregory J. Cotton yarn structure. Part II: The preparation and strength testing of artificial yarn elements. Journal of The Textile Institute Transactions, 1950, 41(1-2): T14-T27.

[7] Bogdan J F. The characterization of spinning quality. Textile Research Journal, 1956, 26(9): 720-730.

[8] Neelakantan P, Subramanian T A. An attempt to quantify the translation of fiber bundle tenacity into yarn tenacity. Textile Research Journal, 1976, 46(11): 822-827.

[9] Broughton J M, Mogahzy Y E, Hall D M. Mechanism of yarn failure. Textile Research Journal, 1992, 62(3): 131-134.

[10] Önder E, Baser G A. A comprehensive stress and breakage analysis of staple fiber yarns. Part I: Stress analysis of a staple yarn based on a yarn geometry of conical helix fiber paths. Textile Research Journal, 1996, 66(9): 562-575.

[11] Önder E, Baser G A. A comprehensive stress and breakage analysis of staple fiber yams. Part II: Breakage analysis of single staple fiber yams. Textile Research Journal, 1996, 66(10): 634-640.

[12] Rajamanickam R, Hansen S M, Jayaraman S. A model for the tensile fracture behavior of air-jet spun yarns. Textile Research Journal, 1998, 68(9): 654-662.

[13] Cybulska M, Goswami B C, McAlister D. Failure mechanism in staple yarns. Textile Research Journal, 71(12): 1087-1094.

[14] Lord E. The characteristics of raw cotton. Manual of Cotton Spinning, Vol. II, Part 1, Manchester, England, 1961.

[15] Frederick Thomas Peirce. Tesile tests for cotton yarns. V. —"The weakest link" theorems on the strength of long and of composite specimens. Journal of The Textile Institute Transactions, 1926, 17(7): T355-T368.

[16] Phoenix S L. Statistical theory for the strength of twisted fiber bundles with applications to yarns and cables. Textile Research Journal, 1979, 49(7): 407-423.

[17] Realff M L, Seo M, Boyce M C, et al. Mechanical properties of fabrics woven from yarns produced by different spinning technologies: Yarn failure as a function of gauge length. Textile Research Journal, 1991, 61(9): 517-530.

[18] Tallent J D, Fiori L A, Little H W, et al. Investigation of the minimum length of cotton fiber effective in single yarn tenacity. Textile Research Journal, 1963, 33(12): 1005-1012.

[19] Warren P B, Ball R C, Goldstein R E. Why clothes don't fall apart: Tension transmission in staple yarns. Physical Review Letters, 2018, 120: 158001.

[20] Galilei G. Dialogues Concerning Two New Sciences. Translated by H. Crew, A. de Salvio. New York: Macmillan, 1914.(伽利略著,武际可译.关于两门新科学的对话.北京:北京大学出版社, 2006.6.)

[21] Pan N, He J H, Yu J. Fibrous materials as soft matter. Textile Research Journal, 2007, 77(4): 205-213.

[22] Pan N. Development of a constitutive theory for short fiber yarns: Mechanics of staple yarn without slippage effect. Textile Research Journal, 1992, 62(12): 749-765.

[23] Pan N. Development of a constitutive theory for short fiber yarns. Part II: Mechanics of staple yarn

with slippage effect. Textile Research Journal, 1993, 63(9): 504-514.

[24] Morton W E, Hearle J W S. Physical properties of textile fibres. Manchester: Textile Institute, 1993.

[25] Fisher M E. Renormalization group theory: Its basis and formulation in statistical physics. Reviews of Modern Physics, 1998, 70(2): 653.

[26] Maddocks J H, Keller J B. Ropes in equilibrium. SIAM Journal on Applied Mathematics, 1987, 47(6): 1185-1200.

[27] Martiniani S, Schrenk K J, Ramola K, et al. Numerical test of the Edwards conjecture shows that all packings are equally probable at jamming. Nature Physics, 2017, 13(9): 848-851.

[28] Pradhan S, Hansen A, Chakrabarti B K. Failure processes in elastic fiber bundles. Reviews of Modern Physics, 2010, 82(1): 499.

7 机织物力学

机织物由经纬纱交织而成。当织物受到拉伸、压缩、弯曲、剪切和屈曲等载荷时，应力会在经纬纱之间分配和传递。有时，为了简化分析，通常将织物视为厚度可以忽略不计的薄型板材或壳体。但需要涉及纤维、纱线和织物组织结构参数甚至后整理工艺参数，对织物结构做精确分析时，则需要进一步考察织物具体结构和织物在外力加载时的响应。

作为服装面料的机织物主要有以下力学性质：

(1) 具有大变形，即使在小应力条件下，也应如此。

(2) 具有各向异性，或者至少是沿经纬向的正交各向异性。

(3) 结构具有不均匀性，采用小样品或大样品测试时，应力-应变关系不同。

(4) 加载和卸载时具有明显的滞后效应，其取决于力的大小和方向，但可以忽略时间依赖性。这种滞后效应是织物产生滑糯手感的主要原因。

机织物是纺织品中最主要的一个种类，一般由经、纬两个方向的纱线或长丝交织而成。它的整体结构特点主要是：外观呈平板状，经、纬两向组织结构重复，一般为单层，也可以是几层结构的复杂组织。经纬纱线交织，既有覆盖，又有空隙，形成有一定厚度和组织结构的多孔介质。

Peirce[1]是第一个采用数学体系描述机织物结构的纺织先驱人物，被称为“织物结构之父”。在 Peirce 模型中，纱线被假设为均匀的圆柱形柔性体，即所谓的理想结构。组成织物结构的基本参数主要有经纬纱线的直径、经纬密和屈曲波高。与这些参数有密切关系的织物厚度，可按照理想结构计算得到。机织物中经纱与纬纱相互交织的规律是织物设计的一项重要内容，直接影响织物的外观风格和内在质量。Peirce 模型也被称为“皮尔斯之眼”。采用 Peirce 模型，Peirce 第一次得到了织物力学性质与织物结构参数之间的精确关系。

国际纺织学会会刊 JTI 1937 年第 3 期是很特别的一期，其中仅有的两篇论文就奠定了机织物结构描述和力学性质设计的基础，第一篇就是机织物 Peirce 模型[1]。

首先借助 Peirce 模型研究织物受力变形的是 Womersley[2]。他假设织物是均匀薄板，用微分几何方法将织物中的纱线路径投影到层状薄板表面，形成织物结构参数曲线族。Womersley 导出了织物周边施加张力和法向静压力条件下织物平衡方程的一般形式，计算了织物周边约束力、织物表面力分布与无缝圆柱形织物变形之间的关系。应指出的是，织物平衡方程的导出只需要假设纱线间无剪切作用，而不需要 Peirce 模型中纱线不能伸长和柔软无刚度的假设。Womersley 提供了一种计算织物复杂变形(如悬垂变形)的方法，甚至可以说是以后研究机织物受力变形的“模版”，虽然该方法当时还停留在微分几何方程的可行性描述上。

后来 Lloyd[3] 在国际上首次采用有限元方法研究织物复杂变形时，仍然从 Womersley 的路径得到突破，并认为“有限元方法具有同时处理不同种类非线性问题的能力，可能是目前在纺织材料力学研究中强有力并引起研究者兴趣的工具”。从此，有限元方法进入纺织领域，被用于计算织物复杂变形和破坏问题。目前，三维可视化商用软件不断涌现。用数值分析方法研究非织造布力学性质或其他纤维集合体力学性质，尤其是强度和动态破坏过程，并展示纤维集合体细观结构受力变形动态演化过程，将是今后长期发展的一个方向。

已有的机织物结构模型主要围绕纱线横截面形态展开，比如椭圆形、双圆弧形、跑道形等。Olofsson[4] 也提出了一种机织物模型。与 Peirce 模型相比，Olofsson 模型的主要假设条件是纱线在交织区域的屈曲波呈圆弧状。本章先介绍如何应用 Olofsson 模型计算机织物的弹性性质，然后介绍机织物的剪切性质和手感测试。

7.1 弹性纱线模型

图 7.1 所示为机织物横截面模型，其中图 7.1(a)显示了机织物横截面屈曲圆弧和经纬纱状态。

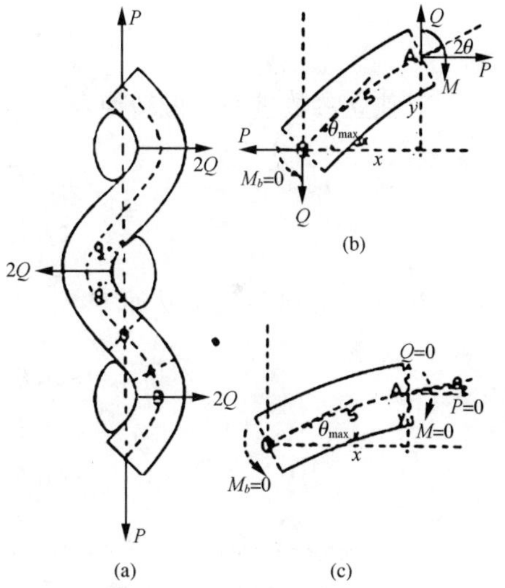

图 7.1　机织物横截面模型

假设作用在此图所示平面内纱线上的力可以简化为拉伸力 P 和来自交织纱线的反作用力 $2Q$（图中画出的是跨接触区域的分布力 q，其合力为 $2Q$）。在一个交织屈曲波的中心点 O 和距离 O 点(x, y)的任意点 A 之间，进一步作剖面，如图 7.1(b)所示。平衡条件如下：

$$M + Py - Qx = 0 \tag{7.1}$$

上式中，M 表示点 A 处的弯矩。

进一步引入备选坐标 s 和 θ，其中：s 表示沿纱线轴向的 OA 间纱线长度；θ 表示 A 点处纱线轴向的倾斜角度。经过转换得到下式：

$$\left.\begin{aligned} dy &= ds \cdot \sin\theta \\ dx &= ds \cdot \cos\theta \end{aligned}\right\} \tag{7.2}$$

由于织物变形很大，其曲率由 $d\theta/ds$ 给出。假定把纱线从织物中取出，在图 7.1(c)中的 A 点位置存在另一个曲率，即 $d\theta_0/ds_0$，当前坐标是 s_0 和 θ_0。在织物平衡状态下可得到：

$$M = -E_b I\left(\frac{d\theta}{ds} - \frac{d\theta_0}{ds_0}\right) \tag{7.3}$$

式中：$E_b I$ 为纱线的弯曲刚度（E_b 为弹性模量，I 为纱线横截面的惯性矩）。

作为对照，将 $P=Q=0$ 代入式(7.1)，得到 $M=0$，因此根据式(7.3)得到 $\mathrm{d}\theta/\mathrm{d}s=\mathrm{d}\theta_0/\mathrm{d}s_0$。

把自由状态中的纱线曲率与受力状态中的纱线曲率相关联，即通过关系式引入一个比例常数 $(1+\psi)$：

$$\mathrm{d}\theta_0/d_0=(1+\psi)(\mathrm{d}\theta/\mathrm{d}s) \tag{7.4}$$

从式(7.3)和式(7.4)可得：

$$M=E_bI\cdot\psi\cdot(\mathrm{d}\theta/\mathrm{d}s) \tag{7.5}$$

式(7.4)中 $1+\psi$ 是关于纱线状态的一个度量值。如果自由状态下的纱线是直的，$(\mathrm{d}\theta_0/\mathrm{d}s_0=0)$，从式(7.4)可得到 $1+\psi=0$。如果纱线从织物中抽出并保持其原状，则 $(\mathrm{d}\theta_0/\mathrm{d}s_0=\mathrm{d}\theta/\mathrm{d}s)$，从式(7.4)可得到 $1+\psi=1$。假设沿着纱线的 ψ 是恒定的，在织物处于自由状态时外力对织物结构的影响可忽略不计，此时可将 ψ 作为纱线承受各种外力状态时的恒定量，对应于 $-1<\psi<\infty$。为了更具一般性，称 $1+\psi$ 为形态因子。

对式(7.1)进行微分，结合式(7.2)和式(7.5)，得到基本方程：

$$\psi\cdot\frac{\mathrm{d}^2\theta}{\mathrm{d}s^2}+\frac{P}{E_bI}\sin\theta-\frac{Q}{E_bI}\cos\theta=0 \tag{7.6}$$

对独立参数进一步做转换：

$$\left.\begin{aligned}P/E_bI\operatorname{sgn}P&=\beta^2\cos\alpha\\Q/E_bI\operatorname{sgn}Q&=\beta^2\sin\alpha\end{aligned}\right\} \tag{7.7}$$

其中，sgn 函数的定义如下：

$$\left.\begin{aligned}&\operatorname{sgn}\xi=1 && \text{如果 }\xi>0\\&\operatorname{sgn}\xi=0 && \text{如果 }\xi=0\\&\operatorname{sgn}\xi=-1 && \text{如果 }\xi<0\end{aligned}\right\} \tag{7.8}$$

因此，$\xi\operatorname{sgn}\xi$ 等价于 $|\xi|$，并且 $\geqslant 0$。

从式(7.7)得到逆关系式：

$$\left.\begin{aligned}&\beta^2=\sqrt{P^2+Q^2}/(E_bI)\\&\tan\alpha=(Q\operatorname{sgn}Q)/(P\operatorname{sgn}P)=|Q|/|P|\end{aligned}\right\} \tag{7.9}$$

α 总是在 $0<\alpha<\pi/2$ 范围内选择。现在，$\psi>0$ 和方程(7.7)与方程(7.6)结合起来，得到：

$$(\psi\operatorname{sgn}\psi)\frac{\mathrm{d}^2\theta}{\mathrm{d}s^2}+(\operatorname{sgn}P)\beta^2\sin\left(\theta-\frac{\operatorname{sgn}Q}{\operatorname{sgn}P}\alpha\right)=0\quad(\psi>0) \tag{7.10}$$

因为 $\cos\left(\frac{\operatorname{sgn}Q}{\operatorname{sgn}P}\alpha\right)=\cos(\pm\alpha)=\cos\alpha$，同时 $\sin\left(\frac{\operatorname{sgn}Q}{\operatorname{sgn}P}\alpha\right)=\sin(\pm\alpha)=\pm\sin\alpha=$

$\frac{\text{sgn}\,Q}{\text{sgn}\,P}\sin\alpha$，又有：

$$\theta-\frac{\text{sgn}\,Q}{\text{sgn}\,P}\alpha=\theta' \tag{7.11}$$

令 $\mathrm{d}\theta'/\mathrm{d}s=\mathrm{d}\theta/\mathrm{d}s$，$\mathrm{d}^2\theta'/\mathrm{d}s^2=\mathrm{d}^2\theta/\mathrm{d}s^2$，由式(7.10)得到：

$$(\psi\text{sgn}\,\psi)\cdot\frac{\mathrm{d}^2\theta'}{\mathrm{d}s^2}+\text{sgn}\,P(\beta^2\sin\theta')=0\quad(\psi>0) \tag{7.12}$$

将方程(7.12)乘以 $(\mathrm{d}\theta'/\mathrm{d}s)\mathrm{d}s$，可以很容易地进行积分，然后引入 O 点处的条件：$s=0,\theta=\theta_{\max}=\theta_m$ 和 $\mathrm{d}\theta/\mathrm{d}s=0$。由此得到：

$$\begin{aligned}\frac{1}{2}(\psi\text{sgn}\,\psi)\left(\frac{\mathrm{d}\theta'}{\mathrm{d}s}\right)^2-\text{sgn}\,P\beta^2\cos\theta'&=\text{常数}\\&=-\text{sgn}\,P\left[\beta^2\cos\left(\theta_m-\frac{\text{sgn}\,Q}{\text{sgn}\,P}\alpha\right)\right]=-\text{sgn}\,P(\beta^2\cos\theta'_m)\end{aligned} \tag{7.13}$$

式(7.13)可以写成以下形式：

$$\frac{\mathrm{d}s}{\mathrm{d}\theta'}=(+)\frac{\sqrt{\psi\text{sgn}\,\psi}}{2\beta}\Bigg/\sqrt{\sin^2\left(\frac{\theta'_m}{2}\right)-\sin^2\left(\frac{\theta'}{2}\right)} \tag{7.14}$$

这对式(7.13)中 $\text{sgn}\,P=1$ 仍然是有效的。

用椭圆积分形式变换得：

$$\left.\begin{aligned}\varkappa&=\sin(\theta'_m/2)=\sin\left[\left(\theta_m-\frac{\text{sgn}\,Q}{\text{sgn}\,P}\cdot\alpha\right)\Big/2\right]\\\varkappa\sin\varphi&=\sin(\theta'/2)=\sin\left[\left(\theta-\frac{\text{sgn}\,Q}{\text{sgn}\,P}\cdot\alpha\right)\Big/2\right]\end{aligned}\right\} \tag{7.15}$$

进一步求导，得到：

$$\varkappa\cos\varphi\mathrm{d}\varphi=\left(\frac{\cos\frac{\theta'}{2}}{2}\right)\mathrm{d}\theta'$$

从式(7.14)和式(7.15)得到：

$$\frac{\mathrm{d}s}{\mathrm{d}\theta'}=-\frac{\sqrt{\psi\text{sgn}\,\psi}}{2\beta\varkappa\cos\varphi} \tag{7.16}$$

$$\frac{\mathrm{d}s}{\mathrm{d}\varphi}=\frac{\mathrm{d}s}{\mathrm{d}\theta'}\cdot\frac{\mathrm{d}\theta'}{\mathrm{d}\varphi}=-\frac{\sqrt{\psi\text{sgn}\,\psi}}{\beta\sqrt{1-\varkappa^2\sin^2\varphi}} \tag{7.17}$$

现在对式(7.17)从点 O 积分（O 点处，$s=0$，$\theta=\theta_m$），由式(7.15)得 $\varphi=\pi/2$，再代入式(7.17)，则对于任意点 A（A 点处，$\varphi=\Phi$），给出下式：

$$s=\frac{\sqrt{\psi \operatorname{sgn} \psi}}{\beta}\int_{\Phi}^{\pi/2}\frac{d\varphi}{\sqrt{1-\varkappa \sin^2\varphi}}$$

使用椭圆积分，将上式中的积分部分写成如下形式：

$$\begin{aligned}\int_{\Phi}^{\pi/2}\frac{d\varphi}{\sqrt{1-\varkappa \sin^2\varphi}}&=\int_{0}^{\pi/2}\frac{d\varphi}{\sqrt{1-\varkappa \sin^2\varphi}}-\int_{0}^{\Phi}\frac{d\varphi}{\sqrt{1-\varkappa^2 \sin^2\varphi}}\\&=F\left(x,\ \frac{\pi}{2}\right)-F(\varkappa,\ \Phi)=\bar{F}_{\Phi}(\varkappa)\end{aligned} \tag{7.18}$$

进一步得到 s 的表达式：

$$s=\frac{\sqrt{\psi \operatorname{sgn} \psi}}{\beta}\cdot\bar{F}_{\Phi}(\varkappa) \tag{7.19}$$

然后根据式(7.11)，得到：

$$\begin{aligned}\sin\theta&=\sin\left(\theta'+\frac{\operatorname{sgn} Q}{\operatorname{sgn} P}\alpha\right)=\frac{\operatorname{sgn} Q}{\operatorname{sgn} P}\sin\alpha\cos\theta'+\sin\theta'\cos\alpha\\&=\frac{\operatorname{sgn} Q}{\operatorname{sgn} P}\sin\alpha\cdot[2(1-\sin^2\theta'/2)-1]+2\cos\alpha\cdot\sin\theta'/2\cos\theta'/2\end{aligned}$$

引入式(7.15)，得到：

$$\sin\theta=\frac{\operatorname{sgn} Q}{\operatorname{sgn} P}\sin\alpha[2(1-\varkappa^2\sin^2\varphi)-1]+2\cos\alpha(\varkappa\sin\varphi)\sqrt{1-\varkappa^2\sin^2\varphi} \tag{7.20}$$

用相同的方式，推导出：

$$\cos\theta=\cos\alpha[2(1-\varkappa^2\sin^2\varphi)-1]-2\frac{\operatorname{sgn} Q}{\operatorname{sgn} P}\sin\alpha(\varkappa\sin\varphi)\sqrt{1-\varkappa^2\sin^2\varphi} \tag{7.21}$$

把式(7.20)或者式(7.21)和式(7.7)一起代入式(7.2)，得：

$$\begin{aligned}\frac{dy}{d\varphi}=-\frac{\sqrt{\psi \operatorname{sgn} \psi}}{\beta}\Bigg[&\frac{\operatorname{sgn} Q}{\operatorname{sgn} P}\sin\alpha\left(2\sqrt{1-\varkappa^2\sin^2\varphi}-\frac{1}{\sqrt{1-\varkappa^2\sin^2\varphi}}\right)\\&+2\cos\alpha(\varkappa\sin\varphi)\Bigg]\end{aligned} \tag{7.22}$$

$$\begin{aligned}\frac{dx}{d\varphi}=-\frac{\sqrt{\psi \operatorname{sgn} \psi}}{\beta}\Bigg[&\cos\alpha\left(2\sqrt{1-\varkappa^2\sin^2\varphi}-\frac{1}{\sqrt{1-\varkappa^2\sin^2\varphi}}\right)\\&-2\frac{\operatorname{sgn} Q}{\operatorname{sgn} P}\sin\alpha(\varkappa\sin\varphi)\Bigg]\end{aligned} \tag{7.23}$$

把式(7.22)和式(7.23)从点 $O\left(\varphi=\frac{\pi}{2}\right)$ 积分到点 $A(\varphi=\Phi)$，结合式(7.18)，得：

$$\begin{aligned}\int_{\Phi}^{\pi/2}\sqrt{1-\varkappa^2\sin^2\varphi}\,d\varphi&=\int_{0}^{\pi/2}\sqrt{1-\varkappa^2\sin^2\varphi}\,d\varphi-\int_{0}^{\Phi}\sqrt{1-\varkappa^2\sin^2\varphi}\,d\varphi\\&=E(\varkappa,\ \pi/2)-E(\varkappa,\ \Phi)=\bar{E}_{\Phi}(\varkappa)\end{aligned} \tag{7.24}$$

由于：

$$\int_{\Phi}^{\pi/2} \sin\varphi \mathrm{d}\varphi = \cos\Phi$$

可得：

$$y = \frac{\sqrt{\psi \operatorname{sgn}\psi}}{\beta}\left[\sin\alpha \frac{\operatorname{sgn} Q}{\operatorname{sgn} P}(2\bar{E}_{\Phi} - \bar{F}_{\Phi}) + 2\varkappa\cos\alpha\cos\Phi\right] \tag{7.25}$$

$$x = \frac{\sqrt{\psi \operatorname{sgn}\psi}}{\beta}\left[\cos\alpha(2\bar{E}_{\Phi} - \bar{F}_{\Phi}) - 2\varkappa\sin\alpha \frac{\operatorname{sgn} Q}{\operatorname{sgn} P}\cos\Phi\right] \tag{7.26}$$

图 7.1 中，点 B 与点 Q 的距离为 1/4 个波长，式中 $\theta = 0$，$\Phi = \Phi_m$，由式(7.15)得到：

$$\varkappa\sin\Phi_m = \sin\left(-\frac{1}{2}\cdot\frac{\operatorname{sgn} Q}{\operatorname{sgn} P}\alpha\right) = \frac{\operatorname{sgn} Q}{\operatorname{sgn} P}\sin(-\alpha/2) \tag{7.27}$$

或者：

$$\varkappa\sin(-\Phi_m) = \frac{\operatorname{sgn} Q}{\operatorname{sgn} P}\cdot\sin(\alpha/2)$$

将符号转换写成如下形式：

$$\left.\begin{aligned} l &= 2s_{\Phi} = \Phi_m \\ h &= 2y_{\Phi} = \Phi_m \\ p &= 2x_{\Phi} = \Phi_m \end{aligned}\right\} \tag{7.28}$$

其中：s、y 和 x 由式(7.19)、式(7.25)和式(7.26)分别给出。

还需要一个形式因子的表达式 $1+\psi$，由定义式(7.4)，并结合式(7.11)和式(7.16)，得到：

$$1+\psi = \left(\frac{\mathrm{d}s}{\mathrm{d}\theta'}\right)\Big/\left(\frac{\mathrm{d}s_0}{\mathrm{d}\theta'_0}\right) = \frac{\sqrt{\psi \operatorname{sgn}\psi}}{\beta\varkappa\cos\varphi}\,\frac{\sqrt{\psi_0 \operatorname{sgn}\psi_0}}{\beta_0\varkappa\cos\varphi_0}$$

其中：下标“0”表示自由状态时的纱线，见图 7.1(c)。

然后，由式(7.19)和式(7.28)得到：

$$l/l_0 = \frac{\sqrt{\psi \operatorname{sgn}\psi}}{\beta}\cdot\bar{F}_{\Phi_m}\,\frac{\sqrt{\psi_0\cdot\operatorname{sgn}\psi_0}}{\beta_0}\cdot(\bar{F}_{\Phi_m})_0$$

把上式代入前面关于“$1+\psi$”的表达式，得：

$$1+\psi = \frac{l}{l_0}\cdot\frac{\varkappa_0(\bar{F}_{\Phi_m})_0}{\varkappa(\bar{F}_{\Phi_m})}\cdot\frac{\cos\varphi_0}{\cos\varphi} \tag{7.29}$$

在 $\alpha = 0$ 时，即从式(7.27)得到 $\Phi_m = 0$，并且从式(7.18)得到 $\bar{F}_{\Phi_m} = F(x, \pi/2) = F(x) = F$。

从式(7.15)可以得到，在 $\alpha = 0$ 时，$\theta = 0$(对于 $\varphi = \Phi = 0$)或者 $\theta = \theta_m$

$\left(对于 \varphi=\Phi=\frac{\pi}{2}\right)$。将图 7.1 中的(b)和(c)做比较，显示 $\theta=\theta_m$ 和 $\theta_0=\theta_{m_0}$(点 O) 之间的对应关系，以及 $\theta=0$ 和 $\theta_0=0$(点 B) 之间的对应关系。由于点 O 和点 B 处的 φ 及 φ_0 相等(点 O 处有 $\varphi=\varphi_0=\frac{\pi}{2}$，点 B 处有 $\varphi=\varphi_0=0$，在变化不大的整个 OB 范围内有近似关系：$\cos\varphi=\cos\varphi_0$。因此，式(7.29)变为如下形式：

$$1+\psi=\frac{l}{l_0}\cdot\frac{\varkappa_0 F(\varkappa_0)}{\varkappa F(\varkappa)} \tag{7.30}$$

另外，通过对式(7.4)进行积分，令 $\mathrm{d}s/\mathrm{d}s_0=l/l_0$，并观察前文提到的 θ 和 θ_0 值之间的对应关系，得到：

$$1+\psi=\frac{l}{l_0}\cdot\frac{\theta_0}{\theta} \tag{7.31}$$

$$1+\psi=\frac{l}{l_0}\cdot\frac{(\theta_m)_0}{\theta_m} \tag{7.32}$$

7.2 特定情况和条件状态时的织物结构几何特征

由于每个变量(如 P、M 和 Q)都可以是正数或者负数，所以存在一些特定情况。最简单的情况(情形 1)是：(1) $P>0$(拉伸)、$Q>0$，并且 $M<0$(此时从式(7.5)得到 $\psi>0$，因为 $\mathrm{d}\theta/\mathrm{d}s$ 总是 <0)；(2)或者 $\mathrm{sgn}\,P=\mathrm{sgn}\,Q=\mathrm{sgn}\,\psi=1$，此时所有在式(7.8)中定义的 sgn 函数都可以忽略。

情形 2：$P<0$(压缩)，$Q>0$，$M>0$(即从式(7.5)得到 $\psi<0$)。因此，$\mathrm{sgn}\,Q=1$，并且 $\mathrm{sgn}\,P=\mathrm{sgn}\,\psi=-1$，与之前一样，方程(7.7)的左边仍然大于 0，而且 $0<\alpha<\pi/2$，将式(7.7)代入式(7.6)得 $\mathrm{sgn}\,\psi=-1$，因此：

$$(\psi\,\mathrm{sgn}\,\psi)\frac{\mathrm{d}^2\theta}{\mathrm{d}s^2}-(\mathrm{sgn}\,P)\beta^2\sin\left(\theta-\frac{\mathrm{sgn}\,Q}{\mathrm{sgn}\,P}\alpha\right)=0\,(\psi<0) \tag{7.10$'$}$$

通过将情形 2 的 sgn 值代入式(7.10′)，得到等价于针对情形 1 的方程中将“$-\psi$”替换为“ψ”、将“$-\alpha$”替换为“α”的结果。

情形 3：$P>0$，$Q>0$，$M>0$，根据式(7.5)得到 $\psi<0$，给出 $\mathrm{sgn}\,P=\mathrm{sgn}\,Q=1$ 和 $\mathrm{sgn}\,\psi=-1$。引入情形 3 的如下公式：

$$\theta'=\theta-\frac{\mathrm{sgn}\,Q}{\mathrm{sgn}\,P}\alpha+\pi \tag{7.11$'$}$$

将式(7.11′)代入式(7.10′)，得到：

$$(\psi\,\mathrm{sgn}\,\psi)\frac{\mathrm{d}^2\theta'}{\mathrm{d}s^2}+(\mathrm{sgn}\,P)\beta^2\sin\theta'=0 \tag{7.12$'$}$$

式(7.12′)等价于式(7.12)，此时情形1中的所有方程仍然成立。从式(7.11′)得到：

$$\sin\left(\theta' + \frac{\operatorname{sgn} Q}{\operatorname{sgn} P}\alpha\right) = \sin(\theta + \pi) = -\sin\theta$$

$$\cos\left(\theta' + \frac{\operatorname{sgn} Q}{\operatorname{sgn} P}\alpha\right) = \cos(\theta + \pi) = -\cos\theta$$

对于情形3，由式(7.20)～式(7.23)及式(7.25)和式(7.26)得出的 $\sin\theta$、$\cos\theta$、$\frac{\mathrm{d}y}{\mathrm{d}\varphi}$、$\frac{\mathrm{d}x}{\mathrm{d}\varphi}$、$y$ 和 s，都应该取相反符号，即等价于在式(7.20)～式(7.23)及式(7.25)和式(7.26)中用“$\alpha+\pi$”替换“α”。

对于 $Q>0$，存在残余组合 $P<0$ 和 $M<0$(情形4)。由于始终考虑 $x>0$ 和 $y>0$[参见图7.1(b)]，得到：

$$M + Py - Qx < 0$$

情形4：此时方程(7.1)没有非零解。这种情况在实际中没有应用价值。

如果有外力压缩织物平面，我们可能会发现 $Q<0$，这可等价为纱线之间合力的结果。另外，对于 $Q<0$、$P<0$、$M>0$，可以通过情形1和2进行计算。对于组合条件 $Q<0$、$P<0$、$M<0$，必须在代入 π 时添加角 θ'，如式(7.11′)给出的那样；或者，可以在最终方程中将 α 更改为 $\alpha+\pi$。对于其他组合，例如 $Q<0$、$P>0$、$M>0$，由于它们会使 $M+Py-Qx>0$，与式(7.1)矛盾，所以无法成立。

这里讨论各类情形的有效性，还需要做进一步限制。根据曲线状纱线的几何形状[图7.1(a)]，首先得出结论，即 $0<\theta<\dot{\theta}_m$，其中上限 $\dot{\theta}_m$ 明显小于 π 并且通常小于 $\pi/2$。还有两个进一步讨论的条件，根据式(7.15)，得到：

$$\sin\varphi = \frac{\sin\theta'/2}{\sin\theta'_m/2}$$

另外，由于 $\theta' \leqslant \theta_m{}'$，条件 $\varphi \leqslant 1$ 要求 $0<\theta_m{}'<\pi$。由于式(7.11′)=式(7.11)，可得：

$$\theta_m + \alpha \leqslant \pi \text{ (情形 2)} \tag{7.33}$$

$$\theta_m \leqslant \alpha \text{ (情形 3)} \tag{7.34}$$

在 $\theta'/2<0$ 的情况下，条件 $|\sin\varphi| \leqslant 1$ 意味着 $|\theta'|_{\theta=0} < \theta'_m$。

从式(7.11)还可得到情形1的满足条件：

$$\theta_m \geqslant 2\alpha \text{ (情形 1)} \tag{7.35}$$

机织物的经纬纱卷曲度 $(1/p-1)$ 和卷曲度幅值是重要几何参数。这两个参数可以从式(7.28)并结合式(7.19)、式(7.25)和式(7.26)得到，形式如下：

$$\frac{l}{p} = \frac{\bar{F}_{\Phi_m}}{\cos\alpha(2\bar{E}_{\Phi_m} - \bar{F}_{\Phi_m}) - 2\varkappa\sin\alpha\frac{\operatorname{sgn} Q}{\operatorname{sgn} P}\cos\Phi_m} \tag{7.36}$$

$$\frac{h}{p}=\frac{\sin\alpha\dfrac{\operatorname{sgn}Q}{\operatorname{sgn}P}(2\bar{E}_{\Phi_m}-\bar{F}_{\Phi_m})+2\varkappa\cos\alpha\cos\Phi_m}{\cos\alpha\cdot(2\bar{E}_{\Phi_m}-\bar{F}_{\Phi_m})-2\varkappa\sin\alpha\dfrac{\operatorname{sgn}Q}{\operatorname{sgn}P}\cos\Phi_m}\tag{7.37}$$

其中：$\varkappa$ 由式(7.15)作为 G_n 和 α 的函数给出；α 和 θ_0 由式(7.27)作为 $\varkappa$ 和 α 的函数给出。

根据式(7.18)和式(7.24)，$\bar{F}_{\Phi_m}$ 和 $\bar{E}_{\Phi_m}$ 分别是完全和不完全椭圆积分，并且是 $\varkappa$ 和 α 的函数。参数 l/p 和 h/p 也是 $\varkappa$ 和 α 的函数，但与 β（力的幅值）以及 $1+\psi$（形态因子）无关。

根据上面讨论的四类情形中一系列的 α 和 θ_0 值，计算这些参数。

对于情形 1，选择 $\alpha=0,15°,30°,60°,200°$和 $400°$；对于情形 2，$\alpha=0,30°,60°,20°,40°$，60 和 90°；对于情形 3，$\alpha=60°,20°,40°,60°$和 90°。事实上，对于 $\alpha=0$，情形 1 和情形 2 是相同的；对于 $\alpha=90°$，情形 2 和情形 3 是相同的。绘制 θ_0 和 h/p 作为织物卷曲度（$l/p-1$）的函数曲线，如图 7.2(a)、(b)所示。从结果可以得出结论，α 的大小无显著影响。这对于情形 2(压缩情形)中几乎所有的曲线都是有效的，对于情形 1 和情形 3(拉伸)中的大多数曲线也是有效的，此时从一个情形到其他情形的转变对应于弯矩 M 的符号变化(在图 7.2 中，用虚线表示)。从式(7.34)和式(7.35)也可看出，在伸长情况下，区间 $\alpha<\theta_m<2\alpha$ 是不可能达到的。在大多数实际受力情况下，α 很小，并且从图 7.2(a)和(b)可以清楚地看出，当仅考虑织物的几何形状时，$\alpha=0$(由实线表示)是一个非常满意的近似。

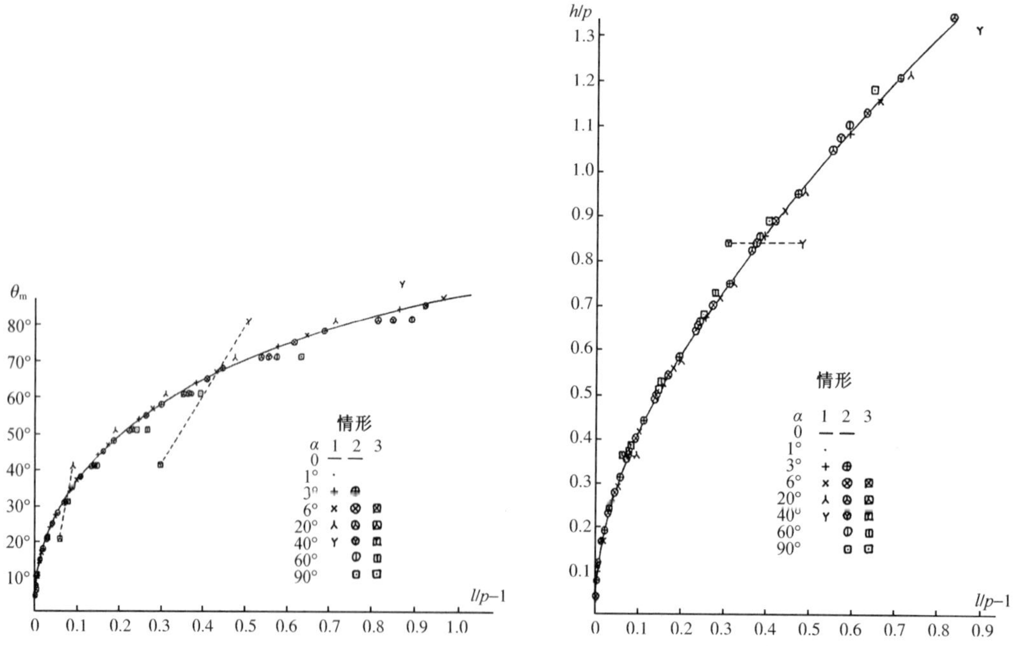

(a)　　　　　　　　(b)

图 7.2　各情形计算结果

另外，将 $\alpha=0$ 代入式(7.27)可得 $\Phi_m=0$，从式(7.36)和式(7.37)还可得：

$$\frac{l}{p}=\frac{F(\varkappa)}{2E(\varkappa)-F(\varkappa)} \tag{7.38}$$

和：

$$\frac{h}{p}=\frac{2\varkappa}{2E(\varkappa)-F(\varkappa)} \tag{7.39}$$

其中，根据式(7.15)，$\varkappa=\sin(\theta_m/2)$，而根据式(7.18)和式(7.24)，$F(\varkappa)$ 和 $E(\varkappa)$ 是以下形式的完全椭圆积分：

$$F=\int_0^{\pi/2}\frac{\mathrm{d}\varphi}{\sqrt{1-\varkappa^2\sin^2\varphi}}$$

$$E=\int_0^{\pi/2}\sqrt{1-\varkappa^2\sin^2\varphi}\,\mathrm{d}\varphi$$

因此，将 $\varkappa$、E、F、l/p、h/p 等作为 θ_m 的函数进行列表式计算，其中 θ_m 取值范围是从“0”到经纬纱无限卷曲时的临界值。θ_m 的临界值可由式(7.38)，令 $2E(\varkappa)-F(\varkappa)=0$，得到 $\bar{\theta}_m \backsimeq 130°$。这样大的 θ_m 值常见于针织结构或者机织物发生褶皱时弯曲程度很大的情况，而对于普通机织物中的纱线来说，θ_m 受到纱线处于完全挤压紧密状态的限制。

7.3 织物的平衡状态、拉伸和压缩

上述讨论的受力状态对于织物中间或者从织物中抽取出来处于自由体状态的纱线都是有效的。对于处于自由状态的纱线，由于不存在反作用力，即：

$$Q=0;\ \alpha=0;\ \beta^2=|P|/(E_bI) \quad [\text{由式(7.7)计算得到}] \tag{7.40}$$

使用下标“W”和“F”分别表示经(weft)、纬(filler)方向，平衡条件(参见图 7.1)如下：

$$Q_W=Q_F \tag{7.41}$$

对于织物中的任何应力状态，把式(7.41)代入式(7.7)，得到：

$$|Q_W|=|Q_F|=(E_bI)_W\beta_W^2\sin\alpha_W=(E_bI)_F\beta_F F^2\sin\alpha_F$$

进而可得出如下关系：

$$|P_W|=(E_bI)_W\cdot\beta_W^2\cos\alpha_W;\ |P_F|=(E_bI)_F\cdot\beta_F^2\cos\alpha_F$$

由上式可进一步计算织物的应力状态。

在小应力下(即力 P 取较小值)，织物在经纬方向的拉伸或压缩应变 ($\pm\varepsilon$) 主要是由于纱线被拉直或存在卷曲而产生的(见图 7.3)。随着拉伸张力增加，反作用力(Q)也逐渐增加，纱线应变也相应增加。

通过外推法去除实测应力-应变曲线中起始段的纱线由卷曲伸直的低应力部分，从模

型中导出相应的理论应力-应变关系即与实测曲线相近。从图 7.1(a)和(b)得出平均应变力 S：

$$S=\frac{\int_0^{l/2}(P\cos\theta+Q\sin\theta)\mathrm{d}s}{\int_0^{l/2}\mathrm{d}s} \tag{7.42}$$

或者，通过式(7.2)和式(7.28)，得到：

$$S=(Pp+Qh)/l \tag{7.43}$$

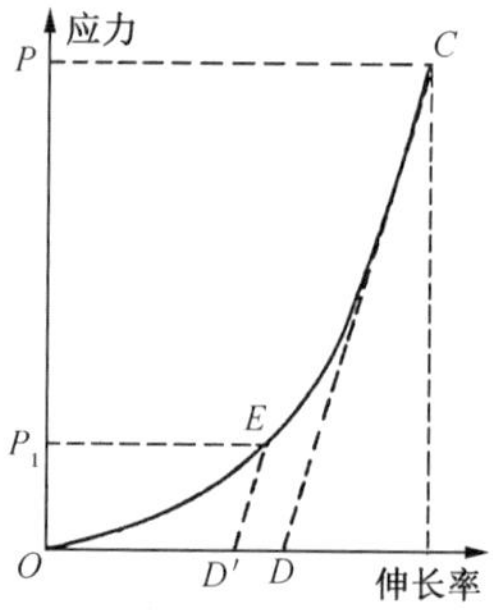

图 7.3 织物的拉伸力与伸长率关系曲线

p/l 和 h/l 通过式(7.36)和式(7.37)计算，得到：

$$S=\sqrt{P^2+Q^2}\left(2\frac{\bar{E}_{\Phi_m}}{\bar{F}_{\Phi_m}}-1\right) \tag{7.44}$$

把式(7.38)和式(7.39)代入式(7.43)，得到：

$$S=P\left(2\frac{E}{F}-1\right)+Q\cdot\frac{2\varkappa}{F} \tag{7.45}$$

对于一根被拉直的纱线 $(\theta_m=0)$，$E/F=1$，$\varkappa/F=0$，$S=P$；对于卷曲度较高(17.5%)的纱线(例如 $\theta_m=45°$)，$E/F=0.925$，$x/F=0.47$，$S=P(0.85+0.47Q/P)$。由于 Q/P 的值很小，在这里，$S=P$ 可以成立(例如 $Q/P=0.2$ 时，$S=0.94P$)。

如果纱线应力值不太靠近屈服点，织物平均应力 S 和纱线应变 ε_r 之间存在近似线性关系。可以通过在图 7.3 中画出直线 CD，直线 CD 在 P 的较大值处渐近地接近实测应力伸长率曲线。

纱线受力时，沿轴向的长度 l 与原长 l_0 不等，即 $l\neq l_0$。在受拉时，$l>l_0$，沿纱线轴向的长度增量为 $\mathrm{d}l=\mathrm{d}l_0(1+\varepsilon_r)$，其中 ε_r 是应变。织物的伸长应变(压缩时则 $\varepsilon<0$)：

$$\varepsilon=\varepsilon_T+\varepsilon_B=\frac{p}{p_0}-1 \tag{7.46}$$

上式中，ε_B 是由于织物展平而产生的伸长应变。在纱线几何形态分析中，如果 $\alpha=0$，可从式(7.38)得到：

$$\varepsilon=\left(\frac{2E-F}{F}\cdot l\right)\Big/\left(\frac{2E_0-F_0}{F_0}\cdot l_0\right)-1 \tag{7.47}$$

如果去掉上式中的纱线伸长部分，则有：

$$\varepsilon_B=\left(\frac{2E}{F}-\frac{2E_0}{F_0}\right)\Big/\left(\frac{2E_0}{F_0}-1\right) \tag{7.48}$$

对于图 7.3 中的特定力 P_1，给出总伸长率 P_1E，通过画出与 CD 平行的线段 ED' 并读取 OD'，找到织物展平状态时的伸长率。根据式(7.48)，ε_B 是织物在无外力理想状态(用下标“0”表示)下及此时织物结构的函数，通过实验评估无外力理想状态的 ε_B 可能会很复杂。相对简洁的方法是计算一个相对值 ε_r，它只略微依赖于织物无外力理想状态，即纱线的原始卷曲状态，为此做如下定义：

$$\varepsilon_r = \varepsilon_B / (\varepsilon_B)_\infty \tag{7.49}$$

$(\varepsilon_B)_\infty$ 对应于被拉直的纱线(图 7.3 中的 OD)。这种状态的特征是 $\theta_m = 0$，即 $E = F = \pi/2$，从式(7.48)得到：

$$(\varepsilon_B)_\infty = 2\left(1 - \frac{E_0}{F_0}\right) \Big/ \left(\frac{2E_0}{F_0} - 1\right) \tag{7.50}$$

从式(7.48)、式(7.49)和式(7.50)得到：

$$\varepsilon_r = \left(\frac{E}{F} - \frac{E_0}{F_0}\right) \Big/ \left(1 - \frac{E_0}{F_0}\right) \tag{7.51}$$

在图 7.3 中，与 P_1 对应的 ε_r 的值由 OD'/OD 给出。

接下来考虑涉及的张力。由式(7.19)可得 $l/2 = \sqrt{\psi \operatorname{sgn} \psi} \cdot \bar{F}_{\Phi_m/\beta}$，代入式(7.7)中的 β 和式(7.32)中的 ψ，得到：

$$\frac{|P|}{E_b I}\left(\frac{l}{2}\right)^2 \cdot \frac{1}{\cos\alpha} = (\bar{F}_{\Phi_m})^2 \left| \frac{(\theta_m)_0}{\theta_m} - 1 \right| \tag{7.52}$$

设：

$$\frac{|P|}{E_b I}\left(\frac{l}{2}\right)^2 = |P_r| \tag{7.53}$$

给出最后形式：

$$\frac{|P_r|}{\cos\alpha} = (\bar{F}_{\Phi_m})^2 \left| \frac{(\theta_m)_0}{\theta_m} - 1 \right| \tag{7.54}$$

从式(7.54)可以看到，通过设置 $P = 0$，即 $\alpha = 0$ 和 $\Phi_m = 0$，可表征自由状态纱线的拉伸和压缩力：

$$|P_r| Q = 0 = F^2 \left| \frac{(\theta_m)_0}{\theta_m} - 1 \right| \tag{7.55}$$

因此，对于织物的特定应变值，经纬纱交织效应由以下因子给出：$\frac{\bar{F}^2_{\Phi_m}}{F^2}\cos\alpha$。织物在低应力-应变范围内拉伸曲线的解析表达式可由方程(7.47)和方程(7.52)给出。选择特定值的 $(\theta_m)_0$，根据式(7.51)计算一系列 θ_m 值与相应的 ε_r 值：

$$\frac{\bar{P}_r}{\cos\alpha} \cdot \left(\frac{F}{\bar{F}_{\Phi_m}}\right)^2 = |P_r|_{Q=0}$$

根据式(7.55)，并构建归一化的织物应力-应变曲线。其实这些曲线在不同张力范围情况仅很少依赖于 $(\theta_m)_0$。对于自由状态纱线的实验值 ε_r (参考图 7.3)，如果 p 和 l 已

知，则拉伸曲线中 $|P_r|_{Q=0}$ 值能给出式(7.53)中的弯曲刚度 E_bI。

织物卷曲度 $(1/p-1)$ 可由图 7.3 中的 OD 与相应初始织物长度的比值给出。从 E_bI 获得弯曲模量 E_b，并且从曲线陡峭部分的斜率(图 7.3 中的 CD)，获得纱线拉伸模量 E_t。

这里描述的自由状态纱线弯曲刚度计算方法可以用于计算织物里面纱线的弯曲刚度：把与纱线直径和纱线间距相加得到的尺寸作为织物宽度，该宽度织物的弯曲刚度用卷曲度做修正，可得织物中纱线的弯曲刚度。由于力 Q 限制纤维滑移，织物中纱线的刚度与自由纱线刚度相比，和 Q 有良好的相关性，没有必要在式(7.9)中代入 α 得到 Q 并引入弯曲刚度中。如果织物弯曲刚度是独立测量的(例如悬臂梁法)，从而得到弯曲刚度 E_bI，则可以从(7.52)的另一种形式近似得到 α：

$$\frac{|P|}{E_bI}\cdot\left(\frac{l}{2}\right)^2=F^2\left[\frac{(\theta_m{}')_0+\alpha}{\theta_m{}'+\alpha}-1\right] \tag{7.52$'$}$$

在式(7.52′)中，当 $\alpha=0$ 时，因子 $\overline{F}^2_{\Phi_m}\cos\alpha/F^2$ 的值为 1。但是，如果考虑式(7.11)对应的情形 1，即图 7.2(a)和(b)所示的 α 很小时，从式(7.38)对应的织物自由松弛状态和式(7.48)对应的织物受力张紧状态，可分别得到 $(\theta_m{}')_0=(\theta_m)_0-\alpha$ 和 $\theta'_m=\theta_m-\alpha$，由此可得到式(7.52)和式(7.52′)中的 $(\theta_m)_0/\theta_m$ 和 $(\theta'_m)_0/\theta'_m$。

7.4 弯曲能量

前面部分讨论了织物在受力张紧和压缩中纱线的弯曲和展平受力状态。此时还需要计算织物弯曲能量，因为力平衡条件有时不能完整描述织物受力变形，例如，在织物剪切变形中，会发生垂直于剪切力平面的面内弯曲变形。

根据弹性理论，有以下表达式：

$$\mathrm{d}W=\frac{\mathrm{d}s}{2}\left[\frac{(M/R_0)^2}{E_tA}+\frac{M^2}{E_bJ}\right] \tag{7.56}$$

$\mathrm{d}W$ 是一个杆单元 $\mathrm{d}s$ 的弯曲能量。当施加弯矩 M 时，该杆单元产生初始曲率半径 R_0。E_t 是拉伸弹性模量，E_b 是弯曲弹性模量，A 是横截面面积，J 是定义的惯性矩：

$$J=\int_0^A\frac{y^2\mathrm{d}A}{1+y/R_0}$$

式中：y 是面积 $\mathrm{d}A$ 到中性轴 A 的距离。

当纱线弯曲时，存在显著纤维弯曲位移。对每根纤维单独进行积分，得到 $y/R_0\ll 1$ 和下式：

$$J\backsimeq I=\int_0^A y^2\mathrm{d}A$$

将式(7.56)写成以下形式：

$$\mathrm{d}W=\frac{1}{2}\mathrm{d}s\,\frac{M^2}{E_bI}\left(1+\frac{E_bI}{E_tAR_0^2}\right)$$

由此可以容易地证明：

$$\frac{E_bI}{E_tAR_0^2}\ll 1$$

如果 r 是纱线半径，n 是纱线横截面中的纤维根数(忽略纤维的填充程度)，得到：

$$E_bI\backsimeq E_tA^2/(4\pi n)$$

$$E_bI/E_tAR_0^2\backsimeq(r/R_0)^2/(4n)$$

上式中，n 的数量级为 10^2。因此，式(7.56)简化为以下形式：

$$\mathrm{d}W=\frac{M^2}{2E_bI}\cdot\mathrm{d}s \tag{7.57}$$

从式(7.5)得到：

$$M=E_bI\psi\cdot\frac{\mathrm{d}\theta}{\mathrm{d}s}$$

从式(7.16)得到：

$$\frac{\mathrm{d}\theta'}{\mathrm{d}s}=\frac{\mathrm{d}\theta}{\mathrm{d}s}=-2\beta\varkappa\cos\varphi/\sqrt{\psi\operatorname{sgn}\psi}$$

另外，$\mathrm{d}s$ 由式(7.17)给出：

$$\mathrm{d}s=-\frac{\sqrt{\psi\operatorname{sgn}\psi}}{\beta\sqrt{1-\varkappa^2\sin^2\varphi}}\mathrm{d}\varphi$$

将 $\mathrm{d}s$ 代入式(7.57)，得：

$$\mathrm{d}W=-2E_bI\beta\kappa^2(\psi\operatorname{sgn}\psi)^{\frac{3}{2}}\frac{\cos^2\varphi\mathrm{d}\varphi}{\sqrt{1-\varkappa^2\sin^2\varphi}} \tag{7.58}$$

对方程(7.58)在 $\varphi=\pi/2(\theta=\theta_m)$ 和 $\varphi=\Phi$ (任意 θ) 之间积分，得到与 φ 相关的下式：

$$\begin{aligned}-\int_{\pi/2}^{\Phi}\frac{\cos^2\varphi\mathrm{d}\varphi}{\sqrt{1-\varkappa^2\sin^2\varphi}}&=\int_{\Phi}^{\pi/2}\left[1-\frac{1}{\varkappa^2}+\frac{1}{\varkappa^2}(1-\varkappa^2\sin^2\varphi)\right]\frac{\mathrm{d}\varphi}{\sqrt{1-\varkappa^2\sin^2\varphi}}\\&=\left(1-\frac{1}{\varkappa^2}\right)\int_{\Phi}^{\pi/2}\frac{\mathrm{d}\varphi}{\sqrt{1-\varkappa^2\sin^2\varphi}}+\frac{1}{x^2}\int_{\Phi}^{\pi/2}\sqrt{1-\varkappa^2\sin^2\varphi}\,\mathrm{d}\varphi\end{aligned} \tag{7.59}$$

将式(7.18)和式(7.24)代入式(7.59)，因此从式(7.58)可得到积分的弯曲能量 W：

$$W=2E_bI\beta(\psi\operatorname{sgn}\psi)^{\frac{3}{2}}\left[(\varkappa^2-1)\bar{F}_{\Phi}+\bar{E}_{\Phi}\right] \tag{7.60}$$

把式(7.7)中的β、式(7.29)、式(7.30)或式(7.32)中的ψ代入式(7.60)，根据式(7.27)，在$\Phi=\Phi_m$时，可算得一个四分之一波的能量。这也是能量$W(l/2)$的表达式：

$$W(l/2)=2\sqrt{\frac{|P|E_bI}{\cos\alpha}\left|\frac{l}{l_0}\cdot\frac{(\theta_m)_0}{\theta_m}-1\right|^{\frac{3}{2}}\left[(\varkappa^2-1)\bar{F}_{\Phi_m}+\bar{E}_{\Phi_m}\right]} \tag{7.61}$$

我们可以观察到弯曲能量对力的依赖性，特别是对于形态因子的依赖性。

另外，式(7.61)给出了织物中纱线的弯曲能量。理论上，织物弯曲还受到弯曲角度和纱线卷曲形态(以及纱线之间的间距)的影响。但影响织物弯曲刚度显著的是Q力阻止了纤维之间的相对位移。

上述推演的机织物模型原理是将织物的几何形状视为受到纱线作用力的函数。与Peirce模型相反，在上述模型中，纱线直径被引入为次要参数。对于平纹织物，厚度由经纬纱直径之和决定，同时需要考虑经纬纱间作用力Q导致的纱线扁平状态。对于斜纹织物，Peirce织物结构模型中把浮长纱线假设为水平直线并不严格精确，而应是上述模型中的光滑弯曲形态，斜纹织物厚度只是经纬纱直径之和的一部分。只有当浮长很长或者织物受压状态时，浮长纱线才与Peirce模型中的水平直线假设一致。上述模型中，调整式(7.28)中l和p值(例如从织物的总长度中减去相应的水平部分Δl和Δp)，可得到水平直线状的浮长尺寸。另外经纬纱之间作用力Q作为分布于纱线上各分力的矢量和，这种简化方法对于复杂组织机织物也同样适用。对于织物刚度而言，纤维之间的滑移和纱线卷曲波形态并不是主要因素，纱线卷曲波的高度是主要因素。

从力学角度来看，上述模型基于从弹性变形建立，但从织物各的向异性和非均质性、纤维和纱线本构关系出发可以扩展至非线性变形。另外，纱线间的摩擦效应还可以进一步引入。

这里提出的织物模型特别适用于“柔软”结构(包括拉伸织物)以及在处理、折叠、洗涤等过程中产生的中等但复杂的应力。通过对模型的分析，可以区分纤维性能、组织结构(纱线参数、线距、模块长度等)以及整理工艺(洗涤、定型、特殊化学处理等)对最终织物性能的单独影响。

7.5 织物剪切刚度

相比于上述的机织物拉伸模型，剪切性质受到的关注度较小，但是它对于织物风格和服装美感极其重要。织物剪切性质对于确定织物在使用过程中如何执行各种复杂变形具有基础性和重要性。织物的剪切性质将影响织物能够适应其被放置的复杂表面。分析织物剪切性质如何受到纱线性质和织物结构的影响，极为重要。这里介绍织物小剪切应变情况下，在给定纱线和织物参数时，如何预测织物初始剪切模量。

7.5.1 织物剪切的定义与测量[5]

如图7.4所示，矩形$ABCD$受到平行于上下两边、大小相等、方向相反的力偶作用，变

形到 $AB'C'D$，但其面积保持不变，这就是小剪切变形。剪切应变定义为长方形边之间角度的变化(最初为直角)，图 7.4 中以 ψ 表示。对于许多弹性材料，剪切应力 S 和剪切应变 ψ 之间存在线性关系：

$$S = G\psi \tag{7.62}$$

其中：G 为剪切模量。

但纺织材料通常不会表现出这种简单的剪切变形方式。一般来说，织物的剪切变形不是保持面积不变的剪切，也不是保持边长不变的剪切，只有在承受小剪切变形时才能保持面积不变和边长不变。织物在剪切应力的加载和卸载中，产生图 7.5 所示的剪切应力-剪切应变滞后圈，但初始区域 OA 基本呈线性。

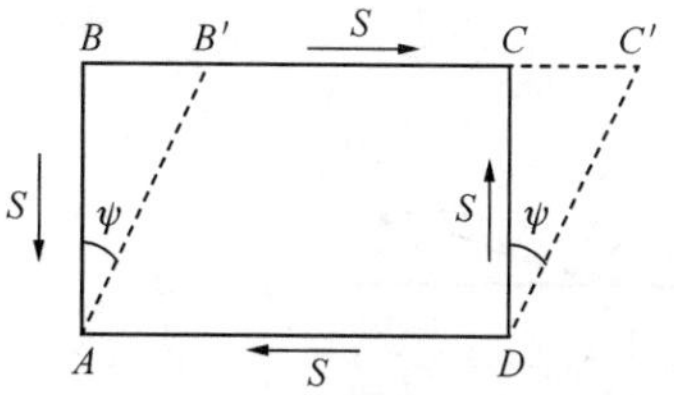

图 7.4 剪切的定义

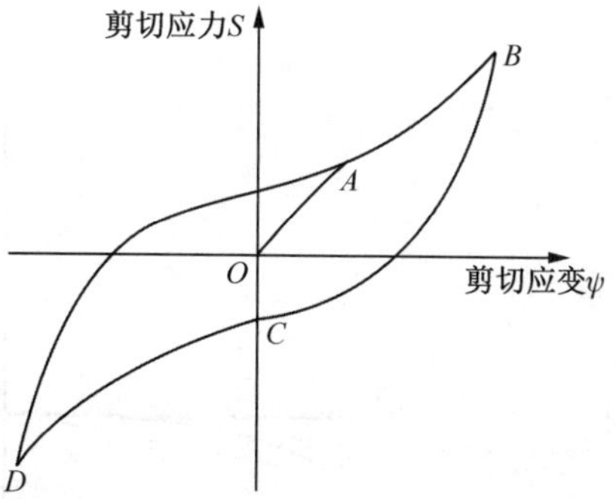

图 7.5 典型剪切应力-应变曲线

如果一块织物在与经向纱线成角度 ϕ 的方向上受到拉伸，那么该方向的织物拉伸模量 E_ϕ 可表达如下：

$$\frac{1}{E_\phi} = \frac{\cos^4\phi}{E_1} + \left(\frac{1}{G} - \frac{\sigma_1}{E_2} - \frac{\sigma_2}{E_1}\right)\sin^2\phi\cos^2\phi + \frac{\sin^4\phi}{E_2} \tag{7.63}$$

其中：E_1 和 E_2 分别是经向和纬向的织物拉伸模量；σ_1 和 σ_2 分别为织物经向、纬向的泊松比。

如果 ϕ 被设置为 45°，方程(7.63)推导为以下形式：

$$\frac{1}{G} = \frac{4}{E_{45}} - \frac{(1-\sigma_2)}{E_1} - \frac{(1-\sigma_1)}{E_2} \tag{7.64}$$

只要测试织物的 E_1、E_2 和 E_{45}(与经纱或纬纱的夹角为 45°的方向)、σ_1 和 σ_2 值，就能由式(7.64)估计剪切模量 G。

7.5.2 初始剪切行为的简单分析

图 7.6 中，一块织物受到剪切应力 S(以单位长度的力衡量)的作用，放大其中的一个经纬纱交织区域。单根纱线受到的力分别为 Sp_1 和 Sp_2，p_1 和 p_2 分别为经纱和纬纱的间距。这些力会产生作用于纱线的弯矩，使它们倾向于弯曲。但在变形的初始阶段，这些力矩还不足以克服在纱线交织区域产生的摩擦阻力。

如果交织区域的纱线长度分别为 k_1 和 k_2，那么可以自由弯曲的纱线长度分别为 $\frac{1}{2}(l_1-k_1)$ 和 $\frac{1}{2}(l_2-k_2)$，其中 l_1 和 l_1 分别是经纱和纬纱的模块化长度。在平面视图中，织物变形将呈现图 7.7 所示的形式，为了清晰起见，图中只显示了纱线的中心线。经向自由部分纱线 XA 弯曲到 XA'，纬向自由部分纱线 YB 弯曲到 YB'。因此，经纱的一般方向变为 OA'，纬纱的一般方向变为 OB'，则两组纱线之间的夹角变化如下：

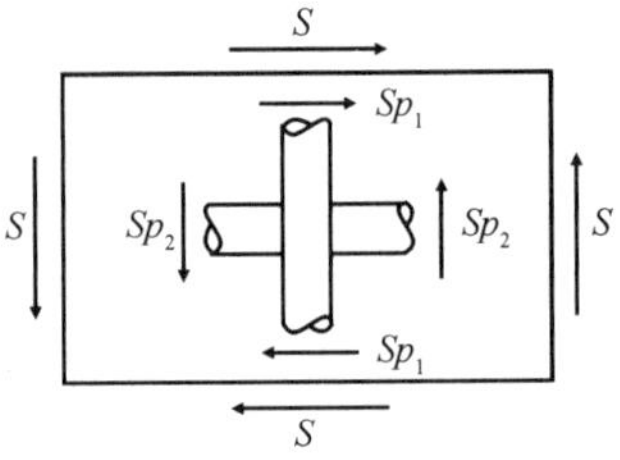

图 7.6 织物的矩形元素受到作用在其每一侧的剪切应力 S 的影响，图中显示了一个放大的经纬纱交织区域

$$\psi=\psi_1+\psi_2 \tag{7.65}$$

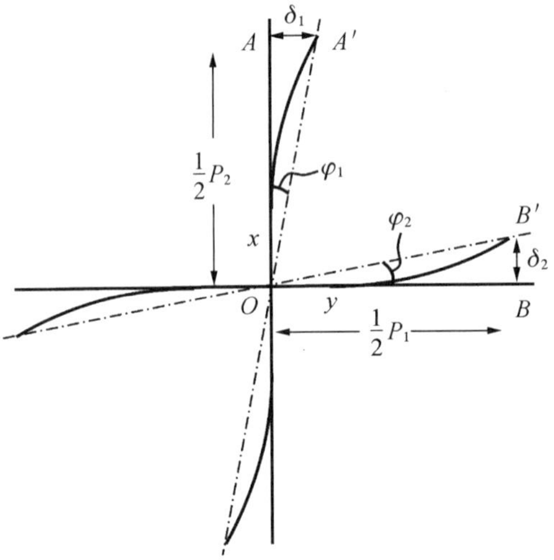

图 7.7 在经纬纱交叉点处的纱线变形平面视图

其中 ψ_1 和 ψ_2 如图 7.7 所示标注，它们可以通过以下公式计算得出：

$$\left.\begin{aligned}\tan\psi_1&=AA'/OA=\delta_1/\left(\frac{1}{2}p_2\right)\\\tan\psi_2&=BB'/OB=\delta_2/\left(\frac{1}{2}p_1\right)\end{aligned}\right\} \tag{7.66}$$

现在，当长度为 L 的悬臂在其端点受到力 W 的作用时，若其弯曲刚度为 B，则末端的挠度 δ 可给出如下：

$$\delta=WL^3/(3B)$$

得到 δ_1 和 δ_2：

$$\left.\begin{aligned}\delta_1&=Sp_1[(l_1-l_1)/2]^3/(3B_1)\\\delta_2&=Sp_2[(l_2-l_2)/2]^3/(3B_2)\end{aligned}\right\} \tag{7.67}$$

结合式(7.65)、式(7.66)和式(7.67)，并写成 $\psi \approx \psi$，由于是织物小变形，可得：

$$\psi = \frac{S}{12}\left[\frac{p_1(l_1 - k_1)^3}{p_2 B_1} + \frac{p_2(l_2 - k_2)^3}{p_1 B_2}\right]$$

上式本质上是与式(7.62)相同形式的方程：

$$G = 12\left[\frac{p_1(l_1 - k_1)^3}{p_2 B_1} + \frac{p_2(l_2 - k_2)^3}{p_1 B_2}\right]^{-1} \tag{7.68}$$

7.5.3 剪切刚度方程的应用

为了利用式(7.68)，从了解纱线性质和织物结构的角度估算织物剪切模量 G，需要知道接触长度 k_1 和 k_2 的值。利用 Peirce 提出的平纹织物结构模型，其经纱和纬纱的接触长度分别是 $(d_1+d_2)\theta_1$ 和 $(d_1+d_2)\theta_2$，其中 d 为纱线直径，θ 为交织角。在真实织物中，接触长度不太可能等于 $(d_1+d_2)\theta_1$ 和 $(d_1+d_2)\theta_2$，因此假设：

$$k_1 = f_1(d_1 + d_2)\theta_1, \quad k_2 = f_2(d_1 + d_2)\theta_2 \tag{7.69}$$

上式中，k_1 和 k_2 是待确定的乘数。Peirce 模型也给出了织造角 θ 的一个近似公式，即：

$$\theta = 1.88 C^{1/2} \tag{7.70}$$

上式中，C 为纱线交织屈曲缩率，沿 1 和 2 方向，分别为：

$$C_1 = (l_1 - p_2)/p_2, \quad C_2 = (l_2 - p_1)/p_1$$

此外，可根据以下方程估算纱线直径：

$$d = 4.44 \times 10^{-3}(T_y/\rho_t)^{1/2} \tag{7.71}$$

式中：d 是纱线直径(cm)；T_y 是纱线线密度(tex)；ρ_t 是纤维密度(g/cm^3)。

因此，当织物参数(线距和皱缩率)以及纱线属性(线密度、弯曲刚度和纤维类型)已知时，式(7.70)和式(7.71)给出了用于通过式(7.69)计算接触长度的 θ 和 d 的值。最后，织物剪切模量 G 可以根据式(7.68)计算出来，当然仍需要估算出 f_1 和 f_2 的值。

7.5.4 变量 f_1 和 f_2 的估算

作为一个实例，表 7.1 给出了一个织物规格细节，根据式(7.64)计算织物剪切模量 G 所需的数据列在表 7.2 中。初始织物模量 E_{45} 通过在 Instron 拉伸试验机上拉伸尺寸为 25 cm×5 cm 的织物样品测得，拉伸速度为 2 cm/min。载荷—位移曲线上原点处的切线斜率作为织物初始模量的测量值。根据式(7.64)计算得到的值列在表 7.2 的最后一列，并称之为 G_{exp}。

由表 7.1 给出的数据及式(7.68)～式(7.71)可计算出 G 的"理论"值 G_{th}。此时缺少的是 f_1 和 f_2 的值，最简单的假设是 $f_1 = f_2 = 1.0$，即假设接触长度由 Peirce 柔性纱线模型给出。由此得到的 G_{th} 值见表 7.3 第三列所示，其值大于相应的实验值 G_{exp}。原因主要是柔性纱线模型假设纱线对弯曲没有阻力，因此纱线能穿越交织点处的横截面，并在交叉点之间沿直线运动。但是，真实织物中纱线具有刚度，因而产生抗弯性，不会沿着直线运动。这导致预期接触长度小于本剪切模型建议的值，即 f_1、f_2 均小于 1。

表 7.1　织物规格

织物编号	纬纱线密度(tex)和纤维类型	p_1(mm)	p_2(mm)	l_1(mm)	l_2(mm)	B_1 (mN·mm^2)	B_2 (mN·mm^2)
X1	R60/2C	0.485	0.588	0.700	0.514	5.62	6.06
X2	R60/2C	0.488	0.624	0.758	0.515	5.62	6.06
Y1	R74/2C	0.490	0.677	0.798	0.514	5.62	7.05
Y2	R74/2C	0.492	0.739	0.871	0.515	5.62	7.05
Y3	R74/2C	0.495	0.849	0.983	0.513	5.62	7.05
Z1	R98/2C	0.494	0.779	0.939	0.508	5.62	8.16
Z2	R98/2C	0.494	0.839	1.022	0.507	5.62	8.16
Z3	R98/2C	0.491	0.691	0.847	0.509	5.62	8.16
B1	R60/2CV	0.556	0.548	0.598	0.623	4.44	4.25
B2	R60/2CV	0.591	0.637	0.722	0.622	4.44	4.25
B3	R60/2CV	0.594	0.756	0.832	0.624	4.44	4.25
C1	R46/2CV	0.568	0.465	0.509	0.621	4.44	2.96
C2	R46/2CV	0.577	0.538	0.597	0.639	4.44	2.96
C3	R46/2CV	0.571	0.662	0.730	0.608	4.44	2.96

注：(1) 对于所有的组，经线名义上是 R60tex/2 的 Vincel。X、Y 和 Z 组使用的经线与 H 和 C 组使用的经线略有不同。

(2) C=棉，CV=棉－Vincel。

表 7.2　G_{exp} 估计

织物编号	E_1 (N/cm)	E_2 (N/cm)	E_{45} (N/cm)	σ_1	σ_2	G_{exp} (N/cm)
X1	14.3	36.6	26.1	0.10	0.38	11.7
X2	9.4	29.8	22.3	0.11	0.42	11.4
Y1	15.9	42.9	23.6	0.08	0.40	9.1
Y2	15.5	33.8	15.8	0.12	0.51	5.1
Y3	14.6	28.6	11.4	0.13	0.57	3.9
Z1	13.7	53.6	16.3	0.02	0.24	5.8
Z2	10.6	45.5	13.7	0.06	0.35	4.8
Z3	14.9	42.4	26.1	0.07	0.52	10.1
B1	24.0	13.8	16.3	0.28	0.16	6.3

（续表）

织物编号	E_1 (N/cm)	E_2 (N/cm)	E_{45} (N/cm)	σ_1	σ_2	G_{exp} (N/cm)
B2	13.3	19.7	10.5	0.32	0.52	3.2
B3	11.7	14.5	7.2	0.31	0.47	2.2
C1	23.2	22.0	18.0	0.20	0.13	6.7
C2	18.0	12.8	12.4	0.37	0.25	4.3
C3	12.0	13.0	7.2	0.20	0.26	2.3

这段描述表明，假设所有织物的 f_1 和 f_2 值相同，但 f_1 和 f_2 之间不一定相等。在这种情况下，可以将根据式(7.68)～式(7.71)计算得到的 G_{th} 视为 f_1 和 f_2 的函数，即：

$$G_{th} = G_{th}(f_1, f_2)$$

然后，可以使用最小二乘法估算 f_1 和 f_2 的值。该方法要求选择 f_1 和 f_2 使得下式取最小值：

$$S(f_1, f_2) = \sum_{\text{all fabric}} [G_{exp} - G_{th}(f_1, f_2)]^2$$

采用这种方式找到的值是 $f_1 = 0.87$ 和 $f_2 = 0.79$，相应的 G_{th} 的值列在表 7.3 的倒数第二列。现在，G_{th} 和 G_{exp} 之间的一致性较好。

表 7.3　G_{th} 和 G_{exp} 的比较

织物编号	G_{exp} (N/cm)	$f_1 = f_2 = 1$	G_{exp} (N/cm) $f_1 = 0.87$，$f_2 = 0.79$	$f_1 = f_2 = 0.82$
X1	11.7	22.1	12.0	11.6
X2	11.4	17.7	9.9	9.5
Y1	9.1	14.4	8.5	8.1
Y2	5.1	9.9	6.3	5.9
Y3	3.9	5.2	3.7	3.5
Z1	5.8	9.6	6.1	5.7
Z2	4.8	7.2	4.7	4.4
Z3	10.1	18.6	10.3	9.6
B1	6.3	13.4	7.4	7.3
B2	3.2	5.5	3.7	3.6
B3	2.2	3.1	2.3	2.2
C1	6.7	10.5	6.1	6.3
C2	4.3	7.5	4.5	4.6
C3	2.3	3.8	2.7	2.7

由于上述方法找到的 f_1 和 f_2 的值相当接近，最终计算时可增加 $f_1=f_2$ 这一条件。该过程给出了 $f_1=f_2=0.82$。表 7.3 的最后一列中 G_{th} 和 G_{exp} 非常吻合，相关系数在 0.95 左右，这表明理论和实验之间有非常好的一致性。

必须指出的是，这里考虑的织物涵盖相当范围的织物规格和纱线支数，因此上述给出的 f 值适用于很多实际情况。

7.6 机织物的滑糯与滑爽

对于织物而言，滑糯指的是毛型织物丰满厚重的触感，滑爽是指丝绸型织物光滑干爽的触感。无论滑糯还是滑爽，都是人的主观感受，难免因人而异。如何用科学仪器的客观测量值准确替代主观感受，实现客观评价与人类朝夕相处了几千年的织物柔性材料感触，既复杂也容易：复杂在于主客观评价的对应性需要得到大多数人的认同；容易在于人们每天穿衣，似乎对纺织品已非常熟悉。其实，这是充满挑战的问题。

Peirce[6]在 1930 年发表的论文中，就介绍了利用可测量的度量指标描述手触摸织物产生的感觉(直观上称其为“手感”)。这项内容一直吸引服装设计师关注，也为下一代功能和智能纺织品、人体智能系统和神经模拟感知系统，以及已经得到充分发展的可穿戴视频或音频系统等相关研究人员提供设计灵感。即：如何用可测量物理指标或化学指标描述人体对织物或者服装的触感?

Peirce 的文章首次报道了如何用仪器测量人接触柔软织物面料时产生的人体复杂感知，他的原话是：“判断织物手感可用如下的感觉术语：僵硬或柔弱、刚硬与柔软、粗糙或光滑。”在当时已经发展成熟的织物力学性质测试仪器上，Peirce 建立了描述织物手感的理论框架和科学术语，例如弯曲长度和弯曲刚度等。直至现在，世界各国实验室还在用 Peirce 提出的织物弯曲长度和织物厚度测量方法。在他所处的年代，工程结构力学处于鼎盛时期，Peirce 开创性地把工程结构力学方法引入纺织界，用于研究柔性织物的结构力学，包括织物的刚度、强度和弯曲、剪切等各类受力变形。这种跨学科的创新使得 Peirce 成果斐然，他也当之无愧地成为“织物结构力学之父”。

40 多年前日本的川端季雄和丹羽雅子受到 Peirce 研究工作的启发，做了一系列创新工作[7]，研制出 KES 织物风格仪。这是织物手感客观化评价的重大成就。

Peirce 等纺织结构力学大师奠定了研究织物、服装等外观大变形和内部小变形问题的基础，搭建了完善的纤维集合体力学框架。川端季雄和丹羽雅子则把前人的织物结构力学理论向实际应用推广，把框架彻彻底底地装修了一遍，使得织物结构力学与人类服装设计联系起来。其实不只是服装，在 20 世纪 80 年代初开始发展的纺织结构复合材料力学，也大量采用了 Peirce 等的研究结论。

KES 织物风格仪可测量织物在低应力状态下的力学性质、表面性质和热学性质，并采用统计学方法研究大量人体数据后，得到男装和女装的织物风格指标设计区间。KES 织物风格仪采用客观评价方法替代了织物风格的主观评价，是织物手感测量的巨大飞跃。

另外，川端季雄擅长聚合物科学，丹羽雅子专长于纺织和成衣，两个人共同指导研究生，共同举办富士国际研讨会，配合得天衣无缝。丹羽雅子后来曾担任日本奈良女子大学校长。

由于KES织物风格仪有多个组成部分，无法单机测量，测量指标和实际使用较为繁琐，后来澳大利亚的Postle和我国的潘宁等学者发展了简易测量方法。我国纺织界的第一篇博士论文就是潘宁在严灏景教授指导下完成的织物手感测量研究。现在，除了织物表面粗糙度和摩擦性质之外，其他织物风格都可用实验室现有技术和数字化方法得到极为完善的描述。

由于织物手感因人而异、众口难调，在生产和消费两个环节，如何达到高效协调，一直是需要解决的问题。生产端拥有的是织物在低应力下的力学性质数据和从统计分析得到的初始风格值及综合风格值，而消费者不熟悉这些数据的意义，也无法与对应的织物面料联系起来。未来，消费者将可能跳过中间商而直接从生产线上购买商品，沉浸式体验的缺乏会阻碍消费者的网购行为。可能的解决方案是织物内嵌感知元件，做神经形态仿真。这种智能形态的织物将直接联系织物风格指标值和织物实际触感，并与元宇宙的消费者共享这些信息，就像现在共享视频和音频产品那样。

滑糯与滑爽，源于主观感受，归于指标描述。

触感与手感，源于主观评价，归于仪器测量。

参考文献

[1] Peirce F T. The geometry of cloth structure. Journal of The Textile Institute Transactions, 1937, 28(3): T45-T96.

[2] Womersley J R. The application of differential geometry to the study of The deformation of cloth under stress. Journal of The Textile Institute Transactions, 1937, 28(3): T97-T113.

[3] Lloyd D W. The analysis of complex fabric deformation. In: Hearle J W S, Thwaites J J, Amirbayat J (Eds.). Mechanics of flexible fibre assemblies. Alphen ann den Rijn: Sijthoff & Noordhoff, 1980.

[4] Olofsson B. A general model of a fabric as a geometric mechanical structure. Journal of The Textile Institute Transactions, 1964, 55(11): T541-T557.

[5] Leaf G A V, Sheta A M F. The initial shear modulus of plain-woven fabrics. The Journal of The Textile Institute, 1984, 75(3): 157-163.

[6] Peirce F T. The "handle" of cloth as a measurable quantity. Journal of The Textile Institute Transactions, 1930, 21(9): T377-T416.

[7] Kawabata S, Niwa M. Fabric performance in clothing and clothing manufacture. The Journal of The Textile Institute, 1989, 80(1): 19-50.

8 针织物力学Ⅰ：几何结构与弹性

针织物的几何模型在针织物的理论计算设计和生产实践中均具有指导意义。例如，生产厂家可以通过改变线圈长度等参数，获得所需的织物尺寸。

首先介绍描述针织物拉伸性质的力学模型，其以弹性理论为核心。然后介绍适用于三维线圈的能量法的主要思路。针织服装具有贴身性，阐明针织物在人体上的压力分布，有助于针织物在医疗等领域的应用。基于膜应力模型，计算针织物在人体上的压力分布。最后针对织物的舒适性，建立纺织品中热湿传递的一般模型，分析热湿传递性质。

8.1 针织物的几何结构

Hurd 和 Doyle 奠定了描述针织物几何结构模型的基本原理[1]，并由 Munden 进一步扩展[2]。Hurd 和 Doyle 发现在干燥松弛的纬平针结构中，线圈密度是线圈中纱线长度的函数，而与纱线材料、纱线结构和织造系统无关。针织物在无外力束缚下，遵循最小能量原理，形成稳定的松弛结构。

Munden 首次采用数学公式描述纬平针织物的尺寸[2]，发现其取决于每个线圈中纱线长度。Munden 的模型采用 Leaf 和 Glaskin 的假设[3]，即：任何均质材料弯曲形成线圈，会采用相同的结构，不受材料物理特性的影响。Munden 证明：纬平针织物的尺寸由针织物中每个线圈的纱线长度唯一确定。为此，针织物必须处于完全松弛状态，即处于最小能量的几何形态。

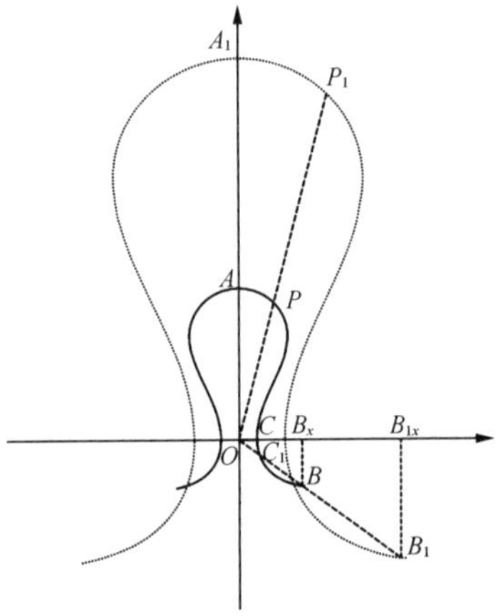

图 8.1　两个相似的线圈

如图 8.1 所示，线圈 AB 和 A_1B_1 具有一定的相似性。假设任意点 P 距离原点的距离为 r，则相应点 P_1 距离原点的距离为 $r_1=p\cdot r$，其中 p 为常数。采用极坐标系描述线圈，则线圈 AC 的长度如下：

$$L_{AC}=\int_0^{\frac{\pi}{2}}\sqrt{r^2+\left(\frac{\mathrm{d}r}{\mathrm{d}\theta}\right)^2}\,\mathrm{d}\theta \tag{8.1}$$

由于 $\frac{\mathrm{d}r_1}{\mathrm{d}\theta}=\frac{\mathrm{d}r_1}{\mathrm{d}\theta}\frac{\mathrm{d}r}{\mathrm{d}\theta}$ 且 $r_1=p\cdot r$，可得：

$$L_{A_1C_1}=p\cdot L_{AC} \tag{8.2}$$

因此，线圈 A_1B_1 的长度等于常数 p 乘以线圈 AB 的长度。

根据 p 的定义 $\left(\frac{OB_1}{OB}=p\right)$，可得 $\frac{OBx}{OB_1x}=p$。OBx 和 OB_1x 分别是小线圈和大线圈的圈距的一半。因此，$\frac{圈距\ A_1B_1}{圈距\ AB}=p$。

如图 8.2 所示，圈高等于线段 Aa 的长度。

根据最小弯曲能量原理，当线圈 $ACDB$ 最窄处点 D 的纵坐标与线圈 $acdb$ 的最宽处点 c 的纵坐标重合时，两个线圈相互串套，形成稳定的针织结构。两个线圈具有相同的形状和尺寸，可得：$AL=aN\Rightarrow AL=LN$。圈高为 LN 的长度，等于线圈 $ACDB$ 最宽处和最窄处的纵坐标之差。因此，圈高是仅依赖于线圈结构的参数。图 8.1 中，线圈 A_1B_1 的圈高等于 $p\cdot Aa$。

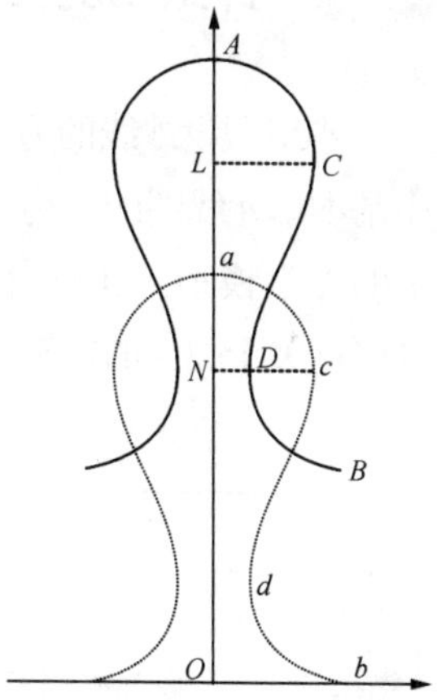

图 8.2 圈高

上述分析表明，圈距和圈高仅取决于线圈结构。因此：

$$纵密=\frac{k_c}{L} \tag{8.3}$$

$$横密=\frac{k_c}{L} \tag{8.4}$$

$$线圈密度=\frac{k_c\cdot k_w}{L^2}=\frac{k_d}{L^2} \tag{8.5}$$

$$线圈形状参数或泊松函数=\frac{单位长度线圈横列数}{单位长度线圈纵行数}=\frac{k_c}{k_w}=k_p \tag{8.6}$$

针织物的单位面积质量和尺寸可由下式计算：

$$单位面积质量(\mathrm{g/m^2})=\frac{k_c\cdot k_w}{L}\frac{N_{\mathrm{tex}}}{10^5} \tag{8.7}$$

$$织物宽度(\mathrm{cm})=\frac{针数}{单位长度线圈纵行数}=\frac{n\cdot L}{k_w}=\frac{织物横列长度}{k_w} \tag{8.8}$$

针织物线圈中纱线的体积等于 $L\cdot d$，其中：L 为纱线长度；d 为纱线直径。N_{tex} 为纱线线密度（tex），单个线圈的面积等于 $\frac{1}{线圈密度}$。Hurd、Doyle 和 Munden 的研究表明，纬平针织物的线圈密度正比于 $\frac{1}{L^2}$ [1-2]。一个线圈纱所占整个线圈的面积分数等于 $\frac{一个线圈纱线覆盖的面积}{线圈的面积}\propto\frac{L\cdot d}{L^2}=\frac{d}{L}$。

上述式子忽略了线圈纱垂直于织物平面的弯曲状态以及线圈之间的重叠区域。鉴于纱线尺寸可以通过线密度表示 $d\propto\sqrt{N_{\mathrm{tex}}}$，覆盖系数（织物紧度）定义为 $\frac{\sqrt{N_{\mathrm{tex}}}}{L}$。覆盖系数会影响织物性能，比如起毛起球、织物干燥后面积变化等。

8.2 针织物的二维力学模型

本节假设纱线的力学行为与细弹性杆类似，阐明纬平针织物的变形机制。首先介绍针织物中基本单元线圈的结构，然后建立可伸长长丝在大变形下的力学性质，提出针织物在外力作用下的力学模型。建模部分借鉴 Shanahan 和 Postle 的研究[4-5]，计算方面借鉴 Konopasek 和 Hearle 关于弹性的求解方法[6]。表 8.1 给出了二维力学模型的变量符号及其含义。

表 8.1 二维力学模型的变量符号及其含义

变量符号	含义	变量符号	含义
x, y, z	全局坐标系	F_w	沿着纱线中心线切向的分力
v, w	局部坐标系	p	纱线中心线曲率
s	沿变形纱线中心线测量的弧长	U_b	弯曲能量
s_0	沿未变形纱线中心线测量的弧长	E	纱线拉伸模量
ε	应变	E_b	纱线弯曲模量
w_x	局部坐标 w 沿 x 轴的方向余弦	A	纱线横截面面积
w_y	局部坐标 w 沿 y 轴的方向余弦	d	纱线厚度
M	纱线单元上的力矩	β	交织角
F_v	垂直于纱线中心线的分力		

8.2.1 线圈结构

如图 8.3 所示，线圈具有关于通过 D 点的垂直线的镜像对称性。

在半个线圈 ACD 中，曲线 AC 绕点 C 旋转 180°，得到曲线 CF。因此，在建模过程中，只需要考虑四分之一个线圈，即曲线 AC。图 8.3 显示了两个交织线圈。x 轴方向为针织物的横列方向，y 轴方向为针织物的纵行方向。原点为 B 点。B 点处的力和力矩来自外力和线圈相互串套的反作用力，也包括沿着横列方向和纵行方向施加的力和摩擦力。

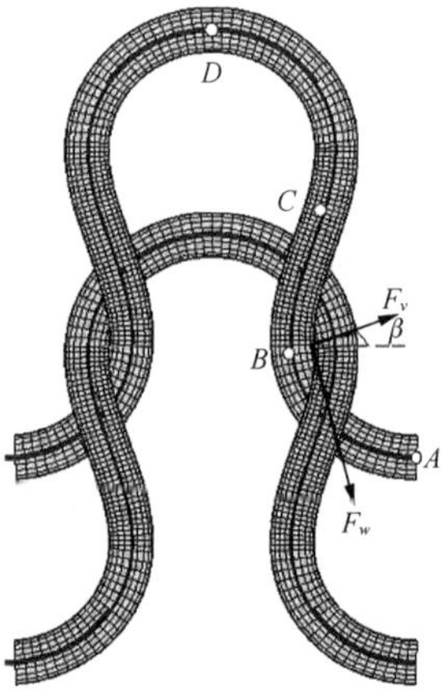

图 8.3 两个交织线圈

一个重要的特征是在 B 点的反作用力的方向。如果有垂直分力，将会沿着纵行方向产生织物张力，进而需要外力来实现平衡。这种垂直分力在松弛状态的针织物中不存在，或者当针织物受到沿其横列方向的外力时存在。在后一种情况下，在 B 点的反作用力的方向沿着水平 x 轴方向/横列方向。

在图 8.3 中，F_w 是沿着纱线中心线切向的分力，F_v 是垂直于纱线中心线的分力。

图 8.4 的等效受力图中显示了等效力-力矩平衡和在 B 点的力和力矩。

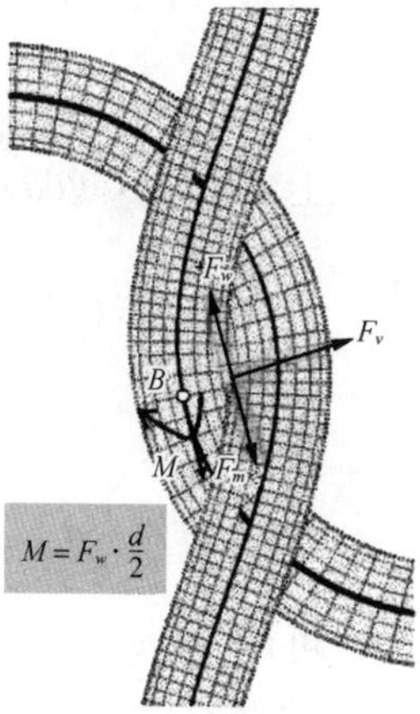

图 8.4　等效受力

纱线直径 d 的额外力矩 $M=F_w\dfrac{d}{2}$ 导致纱线 BA 和 BC 在 B 点的初始曲率存在差异。纱线 BC 在 C 点的路径是直线，曲率 $p=0$ 且 C 点的 x 坐标为 $\dfrac{d}{2}\cos(\beta)$。β 是两个线圈的交织角。其中曲率 $p=0$ 和 C 点的 x 坐标是求解织物在松弛和受力状态下力学平衡所需的两个边界条件。当针织物处于无外力松弛状态或者受到沿着纵行方向的外力时，纱线 BA 的形状为圆弧。

假设纱线是弹性体，得到线圈的形状。在力和力矩作用下，纱线力学响应满足弹性方程。将纱线视为两个独立的弹性体 BA 和 BC，弹性体模型分别对应相应部分的路径。作用在弹性体 BA 中 B 点的力矩与作用在弹性体 BC 中 B 点的力矩不同，即在 B 点的曲率不连续。接下来，介绍可伸长长丝的弹性模型，并将其应用于针织物线圈的力学分析。

8.2.2　平面不可伸长弹性体的控制方程

不可伸长弹性体的控制方程是通过一组一阶微分方程推导得到的，更适合通过数值方法求解。如图 8.5 所示，在力和力矩平衡条件下，线圈中存在长度为 ds 的单元。

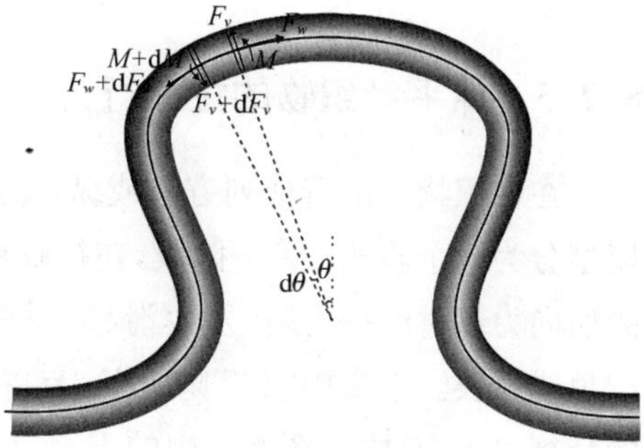

图 8.5　线圈中的单元

根据微分几何关系：

$$\frac{\mathrm{d}x}{\mathrm{d}s}=\cos(\theta)=w_x \tag{8.9}$$

$$\frac{\mathrm{d}y}{\mathrm{d}s}=\sin(\theta)=w_y \tag{8.10}$$

$$\frac{\mathrm{d}w_x}{\mathrm{d}s}=-\sin(\theta)\cdot\frac{\mathrm{d}\theta}{\mathrm{d}s}=-p\cdot w_y \tag{8.11}$$

$$\frac{\mathrm{d}w_y}{\mathrm{d}s}=\cos(\theta)\cdot\frac{\mathrm{d}\theta}{\mathrm{d}s}=p\cdot w_x \tag{8.12}$$

图 8.5 中单元中心的力矩：

$$\frac{\mathrm{d}M}{\mathrm{d}s}=F_v \tag{8.13}$$

由于 $M=E_b\cdot p$，其中 E_b 为弯曲刚度，式(8.13)可改写成以下形式：

$$\frac{\mathrm{d}p}{\mathrm{d}s}=\frac{F_v}{E_b} \tag{8.14}$$

图 8.5 中单元处于平衡状态：

$$F_v = (F_v + dF_v) \cdot \cos(d\theta) - (F_w + dF_w) \cdot \sin(d\theta) \tag{8.15}$$

上式中，$\cos(d\theta) \approx 1$，$\sin(d\theta) \approx d\theta$，且忽略二阶项，可得：

$$\frac{dF_v}{ds} = p \cdot F_w \tag{8.16}$$

同样地：

$$F_w = (F_w + dF_w) \cdot \cos(d\theta) + (F_v + dF_v) \cdot \sin(d\theta) \tag{8.17}$$

可得：

$$\frac{dF_w}{ds} = -p \cdot F_v \tag{8.18}$$

因此，弯曲能量 U_b 可表达如下：

$$\frac{dU_b}{ds} = \frac{1}{2} \cdot E_b \cdot p^2 \tag{8.19}$$

8.2.3 纬平针织物的拉伸行为

在针织物上沿着横列方向或纵行方向以相同的小增量逐渐增加载荷，模拟织物变形。模型分为两个阶段：第一阶段，在接触点处线圈没有发生相对滑移；第二阶段，当接触点处的切向力超过摩擦力时，发生滑移。每一滑移位移的增量步需要重新计算曲率、载荷、交织角或弧长。下文中“8.7 附录”一节将详细描述第一步载荷施加状态下曲率、载荷和弧长的计算过程，其中以图 8.3 中的 B 点为原点。

8.2.4 横向变形

8.2.4.1 无滑移

未知的初始值有图 8.3 中弹性体 BC 的曲率 $p_c(0)$、在 B 点的反作用力 F_x 和交织角 β。模拟加载过程，需要对这些参数进行计算，并使用牛顿-拉夫逊迭代法提高计算精度。

8.2.4.2 线圈滑移

当接触点处的切向力超过摩擦力时，线圈发生滑移。滑移的条件是 $\tan\beta \geq$ 摩擦系数。在滑移阶段，交织角保持不变，等于滑移开始时的值。在图 8.3 中，由于线圈发生变形，路径 L_{BC} 和 L_{AB} 的长度发生变化。使用弹性模型计算纱线滑移时线圈的变形，需要先计算曲率 $p_c(0)$、作用在线圈 BC 上 B 点的外力 F_x 以及 L_{BC} 的长度。

线圈 BA 的初始值如下：

$$x = y = 0.0 \tag{8.20}$$

$$w_y = -\cos(\beta) \tag{8.21}$$

$$w_x = \sin(\beta) \tag{8.22}$$

$$p_a(0) = p_c(0) + (F_{横列} - F_x) \cdot \frac{d}{2 \cdot E_b} \cdot \sin\beta \tag{8.23}$$

式中：$F_{横列}$是与 x 轴方向一致的沿横列方向的外力。

$$F_v = -F_{横列} \cdot w_y \tag{8.24}$$

$$F_w = -F_{横列} \cdot w_x \tag{8.25}$$

线圈 BC 的初始值如下：

$$x = y = 0.0 \tag{8.26}$$

$$w_y = \cos(\beta) \tag{8.27}$$

$$w_x = -\sin(\beta) \tag{8.28}$$

$$F_v = -(F_x - F_{横列}) \cdot w_y \tag{8.29}$$

$$F_w = (F_x - F_{横列}) \cdot w_x \tag{8.30}$$

8.2.5 纵向变形的力学模型

外力沿 y 轴/纵行方向作用在线圈上。在力学模型中，载荷以小幅度逐渐增加。在给定载荷下，未知的初始参数根据前一步的计算结果得到。外部载荷沿着 y 轴方向施加。在 B 点的垂直分力等于每个线圈纵向载荷的一半。纵向变形与横向变形的主要区别在于，在 B 点的反作用力具有垂直分量。在之前的模型中，交织力沿着水平方向/ x 轴作用。交织力和 x 轴之间的夹角：

$$\tan(\theta) = \frac{F_{wale}}{2F_x} \tag{8.31}$$

式中：F_x 是在 B 点的反作用力的水平分量。

与横向变形一样，分别计算线圈无滑移和线圈滑移阶段的纵向变形。

8.2.5.1 线圈无滑移

未知的初始值有初始曲率 $p_c(0)$、线圈 BC 上的内部载荷 F_x 以及交织角 β。与横向变形类似，无滑移的模型与线圈滑移的略有不同。

8.2.5.2 线圈滑移

线圈滑移条件是 $\tan(\beta + \theta) \geq$ 摩擦系数。与横向变形相比，纵向变形下更早发生线圈滑移。当线圈开始滑移时，交织角保持不变，线圈 BA 和 BC 的长度 L_{BA} 和 L_{BC} 为未知初始值。

线圈 *BA* 的初始值：

$$x = y = 0.0 \tag{8.32}$$

$$w_y = -\cos(\beta) \tag{8.33}$$

$$w_x = \sin(\beta) \tag{8.34}$$

$$p_a(0) = p_c(0) + \sqrt{0.25F_{纵行}^2 + F_x^2}\ \frac{d}{2E_b}\sin(\beta+\theta) \tag{8.35}$$

式中：$F_{纵行}$为沿纵行方向施加的载荷。

当织物处于松弛状态时，在 A 点没有外力作用，线圈 BA 保持圆形状态，同时有：

$$F_v = 0.0 \tag{8.36}$$

$$F_w = 0.0 \tag{8.37}$$

线圈 BC 的初始值：

$$x = y = 0.0 \tag{8.38}$$

$$w_y = \cos(\beta) \tag{8.39}$$

$$w_x = -\sin(\beta) \tag{8.40}$$

$$F_v = 0.5F_{wale}w_x - F_x w_y \tag{8.41}$$

$$F_w = 0.5F_{wale}w_y + F_x w_x \tag{8.42}$$

8.2.6 计算过程

前面已经把纬平针织物的力学模型已被简化归入为弹性力学问题范畴。其求解过程为在给定参数初始值的情况下对一组微分方程进行数值积分。在针织物发生横向变形或纵向变形时，无论线圈是否发生滑移，都存在三个未知的初始值。由此产生的边界值问题，采用牛顿-拉夫逊法解决。

每次积分后，将某些参数与指定的边界值进行比较。这些边界值的定义对于每个弹性问题都是唯一的。在针织物力学分析中，边界条件定义如下：

(1) 图 8.3 中 C 点的曲率为 0。

(2) 图 8.3 中 C 点的 x 坐标为 $\frac{d}{2}\cos(\beta)$。

(3) 图 8.3 中 A 点沿 y 轴的方向余弦为 0。

基于这些边界条件，构造三个函数：

$$f_1 = p(C) \tag{8.43}$$

$$f_2 = x(C) - \frac{d}{2}\cos(\beta) \tag{8.44}$$

$$f_3 = w_y(A) \tag{8.45}$$

式中：点 A 和 C 的定义如图 8.1 中线圈所示。

假设三个未知参数分别为 X_1、X_2、X_3，其中：X_1 为线圈 BC 上 B 点的初始曲率；X_2

为线圈 BC 上 B 点的外载荷；X_3 为线圈 BC 的长度（L_{BC}）。

采用牛顿-拉夫逊法：

$$\begin{bmatrix} \frac{\partial f_1}{\partial X_1} & \frac{\partial f_1}{\partial X_2} & \frac{\partial f_1}{\partial X_3} \\ \frac{\partial f_2}{\partial X_1} & \frac{\partial f_2}{\partial X_2} & \frac{\partial f_2}{\partial X_3} \\ \frac{\partial f_3}{\partial X_1} & \frac{\partial f_3}{\partial X_2} & \frac{\partial f_3}{\partial X_3} \end{bmatrix} \begin{bmatrix} \Delta X_1 \\ \Delta X_2 \\ \Delta X_3 \end{bmatrix} = - \begin{bmatrix} f_1 \\ f_2 \\ f_3 \end{bmatrix} \tag{8.46}$$

ΔX_1、ΔX_2、ΔX_3 的值是通过高斯消元法得到的。X_1、X_2、X_3 求解如下：

$$X_i = X_{i-1} + \Delta X_i$$

图 8.6 所示为横列方向载荷下针织物力学响应的计算结果，根据下式将载荷标准化为无量纲值：

$$F_{横列} \frac{L^2}{E_b}$$

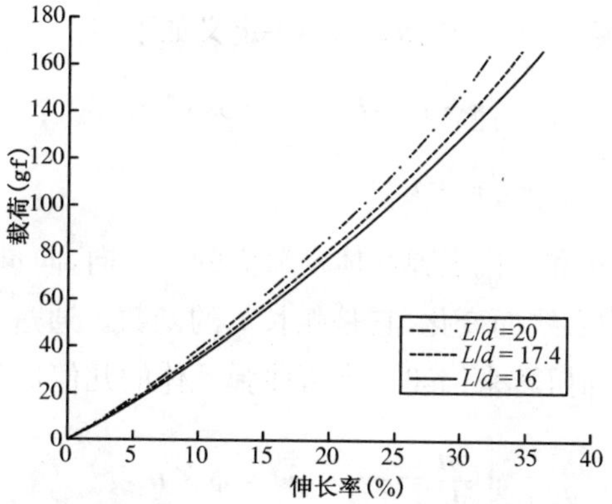

图 8.6　不同纱线长度/直径比(L/d)时针织物载荷-伸长率曲线

8.3 纬平针织物的三维力学模型

上一节 8.2 的力学模型假设线圈是平面的。更接近实际的模型需要考虑线圈的三维几何性质。在这种情况下，线圈用三维弹性体描述，弹性体的中心线与纱线的中心线重合。纱线的平衡状态由一组微分方程描述。

假设：纱线是均匀的，在弯曲和扭转变形时具有完美的弹性；纱线不可伸长，在剪切力作用下不变形；纱线初始状态是伸直的；纱线无质量和无摩擦，且具有恒定的圆形横截面。纱线应力-应变关系采用 Love 的普通近似弯曲理论[7]。本节首先讲述基于 Konopasek 和 Hearle 的研究工作[6]，讨论弹性理论，然后介绍 Hepworth 的三维针织模型[8]。

8.3.1 弹性理论

本小节描述在外力和力矩作用下弹性体中心线的形状变化。描述三维曲线的常用方法是移动三面体 ($\boldsymbol{t}$, $\boldsymbol{n}$, $\boldsymbol{b}$)，其中 $\boldsymbol{t}$ 是曲线的切线，$\boldsymbol{n}$ 是曲线的主法线，$\boldsymbol{b}$ 是曲线的副法线向量。三维曲线上的任意一点通过位置向量 $\boldsymbol{r}(s)$ 表示，$\boldsymbol{r}(s)$ 是弧长 s 的函数。移动三面体 ($\boldsymbol{t}$, $\boldsymbol{n}$, $\boldsymbol{b}$) 的导数是 Serret-Frenet 公式：

$$\frac{\mathrm{d}\boldsymbol{t}}{\mathrm{d}s}=k\cdot\boldsymbol{n}=\boldsymbol{D}\times\boldsymbol{t} \tag{8.47}$$

$$\frac{\mathrm{d}\boldsymbol{n}}{\mathrm{d}s}=-k\cdot\boldsymbol{t}+\tau\cdot\boldsymbol{b}=\boldsymbol{D}\times\boldsymbol{n} \tag{8.48}$$

$$\frac{\mathrm{d}\boldsymbol{b}}{\mathrm{d}s}=\tau\cdot\boldsymbol{n}=\boldsymbol{D}\times\boldsymbol{b} \tag{8.49}$$

式中：$\boldsymbol{D}$ 为达布向量，其定义为 $\boldsymbol{D}=k\boldsymbol{b}+\tau\boldsymbol{t}$。

Serret-Fernet 方程定义了三维曲线的曲率 k 和扭率 τ，它们均是纯几何量。然而，对于弹性体的研究，需要考虑与弹性细杆的几何形状和机械特性相关的曲线测量。基于 Serret-Fernet 方程，新的移动三面体 ($\boldsymbol{u}$, $\boldsymbol{v}$, $\boldsymbol{w}$) 定义如下：

$$\boldsymbol{n}\cdot\boldsymbol{u}=\boldsymbol{b}\cdot\boldsymbol{v}=\cos(\boldsymbol{\lambda}) \tag{8.50}$$

$$\boldsymbol{w}=\boldsymbol{t} \tag{8.51}$$

在实际情况中，向量 $\boldsymbol{u}$ 和 $\boldsymbol{v}$ 代表弹性体横截面的主方向，向量 $\boldsymbol{w}$ 代表弹性体中心线的切向。角 λ 随着弹性体中心线而变化，它是弧长 s 的函数。通过局部坐标变换，得到以下微分方程，以横截面参数和扭转来描述三维弯曲弹性体的几何形状：

$$\frac{\mathrm{d}\boldsymbol{u}}{\mathrm{d}s}=\sigma\boldsymbol{v}-q\boldsymbol{w}=\psi\times\boldsymbol{u} \tag{8.52}$$

$$\frac{\mathrm{d}\boldsymbol{v}}{\mathrm{d}s}=p\boldsymbol{w}-\sigma\boldsymbol{u}=\psi\times\boldsymbol{v} \tag{8.53}$$

$$\frac{\mathrm{d}\boldsymbol{w}}{\mathrm{d}s}=q\boldsymbol{u}-p\boldsymbol{v}=\psi\times\boldsymbol{w} \tag{8.54}$$

式中：$\psi=p\boldsymbol{u}+q\boldsymbol{v}+\sigma\boldsymbol{w}$，类似于达布向量，$p$ 和 q 分别是曲率在 $\boldsymbol{u}$ 和 $\boldsymbol{v}$ 方向的分量，σ 是捻度，σ 也表示两个相邻横截面的相对扭转位移。

(1) 本构方程

假设弹性体不可伸长，具有恒定的横截面，并且不受剪切的影响。在这种情况下，根据 Love 的"普通近似弯曲理论"，弹性体将表现出抗弯曲和抗扭转：

$$M_u=AP \tag{8.55}$$

$$M_v=Bq \tag{8.56}$$

$$M_w = C\sigma \tag{8.57}$$

式中：M_u 和 M_v 是内力矩的分量；A 和 B 是弯曲刚度；M_w 是内部扭矩；C 是扭转刚度。

(2) 力矩和力的平衡方程

图 8.7 中弹性单元的力和力矩平衡方程的矢量形式如下：

$$\frac{\mathrm{d}\boldsymbol{M}}{\mathrm{d}s} + \boldsymbol{w} \times \boldsymbol{F} = 0 \tag{8.58}$$

$$\frac{\mathrm{d}\boldsymbol{F}}{\mathrm{d}s} = 0 \tag{8.59}$$

式中：$\boldsymbol{M}$ 是集中力矩；$\boldsymbol{F}$ 是集中力。

结合移动三面体 $[\boldsymbol{u}, \boldsymbol{v}, \boldsymbol{w}]$，式(8.58)和式(8.59)修改为以下形式：

$$\frac{\mathrm{d}\boldsymbol{M}}{\mathrm{d}s} + \boldsymbol{M} \times \boldsymbol{\psi} + \boldsymbol{w} \times \boldsymbol{F} = 0 \tag{8.60}$$

$$\frac{\mathrm{d}\boldsymbol{F}}{\mathrm{d}s} + \boldsymbol{F} \times \boldsymbol{\psi} = 0 \tag{8.61}$$

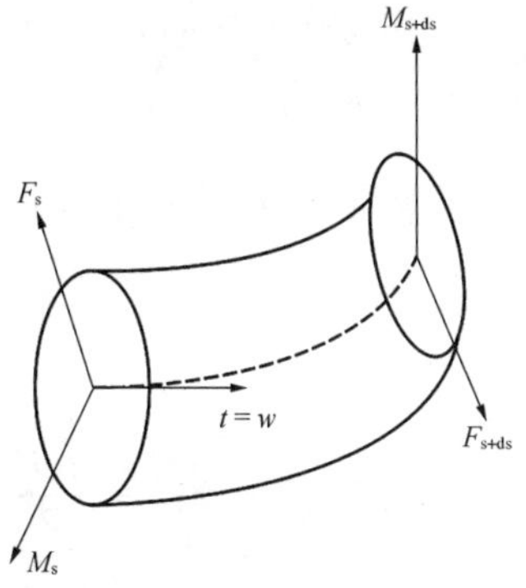

图 8.7 弹性单元

将式(8.60)和式(8.61)与本构方程即式(8.55)～式(8.57)相结合，建立线圈几何参数、曲率和扭转与外部载荷和力矩的联系。三维弹性体的数学模型由式(8.52)～式(8.54)、平衡方程即式(8.60)和式(8.61)以及下面的式(8.62)组成。式(8.62)将局部坐标与笛卡尔坐标 (x, y, z) 建立了联系。

$$\boldsymbol{w} = \frac{\mathrm{d}r}{\mathrm{d}s} \tag{8.62}$$

在标量形式下，本节的三维力学模型由 18 个一阶线性微分方程组成。

8.3.2 线圈几何结构

根据线圈结构的对称性，只需考虑四分之一个线圈。如图 8.8 所示，两个线圈 A_1B_1 和 A_2B_2 以两种不同角度相互串套交织。

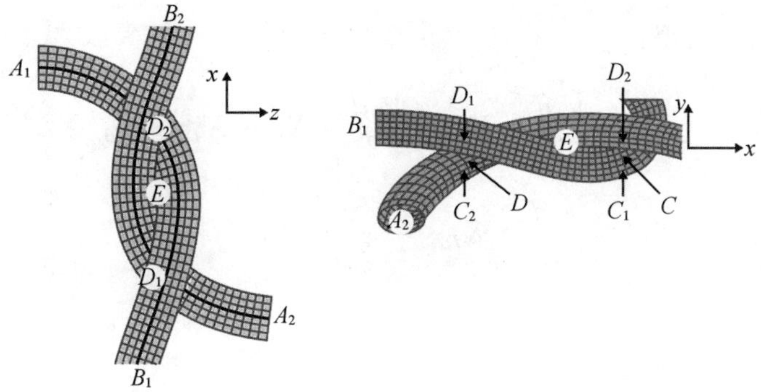

图 8.8 相互串套交织的线圈

在交织区域，由于纱线不可压缩，接触发生在 C 点和 D 点。在这两个接触点处，纱线表面的法线在 C_1、D_1、C_2 和 D_2 点处与中心线相切。在不考虑摩擦的情况下，这些法线是纱线之间在这些点处的力作用线。根据对称性，纱线之间有相同大小的接触力。如果 D 点力的方向余弦为（f_x，f_y，f_z），力作用线为 C_2D_1，则 C 点力的方向余弦为（f_x，$-f_y$，f_z），力作用线为 C_1D_2。

由于 $Y_{D1}-Y_{C1}=f_yd$ 且 $Y_{D1}=Y_{D2}$，根据对称性可得：

$$Y_{D1}-Y_{C1}-f_yd=0 \tag{8.63}$$

E 点位于 C 点和 D 点之间。如图 8.8 所示，根据对称性，可得：

$$Z_E=Z_{B_1}=Z_{B_2}=\frac{Z_C+Z_D}{2} \tag{8.64}$$

由于 $Z_C=Z_{C_1}-\frac{f_zd}{2}$ 且 $Z_D=Z_{D_1}-\frac{f_zd}{2}$，可得：

$$2Z_{B_1}-Z_{C_1}-Z_{D_1}+f_zd=0 \tag{8.65}$$

$$X_E=\frac{X_{B_1}+X_{B_2}}{2}=\frac{X_C+X_D}{2} \tag{8.66}$$

因此：

$$X_{B_2}=X_C+X_D-X_{B_1} \tag{8.67}$$

如图 8.9 所示，纱线之间力 Q_C 平行于 z-x 平面，并经过接触点 JC。

Q_C 作用线的方向余弦为（$-a_x$，0，$-a_z$）。

根据对称性，$X_{B_2}=X_{JC}$ 且 $Z_{B_2}=Z_{JC}$。JC_1 点位于线圈 A_1B_1 沿 Q_C 作用线的中心线上。如图 8.9 所示，点 JC 和 JC_1 之间的距离为 $\frac{d}{2}$。

$$Z_{JC_1}=Z_{JC}-\frac{a_zd}{2} \tag{8.68}$$

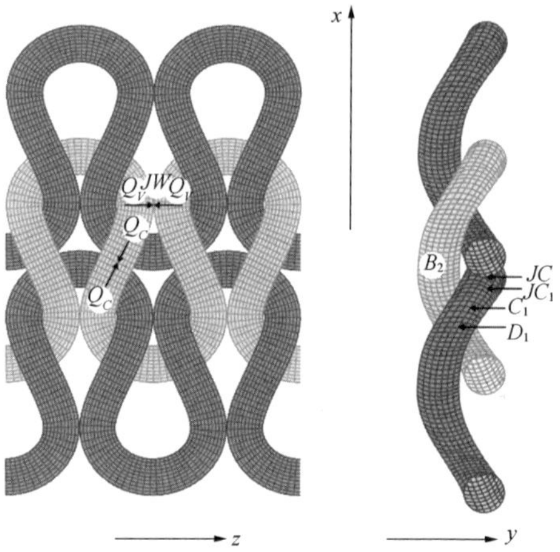

图 8.9　针织线圈结构

依据式(8.67)，可得：

$$X_{JC_1}=X_{JC}-\frac{a_xd}{2}=X_{B_2}-\frac{a_xd}{2}=X_C+X_D-X_{B_1}-\frac{a_xd}{2} \tag{8.69}$$

$$X_{JC_1}=X_{C_1}-\frac{f_xd}{2}+X_{D_1}-\frac{f_xd}{2}-X_{B_1}-\frac{a_xd}{2} \tag{8.70}$$

因此：

$$X_{JC_1}=X_{C_1}+X_{D_1}-X_{B_1}-f_xd-\frac{a_xd}{2} \tag{8.71}$$

当线圈 A_1B_1 与近纵行在 JW 处接触时，力 Q_W 的作用线平行于 z 轴，同时与纱线中心线在 JW_1 处相交。

$Z_{JW_1}=Z_{JW}-\dfrac{d}{2}$。根据对称性，$Z_{JW}-Z_{A_1}=2\cdot(Z_{B_1}-Z_{A_1})$，可得：

$$Z_{JW_1}=2Z_{B_1}-Z_{A_1}-\frac{d}{2} \tag{8.72}$$

8.3.3 力和力矩的平衡

在 A_1 处，唯一的力是与 z 轴平行的张力，该力产生垂直于 z 轴的弯矩。由于线圈结构存在对称性，因此在 A_1 处没有扭转力矩和剪切应力。类似地，在点 B_1 处，中心线的切线平行于 z-x 平面，不存在平行于 y 轴的弯曲力矩和剪切应力。假设 T_c 和 T_w 分别是施加在针织物每个横列和每个纵行的外部载荷，纱线之间在点 C 和点 D 处的力为 P。在 A_1 处的张力为 Q_w+T_c，力的方向平行于 z 轴。

B_1 处 x 方向的力分量为：

$$\frac{T_w}{2}+Q_C\cdot a_x \tag{8.73}$$

B_1 处 z 方向的力分量为：

$$T_c+2\cdot Q_w+Q_C\cdot a_z-2\cdot P\cdot f_z \tag{8.74}$$

如果考虑半个线圈，则 x 方向的合力是每个纵行承载的外力的一半。这个力与线圈之间在点 C 和点 D 处的力以及两个横列交织点处的力 Q_C 相平衡。因此：

$$2\cdot P\cdot f_x+2\cdot Q_C\cdot a_x=\frac{T_w}{2}\Rightarrow P\cdot f_x+Q_C\cdot a_x=\frac{T_w}{4} \tag{8.75}$$

8.3.4 求解方法

将三维弹性体的微分方程从点 A_1 到点 JC_1 进行积分。A_1 的坐标为原点。A_1 处曲线的切线与 z 轴的夹角为 π。并非 A_1 处所有的初始条件都可用。曲率分量 p 和交织力 Q_w 未知，需要在此阶段进行计算。此外，线圈从 A_1 到 JC_1 的长度 L_1 也需要计算。

第二次积分是从 JC_1 到 C_1。纱线之间相互作用力 Q_C 未知，需要进行计算。Q_C 的方向与 JC_1 处的切线垂直，可以从第一次积分中得到。L_2 的积分长度也可以得到。

第三次积分是从 C_1 到 D_1。相互作用力 P 通过式(8.75)计算得到。它的方向垂直于从第二次积分获得的 C_1 处的切线。从 C_1 到 D_1 的长度 L_3 也可以得到。

最后一部分积分是从 D_1 到 B_1。积分的长度是线圈的四分之一长度 L 与计算值 L_1、L_2 和 L_3 之和的差值。

从 A_1 到 B_1，分阶段进行积分，需要对许多未知参数进行估算，包括 L_1、L_2、L_3、Q_w、Q_C 和 p。因此，计算值只是近似值，还需要足够的边界条件，以提高计算精度。边界条件包括依据几何结构得到的方程[即式(8.63)、式(8.65)、式(8.70)和式(8.72)]和曲率分量 p 在 B_1 处为零。这些边界条件刚好足以求解边值问题。下节中关于二维线圈力学问题的求解方法,详细介绍了解决此类问题的一般过程。该求解过程包括对四个阶段的积分进行迭代。在每个迭代周期结束时,验证边界条件。如果满足预定的容差范围,迭代终止;否则,使用标准的牛顿一拉夫逊法计算参数。

8.4 针织物力学行为的能量模型

节 8.4 的力学模型在描述纱线之间的接触行为上具有局限性。在二维力学模型中,两根纱线通过一个接触点接触,而在三维力学模型中,两根纱线通过两个接触点接触。事实上,真实的纱线接触情况更加复杂。de Jong 和 Postle[9,10]提出的能量模型可以很好地解决这个问题。一般而言,能量方法通过建立织物在外加载荷下的势能方程来模拟织物力学行为。de Jong 和 Postle[9,10]基于对纱线形状变化的建模,提出织物弹性行为的通用理论模型。本节建立的能量模型源于他们的研究工作。de Jong 和 Postle[9,10]假设纱线具有线性弹性变形特性,并且由这些纱线组成的任何织物结构在平衡状态下都处于最小能量状态。

8.4.1 哈密顿函数推导

采用六个状态变量 (z_1, z_2, …, z_6) 描述针织物结构中的一个线圈系统。图 8.10 显示了除 z_6 以外的五个状态变量。另外,定义三个控制变量:m_1、m_2 和 m_3。这些状态变量和控制变量满足式(8.76)~式(8.81)描述的常微分方程。

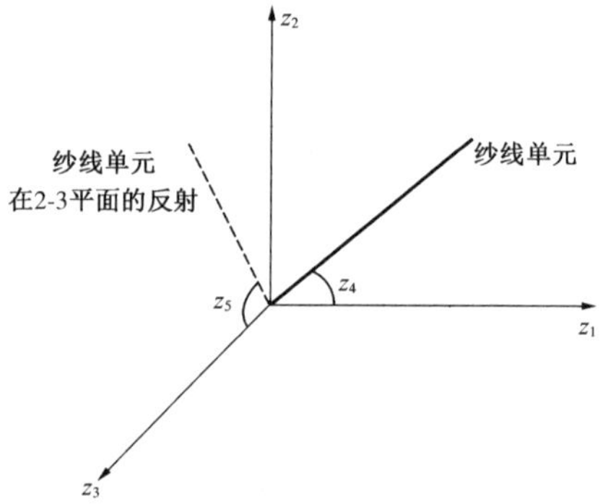

图 8.10 线圈状态变量坐标系

$$\dot{z}_1 = f_1 = \cos z_4 \tag{8.76}$$

$$\dot{z}_2 = f_2 = \sin z_4 \times \cos z_5 \tag{8.77}$$

$$\dot{z}_3 = f_3 = \sin z_4 \times \sin z_5 \tag{8.78}$$

$$\dot{z}_4 = f_4 = m_1 \tag{8.79}$$

$$\dot{z}_5 = f_5 = m_2 \tag{8.80}$$

$$\dot{z}_6 = f_6 = m_3 \tag{8.81}$$

式(8.76)~式(8.81)是通过对弧长 s 求导数得到的。

选择函数 $m_k(s)$,其中 $k=1, 2, 3$,以最小化函数:

$$U = \int_0^L \frac{1}{2} \sum \ddot{z}_i + \frac{G}{2B} \cdot \theta^2 + \frac{C}{B} \cdot g(r) \mathrm{d}s \tag{8.82}$$

式中：U 是单位弯曲刚度的总能量；B 是弯曲刚度；G 是扭转刚度；C 是压缩刚度；r 是两根接触纱线之间的距离。

结合上述状态变量和控制变量的定义，曲率 K 定义如下：

$$\kappa = \sqrt{m_1^2 + m_2^2 (\sin z_4)^2} \tag{8.83}$$

扭转角 θ 定义如下：

$$\theta = m_2 \cos z_4 + m_3 \tag{8.84}$$

用状态变量 z_i 和控制变量 m_i 表示函数：

$$U = \frac{1}{2}\int_0^L m_1^2 + m_2^2 (\sin z_4)^2 + \frac{G}{B}(m_2 \cos z_4 + m_3)^2 + 2\frac{C}{B} g(r) \mathrm{d}s$$

$$U = \int_0^L \prod (z_1, z_2, \cdots, z_6, m_1, m_2, m_3) \mathrm{d}s \tag{8.85}$$

该函数必须在以下约束条件下最小化：

$$\dot{z}_1^2 + \dot{z}_2^2 + \dot{z}_3^2 = L \tag{8.86}$$

$$r = |\bar{z}(\bar{s}) - z(s)| \tag{8.87}$$

式中：$\bar{z}(\bar{s})$ 和 $z(s)$ 分别为两根接触纱线单元的坐标。

引入哈密顿函数 H：

$$H = \Pi + \sum_{i=1}^{6} \lambda_i f_i = \Pi + \sum_{i=1}^{6} \lambda_i \dot{z}_i \tag{8.88}$$

拉格朗日乘子 λ_i 通过哈密顿正则方程与哈密顿函数 H 相关：

$$\frac{\partial H}{\partial \lambda_i} = \dot{z}_i \tag{8.89}$$

$$\frac{\partial H}{\partial z_i} = -\dot{\lambda}_i \tag{8.90}$$

哈密顿函数 H 进一步扩展为以下形式：

$$H = \frac{1}{2}\left(\kappa^2 + \frac{G}{B}\theta^2\right) + \frac{C}{B} g(r) + \lambda_1 \cos z_4 + \lambda_2 \sin z_4 \cos z_5 + \lambda_3 \sin z_4 \sin z_5 + \lambda_4 m_1 + \lambda_5 m_2 + \lambda_6 m_3 \tag{8.91}$$

式中：$\lambda_i \dot{z}_i$ 从状态方程即式(8.76)～式(8.81)获得，例如，$\frac{\partial H}{\partial \lambda_1} = \dot{z}_1 = \cos z_4$。

哈密顿函数 H 对 z_i 进行微分，得到 $\dot{\lambda}_i$。例如，对于 $\dot{\lambda}_1$，有以下关系：

$$\dot{\lambda}_1 = \frac{\partial H}{\partial z_1} = \frac{\partial g(r)}{\partial r} \cdot \frac{\partial r}{\partial z_1} \tag{8.92}$$

$$r = |\bar{z}(\bar{s}) - z(s)| = [(\bar{z}_1 - z_1)^2 + (\bar{z}_2 - z_2)^2 + (\bar{z}_3 - z_3)^2]^{\frac{1}{2}} \tag{8.93}$$

因此：

$$\frac{\partial r}{\partial z_1}=\frac{1}{2}\frac{2\,|\bar{z}_1-z_1|}{[(\bar{z}_1-z_1)^2+(\bar{z}_2-z_2)^2+(\bar{z}_3-z_3)^2]^{\frac{1}{2}}}=\frac{|\bar{z}_1-z_1|}{r} \tag{8.94}$$

$$\dot{\lambda}_1=\frac{\partial H}{\partial z_1}=\frac{C}{B}\frac{\partial g(r)}{\partial r}\frac{|\bar{z}_1-z_1|}{r}=\frac{C}{B}g'(r)\frac{|\bar{z}_1-z_1|}{r} \tag{8.95}$$

类似地，可得：

$$\dot{\lambda}_2=\frac{C}{B}g'(r)\frac{|\bar{z}_2-z_2|}{r} \tag{8.96}$$

$$\dot{\lambda}_3=\frac{C}{B}g'(r)\frac{|\bar{z}_3-z_3|}{r} \tag{8.97}$$

$$\begin{aligned}\dot{\lambda}_4=&m_2\sin z_4\left[\left(\frac{G}{B}-1\right)m_2\cos z_4+\frac{G}{B}m_3\right]\\&-\lambda_2\cos z_4\cos z_5-\lambda_3\cos z_4\sin z_5+\lambda_1\sin z_4\end{aligned} \tag{8.98}$$

$$\dot{\lambda}_5=\lambda_2\sin z_4\sin z_5-\lambda_3\cos z_5\sin z_4 \tag{8.99}$$

$$\dot{\lambda}_6=0 \tag{8.100}$$

上述方程即式(8.95)～式(8.100)为协态方程。

8.4.2 平衡方程

使U取最小值的函数$m_k(s)(k=1,2,3)$会导致哈密顿函数H对于所有的s $(0\leqslant s\leqslant L)$值都保持平稳。根据 Pontryagin 最小原理，哈密顿函数H沿最优路径是常数，并且在未指定极限L时，该常数取值为零。函数$m_k(s)$使得函数U和哈密顿函数H取最小值，此时：

$$\frac{\partial U}{\partial m_i}+\sum_{k=1}^{6}\lambda_k\frac{\partial f_k}{\partial m_i}=0\Rightarrow\frac{\partial H}{\partial m_i}=0 \tag{8.101}$$

该条件下具有以下关系：

$$m_1+\lambda_4=0 \tag{8.102}$$

$$m_2(\sin z_4)^2+\frac{G}{B}(m_2\cos z_4+m_3)\cos z_4+\lambda_5=0 \tag{8.103}$$

$$\frac{G}{B}(m_2\cos z_4+m_3)+\lambda_6=0 \tag{8.104}$$

8.4.3 求解方法

用函数m_1、m_2和m_3对状态方程进行积分，求解线圈的几何形状。根据相邻线圈的形状确定线圈之间的距离 r。然后对协态方程进行积分，得到整个路径上的拉格朗日乘子。如果满足 $\frac{\partial U}{\partial m_i}=0$，$i=1, 2, 3$，则能量达到最小值。如果不满足，则根据下面的公式改进 m_i 的值：

$$m^{new}=m^{old}-HS^{-1}\mathrm{d}m \tag{8.105}$$

式中：

$$\boldsymbol{m}=\begin{bmatrix} m_1 \\ m_2 \\ m_3 \end{bmatrix}, \quad \mathbf{d}\boldsymbol{m}=\begin{bmatrix} \frac{\partial H}{\partial m_1} \\ \frac{\partial H}{\partial m_2} \\ \frac{\partial H}{\partial m_3} \end{bmatrix}, \quad \boldsymbol{HS}=\begin{bmatrix} \frac{\partial^2 H}{\partial^2 m_1} & \frac{\partial^2 H}{\partial m_1 \partial m_2} & \frac{\partial^2 H}{\partial m_1 \partial m_3} \\ \frac{\partial^2 H}{\partial m_1 \partial m_2} & \frac{\partial^2 H}{\partial^2 m_2} & \frac{\partial^2 H}{\partial m_2 \partial m_3} \\ \frac{\partial^2 H}{\partial m_1 \partial m_3} & \frac{\partial^2 H}{\partial m_2 \partial m_3} & \frac{\partial^2 H}{\partial^2 m_3} \end{bmatrix}$$

由于线圈结构具有对称性，积分路径为线圈长度的四分之一。对称条件在忽略纱线捻度的情况下成立。在这种情况下，需要式(8.76)～式(8.81)中的五个状态方程和式(8.95)～式(8.100)中的五个协态方程来定义线圈四分之一的形状，此时在状态方程和协态方程中，m_3 和 λ_6 等于零。协态变量具有明确的物理意义。前三个协态变量是剪切力，$\lambda_4 \sim \lambda_6$ 是力矩。

对状态方程和协态方程进行积分，需要边界值来计算积分常数，还需要定义压缩函数 $g(r)$。如图 8.11 所示，线圈上的 B 点定义为原点。

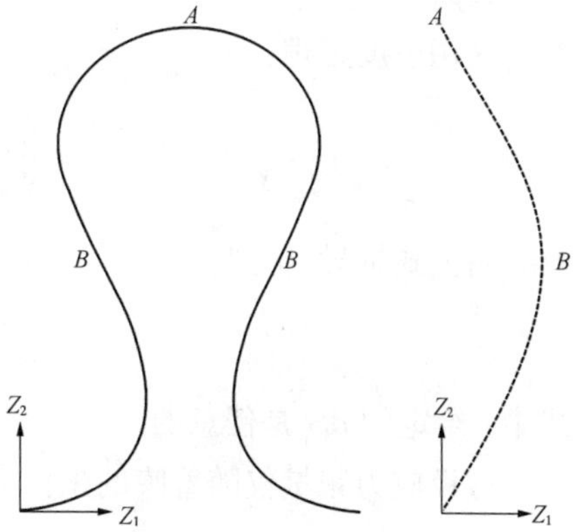

图 8.11　线圈投影

在 B 点，曲率在 Z_1-Z_2 平面上的分量为零，使得 $z_4=0$；在 A 点，曲率在 Z_1-Z_3 平面上的分量为零，使得 $z_5=0$。在 A 点，λ_1 等于每个横列上沿横列（即 Z_1 轴）方向的外力，反作用力在 Z_2 轴方向的分量为零，λ_2 为零，λ_3 等于织物上的横向外力。在 B 点处曲线的切线位于 Z_1-Z_2 平面。在 Z_2-Z_3 平面上，曲线在 B 点的投影保持不变。将包含切线和 Z_1 轴的平面上的旋转定义为控制变量 m_1，其在 B 点为零。平衡方程即式(8.101)～式(8.104)中，λ_4 在 B 点为零；类似地，在 A 点有一个静止点，控制变量 m_2 为零。同样，可以得到在 A 点，λ_5 为零。

单位压缩刚度的压缩能定义为 $g(r)=\left(\frac{r_0}{r}\right)^a$，其中 a 是压缩指数[9-10]。

基于上述边界条件和压缩函数，对状态方程和协态方程进行数值积分，求解控制函数。连续进行迭代，直到哈密顿量相对于控制变量发生变化，即：在整个四分之一线圈中，能量梯度为零。

8.5 针织物压力

目前，针织物的应用领域不断扩大，包括复合材料领域、可穿戴医疗设备领域等。传感器可以嵌入针织物中，监测心率和其他生理参数。织物在穿戴者身上的压力分布会影响传感器的测量精度。本节介绍针织物的压力分布模型，该模型假设针织物为薄膜，忽略织物弯曲。

8.5.1 膜变形力学

张量 $\boldsymbol{T}$ 是应力张量。如图 8.12 所示，作用在单元 $\mathrm{d}s$ 上的力为 $T \cdot e\mathrm{d}s$，单元单位法向量为 $\boldsymbol{e}$。

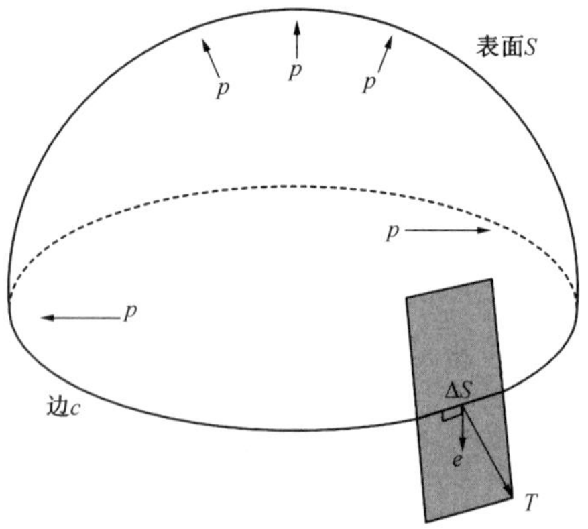

图 8.12 承受压力和边缘力的膜

平衡状态下：

$$\int_C \boldsymbol{T} \cdot \boldsymbol{e}\mathrm{d}s + \iint_S p\boldsymbol{n}\mathrm{d}S = 0 \tag{8.106}$$

式中：$\boldsymbol{n}$ 为垂直于表面的单位法向量；p 为压力；S 为表面积。

使用散度定理：

$$\iint_S (\nabla \cdot \boldsymbol{T} + p\boldsymbol{n})\mathrm{d}S = 0 \tag{8.107}$$

由上式推导，得到：

$$\nabla \cdot \boldsymbol{T} + p\boldsymbol{n} = 0 \tag{8.108}$$

式中：给定的 dS 是任意的。

假设应力张量仅随着膜的坐标 (u, v) 而变化：

$$\boldsymbol{T}(u, v) = T^{\alpha\beta}\boldsymbol{g}_{\boldsymbol{\alpha}}\boldsymbol{g}_{\boldsymbol{\beta}} \tag{8.109}$$

式中：a 和 b 分别是 u 和 v；$\boldsymbol{g}_u$ 和 $\boldsymbol{g}_v$ 是曲线基向量。

通常：

$$\nabla \cdot \boldsymbol{T} = T^{\alpha\beta}_{,\alpha}\boldsymbol{g}_{\boldsymbol{\beta}} + K_{\alpha\beta}T^{\alpha\beta}\boldsymbol{n} \tag{8.110}$$

式中：$\boldsymbol{T}^{\alpha\beta}_{,\alpha}$ 是张量 $\boldsymbol{T}$ 的表面协变导数；$K_{\alpha\beta}$ 是表面曲率张量的分量。

$$K_{\alpha\beta} = \Gamma^3_{\alpha\beta} = \frac{\partial \boldsymbol{g}_\alpha}{\partial x^\beta} \cdot \boldsymbol{n} \tag{8.111}$$

$$\boldsymbol{n} = \frac{\boldsymbol{g}_u \times \boldsymbol{g}_v}{|\boldsymbol{g}_u \times \boldsymbol{g}_v|} \tag{8.112}$$

曲线坐标方程：

第一个张量方程 $T^{\alpha\beta}_{,\alpha}\boldsymbol{g}_{\beta}=0$，可以展开为四个方程：

$$\frac{\partial T^{uu}}{\partial u}+\Gamma^{u}_{uu}T^{uu}+\Gamma^{u}_{vu}T^{vu}+\Gamma^{u}_{uu}T^{uu}+\Gamma^{u}_{vu}T^{uv}=0 \tag{8.113}$$

$$\frac{\partial T^{vu}}{\partial u}+\Gamma^{v}_{uu}T^{uu}+\Gamma^{v}_{vu}T^{vu}+\Gamma^{u}_{uu}T^{vu}+\Gamma^{u}_{vu}T^{vv}=0 \tag{8.114}$$

$$\frac{\partial T^{uv}}{\partial v}+\Gamma^{u}_{uv}T^{uv}+\Gamma^{u}_{vv}T^{vv}+\Gamma^{v}_{uv}T^{uu}+\Gamma^{v}_{vv}T^{uv}=0 \tag{8.115}$$

$$\frac{\partial T^{vv}}{\partial v}+\Gamma^{v}_{uv}T^{uv}+\Gamma^{v}_{vv}T^{vv}+\Gamma^{v}_{uv}T^{vu}+\Gamma^{v}_{vv}T^{vv}=0 \tag{8.116}$$

第二个张量方程 $K_{\alpha\beta}T^{\alpha\beta}+p=0$，等价于：

$$p=-K_{uu}T^{uu}-2K_{uv}T^{uv}-K_{vv}T^{vv} \tag{8.117}$$

8.5.2 微分几何

针织物按照图 8.12 产生薄膜状变形时，在三维直角坐标系中，有如下微分几何表达式：

$$\boldsymbol{r}=x\boldsymbol{i}+y\boldsymbol{j}+z\boldsymbol{k} \tag{8.118}$$

$$\boldsymbol{g}_u=\frac{\partial \boldsymbol{r}}{\partial u}=\frac{\partial x}{\partial u}\boldsymbol{i}+\frac{\partial y}{\partial u}\boldsymbol{j}+\frac{\partial z}{\partial u}\boldsymbol{k} \tag{8.119}$$

$$\boldsymbol{g}_v=\frac{\partial \boldsymbol{r}}{\partial v}=\frac{\partial x}{\partial v}\boldsymbol{i}+\frac{\partial y}{\partial v}\boldsymbol{j}+\frac{\partial z}{\partial v}\boldsymbol{k} \tag{8.120}$$

$$E=\boldsymbol{g}_u\cdot\boldsymbol{g}_u \tag{8.121}$$

$$F=\boldsymbol{g}_u\cdot\boldsymbol{g}_v \tag{8.122}$$

$$G=\boldsymbol{g}_v\cdot\boldsymbol{g}_v \tag{8.123}$$

$$\frac{\partial E}{\partial u}=2\cdot\frac{\partial \boldsymbol{g}_u}{\partial u}\cdot\boldsymbol{g}_u \tag{8.124}$$

$$\frac{\partial F}{\partial u}=\frac{\partial \boldsymbol{g}_u}{\partial u}\cdot\boldsymbol{g}_v+\frac{\partial \boldsymbol{g}_u}{\partial u}\cdot\boldsymbol{g}_u \tag{8.125}$$

$$\frac{\partial G}{\partial u}=2\cdot\frac{\partial \boldsymbol{g}_v}{\partial u}\cdot\boldsymbol{g}_v \tag{8.126}$$

$$\frac{\partial E}{\partial v}=2\cdot\frac{\partial \boldsymbol{g}_v}{\partial v}\cdot\boldsymbol{g}_v \tag{8.127}$$

$$\frac{\partial F}{\partial v}=\frac{\partial \boldsymbol{g}_u}{\partial v}\cdot\boldsymbol{g}_v+\frac{\partial g_v}{\partial v}\cdot\boldsymbol{g}_u \tag{8.128}$$

$$\frac{\partial G}{\partial v}=2\cdot\frac{\partial \boldsymbol{g}_v}{\partial v}\cdot\boldsymbol{g}_v \tag{8.129}$$

克里斯托费尔符号：

$$\Gamma_{uu}^{u}=\frac{G\cdot E_u-2\cdot F\cdot F_u+F\cdot E_v}{2\cdot(E\cdot G-F^2)} \tag{8.130}$$

$$\Gamma_{uv}^{u}=\frac{G\cdot E_v-2\cdot F\cdot G_u}{2\cdot(E\cdot G-F^2)} \tag{8.131}$$

$$\Gamma_{vv}^{u}=\frac{2\cdot G\cdot F_v-G\cdot G_u+F\cdot G_v}{2\cdot(E\cdot G-F^2)} \tag{8.132}$$

$$\Gamma_{uu}^{v}=\frac{2\cdot E\cdot F_u-E\cdot E_v+F\cdot E_u}{2\cdot(E\cdot G-F^2)} \tag{8.133}$$

$$\Gamma_{uv}^{v}=\frac{E\cdot G_u+F\cdot E_v}{2\cdot(E\cdot G-F^2)} \tag{8.134}$$

$$\Gamma_{vv}^{v}=\frac{E\cdot G_v-2\cdot F\cdot F_v+F\cdot G_u}{2\cdot(E\cdot G-F^2)} \tag{8.135}$$

图 8.12 中膜表面的定义如下：

$$\boldsymbol{r}=x\boldsymbol{i}+y\boldsymbol{j}+z\boldsymbol{k} \tag{8.136}$$

$$x=[u^3\quad u^2\quad u\quad 1]\cdot\boldsymbol{H}\cdot\boldsymbol{X}\cdot\boldsymbol{H}^T\cdot\begin{bmatrix}v^3\\v^2\\v\\1\end{bmatrix} \tag{8.137}$$

$$y=[u^3\quad u^2\quad u\quad 1]\cdot\boldsymbol{H}\cdot\boldsymbol{Y}\cdot\boldsymbol{H}^T\cdot\begin{bmatrix}v^3\\v^2\\v\\1\end{bmatrix} \tag{8.138}$$

$$z=[u^3\quad u^2\quad u\quad 1]\cdot\boldsymbol{H}\cdot\boldsymbol{Y}\cdot\boldsymbol{H}^T\cdot\begin{bmatrix}v^3\\v^2\\v\\1\end{bmatrix} \tag{8.139}$$

$$\boldsymbol{H}=\begin{bmatrix}2&-2&1&1\\-3&3&-2&-1\\0&0&1&0\\1&0&0&0\end{bmatrix} \tag{8.140}$$

式中：$\boldsymbol{H}^T$ 为矩阵 $\boldsymbol{H}$ 的转置矩阵。

$$\boldsymbol{X}=\begin{bmatrix} x_{00} & x_{01} & x_{00}^{v} & x_{01}^{v} \\ x_{10} & x_{11} & x_{10}^{v} & x_{11}^{v} \\ x_{00}^{u} & x_{01}^{u} & x_{00}^{uv} & x_{01}^{uv} \\ x_{10}^{u} & x_{11}^{u} & x_{10}^{uv} & x_{11}^{uv} \end{bmatrix} \tag{8.141}$$

矩阵 $\boldsymbol{A}$ 是一个 4×4 矩阵，定义如下：

$$\boldsymbol{A}=\boldsymbol{H}\cdot\boldsymbol{X}\cdot\boldsymbol{H}^{T}=\begin{bmatrix} a_{00} & a_{01} & a_{02} & a_{03} \\ a_{10} & a_{11} & a_{12} & a_{13} \\ a_{20} & a_{21} & a_{22} & a_{23} \\ a_{30} & a_{31} & a_{32} & a_{33} \end{bmatrix} \tag{8.142}$$

$$\frac{\partial x}{\partial u}=\begin{bmatrix} 3u^{2} & 2u & 1 \end{bmatrix}\begin{bmatrix} a_{00} & a_{01} & a_{02} & a_{03} \\ a_{10} & a_{11} & a_{12} & a_{13} \\ a_{20} & a_{21} & a_{22} & a_{23} \end{bmatrix}\cdot\begin{bmatrix} v^{3} \\ v^{2} \\ v \\ 1 \end{bmatrix} \tag{8.143}$$

$$\frac{\partial^{2} x}{\partial u^{2}}=\begin{bmatrix} 6u & 2 \end{bmatrix}\cdot\begin{bmatrix} a_{00} & a_{01} & a_{02} & a_{03} \\ a_{10} & a_{11} & a_{12} & a_{13} \end{bmatrix}\cdot\begin{bmatrix} v^{3} \\ v^{2} \\ v \\ 1 \end{bmatrix} \tag{8.144}$$

$$\frac{\partial x}{\partial v}=\begin{bmatrix} u^{3} & u^{2} & u & 1 \end{bmatrix}\begin{bmatrix} a_{00} & a_{01} & a_{02} \\ a_{10} & a_{11} & a_{12} \\ a_{20} & a_{21} & a_{22} \\ a_{30} & a_{31} & a_{32} \end{bmatrix}\cdot\begin{bmatrix} 3v^{3} \\ 2v \\ 1 \end{bmatrix} \tag{8.145}$$

$$\frac{\partial^{2} x}{\partial v^{2}}=\begin{bmatrix} u^{3} & u^{2} & u & 1 \end{bmatrix}\begin{bmatrix} a_{00} & a_{01} \\ a_{10} & a_{11} \\ a_{20} & a_{21} \\ a_{30} & a_{31} \end{bmatrix}\cdot\begin{bmatrix} 6v \\ 2 \end{bmatrix} \tag{8.146}$$

$$\frac{\partial^{2} x}{\partial u\cdot\partial v}=\begin{bmatrix} 3u^{2} & 2u & 1 \end{bmatrix}\cdot\begin{bmatrix} a_{00} & a_{01} \\ a_{10} & a_{11} \\ a_{20} & a_{21} \end{bmatrix}\cdot\begin{bmatrix} 3v^{3} \\ 2v \\ 1 \end{bmatrix} \tag{8.147}$$

8.5.3 针织物压力分析

本节根据针织物拉伸特性，计算针织物压力分布。只需要第二个张量方程 $K_{\alpha\beta}T^{\alpha\beta}+p=0$，即：

$$p=-K_{uu}T^{uu}-2K_{uv}T^{uv}-K_{vv}T^{vv} \tag{8.148}$$

假设针织物的横列和纵行保持正交关系，即：纵行沿着 u 曲线，横列沿着 v 曲线。忽

略剪切力,压力方程简化如下:

$$p = -K_{uu}T^{uu} - K_{vv}T^{vv} \tag{8.149}$$

拉伸(张力)分量通过实验获得。可以将方程(8.149)以物理分量形式表达。曲率张量的物理分量:

$$\bar{K}_{uu} = \frac{K_{uu}}{g_u \cdot g_u} \tag{8.150}$$

$$\bar{K}_{vv} = \frac{K_{vv}}{g_v \cdot g_v} \tag{8.151}$$

拉伸分量的物理分量:

$$\bar{T}_{uu} = (g_u \cdot g_u) \cdot T^{uu} \tag{8.152}$$

$$\bar{T}_{vv} = (g_v \cdot g_v) \cdot T^{vv} \tag{8.153}$$

把式(8.152)和式(8.153)代入式(8.149),得:

$$p = -\bar{K}_{uu}\bar{T}_{uu} - \bar{K}_{vv}\bar{T}_{vv} \tag{8.154}$$

8.5.4 实验测试

采用特制的夹具对管状针织物进行拉伸实验。图 8.13 所示为针织物横列方向的应力-应变曲线。

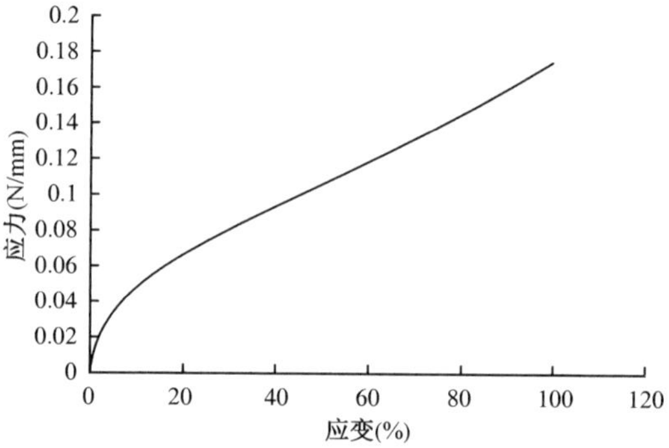

图 8.13 针织物横列方向的应力-应变曲线

还需要针织物纵行方向的应力-应变关系。采用三次多项式拟合应力-应变数据,得到织物在变形下的应力分布。这种方法简单,并且节省计算时间。

假设实验数据的数量为 N,应力为 Y,应变为 X。

先定义如下参数:

$$\begin{cases} SX1 = \sum_{i=1}^{N} X_i \quad SX2 = \sum_{i=1}^{N} X_i^2 \quad SX3 = \sum_{i=1}^{N} X_i^3 \\ SX4 = \sum_{i=1}^{N} X_i^4 \quad SX5 = \sum_{i=1}^{N} X_i^5 \quad SX6 = \sum_{i=1}^{N} X_i^6 \\ SY = \sum_{i=1}^{N} Y_i \qquad SXY = \sum_{i=1}^{N} X_i \cdot Y_i \\ SX2Y = \sum_{i=1}^{N} X_i^2 \cdot Y_i \quad SX3Y = \sum_{i=1}^{N} X_i^3 \cdot Y_i \end{cases} \tag{8.155}$$

三次多项式系数 p_i 通过求解下面的线性方程获得：

$$\begin{bmatrix} N & SX1 & SX2 & SX3 \\ SX1 & SX2 & SX3 & SX4 \\ SX2 & SX3 & SX4 & SX5 \\ SX3 & SX4 & SX5 & SX6 \end{bmatrix} \cdot \begin{bmatrix} p_0 \\ p_1 \\ p_2 \\ p_3 \end{bmatrix} = \begin{bmatrix} SY \\ SXY \\ SX2Y \\ SX3Y \end{bmatrix} \tag{8.156}$$

可得应力-应变关系：

$$Y = p_0 + p_1 \cdot X + p_2 \cdot X^2 + p_3 \cdot X^3 \tag{8.157}$$

8.5.5 压力分布

由弹性纱线制成的针织物在穿着时会与人体形状相适应，初始平整的织物将变形为穿着者身体的轮廓形状。该轮廓形状可以通过三维扫描，以数字化表示。给定针织物横列或纵行，其应变是恒定的。由于人体的几何形状复杂，针织物的应变通常在横列和纵行之间变化。通过计算每个横截面的长度（v 曲线），并与未变形长度进行比较，得到针织物横列的应变分布。针织物纵行的应变等于沿着 u 曲线连接两个极值点的曲线长度与这些点之间垂直距离的差值。

通过 u-v 曲线的交点，计算度量曲率张量。基于该张量的物理分量以及拉伸张量，得到压力分布。由下式计算压力：

$$p = -\bar{K}_{uu}\bar{T}_{uu} - \bar{K}_{vv}\bar{T}_{vv} \tag{8.158}$$

式中：$\bar{T}_{uu}$ 是与 v 常数曲线相切的应力分量，即横列方向的应力；$\bar{T}_{vv}$ 是与 u 常数曲线相切的应力分量，即纵行方向的应力。

图 8.14 所示为半球形针织物表面的压力分布。

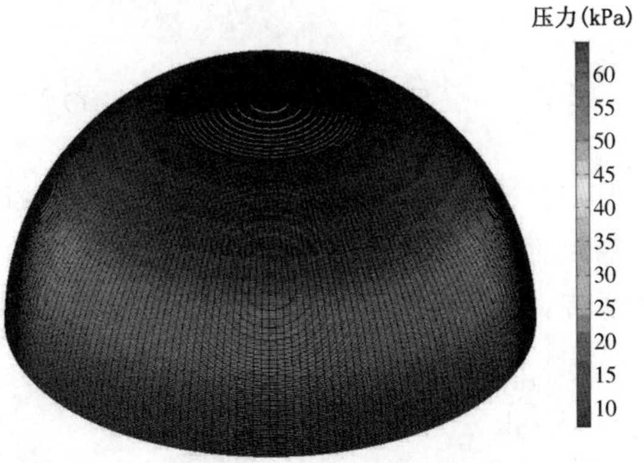

图 8.14 半球形针织物表面的压力分布

8.6 针织物热湿传递

人体在穿着衣物时，热量会通过各种传热机制传递，这些机制相互作用且同时存在。

在没有水的情况下，衣物的热传导机制主要是热阻挡和热辐射。当衣物中有水或汗液时，必须考虑其他传热机制。当衣物中存在水时，水汽的蒸发和扩散是主要的传热机制。本节将讲述 Farnworth 的数值模型[11]。该模型基于以下假设：

- 回潮率与相对湿度成正比。
- 水的三种形式（水蒸气、液态水、水吸收）处于平衡状态。

8.6.1 理论背景

该理论将人体热量在织物传递过程中发生的辐射、传导和蒸发，视为同时且独立的现象。Hollies 和 Goldman 给出以下方程：

$$H_c = k_c \cdot A \cdot (T_{sk} - T_{ab}) \tag{8.159}$$

$$H_e = k_e \cdot A \cdot (P_{sk} - P_{ab}) \tag{8.160}$$

式中：k_c 是热对流系数；k_e 是蒸发系数；P_{sk} 是皮肤温度下的饱和蒸汽压；P_{ab} 是在干燥环境和皮肤温度下的饱和蒸汽压；T_{sk} 是皮肤平均温度；T_{ab} 是干燥环境温度；A 是皮肤表面积。

上述方程可用热阻 $R_c = \frac{1}{k_c}$ 和湿阻 $R_e = \frac{1}{k_e}$ 表示。针织物单位面积传递的总热量 Q_T 为：

$$Q_T = \frac{T_{sk} - T_{ab}}{R_c} + \frac{P_{sk} - P_{ab}}{R_e} \tag{8.161}$$

在人体皮肤上发生的热量的传导和蒸发过程并不是独立的。如果蒸汽透过性差且环境温度低，织物内可能发生冷凝。蒸发过程既可以在人体皮肤上发生，也可以在织物内发生。传递的总热量的方程可修改为热流和蒸汽流关于时间和距离的偏微分方程。将方程(8.161)改为在指定针织物层数中随时间变化的微分方程，即可描述多层织物的热湿传递行为。

$$C_i \frac{\mathrm{d}T_i}{\mathrm{d}t} = \frac{T_{i-1} - T_i}{R_{ci-1}} - \frac{T_i - T_{i+2}}{R_{ci}} + Q_{ci} \tag{8.162}$$

式中：R_{ci} 是第 i 层的热阻；T_i 是第 i 层的温度；Q_{ci} 是第 i 层单位面积单位时间内释放的热量；C_i 是第 i 层单位面积的热容量。

蒸汽流具有类似的方程：

$$\frac{\mathrm{d}M_i}{\mathrm{d}t} = \frac{P_{i-1} - P_i}{R_{vi-1}} - \frac{P_i - P_{i+1}}{R_{vi}} \tag{8.163}$$

式中：对于第 i 层，$R_{vi} = \frac{R_{ei}}{\text{单位质量的汽化热}}$；$P_i$ 是第 i 层的蒸汽压。

8.6.2 压强、质量和温度的关系

在一层织物中，总量为 M_i 的水存在多种形式，包括水蒸汽质量 M_{vi}、液态水的质量

M_{li}、纤维吸收的水的质量 M_{ai}：

$$M_i = M_{vi} + M_{li} + M_{ai} \tag{8.164}$$

假设蒸汽为理想气体，可得：

$$P_i X_i (1 - f_i) = \frac{M_{vi}}{M_w} k_B T_i \tag{8.165}$$

式中：X_i 是第 i 层的厚度；f_i 是纤维体积；$X_i(1-f_i)$ 是第 i 层单位面积的体积；$\frac{M_{vi}}{M_w}$ 为水分子的数量，M_w 是一个水分子的质量；k_B 是玻尔兹曼常数。

假设纤维吸收的水的质量与相对湿度成正比，可得：

$$\frac{M_{ai}}{M_{fi}} = \gamma_i \frac{P_i}{P_s} \tag{8.166}$$

以上方程即式(8.166)方程左侧是纤维吸收的水的质量与第 i 层的质量之比，右侧 γ_i 是比例常数，相对湿度是在温度 T_i 下第 i 层的蒸汽压 P_i 与饱和蒸汽压 P_s 之比。

如果无液态水，使用式(8.165)和式(8.166)，可得：

$$M_i = M_{vi} + M_{ai} = P_i X_i (1 - f_i) \frac{M_w}{k_B T_i} + \gamma_i \frac{P_i M_{fi}}{P_s} \tag{8.167}$$

$$P_i = \frac{M_i}{X_i (1 - f_i) \dfrac{M_w}{k_B T_i} + \gamma_i \dfrac{M_{fi}}{P_s}} \tag{8.168}$$

如果有液态水，则 $P_i = P_s$。

在这种情况下，水蒸汽和纤维吸收的水的最大质量：

$$M_i^{\max} = M_{vi}^{\max} + M_{ai}^{\max} = X_i (1 - f_i) \frac{M_w P_s}{k_B T_i} + \gamma_i M_{fi} \tag{8.169}$$

总之，蒸汽压与温度和质量的关系如下：

(1) 如果 $M_i < M_i^{\max}$，则：

$$P_i = \frac{M_i}{X_i (1 - f_i) \dfrac{M_w}{k_B T_i} + \gamma_i \dfrac{M_{fi}}{P_s}}$$

(2) 如果 $M_i > M_i^{\max}$，则：

$$P_i = P_s$$

8.6.3 冷凝热计算

如果 $M_i > M_i^{\max}$，所有水通过冷凝变为液体，释放的热量为：

$$Q_{ci}=H\frac{\mathrm{d}M_i}{\mathrm{d}t} \tag{8.170}$$

式中：H 是单位质量水的汽化热。

如果 $M_i<M_i^{\max}$，部分水变为蒸汽，部分水被吸收，可得：

$$Q_{ci}=H_a\frac{\mathrm{d}M_i}{\mathrm{d}t}\frac{M_{ai}}{M_{vi}}=H_a\frac{\mathrm{d}M_i}{\mathrm{d}t}\frac{\gamma_i\dfrac{P_iM_{fi}}{P_s}}{\gamma_i\dfrac{P_iM_{fi}}{P_s}+P_iX_i(1-f_i)\dfrac{M_w}{k_BT_i}} \tag{8.171}$$

因此：

$$Q_{ci}=H_a\frac{\mathrm{d}M_i}{\mathrm{d}t}\frac{1}{1+X_i(1-f_i)\dfrac{M_wP_s}{k_BT_i\gamma_iM_{fi}}} \tag{8.172}$$

式中：H_a 是吸附热。

8.6.4 求解方法

微分方程，即式(8.162)和式(8.163)，可以用质量、温度和时间表示。已知每层的物理属性，如热阻、蒸汽阻力、热容、回潮率、初始温度等，可以逐层进行数值求解。有多种方法可以确定织物的热阻[11-12]。可以根据每一层的热阻，按比例分配皮肤表面与环境之间的温差，计算出温度分布。根据各层的温度和压力[式(8.166)到式(8.168)]，计算每层水的质量。

8.7 附录

本附录的分析对应“8.3”一节即针织物的二维力学模型。使用弹性模型，建立初始垂直、不可伸长的悬臂梁的数据集。该数据集将初始曲率、施加的水平载荷、自由端的位移建立联系。这些数据适用于标准化梁，即具有单位长度和单位弯曲模量的梁。悬臂梁固定端的方向余弦由交织角 β 给出。

表 8a.1 显示了在小范围内曲率值的数据集。数据是无量纲的，实际值取决于弯曲模量 E_b 和长度 L。实际力为 $\check{F}\cdot\dfrac{E_b}{L^2}$，曲率为 $\dfrac{\check{p}}{L}$，位移为 $\check{x}\cdot L$。

如图 8.3 所示，在线圈 BC 中，点 B 是固定的，点 C 的 x 轴坐标为 $\dfrac{d}{2}\cos\beta$。搜索数据集，找到最符合此边界条件的悬臂梁。搜索数据集，需要已知长度 L。下面介绍如何计算 BA 和 BC 的长度。

计算线圈长度：线圈 BC 的长度通过牛顿-拉夫逊法得到。

(1) 首选预估 BC 的长度，比如线圈长度的八分之一。

(2) 计算线圈 BA 的曲率。

$$p_A(0)=\frac{\check{p}}{L_{BC}}+\check{F}\cdot\frac{d\sin\beta}{2L_{BC}^2} \tag{8a.1}$$

上式中，$\check{p}$ 是线圈(弹性体)BC 在点 B 的归一化初始曲率，$\check{F}$ 是点 C 的载荷。这两个值通过在悬臂梁数据集中搜索长度为 L_{AB} 的弹性体获得。

(3) 线圈 BA 是圆形的，没有外力作用。线圈 BA 的长度按下式计算：

$$L_{BA}=\frac{\frac{\pi}{2}-\beta}{p_{AB}} \tag{8a.2}$$

(4) 计算函数值：

$$J(L_{BC})=SL-4\cdot(L_{BC}+L_{BA}) \tag{8a.3}$$

式中：SL 为线圈长度。

(5) 如果 $J>0.001$，则重新估算 AB 的长度：

$$(L_{BA})_{新}=L_{BA}-\frac{J}{\frac{\mathrm{d}J}{\mathrm{d}L_{BC}}} \tag{8a.4}$$

$$\frac{\mathrm{d}J}{\mathrm{d}L_{BC}}\approx\frac{J(L_{BC}+\Delta L_{BC})}{\Delta L_{BC}} \tag{8a.5}$$

式中：ΔL_{BC} 为 L_{BC} 的变化量。

重复步骤(2)至(5)，直至满足精度要求，$J\leqslant 0.001$。

表 8a.1　悬臂梁数据集

曲率 $\check{p}$	载荷 $\check{F}$	水平位移 $\check{x}$
1	1.05	0.26
1.1	1.17	0.29
1.2	1.29	0.32
1.3	1.42	0.35
1.4	1.55	0.38
1.5	1.68	0.40
1.6	1.83	0.43
1.7	1.97	0.45
1.8	2.13	0.47
1.9	2.29	0.50
2	2.46	0.52

参考文献

[1] Hurd J C H, Doyle P J. Fundamental aspects of The design of knitted fabrics. Journal of The Textile Institute Proceedings, 1953, 44(8): P561-P578.

[2] Munden D L. The geometry and dimensional properties of plain-knit fabrics. Journal of The Textile Institute Transactions, 1959, 50(7): T448-T471.

[3] Leaf G A V, Glaskin A. The geometry of a plain knitted loop. Journal of The Textile Institute Transactions, 1955, 46(9): T587-T605.

[4] Shanahan W J, Postle R. A theoretical analysis of the tensile properties of plain-knitted fabrics. Part 1: The load-extension curve for fabrics extension parallel to the courses. The Journal of The Textile Institute, 1974, 65(4): 200-212.

[5] Shanahan W J, Postle R. A theoretical analysis of the tensile properties of plain-knitted fabrics. Part 2: The initial load-extension behaviour for fabric extension parallel to the wales. The Journal of The Textile Institute, 1974, 65(5): 254-260.

[6] Konopasek M, Hearle J W S. Computational theory of bending curves. Part I: The initial value problem for the three-dimensional elastic bending curve. Fibre Science and Technology, 1972, 5(1): 1-28.

[7] Love A E H. A treatise on the mathematical theory of elasticity. The 4th edition. Cambridge: Cambridge University Press, 2013.

[8] Hepworth B. The biaxial load-extension behaviour of a model of plain weft-knitting—Part I. The Journal of The Textile Institute, 1978, 69(4): 101-107.

[9] de Jong S, Postle R. An energy analysis of the mechanics of weft-knitted fabrics by means of optimal-control theory. Part I: The nature of loop-interlocking in the plain-knitted structure. The Journal of The Textile Institute, 1977, 68(10): 307-315.

[10] de Jong S, Postle R. An energy analysis of the mechanics of weft-knitted fabrics by means of optimal-control theory. Part II: Relaxed-fabric dimensions and tensile properties of the plain-knitted structure. The Journal of The Textile Institute, 1977, 68(10): 316-323.

[11] Farnworth B. A numerical model of the combined diffusion of heat and water vapor through clothing. Textile Research Journal, 1986, 56(11): 653-665.

[12] Hollies N R S, Goldman R F. Clothing comfort: Interaction of thermal ventilation, construction and assessment factors. Ann Arbor, Michigan: Science Publishers Inc. , 1977.

[13] Au K F (Ed.). Advances in knitting. Sawston, Cambridge: Woodhead Publishing Limited, 2011.

9 针织物力学Ⅱ:结构变形与能量状态

针织不仅仅是一种艺术和人们的手工爱好,更是一项源远流长的技术。与机织不同,它可以生产出结构松散但极具弹性的织物,而且针织物几乎没有刚度,这几乎是任何蓬松材料都不具备的理想特性。它还能制造出可调节力学响应的任意形状的二维和三维物体,使得针织服装有优异的适体性。与大量的相关经验知识相比,尽管工业界对针织的兴趣日益浓厚,但对于针织物具备的这些引人注目的力学特性背后的物理原理,仍然知之甚少。本章将从更具有一般性的角度介绍针织物的结构与力学性质之间的关系。

由于广泛的应用范围、针织技术的进步以及高性能纤维的可用性,针织材料常被广泛应用于各种创新领域,如纺织工业[1]、先进工程[2]以及生物医学和仿生应用[3-4]等领域。基本的针织物由单根纱线组成,该纱线在拓扑上受到约束以形成交织的线圈或线圈结构,从而决定了针织物有效维度。虽然针织物的空间拓扑特性通常保持不变,但线圈会由于其弯曲性以及纱线可以从一个线圈滑到相邻的线圈而发生大变形。这些特性还表现在针织物优异的悬垂性上,使其能够形成复杂外形部件。此外,尽管组成针织物的纱线具有显著的抗延伸性,但针织物在受到微小拉力时也会产生较大应变。比如拉伸一条典型的围巾,它可以轻易产生约100%的变形,而同样的力作用于纱线本身,只会使其产生几个百分点的变形。拉伸后的针织物还表现出类似于不可压缩蓬松材料的特征悬链线形状。

针织物由具有给定拓扑结构特征的重复线圈结构离散网络组成。一方面,几何模型主要关注针脚形成线圈的几何形状以及由此产生的织物尺寸特征[5-9]。这些模型包括推导一组参数和方程,以模拟线圈中纱线交叉形成一组不可伸长的曲线。另一方面,出现了同时考虑纱线弹性和针脚拓扑结构的力学模型。为了评估线圈的平衡形状及其力学特性,研究人员在过去几年中提出了许多欧拉一伯努利梁理论或桁架模型的变形[10-17]。尽管这些研究可以对单个线圈的局部平衡构型和力学性能进行建模,但它们不能描述整个织物的力学行为除非假设均匀变形。可能的解决方案是将织物描述为以线圈为基本单位的网格[18-20]。每个线圈被细分为若干元素;每个元素代表纱线在织物延伸过程中发生变形和长度重新分布时的机械等效物。整个织物的变形通过施加边界条件和相邻单元间的运动学关系决定。最后,稳健高效的织物模拟长期以来一直是计算机图形学界的研究重点。数值建模的进步促进了基于纱线的仿真技术的发展,用于针织服装的真实有效的动态仿真[21-22]。

虽然针织物的家用和工业应用历史悠久,但从基本原理推导针织物力学性能及其形态的方法却寥寥无几。本章介绍一种模型模拟弹性纱线编织成一个平针组织织物的过程[23],作为验证实例,在不同加载条件下进行拉伸试验,测量织物的力学响应,同时使用高精度成像技术监测织物形状，此外通过二维模型得出整个织物的力学性能。该方法基于线圈的规则结构，这种结构在织物变形过程中被施加了拓扑约束。在计算中引入了纱线直径和线圈延展线之间的尺度差异，并忽略了纱线的拉伸和加捻。这些假设使得纱线的弯曲能量计算更加简洁，同时可以结合纱线总长度的守恒和相邻线圈的运动学条件，得出织物力学的一般方程。该模型特别适用于平针组织织物，也适用于其他大类的针织物。

9.1 实验研究

图 9.1 是针织物沿纵行拉伸照片和拉伸力-位移曲线。拉伸时。使用配有 60 mm 1∶2∶8∶G AFS MicroNikkor 镜头的 Nikon® D800 相机拍摄拉伸过程(参见本章参考文献[24]中第Ⅵ节视频文件 S1)，使用 MATLAB R2014b 软件进行图像分析。针织物由丰田 KS858 单床针织机以平针方法[图 9.1(a)]织造一块 51×51 个线圈的针织物样品，原料是聚酰胺长丝纤维(即尼龙长丝纤维，商品名 Stroft® GTM)，纤维直径 $d=80\ \mu\text{m}$，长度约为 25 m。拉伸测得尼龙长丝纤维杨氏模量 $E\approx5.1\ \text{GPa}$，弯曲模量 $B\approx10^{-8}\ \text{J}\cdot\text{m}$。织物两端沿横列方向用螺钉夹紧防止拉伸滑移，每个线圈单独固定，沿纵行方向的线圈间距恒定。所有测试使用安装有 50 N 负荷传感器的 Instron 5965 的材料试验机以 0.1 mm/s 的恒定速度沿织物的纵行方向进行拉伸。从给定 L_c^0 和 L_w 的初始条件开始，织物拉长 30 mm。图 9.1(a)是平针织物拉伸照片图片，显示了线圈的拓扑结构及其典型的悬垂形状构型，以及织物整体尺寸 L_c、L_w 及拉伸方向。

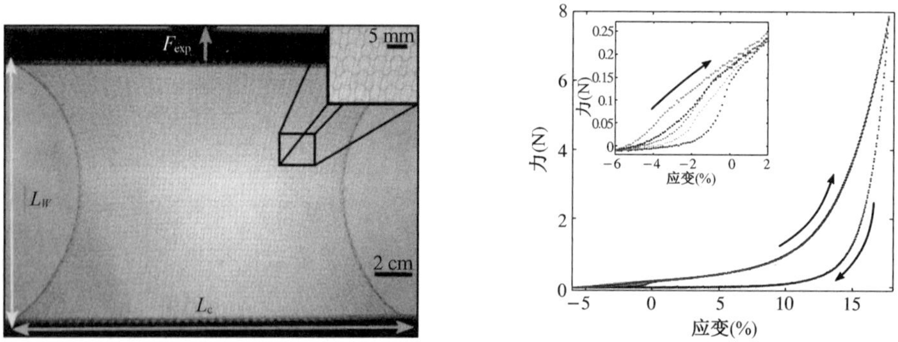

(a) 变形的平针织物　　(b) 织物在 5 个加载-卸载循环内的拉伸力-位移曲线

图 9.1　针织物沿纵行方向拉伸

在织物平面上，线圈沿着行和列排列，相应的方向通常分别称为“纵行”和“横列”。在测试中织物沿着横列被拉伸，同时用两排平行的 51 个等距钉子沿纵向夹紧，钉子间距与针织机上的针间距相同，上下夹头中织物固定长 $L_c^0=227\ \text{mm}$，并且在测试过程中织物沿横列的尺寸 L_w 是变化的。样品被单轴循环拉伸至最大延伸率，然后释放，回复至初始状态。图 9.1(b) 所示为织物在 5 个加载-卸载循环内的拉伸力-位移曲线，每个循环用不同的颜色标记。应变由 $\varepsilon=(L_w-L_w^0)/L_w^0$ 定义，原点 $\varepsilon=0$ 对应的是力信号在循环过程中可重现的延伸范围。图中还放大了加载阶段 $\varepsilon=0$ 附近和不同循环的曲线。图 9.1(b)曲线可分为两个区域：第一个区域，在周期内变化很大且刚度几乎消失；第二个区域，$L_w=L_w^0=125$ mm 时开始，显示出硬化行为，并且在加载和卸载阶段之间存在很大的滞后现象。

图 9.1(b)还显示，织物回复到初始状态所需的功几乎是拉伸织物所需的功的一半，但在循环过程中，织物力学响应始终具有弹性和可重复性，因为织物总是能回复其初始形。针织物的这种耗散行为源于纱线自摩擦，它在加载和卸载阶段的作用相反[25]：当拉伸样品时，纱线自摩擦力的作用点向下，这会增加弹性载荷，但当卸载样品时，纱线自摩擦力的作用点向上，这会减少弹性载荷。这种效应导致针织物在加载和卸载时产生不同的硬化行为。最后，就针织物变形而言，在针织物的变形过程中，纱线不会发生不可逆变形；在变形周期结束后，解开织物，它仍然保持笔直。

在进行力测量的同时，使用高分辨率相机记录织物的形态。图像分割后，在循环的拉伸和卸载阶段，单独跟踪每个线圈的几何中心。图 9.2 所示为织物拉伸时跟踪线圈轨迹。图 9.2(a)所示为拉伸应变 $\varepsilon=18\%$ 时织物右上部分，称为实际构型。圆点代表在 5 个循环的拉伸阶段应变从 $\varepsilon=0$ 变化到 $\varepsilon=18\%$ 时部分线圈中心点的轨迹(本章参考文献[24]中的影片 S2 显示了相应的轨迹)。黑圈表示实际构型中的对应位置。图 9.2(b)是在拉伸阶段黑色箭头旁的线圈中心点位置变化沿 x(纵行) 和 y (横列)方向的投影与施加应变的函数关系图。黑色实线代表最佳线性拟合，其斜率是 a_1 和 b_1 的测量值。如图 9.2(a)所示，织物变形过程中的一个显著特征是，只要 $\varepsilon \geqslant 0$，所有 x 方向的线圈中心点都遵循相当平直的轨迹，其中 $\varepsilon=\dfrac{L_w-L_w^0}{L_w^0}$ 是织物的全局拉伸。因此，可以将线圈的各个位置写成 $\vec{u}(j, i)=\vec{u}_0(j, i)+\vec{u}_1(j, i)$，其中 (j, i) 分别表示线圈沿纵行方向和横列方向的位置，而矢量场 $\vec{u}$ 是相对于织物平面 (x—y 平面) 上的一个共同参考点定义的。对于 $\varepsilon>0$ 且在整个拉伸范围内，线圈的位移场由与应变无关的矢量场 $\vec{u}_1$ 描述，其分量 (a_1, b_1) 可以通过试验获得[见图 9.2(b)]。在卸载阶段也观察到同样的位移场映射行为(见本章参考文献[24]中的视频 S2)。这证实了织物弹性响应中的滞后行为源于纱线间的摩擦，因此可以将滞后行

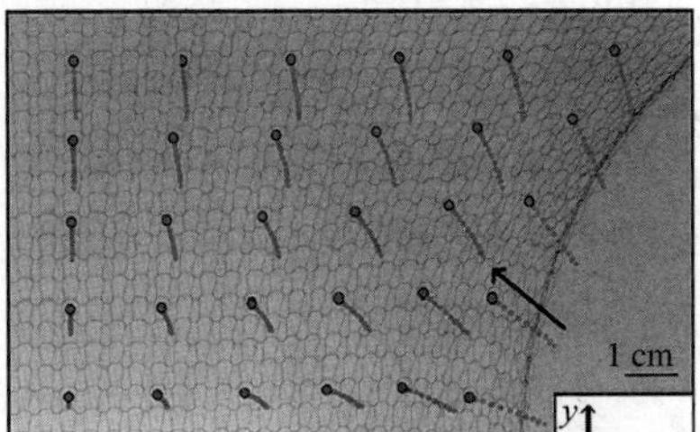

(a) $\varepsilon=18\%$时织物右上部分

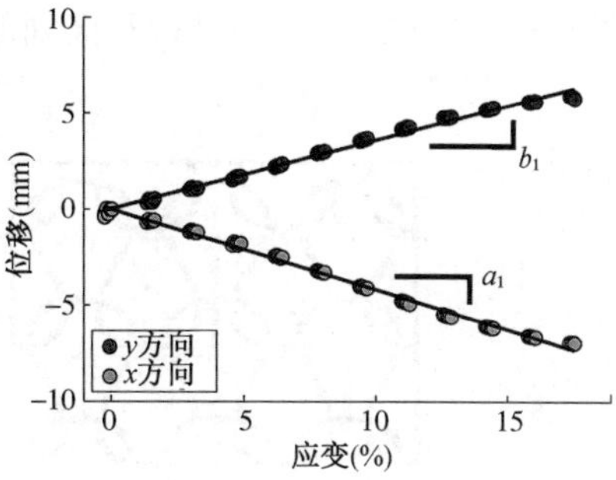

(b) 线圈中心点位移沿 x(纵行)方向和 y(横列)方向的投影与施加应变的函数关系

图 9.2　织物拉伸时跟踪线圈轨迹

为包含在全局刚度常数中，同时在加载和卸载阶段保持相同的线圈局部位移场。

矢量场 $\vec{u}_0$ 描述了织物的参考状态，即 $L_w = L_w^0$。在这种配置下，织物已经变形，偏离了均匀状态，这表明存在非均匀内应力。事实上，观察到织物的自由边缘通过缠绕自发地偏离 $x—y$ 平面是内置预应力的标志。此外，当 $L_w < L_w^0$ 时，纱线之间的接触并非处处存在，因此纱线可以滑动而不会进一步变形，从而使织物具有很低的刚度。由于映射行为，与矢量场 $\vec{u}_0$ 相关的预应力状态可解释为织物从绝对、均匀、参考配置(其中 $L_w = L_w^* < L_w^0$，$L_c = L_c^* < L_c^0$，所有纱线具有相同尺寸)拉伸的结果，由此可将纱线的位移场 $\vec{u}$ 描述为针织物从均匀状态出发的横列方向和纵行方向的位移。假设纱线的尺寸与织物的尺寸相比非常小，位移场可以写成连续空间变量 (x, y) 的函数：

$$\vec{u}(x, y) = \left| \begin{array}{l} x + a_0(x, y) + \varepsilon a_1(x, y) \\ y + b_0(x, y) + \varepsilon b_1(x, y) \end{array} \right. \tag{9.1}$$

上式中，(a_0, b_0) 为非均质位移场，量化了该非均质位移场与织物未拉伸时初试状态 $|x| \leqslant \left(\frac{L_c^*}{2}\right)$ 和 $|y| \leqslant \left(\frac{L_w^*}{2}\right)$ 的偏差。试验结果表明，式(9.1)涉及的所有位移场都是缓慢变化的函数，因此梯度的分量小于 1。

9.2 线圈模型

9.2.1 运动学性质

平针组织具有单一拓扑结构的优势，因此每一针都可以与一个单元格相关联。图 9.3 所示为织物变形前(绝对参考结构)和变形后的状态。平针组织的几何表示方法是将相邻线圈的几何中心沿纵行和横列方向连接起来。这就定义了一个平行四边形区域(浅灰色线条)，其由沿纵行方向和横列方向的边界向量唯一确定。图 9.3(a)所示为织物变形前的绝对参考状态，矢量 $\vec{c}$ 和 $\vec{w}$ 正交，并且所有单元都相同；图 9.3(b)所示为织物变形后的状态，整个织物的矢量 $\vec{c}$ 和 $\vec{w}$ 的方向和大小各不相同。用两个矢量 $\vec{c}$ 和 $\vec{w}$ 描述每个组织单元，这两个矢量的方向规定了纵行和横列的方向，而它们的法线大小 $c = \|\vec{c}\|$ 和 $w = \|\vec{w}\|$

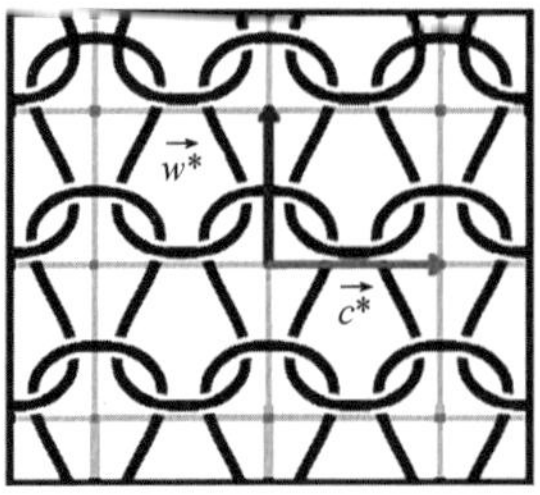

(a) 织物变形前

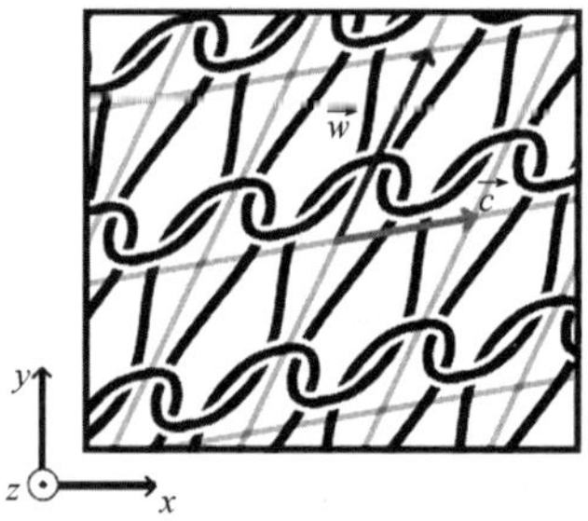

(b) 织物变形后

图 9.3 织物的绝对参考结构和变形状态

则规定了一个针织物组织单元的局部尺寸。须注意，纱线并未附着在这些拓扑单元上，而是可以从一个线圈滑动到另一个线圈。

由于针织物变形前后的组织单元之间相互位置仍然不变，因此组织单元代表的网格不会丢失或交换位置，针织物中每个线圈单元始终保持相同的相邻单元。针对这一特性，提出了线圈的运动学边界条件：$\vec{w}(j, i)+\vec{c}(j, i+1)=\vec{w}(j+1, i)+\vec{c}(j, i)$。即：从一针到另一针，纱线先沿纵行再沿横列的滑动，等同于纱线先沿横列再沿纵行的滑动。在连续表示法中，这一边界条件可以表示如下：

$$\frac{1}{w^*}\frac{\partial \vec{w}}{\partial x}(x, y)=\frac{1}{c^*}\frac{\partial \vec{c}}{\partial y}(x, y) \tag{9.2}$$

其中：c^* 和 w^* 是所有线圈尺寸相同的针织物在绝对参考状态下相应矢量的常数[见图 9.3(a)]。

式(9.2)可视为分量消失发散，它确保了矢量场 $\vec{u}$ 的存在，其定义如下：

$$\vec{c}=c^*\frac{\partial \vec{u}}{\partial x}; \vec{w}=w^*\frac{\partial \vec{u}}{\partial y} \tag{9.3}$$

对于给定的 x（横列）和 y（纵行），$\vec{u}(x, y)$ 给出了针织物中线圈的位置，因此这个可能与图 9.2 所示拉伸实验和式(9.1)确定的位移场相同。因此，可以直接将矢量 $\vec{c}$ 和 $\vec{w}$ 与从点 (a_0, b_0) 到点 (a_1, b_1) 的位移联系起来。

9.2.2 能量状态

在纱线长度固定和拓扑结构稳定的约束条件下，从能量最小化原理出发建立线圈的力学模型。在基于网格模型的框架内，可将弹性能量和约束条件表示为 $\vec{c}$ 和 $\vec{w}$ 的函数。在一般情况下，纱线会发生拉伸、弯曲和加捻。然而，这些变形模式对织物能量的贡献并不相同。首先，假定线圈大小与纱线直径之间存在尺度差异，这相当于一种结构相当松散的针织物，纱线可以用一种细长体近似，其中拉伸的能量成本比弯曲的能量成本大得多。此外，纱线在 $x—y$ 平面上变形时，纱线的捻度不会发生变化，不会产生任何功。此时，弹性能量主要来自纱线的弯曲，并可通过简单的几何参数进行估算。

在给定线圈的 $x—y$ 平面上，可以区分出沿纵行方向和横列方向的两个特征曲率半径 R_c 和 R_w [图 9.4(a)]。这些曲率在几何上与线圈的尺寸 c 和 w 相关。假设简单的比例关系 $R_c \sim c$ 和 $R_w \sim w$，则与纱线沿纵行方向的变形相关的弯曲能量的比例为 $\varepsilon_c \sim \frac{B}{\varepsilon_w \sim \frac{B}{w}}$，其中 B 是纱线的弯曲模量。在垂直于 $x—y$ 平面的正交面上，纱线也有两个特征曲率半径 R'_c 和 R'_w 的弯曲状态(图 9.4)。织物的厚度与纱线直径 d 成正比，因此 $R'_c \sim \frac{R_c^2}{d}$，$R'_w \sim \frac{R_w^2}{d}$。这里考虑的是松散织物中的细长纱线，因此 $R_c \ll R'_c$，$R_w \ll R'_w$，结果与织物平面内的弯曲能量相比，正交平面内的弯曲能量可以忽略不计。然而，R'_c 和 R'_w 决定了未加载的针织物会自然形成三维形状，尤其是平针组织织物样品的自由边缘卷曲。

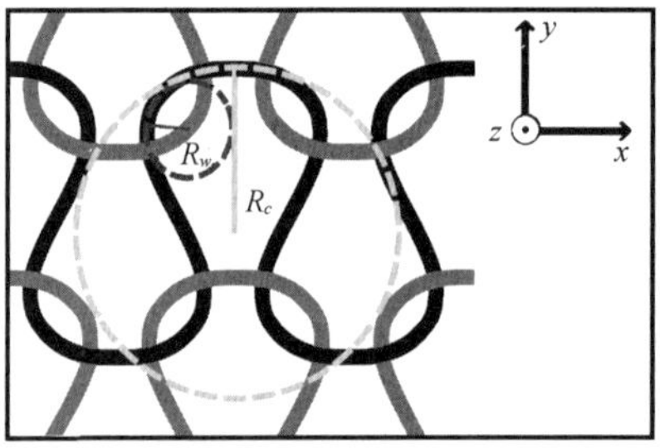

(a)

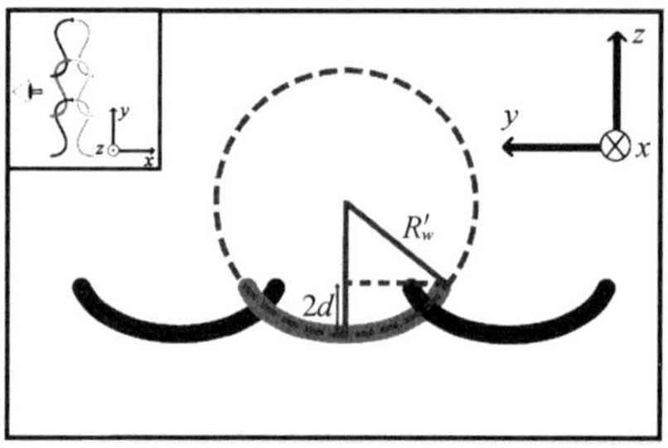

(b)

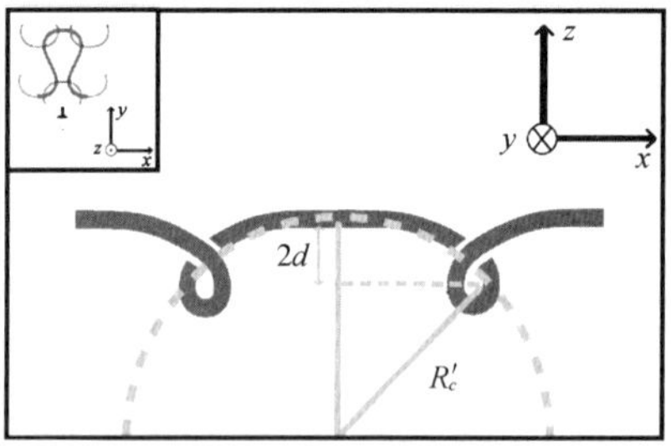

(c)

图 9.4 从平针组织织物的几何形状可以提取纱线的主要特征曲线：(a)～(c)—三个正交平面上针织物线圈形状

这些平面外效应并不直接影响夹紧织物的力学响应，但在形成织物内部应力方面起着重要作用。因此，在二维设置中，线圈的弹性能量可近似表达如下：

$$\varepsilon_s \approx \varepsilon_c + \varepsilon_w = \widetilde{B}\left(\frac{1}{c} + \frac{\beta}{w}\right) \tag{9.4}$$

式中：$\widetilde{B}$ 是有效弯曲模量；β 是一个无量纲系数，用于量化沿横列方向和纵行方向的弯曲能量之间的不对称性。

9.2.3 纱线长度守恒

机织物可用边缘长度固定不变的切比雪夫网（Chebyshev net）描述几何结构[25]，但是针织物的变形允许纱线从一个线圈滑入相邻线圈，边缘长度发生变化。假定纱线只发生弯曲变形，则其在织物中的总长度必须保持守恒。纱线的长度与矢量场 $(\vec{c}, \vec{w})$ 定义的网络边缘累计长度相关。在每个单元中，纱线长度与 ℓ 成正比，且 $\ell = c + \delta w$（δ 是体现线圈中纱线复杂几何形状的常数）。

先假定 δ 是一个空间均匀的材料参数，仅由织物的加工过程决定。因此，对纱线长度的限制相当于要求所有线圈的平均有效长度 $\langle \ell \rangle$ 在变形时保持不变（$\langle \ell \rangle = \langle c \rangle + \delta \langle w \rangle$）。利用式 (9.3)，可以根据试验测量的变形场 $\vec{u}(x, y)$ 确定平均尺寸 $\langle c \rangle$ 和 $\langle w \rangle$。图 9.5 显示 $\langle c \rangle$（或 $\langle w \rangle$）呈负（或正）线性趋势；因此定义参数 $\delta = 0.86$，使 $\langle c \rangle + \delta \langle w \rangle = 0.86$ 在所有 $\varepsilon > 0$ 条件下保持不变。每个数据点是给定应变下 5 幅图像的平均值，误差条长度是其标准差的两倍。在所有 $\varepsilon > 0$ 的情况下，$\langle c \rangle$ 和 $\langle w \rangle$ 都是 ε 的映射函数。因此，可以调

整参数 δ，以便规定一个恒定的有效长度 $\langle \ell \rangle = \ell^*$。对于第 9.2 节讨论的平针组织织物，$\delta = 0.86$，即 $\ell^* = 5.86$ mm。这个结果证明了假设的正确性，即 δ 是一个材料参数，表征织物几何形状，与施加于织物的应变无关。

在绝对参考状态下，由 c^* 和 w^* 定义的均质矩形构型也应满足纱线长度的约束，即 $c^* + \delta w^* = \ell^*$。使用矢量场 $\vec{u}$ 的映射行为作为 ε 的函数（图 9.2），并假设变形场缓慢变化（见附录 A），可以推导出与 c^* 和 w^* 相关的第二个方程。由此会发现图 9.1 所示织物的绝对参考状态为 $c^* = 3.93$ mm 和 $w^* = 2.08$ mm。值得注意的是，纱线长度守恒与线圈局部变形场的试验特征相结合，能够确定参数 δ 和绝对参考状态。此外，利用 c^* 和 w^* 等参数，可以计算泊松比 $\nu = \left[\frac{(c^* - \langle c \rangle)}{c^*}\right][(\langle w \rangle - w^*)] = \delta\left(\frac{w^*}{c}\right) = 0.46$，并利用泊松比估计正交方向上变形的耦合。尽管针织物中的孔隙较多，但它的行为像一种有效面积保持不变的不可压缩的弹性块状材料。

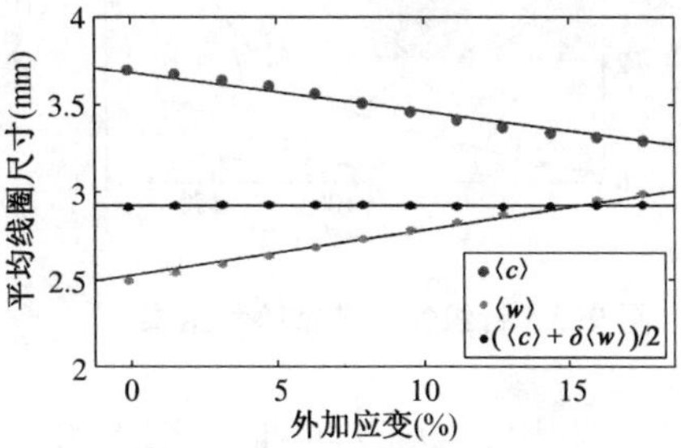

图 9.5 图 9.1 中所用织物的平均线圈尺寸与外加应变 $\varepsilon > 0$ 的函数关系

9.3 织物弹性响应

9.3.1 均匀变形

首先讨论针织物的均匀变形情况。将织物沿纵行方向拉伸至一定应变 ε_h，每个线圈的变形量 $w = w^*(1 + \varepsilon_h)$。根据纱线长度守恒定律，纱线沿横列方向的变形量应为 $c = c^*\left[1 - \delta\left(\frac{w^*}{c}\right)\varepsilon_h\right]$。因此，织物的弯曲能可表示如下：

$$\varepsilon_h = \widetilde{B} N_c N_w \left(\frac{1}{c^*\left(1 - \delta \frac{w^*}{c^*}\varepsilon_h\right)} + \frac{\beta}{w^*(1 + \varepsilon_h)}\right) \tag{9.5}$$

式中：N_c 和 N_w 分别为针织物横列和纵行方向的针数。

须注意，针织物的横列和纵行方向之间的弯曲能不对称是由于绝对参考状态为矩形 $c^* \neq w^*$ 以及线圈的两个方向对纱线长度的影响比例不同。式(9.5)表明，试验中观察到的硬化行为可以直接复原：弹性能量发散为 $\varepsilon_h \to \left(\frac{c^*}{\delta w}\right)$。更重要的是，这种能量在拉伸前即 $\varepsilon_h = 0$ 时处于平衡状态。由这个平衡状态条件可得不对称参数 $\beta = \delta\left(\frac{w^*}{c}\right) \approx 0.24$。与 δ 类似，不对称参数 β 在空间上应该是均匀的，并且与织物被施加的变形关系不大。因此，β 也可视为线圈特征。

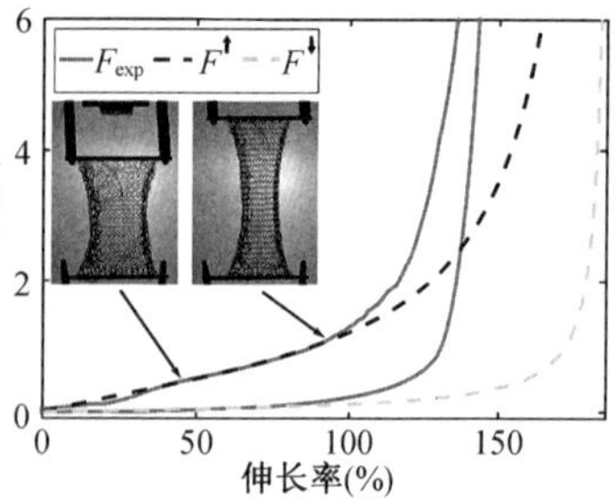

图 9.6　针织物拉伸试验和结果

为了测试式(9.5)的相关性,使用与图 9.1 相同的装置进行拉伸试验作验证(图 9.6),其中针织物被施加均匀变形。为此,由 $N_c \times N_w = 20 \times 30$ 总计 600 个线圈组成的针织物在其上下两排由几乎无摩擦的杆件固定,使线圈可以横列方向滑动。图 9.6 中,拉力 F_{exp} 取 5 个循环的平均值,拉伸前 $F_{exp}(\varepsilon_h = 0) = 0$,拉伸力 $F(\varepsilon_h)$ 可通过式(9.5)计算得出,$\widetilde{Y}$ 是拉伸实验结果的拟合参数。由于针织物内部存在摩擦,加载和卸载阶段具有不同的有效拉伸模量:$\widetilde{Y}^{\uparrow} = 3.8 \times 10^{-2}$ J/m 和 $\widetilde{Y}^{\downarrow} = 0.8 \times 10^{-2}$ J/m。

利用式(9.5),可推导出织物的弹性响应:

$$F(\varepsilon_h) = -\frac{\partial \varepsilon_h}{\partial L_w} = \widetilde{Y} N_c \delta \frac{w^*}{c^*}\left[\frac{1}{(1+\varepsilon_h)^2} - \frac{1}{\left(1-\delta \frac{w^*}{c^*}\varepsilon_h\right)^2}\right] \tag{9.6}$$

上式中,$\beta = \delta\left(\frac{w^*}{c}\right)^2$,$L_w = N_w w^*(1+\varepsilon_h)$,二者已被使用;参数 $\widetilde{Y} = \frac{\widetilde{B}}{c^* w^*}$ 是有效拉伸模量,应根据拉伸试验确定。请注意,定义 $\widetilde{Y}$ 为线张力(单位为 J/m),强调织物的力学响应源于施加在纱线上的张力。参数 δ、w^* 和 c^* 应根据纱线总长度守恒定律确定。根据第 9.3.3 节,发现 $\delta = 0.71$,$w^* = 2.1$ mm,$c^* = 2.7$ mm。图 9.6 显示了试验力学响应与式(9.6)的比较。对加载(↑)和卸载(↓)阶段的线性方程($\varepsilon \ll 1$)进行拟合,得到 $\widetilde{Y}^{\uparrow} = 3.8 \times 10^{-2}$ J/m 和 $\widetilde{Y}^{\downarrow} = 0.8 \times 10^{-2}$ J/m。

图 9.6 还显示这里讨论的均匀变形模型允许跟踪变形超过 100%的针织物力学响应。然而,预测力的急剧上升发生在变形 $\varepsilon_h \sim \frac{c^*}{\delta w^*}$,这比试验值要大。显然,在这个变形范围内,不能引用线圈尺寸与纱线直径之间的尺度差异,而这是用式(9.4)近似计算线圈弹性能量的必要条件。

9.3.2　非均匀变形

上节的均匀变形模型主要有四个织物内部几何参数(即 w^*、c^*、β 和 δ)以及一个与力学相关的参数(即有效拉伸模量 $\widetilde{Y}$)。就几何形状而言,w^* 和 c^* 是静止时线圈的纵横向尺寸,β 表示线圈曲率的不对称性,由线圈静止时的力学平衡决定,δ 表示线圈横列和纵行方向上延伸率的不对称性,除了全局刚度尺度 $\widetilde{Y}$ 之外,没有其他可调参数。

基于图 9.1 显示的试验装置,并使用连续表示法,织物形态的拉格朗日函数 $\mathcal{L}\{\vec{c}, \vec{w}\}$ 如下:

$$\mathcal{L} = \widetilde{Y}\iint_{x,y} \mathrm{d}x\,\mathrm{d}y\left(\frac{1}{c} + \frac{\beta}{w}\right) + \alpha\iint_{x,y} \mathrm{d}x\,\mathrm{d}y(c + \delta w) - \iint_{x,y} \mathrm{d}x\,\mathrm{d}y\,\vec{T}(x, y)\cdot\left(\frac{1}{c^*}\frac{\partial \vec{c}}{\partial y} - \frac{1}{w^*}\frac{\partial \vec{w}}{\partial x}\right) - \iint_{x,y} \mathrm{d}x\,\mathrm{d}y\,\mathcal{T}(x)\vec{e}_y \cdot \vec{w} \tag{9.7}$$

上式中，等号右边，第一项表示整个织物的弹性能量，第二项是保证纱线长度守恒，第三项是局部拓扑约束条件，最后一项表示外部载荷在边界 $y=\pm L_w^*/2$ 处施加牵引力的功，其中 α、$\vec{T}(x, y)$ 和 $\mathcal{T}(x)$ 是相应的拉格朗日乘子。这里可以将 α 解释为织物张力全局标度量(见附录 B)，而 $\vec{T}(x, y)$ 是局部张力，$\mathcal{T}(x)$ 是沿夹紧边缘施加的牵引力。

附录 B 展示了式(9.7)拉格朗日函数相对于两个矢量场 $\vec{c}$ 和 $\vec{w}$ 的最小化，结合局部拓扑约束，可以得到两个欧拉-拉格朗日方程，它们可以用位移场 a_0、b_0、a_1 和 b_1 表示。由于这些位移场是空间中缓慢变化的函数，因此只保留空间导数中的线性项。然后，在小应变极限下求解，并计算相应的位移场。图 9.7(a)显示了非均匀变形模型得到的织物形状与试验结果的对比，还绘出了沿 7 个横列和 7 个纵行方向测量的位移场 $\vec{u}(x, y)$，长虚线是在不调整参数的情况下相应的预测值。图中的外加应变为 $\varepsilon=11\%$，平面中的刻度线表示 2 cm。值得强调的是，在确定材料几何参数 (δ, β, c^*, w^*) 和拉格朗日乘子 (α) 之后，非均匀变形模型对织物形态的预测是无参数的。此外，尽管假设了小应变近似值，但在织物被拉伸至 $\varepsilon=15\%$ 时，模型计算结果与试验结果在定量方面仍有相当好的一致性。

一旦计算出织物的形态，就可以使用拉格朗日乘子 $\vec{T}(x, y)$ 和 $\mathcal{T}(x)$，或织物的弹性能量(附录 C)，确定 $y=\pm L_w^*/2$ 处的作用力，直至达到比例常数。

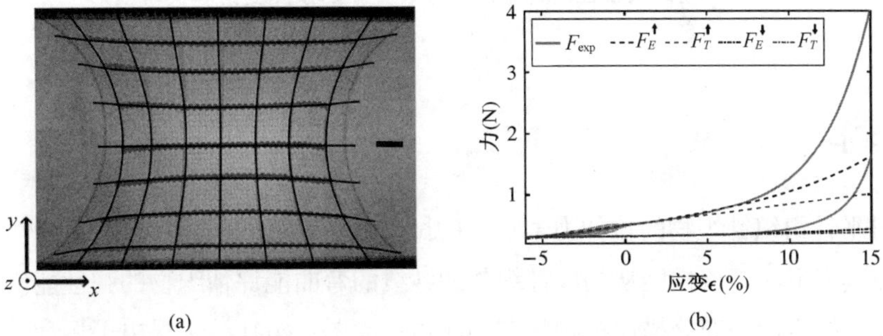

图 9.7　拉伸织物在 y 方向上的预测变形和实验变形及其力学响应

根据前者 (F_T) 可得出针织物小应变时力的映射行为，后者 (F_E) 包括针织物应变的非线性部分，因为弹性能量是 c 和 w 的非线性函数。通过均匀和非均匀模型的计算值与小应变下测量的力的比较，可以估计有效拉伸模量 $\widetilde{Y}$。对于图 9.1 显示的织物，发现加载时 $\widetilde{Y}^{\uparrow}\approx 1.5\times10^{-2}\,\mathrm{J/m}\approx10^{-2}B/d^2$，卸载时 $\widetilde{Y}^{\downarrow}\approx1.5\times10^{-3}\,\mathrm{J/m}\approx10^{-3}B/d^2$($B$ 为纱线的弯曲模量，d 为纱线直径)，表明织物与其使用的纱线相比具有很强的拉伸性。图 9.7(b)显示的模型虽然是线性化的，但可以合理预测针织物变形高达 5%时的力学响应。另外，对于夹紧织物，外加应变 ε 是根据变形场 $\vec{u}_0$ 描述的中间预应力状态定义的，这与可获得绝对构型的均匀情况不同。由此可解释图 9.6 和图 9.7(b)所示针织物之间的应变尺度差异。图 9.7(b)中的实线再现了图 9.1(b)的实验结果。灰色区域代表五个循环中力信号标准偏差的 2 倍。力 F_E (虚线)和 F_T (点和虚线)分别由弯曲能的变化和拉格朗日乘子 $\mathcal{T}(x)$ (见附录 C)计算得出。与均匀情况一样，在变形远大于试验观察到的变形时，预测力的上升证实了在模型的非线性行为之前发生了干扰现象。

此外，这里讨论的理论方法可用于针织物的任何平面变形。为了进一步评估模型的预测能力,以另外两种不同的加载装置进行验证:第一种是将初始针织物相对于加载轴倾斜一定角度 $\theta=25°$;第二种是在单轴加载前对针织物施加初始剪切力。图 9.8(a)和图 9.8(b)展示了两次拉伸试验的代表性变形结构,模型的相应方程见附录 D。在图 9.8(a)中,织物最初倾斜 25°;在图 9.8(b)中,织物最初沿 x 方向剪切 10°。参数 w^*、c^*、β 和 δ 与图 9.7(a)中使用的织物相同。这些配置的边界条件见附录 D。两种织物的外加应变均为 $\varepsilon=11\%$,面板中的刻度线均为 2 cm。尽管破坏了对称性,但模型的精度与对称加载情况下的精度相当。

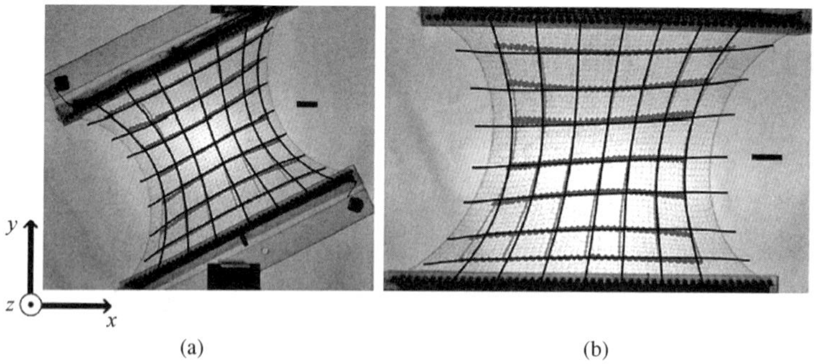

图 9.8 拉伸织物在两种不同加载装置下的预测变形和实验变形

9.4 讨论

通过对平针组织针织物的拉伸力学响应的试验研究,建立了一个可靠的弹性模型,可以准确地还原其变形场。该模型从构成针织物的纱线的弯曲能评估织物的弹性能。此外,纱线自交叉拓扑结构表示为充分描述织物状态的四边平面图。拓扑结构提出了运动学条件,而纱线长度守恒则规定了由此产生的网络的几何特性。然后通过约束能量最小化确定线圈的位移场。该模型在合理的拉伸范围内能正确反映针织物的空间变形,并在设定单一材料模量 $\tilde{Y}$ 时一致地捕获力学响应,该模量根据针织物是拉伸的还是松弛的而不同。结果表明,针织物的性能与橡胶类材料相似:具有很强大的延伸性,泊松比接近 0.5。重要的是,即使底层网络的物质点是与蓬松物质点不对应的纯粹拓扑实体,但这种类比仍然成立。

平针组织织物的平衡状态并不是一个平面,而是一种三维结构。在这种结构中,由于纱线的面外弯曲,织物会产生卷边。织物若被强制压平和夹紧,会产生残余应力,从而产生偏离绝对均匀状态的不均匀二维位移场。这种预应力很可能会从以完全交替的正反针和反面针为特征的罗纹织物中消失[23],因为这种织物的平衡状态是一个平面。尽管如此,弹性模型仍能捕捉到任何周期性线圈图案织物的等效二维残余变形场。这与预应力松散弹性材料不同,预应力松散弹性材料的残余应变应该是一个规定的值[26]。

对于针织物,摩擦会在织物形态和力学响应中起很大作用。从力学角度而言,摩擦力是使针织物动态力学性质产生滞后现象的原因:与响应的弹性部分相反,摩擦力会阻碍变形。这种效应会在织物加载和卸载时产生不同的硬化行为(也就是加载卸载滞后圈),同时保持其整体形状不变。因此,无法通过测量获得织物的“无摩擦”弹性模量,但可以定义两个有效的拉伸模量,即加载阶段的$\tilde{Y}^{\uparrow}$ 和卸载阶段的$\tilde{Y}^{\downarrow}$。事实证明,针织物中的摩擦是通过黏滑行为产生的,强大的弹性回复力使针织物在高频率、小振幅的集体松弛事件中回复到最小能量状态。这种摩擦动力学和空间扩展的雪崩式松弛事件产生了丰富的现象学特征[27]。

弹性模型假定纱线直径与线圈长度之间存在尺度差异。因此,只要纱线直径与线圈长度相比非常小,弹性模型就能适用。在商业针织品中,纱线的蓬松度往往会给人线圈紧密的感觉,但织物仍然非常有弹性。例如围巾或羊毛衫,模型的适用性需要进一步提升。当然,有一些线圈紧密的针织物在力学响应方面与机织物没有明显不同。在这种情况下,弹性模型将不适用,因为织物变形可能会涉及纱线的大幅伸长。此外,当这种尺度差异因局部大变形而不再有效时,就会出现所谓的线圈紧密挤压现象[12]。在这些线圈中,纱线最大程度地弯曲并开始拉伸,从而改变整个织物的弹性。尽管线圈紧密挤压现象只发生在织物局部,但针织物的力学响应仍由针织纱的拉伸性质主导。由于织物中的变形场不均匀,即使对于主要从边角开始的小应变,不均匀应变场导致的线圈紧密挤压现象也可能发生。这种机制导致了弹性模型不能捕获的应力-应变曲线的非线性行为[图 9.7(b)]。不过,它似乎没有对织物的整体悬垂形状产生太大影响,弹性模型仍然可对悬垂形状进行定量预测。事实上,弹性模型在大变形时对悬垂形状的预测比拉伸力位移曲线预测更准确。

附录 A 几何参数 δ、c^* 和 w^* 的确定

针织物的几何参数可以直接通过线圈的位移场 $\vec{u}(j, i)$ 进行测量。可以估算线圈尺寸 $\langle c\rangle$ 和 $\langle w\rangle$ 的平均值,其中“$\langle\ \rangle$”表示给定伸长率下织物中所有线圈结构参数的平均值(图 9.5)。通过测量发现,当 $\varepsilon>0$ 时,$\langle c\rangle$ 和 $\langle w\rangle$ 都随着 ε 线性变化。因此,可以定义一个简单的标量 $\delta=0.86$,从而得到 $\ell^*=\langle c\rangle+\delta\langle w\rangle=5.86$ mm,该标量不随伸长率变化。这里假设 ℓ^* 与织物中的纱线长度成正比。

线圈的线性轨迹可用 $\vec{u}(j, i, \varepsilon)=\vec{u}_0(j, i)+\varepsilon\vec{u}_1(j, i)$ 近似位移场。此外,假定存在一种织物参考构型,其中所有线圈的尺寸相同,且线圈尺寸向量为 $\vec{c}=c^*\vec{e}_x$ 和 $\vec{w}=w^*\vec{e}_y$。织物拉伸前的参考构型还必须符合纱线长度条件,即 $\langle c\rangle+\delta\langle w\rangle=c^*+\delta w^*$。在小变形和缓慢变形的限制下,此方程可写为 $\ell_0+\varepsilon\ell_1=c^*+\delta w^*$,其中:

$$\ell_0=\frac{1}{N_c N_w}\iint_{x,y}\frac{\mathrm{d}x\mathrm{d}y}{c^* w^*}[c^*(1+a_{0,x})+\delta w^*(1+b_{0,y})]=c^*+\delta w^* \tag{9.A1}$$

$$\ell_1=\frac{1}{N_c N_w}\iint_{x,y}\frac{\mathrm{d}x\mathrm{d}y}{c^* w^*}(c^* a_{1,x}+\delta w^* b_{1,y}+c^* b_{1,x}b_{0,x}+\delta w^* a_{1,y}a_{0,y})=0 \tag{9.A2}$$

上式中,N_c 和 N_w 分别为横列和纵行方向的线圈数,且 $f_{,x}=\dfrac{\partial f}{\partial x}$。织物拉伸前的参

考构型尺寸未知，因此实验测得的位移场指标 a_0 和 b_0 是 c^* 和 w^* 的函数，然后可以将式(9. A1)和(9. A2)改写如下：

$$\ell_0=c^*+\delta w^*\Leftrightarrow \frac{1}{N_cN_w}\sum_{i,j}\{u_0^x(j+1,i)-u_0^x(j,i)+\delta[u_0^y(j,i+1)-u_0^y(j,i)]\}$$
$$=c^*+\delta w^* \tag{9. A3}$$

$$\ell_1=0\Leftrightarrow \frac{1}{N_cN_w}\sum_{i,j}[u_1^x(j+1,i)-u_1^x(j,i)+\delta(u_1^y(j,i+1)-u_1^y(j,i))]$$
$$=-\sum_{i,j}\Big[u_1^y(j+1,i)-u_1^y(j,i)\frac{u_0^y(j+1,i)-u_0^y(j,i)}{c^*}$$
$$+\delta(u_1^x(j,i+1)-u_1^x(j,i))\frac{u_0^x(j,i+1)-u_0^x(j,i)}{w^*}\Big] \tag{9. A4}$$

式中：$\vec{u}_0=u_0^x\vec{e}_x+u_0^y\vec{e}_y$，$\vec{u}_1=u_1^x\vec{e}_x+u_1^y\vec{e}_y$。

可以通过求解方程(9. A1)～(9. A4)来计算 c^* 和 w^*。对于图 9.1 所示的织物，可以得到 $w^*=2.08$ mm，$c^*=3.93$ mm。然后，可以将 $c^*+\delta w^*$ 的值与 ℓ^* 进行比较，以验证近似值的有效性。测得 $c^*+\delta w^*=5.70$ mm，产生的偏差小于3%，证实了图 9.3、图 9.4 中针织物模型与试验具有相同特性的假设，并验证了小变形和缓慢变化位移场近似值的准确性。

附录 B 位移场平衡方程和解法的推导

当针织物变形不均匀时，求解方程(9.7)的拉格朗日函数可得到微分方程，其解可确保能量最小化并满足约束条件。关于 $\vec{c}$ 的拉格朗日函数推导是 $\mathcal{L}\{\vec{c}+\delta\vec{c},\vec{w}\}-\mathcal{L}\{\vec{c},\vec{w}\}=0$，得到以下方程及相应的边界条件：

$$-\tilde{Y}\frac{\vec{c}}{c^3}+\alpha\frac{\vec{c}}{c}+\frac{1}{c^*}\frac{\partial\vec{T}}{\partial y}=\vec{0} \tag{9. B1}$$

$$[\vec{T},\overrightarrow{\delta c}]_{y=\pm\frac{L_w^*}{2}}=0 \tag{9. B2}$$

关于 $\vec{w}$ 的拉格朗日函数推导是$\mathcal{L}\{\vec{c},\vec{w}+\delta\vec{w}\}-\mathcal{L}\{\vec{c},\vec{w}\}=0$，得到以下方程及相应的边界条件：

$$-\tilde{Y}\beta\frac{\vec{w}}{w^3}+\delta\alpha\frac{\vec{w}}{w}+\frac{1}{w^*}\frac{\partial\vec{T}}{\partial x}=\mathcal{T}(x)\vec{e}_y \tag{9. B3}$$

$$[\vec{T},\overrightarrow{\delta w}]_{x=\pm\frac{L_c^*}{2}}=0 \tag{9. B4}$$

注意，式(9. B1)和式(9. B3)中 α 的依赖性，可以通过 $\sqrt{\alpha}$ 将 $(\vec{c},\vec{w})$ 归一化和通过 α 将 $(\vec{T},\mathcal{T})$ 归一化而减小。由于这种缩放，可以将拉格朗日参数 α 解释为织物张力的全局缩

放。此外，式(9. B1)和式(9. B3)可以合并，以消除拉格朗日乘子 $\vec{T}$：

$$c^*\frac{\partial}{\partial x}\left(-\widetilde{Y}\frac{\vec{c}}{c^3}+\alpha\frac{\vec{c}}{c}\right)+w^*\frac{\partial}{\partial y}\left(-\widetilde{Y}\beta\frac{\vec{w}}{w^3}+\delta\alpha\frac{\vec{w}}{w}\right)=0 \tag{9. B5}$$

利用式(9. B2)和式(9. B4)，图 9.1 所示的试验装置对应的边界条件为 $\vec{c}[x, y=\pm(L_w^*/2)]=(L_c^0/N_c)\vec{e}_x$ 和 $\int[(\mathrm{d}y)/w^*]\vec{w}=L_w\vec{e}_y$。$x=\pm(L_w^*/2)$ 处的自由边界条件为 $\vec{T}\left[x=\pm\left(\frac{L_w^*}{2}\right), y\right]=0$，根据式(9. B1)可以将其重写为 $\vec{c}$ 的函数：$-(\vec{c}/c^3)+\alpha(\vec{c}/c)\mid_{x=\pm(L_w^*/2)}=0$。为了保证变形的拓扑约束，考虑到以下两个公式：

$$\vec{c}=c^*\left|\begin{matrix}1+a_{0,x}+\varepsilon a_{1,x}\\ b_{0,x}+\varepsilon b_{1,x}\end{matrix}\right. \tag{9. B6}$$

$$\vec{w}=w^*\left|\begin{matrix}a_{0,y}+\varepsilon a_{1,y}\\ 1+b_{0,y}+\varepsilon b_{1,y}\end{matrix}\right. \tag{9. B7}$$

可将边界条件写成位移场指标 a_0、b_0、a_1 和 b_1 的函数。

式(9. B6)和式(9. B7)中的下标 x 或 y 表示相应方向的偏导数。试验观察表明，这些位移场与 ε 呈线性关系，因此将拉格朗日参数 $\alpha=\alpha_0+\varepsilon\alpha_1$ 表示为与 ε 呈线性变化。方程(9. B5)将在小变形的极限下求解，并因此在 ε 的一阶上展开。考虑到内应力只引起线圈的微小变形，即 $a_{0,x}$、$b_{0,x}$、$a_{0,y}$、$b_{0,y}$ 都远小于 1；因此，方程(9. B6)和方程(9. B7)也将在 $a_{0,x}$、$b_{0,x}$、$a_{0,y}$、$b_{0,y}$ 的一阶范围内展开。将式(9. B5)沿 x 和 y 方向推演，可得到两组方程，每组方程的一部分与应变 ε 无关，另一部分与应变 ε 成正比。当 $c=c^*$ 和 $w=w^*$ 时，均匀织物的平衡方程为 $\beta=\delta(w^*/c^*)^2$。定义无量纲拉格朗日参数 $\widetilde{\alpha}=[(c^{*2}\alpha)/\widetilde{Y}]$，并引入两个系数来简化数学表达式：$\nu=\delta(w^*/c^*)$ 和 $\chi=[(\widetilde{\alpha}_0-1)/2]$。对于应变的独立部分，可以得到：

$$a_{0,xx}+\nu\chi a_{0,yy}=0 \tag{9. B8}$$

$$b_{0,xx}+\frac{\nu}{\chi}b_{0,yy}=0 \tag{9. B9}$$

消去与 ε 成正比的部分，得到：

$$a_{1,xx}+\nu\chi a_{1,yy}+P_a=0 \tag{9. B10}$$

$$b_{1,xx}+\frac{\nu}{\chi}b_{1,yy}+P_b=0 \tag{9. B11}$$

P_a 和 P_b 由 $\varepsilon=0$ 的非均匀初始状态产生，其表达式如下：

$$P_a(x, y)=-3\frac{\partial}{\partial x}(a_{1,x}a_{0,x})+\nu\left[(1-\chi)\frac{\partial}{\partial y}(b_{1,y}a_{0,y}+a_{1,y}b_{0,y})+\frac{\widetilde{\alpha}_1}{2}a_{0,yy}\right] \tag{9. B12}$$

$$P_b(x, y)=\left(\frac{1}{\chi}-1\right)\frac{\partial}{\partial x}(b_{1,x}a_{0,x})+\nu\left\{\frac{\partial}{\partial y}\left[\left(\frac{1}{\chi}-1\right)a_{1,y}a_{0,y}-\frac{3}{\chi}b_{1,y}b_{0,y}\right]\right\} \tag{9.B13}$$

用位移场表示边界条件：

$$\forall x \quad y=\pm\frac{L_w^*}{2}\begin{cases}a_0=\dfrac{L_c^0-L_c^*}{L_c^*}x\\ b_0=\pm\dfrac{L_w^0-L_w^*}{2}\end{cases} \qquad \forall y \quad x=\pm\frac{L_c^*}{2}\begin{cases}a_{0,x}=-\chi\\ b_{0,x}=0\end{cases} \tag{9.B14}$$

$$\forall x \quad y=\pm\frac{L_w^*}{2}\begin{cases}a_1=0\\ b_0=\pm\dfrac{L_w^0}{2}\end{cases} \qquad \forall y \quad x=\pm\frac{L_c^*}{2}\begin{cases}a_{1,x}=-\dfrac{\tilde{\alpha}_1}{2(3\chi+1)}\\ b_{1,x}=0\end{cases} \tag{9.B15}$$

首先，应确定 a_0 和 b_0 的解，即相对于绝对参考构型的位移。b_0 的解法很简单，它只是 y 的线性解：

$$b_0(x, y)=\frac{L_w^0-L_w^*}{L_w^*}y \tag{9.B16}$$

$a_0(x, y)$ 的解更复杂，为此对变量进行以下变换：

$$x=X\frac{L_c^*}{2} \tag{9.B17}$$

$$y=Y\frac{\sqrt{\nu\chi}L_c^*}{2} \tag{9.B18}$$

$$a_0=\frac{L_c^*}{2}\left[\left(\chi+\frac{L_c^0-L_c^*}{L_c^*}\right)A+\frac{L_c^0-L_c^*}{L_c^*}X\right] \tag{9.B19}$$

$$L=\frac{L_w^*}{\sqrt{\nu\chi}L_c^*} \tag{9.B20}$$

a_0 的方程变为以下形式：

$$A_{,XX}+A_{,YY}=0 \tag{9.B21}$$

边界条件如下：

$$A(X, Y=\pm L)=0 \quad A_{,X}(X=\pm 1, Y)=-1 \tag{9.B22}$$

因此，$A(x, y)$ 是矩形内的谐函数，在边界处满足式(9.B22)。可以使用共形映射技术进行半解析求解。这里使用 Matlab 工具箱 Schwarz-Christoffel 变换[28]对该问题进行数值求解。

结合式(9.B10)～式(9.B13)，可以得到映射位移场 (a_1, b_1) 的方程：

$$(1-3a_{0,x})a_{1,xx}+\nu\chi\left[1+\left(\frac{1}{\chi}-1\right)b_{0,y}\right]a_{1,yy}+\nu(1-\chi)a_{0,y}b_{1,yy}$$

$$=-\nu a_{0,\,yy}\left[3\chi a_{1,\,x}+(1-\chi)b_{1,y}+\frac{\widetilde{\alpha}_1}{2}\right] \tag{9. B23}$$

$$\left[1+\left(\frac{1}{\chi}-1\right)b_{0,\,y}\right]b_{1,\,xx}+\frac{\nu}{\chi}(1-3b_{0,\,y})b_{1,yy}+\frac{\nu}{\chi}(1-\chi)a_{0,\,y}a_{0,\,yy}$$

$$=\frac{\nu}{\chi}(1-\chi)a_{0,\,yy}(\chi b_{1,\,x}-a_{1,y}) \tag{9. B24}$$

利用式(9. B23)和式(9. B24)结合式(9. B15)，在离散网格上进行数值求解。

注意，针织物的几何参数 c^*、w^* 和 δ 是根据测量得到的线圈位置坐标计算得出的。计算出的位移场仍由拉格朗日参数 $\widetilde{\alpha}_0$ 和 $\widetilde{\alpha}_1$ 表征，这是计算织物形状的关键参数，并且 $\widetilde{\alpha}=\widetilde{\alpha}_0+\varepsilon\widetilde{\alpha}_1$，它是与纱线长度守恒相关的拉格朗日乘子，可使用第 9.3.3 节中的纱线长度守恒公式 $\ell_0=c^*+\delta w^*$ 和 $\ell_1=0$，以及弹性模型算出它的值，即用计算得到的变形矢量场 $\vec{u}(x,\,y)$ 以满足式(9. A3)和式(9. A4)。注意，ℓ_0 与 $\widetilde{\alpha}_1$ 无关，因此可以计算 $\widetilde{\alpha}_0$，使得 $\ell_0(\widetilde{\alpha}_0)=c^*+\delta w^*$ [图 9. B1(a)]。然后，根据所选的 $\widetilde{\alpha}_0$ 对 ℓ_1 进行同样的处理，从而确定满足 $\ell_1(\widetilde{\alpha}_1)=0$ 的 $\widetilde{\alpha}_1$[图 9. 9(b)]。对于图 9. 1 中的织物，$\widetilde{\alpha}_0=1.32$，$\widetilde{\alpha}_1=9.04$。

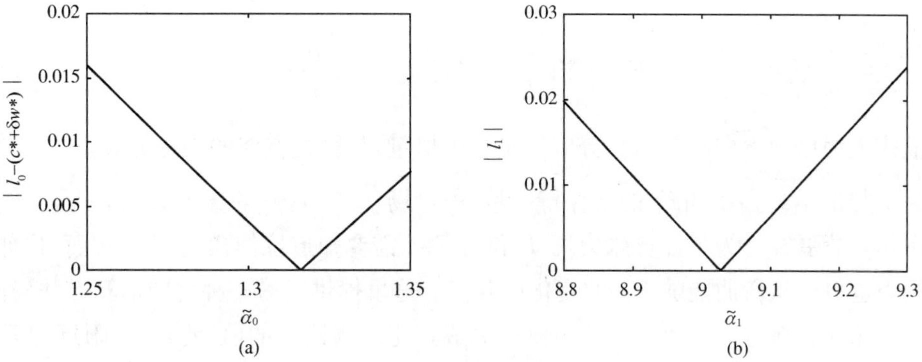

图 9. B1　拉格朗日参数 $\widetilde{\alpha}=\widetilde{\alpha}_0+\varepsilon\widetilde{\alpha}_1$ 的确定：(a)对于 $\widetilde{\alpha}_0$ 的每个值，计算 a_0 和 b_0 并估计 ℓ_0，发现当 $\ell_0-c^*+\delta w^*=0$ 时，$\widetilde{\alpha}_0=1.32$；(b)$\widetilde{\alpha}_0=1.32$，改变 $\widetilde{\alpha}_1$，计算 a_1 和 b_1 并估计 ℓ_1，发现 $\ell_1=0$ 时，$\widetilde{\alpha}_1=9.04$

附录 C　拉格朗日乘子 $\vec{T}(x,\,y)$ 的计算和施加的力[29]

引入向量 $\vec{T}$ 作为与拓扑约束相关的拉格朗日乘子。直接用位移场表示变量 $\vec{c}$ 和 $\vec{w}$，自动满足拓扑约束，因此，$\vec{T}$ 没有以显式方式出现在解中。然而，一旦确定了 a_0、b_0、a_1 和 b_1，就可以用式(9. B1)和式(9. B3)以及边界条件 $\vec{T}[x=\pm(L_w^*/2),\,y]=0$，计算该向量 $\vec{T}$。$\mathcal{T}(x)$ 是拉力分布，因此施加在织物上的总力 F_T 可以写为以下形式：

$$F_T=w^*\int_{-\frac{L_c^*}{2}}^{\frac{L_c^*}{2}}\mathcal{T}(x)\mathrm{d}x \tag{9. C1}$$

定义一个新的向量 $\vec{T}(x, y)=\widetilde{Y}\vec{T}_1(x, y)$ 和 $\mathcal{T}(x)=\widetilde{Y}\mathcal{T}_1(x)/w^{*2}$。式(9.B1)和式(9.B3)变为以下形式：

$$\frac{1}{c^*}\frac{\partial\vec{T}_1}{\partial y}=\frac{\vec{c}}{c^3}-\frac{\widetilde{\alpha}}{c^{*2}}\frac{\vec{c}}{c}=\frac{1}{c^{*2}}\vec{f}_c(x, y) \tag{9.C2}$$

$$\begin{aligned}\frac{1}{w^*}\frac{\partial\vec{T}_1}{\partial x}&=-\delta\left(\frac{w^*}{c^*}\right)^2\left(\frac{\vec{w}}{w^3}-\frac{\widetilde{\alpha}}{w^{*2}}\frac{\vec{w}}{w}\right)-\frac{1}{w^{*2}}T_1(x)\vec{e}_y\\&=\frac{1}{w^{*2}}\vec{f}_w(x, y)-\frac{1}{w^{*2}}\mathcal{T}_1(x)\vec{e}_y\end{aligned} \tag{9.C3}$$

确定了矢量场 $\vec{T}_1(x, y)$，就可以计算外力。对式(9.C3)进行积分，并使用边界条件 $\vec{T}[x=-(L_c^*/2), y]=\vec{0}$，得到：

$$\vec{T}_1(x, y)=\frac{1}{w^*}\int_{-\frac{L_c^*}{2}}^{x}\vec{f}_w(x', y)\mathrm{d}x'-\frac{1}{w^*}\int_{-\frac{L_c^*}{2}}^{x}\mathcal{T}_1(x)\vec{e}_y\mathrm{d}x' \tag{9.C4}$$

利用式(9.B5)，可以证明 $\vec{T}_1$ 的解满足式(9.C2)。此外，利用边界条件 $\vec{T}[x=(L_c^*/2), y]=\vec{0}$，发现：

$$F_T=\widetilde{Y}\int_{-\frac{L_c^*}{2}}^{\frac{L_c^*}{2}}\vec{f}_w(x, y)\cdot\vec{e}_y\frac{\mathrm{d}x}{w^*} \tag{9.C5}$$

上式表明横列方向的张力积分应该是一个恒量，与纵行方向的坐标无关。

为了与 a_0，b_0，a_1 和 b_1 的解保持一致，矢量场 $\vec{f}_w(x, y)$ 在 ε 和 $a_{0,x}$，$b_{0,x}$，$a_{0,y}$ 和 $b_{0,y}$ 中作一阶展开。为了计算张力场 $\vec{T}$ 和力 F_T，需要知道拉伸模量 $\widetilde{Y}$。然而，拉伸织物所需的力也可以从弯曲能随 L_w 的变化中获得。这里提供了另一种力的估算方法，称之为 F_E。F_T 和 F_E 都与未知的有效拉伸模量 $\widetilde{Y}$ 成正比。调整 $\widetilde{Y}$ 的值，使 $\varepsilon=0$ 附近的 F_{exp} 和 F_T 的斜率一致。$\widetilde{Y}^{\uparrow}\approx1.5\times10^{-2}\mathrm{J/m}$，由此得到的三条曲线如图 9.7(b)所示。图 9.7(b)显示了弹性模型的一致性和计算结果的正确性，因为在 $\varepsilon=0$ 附近，F_E 的斜率与 F_{exp} 和 F_T 的斜率相吻合。$F_{exp}(\varepsilon)$ 在小应变（$\varepsilon\approx4\%$）时可以很好地用 F_T 描述，而 F_E 的非线性行为则可以捕捉 F_{exp}，直到 $\varepsilon\approx8\%$。对卸载阶段采用相同的过程，得到：$\widetilde{Y}^{\downarrow}\approx1.5\times10^{-3}\mathrm{J/m}$。

织物上的拉力 $\vec{T}_1(x, y)$ 不能独立于 $\mathcal{T}(x)$ 而求得。然而，可以计算出等效总应力 $\vec{T}_{tot}=\vec{T}+w^*\int_0^x\mathcal{T}(x)\mathrm{d}x\vec{e}_y$；织物上拉力 $\vec{T}_1(x, y)$ 矢量场的振幅见图 9.C1。$\vec{T}$ 是与拓扑约束相关的拉格朗日乘子，因此 $\|\vec{T}_{tot}\|$ 的一种解释是实现这一约束的难度。换句话说，它可以解释为线圈间张力，其行为反映了织物内部的应力分布。

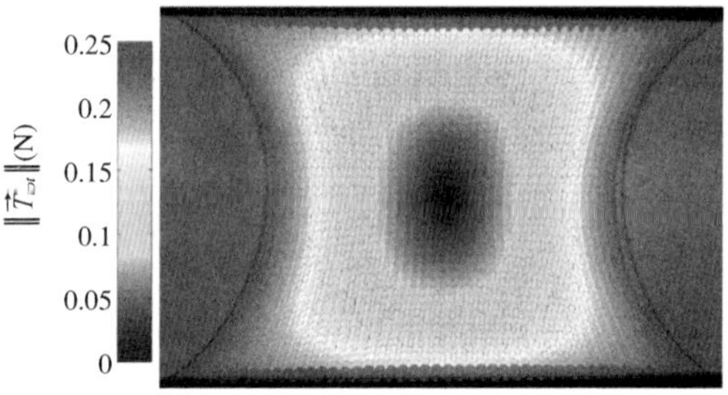

图 9.C1 在 $\varepsilon=11\%$ 的条件下评估的矢量拉格朗日乘子 $\|\vec{T}_{tot}\|$ 的振幅，并显示在相应的织物图片上，其中每个线圈的颜色由 $\|\vec{T}_{tot}\|$ 的数值设定

附录 D 替代加载条件公式

图 9.8(a)、(b)显示了对织物施加不同加载条件时的变形场。在弹性模型中，这些变化不会影响位移场的平衡方程，只会影响相关的边界条件。在图 9.8(a)中，织物倾斜一定程度 ($\theta = 25°$)，并沿 y 方向加载。初始条件与对称加载时相同，因此 a_0 和 b_0 满足相同边界条件的相同方程。对于映射位移场 a_1 和 b_1，边界条件如下：

$$\forall x \quad y = \pm \frac{L_w^*}{2} \begin{cases} a_1 = \pm \dfrac{L_w^0}{2} \sin(\theta) \\ b_1 = \pm \dfrac{L_w^0}{2} \cos(\theta) \end{cases} \qquad \forall y \quad x = \pm \frac{L_c^*}{2} \begin{cases} a_{1,x} = -\dfrac{\tilde{\alpha}_1}{2(3\chi + 1)} \\ b_{1,x} = 0 \end{cases} \tag{9. D1}$$

对于图 9.8(b)显示的第二种装置，织物最初被剪切的角度为 $\gamma = 10°$，因此产生额外的横向位移。与预应力状态相关的边界条件如下：

$$\forall x \quad y = \pm \frac{L_w^*}{2} \begin{cases} a_0 = \dfrac{L_c^0 - L_c^*}{L_c^*} x \pm \tan(\gamma) \dfrac{L_w^0}{2} \\ b_0 = \pm \dfrac{L_w^0 - L_w^*}{2} \end{cases} \qquad \forall y \quad x = \pm \frac{L_c^*}{2} \begin{cases} a_{0,x} = -\chi \\ b_{0,x} = 0 \end{cases} \tag{9. D2}$$

a_1 和 b_1 的方程和边界条件是 a_0 和 b_0 的函数，因此即使它们的表达式相同，它们的解也与对称情况不同。

参考文献

[1] Hu J, Meng H, Li G, et al. A review of stimuli-responsive polymers for smart textile applications. Smart Materials and Structures, 2012, 21(5): 053001.

[2] Leong K H, Ramakrishna S, Huang Z M, et al. The potential of knitting for engineering composites—A review. Composites Part A, 2000, 31(3): 197-220.

[3] Sydney Gladman A, Matsumoto E A, Nuzzo R G, et al. Biomimetic 4D printing. Nature Materials, 2016, 15(4): 413-418.

[4] Haines C S, Li N, Spinks G M, et al. New twist on artificial muscles. Proceedings of Natioanl Academy of Sciences of USA, 2016, 113 (42): 11709-11716.

[5] Peirce F T. Geometrical principles applicable to the design of functional fabrics. Textile Research Journal, 1947, 17(3): 123-147.

[6] Hurd J C H, Doyle P J. Fundamental aspects of the design of knitted fabrics. Journal of The Textile Institute Proceedings, 1953, 44(8): P561-P578.

[7] Leaf G A V, Glaskin A. The geometry of a plain knitted loop. Journal of The Textile Institute Transactions, 1955, 46(9): T587-T605.

[8] Munden D L. The geometry and dimensional properties of plain-knit fabrics. Journal of The Textile Institute Transactions, 1959, 50(7): T448-T471.

[9] Popper P. The theoretical behavior of a knitted fabric subjected to biaxial stresses. Textile Research Journal, 1966, 36(2): 148-157.

[10] Leaf G A V. Models of the plain-knitted loop. Journal of the Textile Institute Transactions, 1960, 51(2): T49-T58.

[11] Shanahan W J, Postle R. A theoretical analysis of the plain-knitted structure. Textile Research Journal, 1970, 40(7): 656-665.

[12] Hepworth B, Leaf G A V. The mechanics of an idealized weft-knitted structure. The Journal of The Textile Institute, 1976, 67(7-8): 241-248.

[13] Hong H, De Araujo M D, Fangueiro R, et al. Theoretical analysis of load-extension properties of plain weft knits made from high performance yarns for composite reinforcement. Textile Research Journal, 2002, 72(11): 991-996.

[14] Dusserre G, Balea L, Bernhart G. Elastic properties prediction of a knitted composite with inlaid yarns subjected to stretching: A coupled semi-analytical model. Composites Part A, 2014, 64: 185-193.

[15] de Jong S, Postle R. An energy analysis of the mechanics of weft-knitted fabrics by means of optimal-control theory. Part II: Relaxed-fabric dimensions and tensile properties of the plain-knitted structure. The Journal of The Textile Institute, 1977, 68(10): 316-323.

[16] Choi K F, Lo T Y. An energy model of plain knitted fabric. Textile Research Journal, 2003, 73(8): 739-748.

[17] Choi KF, Lo T Y. The shape and dimensions of plain knitted fabric: A fabric mechanical model. Textile Research Journal, 2006, 76(10): 777-786.

[18] Wu W L, Hamada H, Maekawa Z. Computer simulation of the deformation of weft-knitted fabrics for composite materials. The Journal of The Textile Institute, 1994, 85(2): 198-214.

[19] Loginov A U, Grishanov S A, Harwood R J. Modelling the load-extension behaviour of plain-knitted fabric. Part I: A unit-cell approach towards knitted-fabric mechanics. The Journal of The Textile Institute, 2002, 93(3): 218-238.

[20] Yuksel C, Kaldor J M, James D L, et al. Stitch meshes for modeling knitted clothing with yarn-level detail. ACM Transactions on Graphics (TOG), 2012, 31(4): 1-12.

[21] Chen Y Y, Lin S, Zhong H, et al. Realistic rendering and animation of knitwear. IEEE Transactions on Visualization and Computer Graphics, 2003, 9(1): 43-55.

[22] Kaldor J M, James D L, Marschner S. Simulating knitted cloth at the yarn level. ACM Transactions on Graphics (TOG), 2008, 27(3): 1-9.

[23] Anbumani N. Knitting fundamentals, machines, structures and developments. Daryaganj, New Delhi: New Age International Press Limited, 2007.

[24] Supplemental Material. http://link.aps.org/supplemental/10.1103/PhysRevX.8.021075.

[25] Dusserre G. Modelling the hysteretic wale-wise stretching behaviour of technical plain knits. European Journal of Mechanics — A/Solids, 2015, 51: 160-171.

[26] Ghys É. Sur La Coupe Des Vêtements. Variation autour d'un thème de tchebychev. L'Enseignement Mathématique, 2011, 57(1/2): 165-208.

[27] Klein Y, Efrati E, Sharon E. Shaping of elastic sheets by prescription of non-Euclidean metrics.

Science，2007，315(5815)：1116-1120.

[28] Poincloux S，Adda-Bedia M，Lechenault F. Crackling dynamics in the mechanical response of knitted fabrics. Physical Review Letters，2018，121：058002.

[29] Poincloux S，Adda-Bedia M，Lechenault F. Geometry and elasticity of a knitted fabric. Physical Review X，2018，8：021075.

10 非织造布力学

非织造布力学常采用力矢量方法(简称力法)或者能量守恒方法(简称能量法)揭示受力变形与结构的关系。力法常用于纱线力学[1-5],能得到关于结构内部应力状态详细信息。Backer 和 Petterson[6]以及 Hearle 和 Stevenson[7]分析非织造布中黏合点之间纤维的作用力,预测非织造布力学性质。但 Treloar 和 Riding[8]发现通过能量法更容易获得整体的应力应变性质。能量法对于解决复杂受力问题更便捷。能量是标量,计算更简单,无需力法中许多假设和近似。由能量法导出的广义公式可以应用于解决复杂的受力变形问题,从而能理解非织造布性能的许多重要特征。能量法经延伸,可成为设计和开发具有特殊性能的新型织物的一种通用方法[9]。计算硬件的飞速发展使得大型数值计算方法也进入非织造布力学研究,以有限元方法为代表的数值计算方法更能揭示非织造布的受力变形机理。本章着重用能量法阐述非织造布受力变形计算过程。

10.1 能量法的简单实现路径

图 10.1 是长方形织物拉伸示意图。假设织物均匀变形(拉伸导致的纵向应变为ϵ_L),没有横向收缩,如图 10.1(a)所示。织物假定由长度为 l 的纤维组成,纤维沿着与织物长度方向成角度 θ 的方向分布,其变形如图 10.1(b)所示,平行于织物长度方向的纤维长度

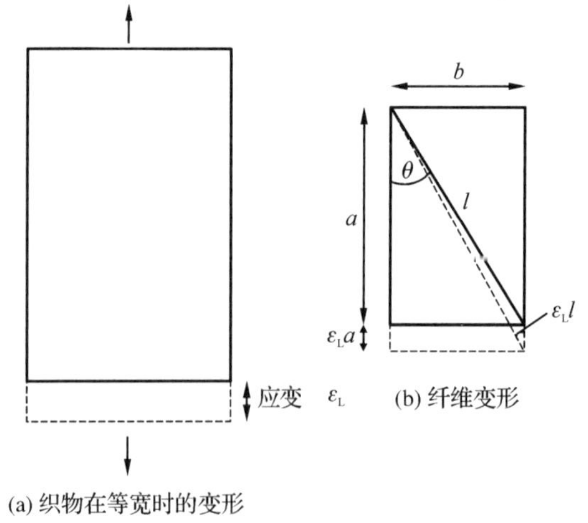

图 10.1 长方形织物拉伸变形情况

增加应变ϵ_L。

图 10.1 中，如果 a 是平行于织物长度方向的纤维投影长度，b 是垂直于织物长度方向的纤维投影长度，则：

$$l^2=a^2+b^2 \tag{10.1}$$

在变形过程中，b 为常数：

$$2l\,dl=2a\,da \tag{10.2}$$

纤维应变：

$$\epsilon_f=\frac{dl}{l}=\frac{(a^2)\,da}{(l^2)a}=\epsilon_L\cos^2\theta \tag{10.3}$$

如果纤维变形遵循胡克定律，则单位质量纤维的弹性能如下：

$$U_f=\frac{1}{2}Y_f\epsilon_f^2=\frac{1}{2}Y_f\epsilon_L^2\cos^4\theta \tag{10.4}$$

式中：Y_f 为纤维模量。

由于 θ 的值是一个分布，织物中单位质量的平均弹性能如下：

$$\bar{U}=\frac{1}{2}Y_f\epsilon_L\overline{\cos^4\theta} \tag{10.5}$$

式中：$\overline{\cos^4\theta}$ 为 $\cos^4\theta$ 的均值。

织物储存总能量一定等于施加张力对织物做的功。这里给出单位质量平均能量的另一个表达式：

$$\bar{U}=\frac{1}{2}Y_F\epsilon_L^2 \tag{10.6}$$

式中：Y_F 为织物模量。

由式(10.5)、式(10.6)，可得到织物模量与纤维模量和纤维取向之间的关系：

$$Y_F=Y_f\overline{\cos^4\theta} \tag{10.7}$$

式(10.7)也可以从 Hearle 和 Stevenson[7] 给出的式(10.1)、式(10.3)和式(10.4)得到。然而，这种处理依赖许多隐含的假设，并且只适用于特定类型织物结构的特定形式变形。式(10.7)只能给出织物拉伸模量的近似值，有时它可能会超出误差范围。

10.2 能量法的广义分析

10.2.1 变形微分方程

考虑一个受外力 (P_1, P_2, …, P_i, …, P_n) 作用的织物，沿这些力方向分别产生位移（S_1，S_2，…，S_i，…，S_n）。假设其中一个位移变化量为 dS_i，而其他位移不变，得到力对织物做的功：

$$W = P_i \cdot dS_i \tag{10.8}$$

式(10.8)所得的功作用于织物并储存在织物的弹性变形中，或者在织物的非弹性变形中被消耗。最简单的情形是只考虑织物弹性变形，非弹性变形可在弹性变形基础上叠加塑性变形得到。应该指出的是，“弹性”一词在这里的意思是“变形可以在没有迟滞的情况下完全回复，而不是简单地遵循胡克定律”，外力在对织物加载和卸载闭环过程中的闭路积分为零，也即 $\oint P dS = 0$。

如果将织物分为 N 个单元，用下标 j 表示，每个单元储存的能量用 E_j 表示，则织物总储存能量可表达如下：

$$\sum_{j=1}^{j=N} E_j \tag{10.9}$$

因此对于位移增量 dS_i，储能增量如下：

$$W = \left(\frac{\partial}{\partial S_i}\sum_{j=1}^{j=N} E_j\right)_{S_1,\cdots,S_{i-1},S_{i+1},\cdots,S_n} dS_i = \left(\sum_{j=1}^{j=N}\frac{\partial E_j}{\partial S_i}\right)_{S_1,\cdots,S_{i-1},S_{i+1},\cdots,S_n} dS_i \tag{10.10}$$

由式(10.8)和式(10.10)得到：

$$P_i = \left(\sum_{j=1}^{j=N}\frac{\partial E_j}{\partial S_i}\right)_{S_1,\cdots,S_{i-1},S_{i+1},\cdots,S_n} dS_i \tag{10.11}$$

如果织物各单元的能量值 E_j 可以表示为织物变形位移增量 S_i 的函数，则可以求解出织物的受力-变形公式。

假设纤维相同，只是取向不同，如果它们的质量是 μ，可以代入式(10.4)，得：

$$E_i = \frac{1}{2}\mu Y_f \epsilon_L^2 \cos^4\theta_j \tag{10.12}$$

设 L 为织物长度，B 为织物宽度，w 为织物单位面积质量，N 为织物中的纤维总数。唯一要考虑的力是 P_L，相应的位移是 S_L，它平行于织物长度方向。垂直织物长度方向的横向位移 S_T 保持不变。因此有以下关系：

$$S_L = L\epsilon_L \tag{10.13}$$

$$\left(\frac{\partial E_j}{\partial S_L}\right)_{S_T} = \left(\frac{\partial E_j}{\partial \epsilon_L}\right)_{S_T}\frac{d\epsilon_L}{dS_L} = \frac{\mu Y_f \epsilon_L \cos^4\theta_j}{L} \tag{10.14}$$

$$P_L = \sum\left(\frac{\partial E_j}{\partial S_L}\right)_{S_T} = \sum\frac{\mu Y_f \epsilon_L \cos^4\theta_j}{L} = N_\mu Y_f \epsilon_L \overline{\cos^4\theta_j}/L \tag{10.15}$$

$$Y_F = \frac{1}{\epsilon_L}\frac{P_L}{wB} = \frac{N_\mu}{wBL} Y_f \overline{\cos^4\theta_j} = Y_f \cos^4\theta_j \tag{10.16}$$

式中：N_μ 和 wBL 均等于织物总质量。

式(10.11)可推广到作用在任何织物上的任何一组力。然而，对于许多问题，使用以下三种简化方法中的一种或多种，会更简洁。

例如将式(10.11)应用于节 10.1 中的织物受力变形问题，三种简化方法具体如下：

第一个简化方法：假设一矩形织物，长度和宽度分别为 L 和 B，单位面积质量为 w；施加于沿织物宽度施加力为 P_i，引起的纵向位移为 S_i。由于 wB 是单位长度织物的质量，则比应力如下：

$$f_i = P_i/(wB) \tag{10.17}$$

应变如下：

$$\epsilon_i = S_i/L \tag{10.18}$$

由此可将式(10.11)写成以下形式：

$$f_i = \frac{1}{wBL}\sum_{j=1}^{j=N}\left(\frac{\partial E_j}{\partial \epsilon_i}\right)_{\epsilon_1,\cdots,\epsilon_{i-1},\epsilon_{i+1},\cdots,\epsilon_n} \tag{10.19}$$

进一步可写成以下形式：

$$f_i = \sum_{j=1}^{j=N}\mu_j\left(\frac{\partial U_j}{\partial \epsilon_i}\right)_{\epsilon_1,\cdots,\epsilon_{i-1},\epsilon_{i+1},\cdots,\epsilon_n}\Bigg/\sum_{j=1}^{j=N}\mu_j \tag{10.20}$$

式中：μ_j 为单元的质量；U_j 为单位质量存储的能量。

织物总质量 $= wBL = \sum\mu_j$。式(10.20)的右侧为 $(\partial U_j/\partial\epsilon_j)$ 的加权平均值。

第二个简化方法：如果纤维的弹性能仅仅由纤维两端之间的长度来定义，纤维初始长度为 l_j，受力后变为 $(l_j + \delta l_j)$，则张力 $\epsilon_j = \delta l_j / l_j$，可以把能量作为应变的函数。例如，单位质量的功：

$$U_j = U(\epsilon_j) \tag{10.21}$$

$$\frac{\partial U_j}{\partial \epsilon_i} = \frac{\mathrm{d}U(\epsilon_j)}{\mathrm{d}\epsilon_j}\left(\frac{\partial \epsilon_j}{\partial \epsilon_i}\right) \tag{10.22}$$

式(10.20)变为以下形式：

$$f_i = \frac{1}{wBL}\sum_{j=1}^{j=N}\mu_j\,\frac{\mathrm{d}U(\epsilon_j)}{\mathrm{d}\epsilon_j}\left(\frac{\partial \epsilon_j}{\partial \epsilon_i}\right)_{\epsilon_1,\cdots,\epsilon_{i-1},\epsilon_{i+1},\cdots,\epsilon_n} \tag{10.23}$$

这将问题简化为表征单根纤维应变能的变化，以及由整个织物受力导致的纤维位移或应变的变化。

第三个简化方法：可更方便地推导出纤维末端产生应变 ϵ_j 时需要的比应力 $f(\epsilon_j)$。令

t_j 是单位长度单元的质量，则当应变增量 $d\epsilon_j$ 增加时，存储能量的变化量 $dE(\epsilon_j)$ 为力与位移的乘积：

$$dE(\epsilon_i)=t_j f(\epsilon_j) l_j d\epsilon_j \tag{10.24}$$

$$\frac{dU(\epsilon_i)}{d\epsilon_i}=\frac{1}{\mu_j}\frac{dE(\epsilon_j)}{d\epsilon_j}=\frac{t_j l_j}{\mu_j}f(\epsilon_j)=f(\epsilon_j) \tag{10.25}$$

单元质量：

$$\mu_j=t_j l_j \tag{10.26}$$

式(10.23)由此变为以下形式：

$$f_i=\frac{1}{wBL}\sum_{j=1}^{j=N}\mu_j f(\epsilon_j)\left(\frac{\partial\epsilon_j}{\partial\epsilon_i}\right)_{\epsilon_1,\cdots,\epsilon_{i-1},\epsilon_{i+1},\cdots,\epsilon_n} \tag{10.27}$$

进行偏微分时必须使除考虑的位移或应变以外的所有位移或应变保持恒定，这是因为在使用式(10.8)时保持其他 S 值不变。由此得到如下公式：

$$P_{1,\cdots,i-1,i+1,\cdots,n}\cdot dS_{1,\cdots,i-1,i+1,\cdots,n}=0 \tag{10.28}$$

然而，作为一种替代方法，保持任何特定的 S 值不变，使 $dS=0$。如果对应的 P 值为零，也可以得到同样的结果。这也就意味着特定的 P 值不存在，所以这个施加力和它对应的位移应该从集合中去掉，得到必要条件：对于集合中除 dS_i 以外的所有元素，$dS=0$。

这个看似明显成立的命题实则蕴含深意。以织物在拉伸张力下的情况为例。一方面，对于单轴拉伸，唯一的有限力是 P_L，特别是横向拉力 P_T 为零且不属于所考虑的变量范围。在变形过程中，横向位移应变 S_T 或 ϵ_T 可以随意变化，从而影响用于求 P_L 时对应的 E_j 值。另一方面，对于双轴拉伸，P_L 和 P_T 都是受限的，并且它们是变量范围中的元素，因此在确定 P_L 时，必须保持 S_T 恒定，从而得到不同的 E_j 值。需要注意的是，P_T 会随着 S_L 和 P_L 的变化而变化。例如，在 10.1 节的简单示例是一个特殊的双轴拉伸情况，其中横向变形 S_T 保持恒定为零，并且随着织物扩展而产生横向张力 P_T。P_T 的值可以通过 S_T 的微小虚拟变化得到：

$$P_T=\sum\left(\frac{\partial E_j}{\partial S_T}\right)_{S_L} \tag{10.29}$$

10.2.2 公式总结

除了基本的微分方程即式(10.11)之外，考虑各种变化因素后将导致许多变化形式，其中有代表性的变化形式汇集在表 10.1 中，其中最有用的公式用矩形圈起来。在解决具体问题时，可以选择最方便的公式。此外，由于这些公式的右侧都是对 j 值的求和，因此可以将单元分成多个集合（$j=1,2,\cdots,N$，$j'=1,\cdots,N'$），然后对不同的集合以不同的形式单独组合求和。当然，组合求和的方式可要与公式左侧参数（P_i 或 f_i）的相关项中选择。

表 10.1　微分方程的广义形式

纤维和织物单元的相关性	力-变形（适用于各种织物类型）	应力-应变（矩形样品）
与单元能量相关（广义形式）	(A) $P_i=\sum\left(\frac{\partial E_j}{\partial S_i}\right)$	(F) $f_i=\frac{1}{wBL}\sum\left(\frac{\partial E_j}{\partial\epsilon_i}\right)$
与单位质量织物能量相关	(B) $P_i=\sum\mu_j\left(\frac{\partial U_j}{\partial S_i}\right)$	(G) $f_i=\sum\mu_j\left(\frac{\partial U_j}{\partial\epsilon_i}\right)\Big/\sum\mu_j$
与纤维能量相关	(C) $P_i=\sum\frac{dE_j}{d\epsilon_j}\left(\frac{\partial\epsilon_j}{\partial S_i}\right)$	(H) $f_i=\frac{1}{wBL}\sum\frac{dE_j}{d\epsilon_j}\left(\frac{\partial\epsilon_j}{\partial\epsilon_i}\right)$
与单位质量纤维能量相关	(D) $P_i=\sum\mu_j\frac{dU_j}{d\epsilon_j}\left(\frac{\partial\epsilon_j}{\partial S_i}\right)$	(I) $f_i=\sum\mu_j\frac{dU_j}{d\epsilon_j}\left(\frac{\partial\epsilon_j}{\partial\epsilon_i}\right)\Big/\sum\mu_j$
与纤维应力-应变关系相关	(E) $P_i=\sum\mu_j f_j\left(\frac{\partial\epsilon_j}{\partial S_i}\right)$	(J) $f_i=\sum\mu_j f_j\left(\frac{\partial\epsilon_j}{\partial\epsilon_i}\right)\Big/\sum\mu_j$

定义：

$P_i=$ 施加的力；$S_i=$ 相应的位移
$f_i=$ 施加的应力；$\epsilon_i=$ 相应的应变 $\}$ （$i=1\sim n$）织物上的力

$E_j=$ 能量；$U_j=$ 单位质量能量
$\epsilon_j=$ 应变；$f_j=$ 应力；$\mu_j=$ 质量 $\}$ （$j=1\sim N$）织物中的单元

$wBL=\sum\mu_j=$ 整个样品的质量

$\sum$ 包含所有对 j 的偏微分，如 $\frac{\partial E_j}{\partial S_i}$ 是保留带下标常数（$1,\cdots,i-1,i+1,\cdots,n$）的适当参数值

下文介绍的 ϵ_j' 可取代 ϵ_j

还可以指出，如果在非织造布纤维网中考虑不同形状的单元或其他形式的变形，那么 E_j 的其他表达式也适用。例如，如果考虑非织造内纤维黏结点的旋转，可以将 E_j 表示为旋转角 θ_j 的函数：

$$\frac{\partial E_j}{\partial S_i}=\frac{dE(\theta_j)}{d\theta_j}\frac{\partial\theta_j}{\partial S_i} \tag{10.30}$$

与其他变形形式类比，例如织物单元的扭转或剪切，式(10.30)的表达是显而易见的。

10.2.3　积分形式

作为 10.2.1 节给出的微分方程的一种替代方法，可用能量法得出积分方程。使用类

似于微分方程中已经使用的参数，可得到外力作用于织物上所做的总功，即织物存储的总能量可表达如下：

$$\int_0^{S_1} P_1 \mathrm{d}S_1 + \int_0^{S_2} P_2 \mathrm{d}S_2 + \cdots + \int_0^{S_n} P_n \mathrm{d}S_n = \sum_{i=1}^{i=n}\int_0^{S_i} P_i \mathrm{d}S_i = \sum_{j=1}^{j=N} E_j \tag{10.31}$$

或者，在更广义的矢量符号中，可以写成以下形式：

$$\sum_{i=1}^{i=n}\int_0^{s_i} \cdot P_i \cdot \mathrm{d}S_i = \sum_{j=1}^{j=N} E_j \tag{10.32}$$

力和位移可以转换为应力和应变，能量值与以前相同，用纤维的应变函数代替。这就给出了单位织物质量的能量：

$$\sum_{i=1}^{i=n}\int_0^{\epsilon_i} f_i \mathrm{d}\epsilon_i = \frac{1}{wBL}\sum_{j=1}^{j=N}\mu_j U(\epsilon_j) = \frac{1}{wBL}\sum_{j=1}^{j=N}\mu_j\int_0^{\epsilon_j} f(\epsilon_j)\mathrm{d}\epsilon_j \tag{10.33}$$

10.2.4 最小能量条件

前面采用能量守恒原理计算织物变形过程中，存储在织物单元中的能量（或纤网中的应变）。如何把总能量分配到织物的每一个区域或单元，以确定区域或单元的应力状态，则相对困难。对于一些简单的织物结构考虑到对称性或其他特殊参数，然后进行几何分析，可得出整个织物变形与织物区域或单元之间的精确变形关系。

对于更复杂的织物结构，可以对变形的性质和用于获得近似解的公式做一些假设。例如，在早期的非织造布力学研究中，通过对力的分析，提出了仿射变形（或仿射变形的变体）的假设[7-8]。

为了获得更详细的应力应变信息，必须使用另一个原理，至少在原则上，能够计算出纤网的最终形态。这就是最小能量原理。

如果一个织物受到一组特定的约束，它将在一种平衡条件下成为稳定状态，即能量最小的状态。

织物在外力加载下总储存能量是：

$$E_F = \sum_{i=1}^{i=N} E_j \tag{10.34}$$

假设 E_j 是自由变化的参数（$x_{j1}, x_{j2}, \cdots, x_{jk}, \cdots, x_{jr}$）和由于约束而保持不变的参数（$y_{j1}, y_{j2}, \cdots, y_{jl}, \cdots, y_{js}$）的函数。织物结构的每个单元都有一组参数（$x_{jk}, y_{jl}$）。因此，$E_j$ 可以写作：

$$E_j = E_j(x_{jk}, y_{jl}) \tag{10.35}$$

应用最小能量原理，任意可变参数 x_{jk} 的值由下式得出：

$$\left(\frac{\partial E_F}{\partial x_{jk}}\right)_{\text{所有}y\text{，除}x_{jk}\text{以外的其他所有}x} = 0 \tag{10.36}$$

由式(10.34)可知：

$$\frac{\partial}{\partial x_{jk}}(\sum_{j=1}^{j=N} E_j)=0 \tag{10.37}$$

或：

$$\sum_{j=1}^{j=N}\left[\frac{\partial}{\partial x_{jk}}E_j(x_{jk},\ y_{jl})\right]_{\text{所有}y,\text{除}x_{jk}\text{以外的其他所有}x}=0 \tag{10.38}$$

必须注意的是，所有的参数 x_{jk}（当然还有集合 y_{jl}）不一定是独立的。某些参数可能出现在每个集合中，而其他参数可能出现在多个集合中。

实际计算中，可将实际使用的参数减少为一个组，其中每个参数都可以独立于其他参数而变化。例如，图 10.2 所示的两个串联单元受到张力作用，两个单元的长度不能独立变化，它们都只有一个独立的内部变量，因此必须将 x_{11} 和 x_{21} 都设为 l_1；唯一施加的不变约束是总长度 L，所以 y_{11} 和 y_{21} 都必须写成 L。因此，可以得到：

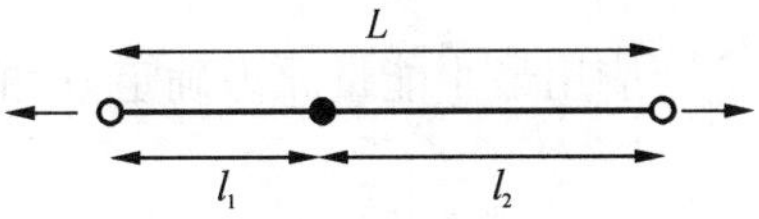

图 10.2 在张力下两个串联单元

$$E_1=E_1(l_1,\ L) \tag{10.39}$$

$$E_2=E_2(l_1,\ L) \tag{10.40}$$

长度 l_1 由下式给出：

$$\left[\frac{\partial E_1(l_1,\ L)}{\partial l_1}\right]_L+\left[\frac{\partial E_2(l_1,\ L)}{\partial l_1}\right]_L=0 \tag{10.41}$$

如果已知单元 l_1 和 l_2 的性质，则根据式(10.41)，能够确定中点的位置。实际上，E_1 只依赖于 l_1，所以 L 在式(10.39)中是多余的，可以令 $E_1=E_1(l_1)$。另一方面，E_2 主要由 l_2 决定，从式(10.40)得到 E_2 需要从 $E_2=E_2(l_2)$ 和 $l_2=L-l_1$ 两式中消去 l_2。值得注意的是，如果不使用式(10.41)，那么只有在对整个长度变化时的中点位置作一些有效或近似的假设，E_1 和 E_2 的值才能计算并用于前几节讨论的广义公式中。显然，在图 10.2 这个特殊的串联例子中，张力是相等的，因此问题可以解决。

可变参数集 x_{jk} 可以是织物的外部或内部参数。上述示例中的参数 l_1 是典型的内部参数。在更复杂的纤维网中，存在与所有连接点位置相关的内部参数。

一个典型的外部参数是织物在单轴拉伸下的横向收缩，这可以用泊松比 σ 定义。泊松比可由下式确定：

$$\sum_{j=1}^{j=N}\left(\frac{\partial E_j}{\partial \sigma}\right)=0 \tag{10.42}$$

如果存在一个织物变形的假定形式，能将 E_j 值精确或近似地表示为外部参数的函数，外部参数则可独立于最小能量原理而直接应用于式(10.42)。

应用最小能量原理时,可以详细地计算出织物整体和局部单元的受力变形状态。

10.2.5 用最小能量原理推导受力关系

表10.1、式(10.31)和式(10.38)等受力公式是由能量守恒定律推导出来的,也可以由最小能量原理推导出来。犹如外力(P_1, P_2, …, P_i, …, P_n)通过绳索和滑轮起吊重物一样,与力 P_i 相关的势能会随着重物上升或下降而变化,用 $-P_iS_i$ 表示($S_i=0$ 时势能为零)。引入负号,是因为绳索的延伸会使重物下降。

如果把系统作为一个整体考虑,包括织物(类比于重物滑轮系统中的绳索)和重物,系统总能量如下:

$$\sum_{i=1}^{i=n}(-P_iS_i)+\sum_{j=1}^{j=N}E_j \tag{10.43}$$

应用最小能量原理确定 S_i 的值,得到:

$$\frac{\partial}{\partial S_i}\Big[\sum_{i=1}^{i=n}(-P_iS_i)\Big]_{S_1,\cdots,S_{i-1},S_{i+1},\cdots,S_n}+\frac{\partial}{\partial S_i}\Big(\sum_{j=1}^{j=N}E_j\Big)_{S_1,\cdots,S_{i-1},S_{i+1},\cdots,S_n}=0 \tag{10.44}$$

但是,系统中的 P 值是恒定的,根据定义,除了 S_i 之外的所有 S 值都保持恒定,因此式(10.44)中的第一项化简为 $-P_i$,改写为如下形式:

$$P_i=\sum_{i=1}^{j=N}\left(\frac{\partial E_i}{\partial S_i}\right)_{S_1,\cdots,S_{i-1},S_{i+1},\cdots,S_n} \tag{10.45}$$

这和前文导出的式(10.11)相同。

当然,在现实中,如果把加在完全弹性绳索上的重物从非平衡位置移开,重物会发生无限地振荡。最小能量原理可给出试样在受限缓慢移动或有轻微阻尼时所处的平衡位置。

10.2.6 非弹性变形

广义公式是在弹性材料假设的基础上推导而得的,此时所有外力做的功都转化为弹性能。这并不意味着材料在遵循胡克定律的意义上是弹性的,而只有在应力-应变关系曲线是可逆的单曲线时,才能被认为是弹性材料,即应力-应变曲线在加载和卸载过程中滞后圈面积为零 $\left(\oint P\,\mathrm{d}S=0\right)$。广义公式将材料所受荷载作为变形的单值函数,而不管通过何种途径实现这种单值对应关系。这种行为可以用图10.3(a)表示。

但真实材料并非如此。能量损失可能是由于材料内部的黏性或迟滞性(内摩擦),或由于组件中单个元件之间的表面摩擦。因为涉及黏性,应力-应变关系将与时间相关,并会发生蠕变和应力松弛。

回到用能量守恒推导的广义公式,可以看到力做的功 $P_i\mathrm{d}S_i$ 被织物吸收,并可能作为弹性能储存指织物中或被消散。因此,如果将 E_j 的定义改为单元吸收的总能量、并且偏

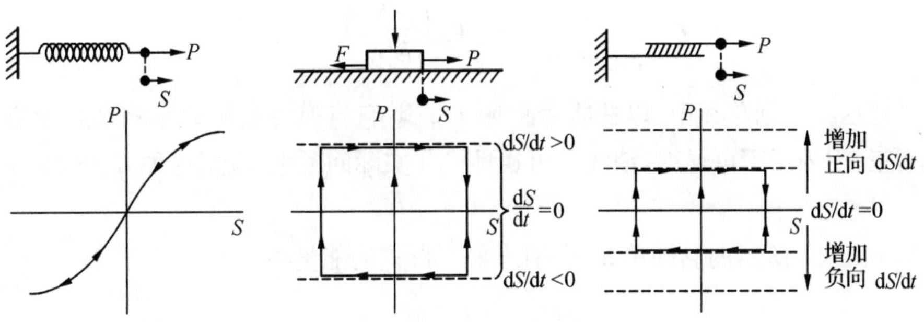

(a) 弹性　　(b) 摩擦　　(c) 黏性

图 10.3　单一成分

微分 $\partial E_j/\partial S_i$ 为产生小变形 dS_i 时织物吸收的能量 dE_j，则式(10.11)及其导出的公式仍然适用。一般来说，能量 E_j 不是 S_i 的单值函数，所以偏微分 $\partial E_j/\partial S_i$ 的值和由此得到的 P_i 的值取决于之前的历史值。

通过图 10.3(b)可进一步说明织物对外力做功的过程。图 10.3(b)所示为单一摩擦元件，承受法向载荷、摩擦力 F 和牵引力 P 的共同作用。力 P 使摩擦元件从原始位置产生位移 S。

若位移增加 dS，则摩擦吸收和耗散的能量为 $dE=FdS$，因此：

$$P=\frac{\partial E}{\partial S}=\frac{\partial}{\partial S}(FdS)=F \tag{10.46}$$

另一方面，位移减少 dS，dS 为负，摩擦功仍然被吸收和耗散，必须写成 $-FdS^*$，则：

$$P=\frac{\partial E}{\partial S}=\frac{\partial}{\partial S}(-FdS)=-F \tag{10.47}$$

完整的解决方案如下：

$$当\ dS>0\ 时，P=F$$
$$当\ dS<0\ 时，P=-F$$

当 $dS=0$ 时，P 是不确定的，在 $\pm F$ 之间。

由图 10.3(b)可看到，力可以为负的方式，即使总位移为正，反之亦然。这是因为每当位移发生变化时，能量就会被吸收，因此 dE 总是正的，力的符号取决于 dS 的符号。这与弹性变形有很大不同。在弹性变形中，dE 和 dS 一起改变符号(坐标原点除外)，于是得到图 10.3(a)所示的一条只进入一、三两个象限的可逆曲线。

图 10.3(b)所示摩擦元件的例子用力平衡概念处理，会简单得多，但这个例子展示了如何考虑织物内部的摩擦损失。如果在织物的单元集合中加入一组由彼此接触的纤维表面组成的单元，则可以添加一项即 $\partial E_j/\partial S_i$，其对应摩擦能损失。如果 F_j 是接触处的摩擦力，S_j 是接触处的位移，那么应该得到摩擦元件的受力方程：

$$\left(\frac{\partial E_j}{\partial S_i}\right)=\left|F_j\left(\frac{\partial S_j}{\partial S_i}\right)\right| \tag{10.48}$$

可以将这项加到总和中，以便将摩擦阻力的影响与弹性变形的影响结合起来。摩擦项总是为正，引入了不可逆性，消除了可逆性。在实际问题中，应用这种方法确定 F_j 和 S_j 的值。

如图 10.3(c)所示的黏性单元，将引入如下形式的能量项：

$$\mathrm{d}E=\eta(\mathrm{d}S/\mathrm{d}t)\mathrm{d}S \tag{10.49}$$

$$P=\left(\frac{\partial E}{\partial S}\right)=\eta\frac{\mathrm{d}S}{\mathrm{d}t} \tag{10.50}$$

式中：η 为黏度参数；t 为时间。

能量再次完全耗散，但没有必要特别注意符号，因为乘积 $(\mathrm{d}S/\mathrm{d}t)\mathrm{d}S$ 总是正的，P 将随着 $\mathrm{d}S/\mathrm{d}t$ 的反转而适当地反转符号。所以在单元集合中，黏性单元可以通过下列项得到总和：

$$\left(\frac{\partial E_j}{\partial S_i}\right)=\eta_j\left(\frac{\partial S_j}{\partial t}\right)\left(\frac{\partial S_j}{\partial S_i}\right)=\eta_j\left(\frac{\partial S_i}{\partial t}\right)\left(\frac{\partial S_j}{\partial S_i}\right)^2 \tag{10.51}$$

可看到，与弹性和摩擦项相反，一旦位移停止，黏性项就降为零。

对于包含具有复杂流变特性的元件的组合，如果 $\mathrm{d}E_j$ 值是由在适当条件下获得的元件的应力-应变关系导出的，则可以使用广义公式。因此，当织物的应变速率(也称为应变率)即 $\partial\epsilon_i/\partial t$ 恒定时，用于计算能量或应力的纤维应力-应变关系本身应取适当的应变率，即 $\partial\epsilon_j/\partial t=(\partial\epsilon_j/\partial\epsilon_i)(\partial\epsilon_i/\partial t)$。由于 $\partial\epsilon_j/\partial\epsilon_i$ 无论如何都要计算，当然也可以计算出 $\partial\epsilon_j/\partial t$ 的适当值。

为了计算应力松弛行为，可以使用广义公式，令 $\mathrm{d}S_i$ 为试样在给定应力松弛期后产生的小虚拟位移。在计算 $\mathrm{d}E_j$ 值时，必须考虑单个单元的应力松弛，表 10.1 中的应力-应变关系公式(J)可以适用，其中 f_j 为应力的松弛值。

关于恒定加载速率下蠕变行为或载荷-变形关系的讨论，需要更复杂的分析或计算过程，因为广义公式的形式更容易将位移(或应变)作为自变量，而将载荷(或应力)作为因变量。

不可逆变化的另一种形式是结构中某个织物单元的断裂。这在原则上(尽管实际的复杂纤维网并不一定适用)很容易引入理论，因为必须考虑在某个单元断裂发生后具有不同内部约束状态的纤维网新结构。某个单元断裂后，一些弹性能会立即释放出来被织物的其余部分吸收，另一些弹性能则被耗散，再有一些将作为弹性能储存在其他单元中，最后一些弹性能可能导致单元的进一步失效，甚至可能导致整个结构彻底的灾难性破坏。

最小能量原理在用于分析纯弹性变形问题时不具有明显的优势，但它可以用于解决非弹性变形问题。举一个简单的例子。图 10.4(a)显示了弹簧和摩擦元件。如果从弹簧

力 P 大于摩擦阻力 F 开始，然后慢慢地让弹簧收缩，拉动摩擦元件，情况基本与图 10.4(b)所示相同，其中摩擦元件的摩擦力由 F 表示。

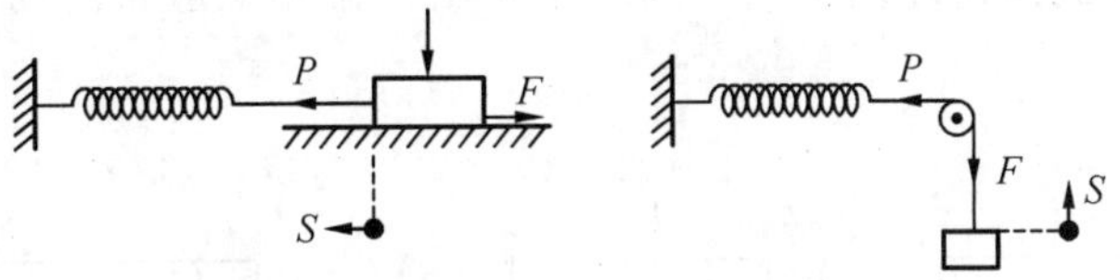

(a) 弹性和摩擦力　　(b) 弹性和引力

图 10.4　组合成分

对于摩擦元件，$\partial E/\partial S=-F$；对于弹簧，$\partial E/\partial S=P$。因此在平衡状态时有以下关系：

$$P-F=0 \quad \text{或} \quad P=F \tag{10.52}$$

如果从 $P<F$ 开始，摩擦元件将到达另一个平衡位置。或者，如果允许弹簧从 $P>F$ 的位置快速移动，则重物会发生上下振荡，并在一定的阻尼作用下，最终在上述导出的平衡位置静止。

10.2.7　特殊情况的应用

10.2.1～10.2.6 节推导得到的广义公式适用于任何变形。实际上，为了得到可用的结果，需要得到针对具体情况的狭义公式。

使用这些公式来预测织物的应力-应变特性，需要考虑：(a) 力系统的性质——影响表 10.1 给出的应力-应变关系公式的左侧；(b) 纤维网的性质及其变形形式——影响表 10.1 给出的应力-应变关系公式的右侧；(c) 受力公式的推导方法。

10.3　理想非织造布的仿射变形

10.3.1　简单纤网

Backer 和 Petterson[6] 以及 Hearle 和 Stevenson[7] 在通过力的分析来处理非织造布的力学时，做了一些简化的假设。在这里，采用与 Hearle 和 Stevenson[7] 相同的主要假设，忽略一些次要假设，从而扩展了理论的一般性，并且数学处理将更加严格，消除了前面分析中的一些近似。

对非织造布的行为进行简化，假设：

(1) 织物可视为由二维(平面)片材组成。

(2) 片材由位于黏结点之间的纤维网组成。

(3) 黏结点有仿射变形，这是织物变形均匀性的一种特殊定义，即黏合点(但不一定是纤维的所有部分)以与织物整体变形相对应的方式移动。

(4) 储存的能量仅来自黏结点间纤维长度的变化,忽略由黏结剂或纤维/黏结剂结合体产生的贡献。因此,基本上将每个黏结点视为自由连接点,同时忽略黏结点之间纤维相互运动产生的干扰(例如允许黏结点之间纤维自由占据非织造布的局部区域或者纤维之间产生相互交叉)。

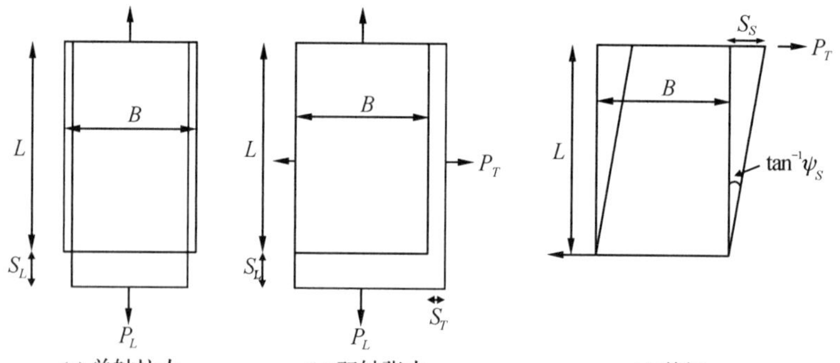

图 10.5　简单应力系统

10.3.2　简单应力系统

图 10.5 是各种简单应力系统。其中最简单的情况是矩形织物在单轴拉伸应力下的均匀变形,如图 10.5(a)所示,其中唯一的力是总拉力 P_L,给出应力 f_L。应变在 P_L 方向为 ϵ_L,在 P_L 垂直方向为 ϵ_T,得到由最小能量原理确定的泊松比 $\sigma_{LT}=-\epsilon_T/\epsilon_L$。

图 10.5(b)所示是双轴应力加载的均匀变形,其中总张力 P_L 和 P_T 对应的应力分别是 f_L 和 f_T,相应的应变分别是 ϵ_L 和 ϵ_T。

图 10.5(c)所示是剪切变形。剪切力是 P_S,剪切位移是 S_S。对于较小的剪切应变 dS_S,剪切能量可表达如下:

$$P_S \cdot dS_S=\Phi_S d\psi_S=\omega BL\varphi_S d\psi_S \tag{10.53}$$

式中:φ_S 为剪切应力;ψ_S 为剪切应变;Φ_S 为剪切力矩。

10.4.3　变形几何

考虑一个长度为 l_j 的纤维,它与织物长度方向之间的夹角为 θ_j,如图 10.6(a)所示,织物纵向 (L) 两端黏结点的初始间距为 $l_j\cos\theta_j$,横向 (T) 两端黏结点的初始间距为 $l_j\sin\theta_j$。如果织物的拉伸应变为 ϵ_L 和 ϵ_T,则根据织物变形的假设,这些变形位移须分别增加到 $(1+\epsilon_L)l_j\cos\theta_j$ 和 $(1+\epsilon_T)l_j\sin\theta_j$ 中,角度 θ_j 也会改变。

由勾股定理得纤维最终长度表达式:

$$l_j[(1+\epsilon_L)^2\cos^2\theta+(1+\epsilon_T)^2\sin^2\theta_j]^{\frac{1}{2}} \tag{10.54}$$

纤维伸长的应变表达式如下:

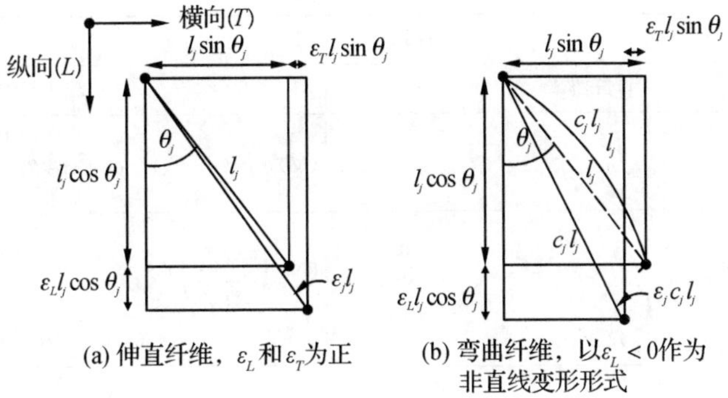

图 10.6　纤维变形

$$\epsilon_j=[(1+\epsilon_L)^2\cos^2\theta_j+(1+\epsilon_T)^2\sin^2\theta_j]^{\frac{1}{2}}-1 \tag{10.55}$$

由于只处理了两种拉伸变形模式，表 10.1 给出的应力-应变关系公式(C)、(D)、(E)、(H)、(I)和(J)中，需要的两个表达式如下：

$$\left(\frac{\partial\epsilon_j}{\partial\epsilon_L}\right)_{\epsilon_T}=\frac{(1+\epsilon_L)\cos^2\theta_j}{[(1+\epsilon_L)^2\cos^2\theta_j+(1+\epsilon_T)^2\sin^2\theta_j]^{\frac{1}{2}}} \tag{10.56}$$

$$\left(\frac{\partial\epsilon_j}{\partial\epsilon_T}\right)_{\epsilon_L}=\frac{(1+\epsilon_T)\sin^2\theta_j}{[(1+\epsilon_L)^2\cos^2\theta_j+(1+\epsilon_T)^2\sin^2\theta_j]^{\frac{1}{2}}} \tag{10.57}$$

因为 θ_j 被定义为未拉伸织物的取向角，可看到 θ_j 在微分过程中保持不变。

对于剪切应变，则在式(10.55)中用剪切应变项替换拉伸应变项，并且也有类似于式(10.56)和式(10.57)的剪切应变表达式。

表 10.2 给出了式(10.55)、式(10.56)和式(10.57)描述的一些更简单的特殊情况。一个具有实际重要性的特殊情况是单轴应力单轴应力状态中自变量的数量减少到一个。横向应变 ϵ_T 可以用泊松比 σ_{LT} 方便地给出。式(10.55)就变成以下形式：

$$\epsilon_j=[(1+\epsilon_L)^2\cos^2\theta_j+(1-\sigma_{LT}\epsilon_L)^2\sin^2\theta_j]^{\frac{1}{2}}-1 \tag{10.58}$$

$$\left(\frac{\partial\epsilon_j}{\partial\epsilon_L}\right)_{\sigma_{LT}}=\frac{(1+\epsilon_L)\cos^2\theta_j-\sigma_{LT}(1-\sigma_{LT}\epsilon_L)\sin^2\theta_j}{\left[(1+\epsilon_L)^2\cos^2\theta_j+(1-\sigma_{LT}\epsilon_L)^2\sin^2\theta_j\right]^{\frac{1}{2}}} \tag{10.59}$$

式(10.59)不能通过式(10.56)得到，因为要处理的是一个只允许以 ϵ_T 作为因变量的系统，默认假设 σ_{LT} 为常数。

$\epsilon_T=0$ 时的约束变形来源于双轴向应力公式。表 10.1 和表 10.2 给出的表达式 $(\partial\epsilon_j/\partial\epsilon_T)_L$ 是为了计算双轴向应力的大小而引入 $\partial\epsilon_T$ 的小虚拟变化量。

表 10.2 纤维应变与织物应变的关系

双轴应力状态		
项目	直纤维	弯曲纤维
广义形式	(A) $\epsilon_j=[(1+\epsilon_L)^2\cos^2\theta_j+(1+\epsilon_T)^2\sin^2\theta_j]^{\frac{1}{2}}-1$	(M) $\epsilon_j'=\frac{1}{c_j}[(1+\epsilon_L)^2\cos^2\theta_j+(1+\epsilon_T)^2\sin^2\theta_j]^{\frac{1}{2}}-1$
	(B) $\left(\frac{\partial\epsilon_j}{\partial\epsilon_L}\right)\epsilon_T=\frac{(1+\epsilon_L)\cos^2\theta_j}{[(1+\epsilon_L)^2\cos^2\theta_j+(1+\epsilon_T)^2\sin^2\theta_j]^{\frac{1}{2}}}$	(N) $\left(\frac{\partial\epsilon_j'}{\partial\epsilon_L}\right)\epsilon_T=\frac{(1+\epsilon_L)\cos^2\theta_j}{c_j[(1+\epsilon_L)^2\cos^2\theta_j+(1+\epsilon_T)^2\sin^2\theta_j]^{\frac{1}{2}}}$
	(C) $\left(\frac{\partial\epsilon_j}{\partial\epsilon_T}\right)\epsilon_L=\frac{(1+\epsilon_T)\sin^2\theta_j}{[(1+\epsilon_L)^2\cos^2\theta_j+(1+\epsilon_T)^2\sin^2\theta_j]^{\frac{1}{2}}}$	(O) $\left(\frac{\partial\epsilon_j'}{\partial\epsilon_T}\right)\epsilon_L=\frac{(1+\epsilon_T)\sin^2\theta_j}{c_j[(1+\epsilon_L)^2\cos^2\theta_j+(1+\epsilon_T)^2\sin^2\theta_j]^{\frac{1}{2}}}$
小应变形式	(D) $\epsilon_j=\epsilon_L\cos^2\theta_j+\epsilon_T\sin^2\theta_j$	(P) $\epsilon_j'=\epsilon_L\cos^2\theta_j-\epsilon_T\sin^2\theta_j-(c_j-1)/c_j$
	(E) $\left(\frac{\partial\epsilon_j}{\partial\epsilon_L}\right)\epsilon_T=\cos^2\theta_j$	(Q) $\left(\frac{\partial\epsilon_j'}{\partial\epsilon_L}\right)\epsilon_T=\cos^2\theta_j$
	(F) $\left(\frac{\partial\epsilon_j}{\partial\epsilon_T}\right)\epsilon_L=\sin^2\theta_j$	(R) $\left(\frac{\partial\epsilon_j'}{\partial\epsilon_T}\right)\epsilon_L=\sin^2\theta_j$
约束	(G) $\epsilon_j=[1+(2\epsilon_L+\epsilon_L^2)\cos^2\theta_j]^{\frac{1}{2}}-1$	(S) $\epsilon_j'=\frac{1}{c_j}[1+(2\epsilon_L+\epsilon_L^2)\cos^2\theta_j]^{\frac{1}{2}}-1$
$\epsilon_T=0$	(H) $\left(\frac{\partial\epsilon_j}{\partial\epsilon_L}\right)\epsilon_T=\frac{(1+\epsilon_L)\cos^2\theta_j}{[1+(2\epsilon_L+\epsilon_L^2)\cos^2\theta_j]^{\frac{1}{2}}}$	(T) $\left(\frac{\partial\epsilon_j'}{\partial\epsilon_L}\right)\epsilon_T=\frac{(1+\epsilon_L)\cos^2\theta_j}{c_j[1+(2\epsilon_L+\epsilon_L^2)\cos^2\theta_j]^{\frac{1}{2}}}$
	(I) $\left(\frac{\partial\epsilon_j}{\partial\epsilon_T}\right)\epsilon_L=\frac{\sin^2\theta_j}{[1+(2\epsilon_L+\epsilon_L^2)\cos^2\theta_j]^{\frac{1}{2}}}$	(U) $\left(\frac{\partial\epsilon_j'}{\partial\epsilon_T}\right)\epsilon_L=\frac{\sin^2\theta_j}{c_j[1+(2\epsilon_L+\epsilon_L^2)\cos^2\theta_j]^{\frac{1}{2}}}$
约束	(J) $\epsilon_j=\epsilon_L\cos^2\theta_j$	(V) $\epsilon_j'=\epsilon_L\cos^2\theta_j-(c_j-1)/c_j$
$\epsilon_T=0$ 小应变	(K) $\left(\frac{\partial\epsilon}{\partial\epsilon_L}\right)\epsilon_T=\cos^2\theta_j$	(W) $\left(\frac{\partial\epsilon_j'}{\partial\epsilon_L}\right)\epsilon_T=\cos^2\theta_j$
	(L) $\left(\frac{\partial\epsilon}{\partial\epsilon_T}\right)\epsilon_L=\sin^2\theta_j$	(X) $\left(\frac{\partial\epsilon_j'}{\partial\epsilon_T}\right)\epsilon_L=\sin^2\theta_j$
单轴应力状态		
项目	直纤维	弯曲纤维
广义形式	(Y) $\epsilon_j=[(1+\epsilon_L)^2\cos^2\theta_j+(1-\sigma_{LT}\epsilon_L)^2\sin^2\theta_j]^{\frac{1}{2}}-1$	(CC) $\epsilon_j'=\frac{1}{c_j}[(1+\epsilon_L)^2\cos^2\theta_j+(1-\sigma_{LT}\epsilon_L)^2\sin^2\theta_j]^{\frac{1}{2}}-1$

（续表）

项目	直纤维	弯曲纤维
广义形式	(Z) $\left(\dfrac{\partial\epsilon_j}{\partial\epsilon_L}\right)=\dfrac{(1+\epsilon_L)\cos^2\theta_j-\sigma_{LT}(1-\sigma_{LT}\epsilon_L)\sin^2\theta_j}{\left[(1+\epsilon_L)^2\cos^2\theta_j+(1-\sigma_{LT}\epsilon_L)^2\sin^2\theta_j\right]^{\frac{1}{2}}}$	(DD) $\left(\dfrac{\partial\epsilon_j'}{\partial\epsilon_L}\right)=\dfrac{(1+\epsilon_L)\cos^2\theta_j-\sigma_{LT}(1-\sigma_{LT}\epsilon_L)\sin^2\theta_j}{c_j\left[(1+\epsilon_L)^2\cos^2\theta_j+(1-\sigma_{LT}\epsilon_L)^2\sin^2\theta_j\right]^{\frac{1}{2}}}$
小应变形式	(AA) $\epsilon_j=\epsilon_L(\cos^2\theta_j-\sigma_{LT}\sin^2\theta_j)$	(EE) $\epsilon_j'=\epsilon_L(\cos^2\theta_j-\sigma_{LT}\sin^2\theta_j)-(c_j-1)/c_j$
	(BB) $\left(\dfrac{\partial\epsilon_j}{\partial\epsilon_L}\right)=(\cos^2\theta_j-\sigma_{LT}\sin^2\theta_j)$	(FF) $\left(\dfrac{\partial\epsilon_j'}{\partial\epsilon_L}\right)=(\cos^2\theta_j-\sigma_{LT}\sin^2\theta_j)$

10.3.4 弯曲纤维

黏结点之间的纤维呈现图 10.6(a)所示的直线状或者图 10.6(b)所示的曲线状。

在计算拉伸力对织物所作功时，常用曲线状纤维被拉直时产生的位移表示纤维变形。但严格意义上存在问题，一般来说，纤维在黏结点之间的卷曲长度不会完全等于纤维被拉直时的长度，因为纤维在拉直所需的张力下会轻微伸长。这就给出纤维伸直长度的另一种定义：将伸直纤维的长度外推回到零张力时纤维本身在伸直状态下的长度，将卷曲的影响与受力延伸的影响分开。然而，可以通过将实际纤维长度取作 l_j' 的方法来保留分析中的一般性，并注意到，对于某些织物，有必要仔细考虑采用哪种定义。事实上，这种通用性在表 10.1 和表 10.2 给出的公式里面可以方便地扩展，因为 l_j' 可以在形式上等同于纤维的任何基准长度。为了将纤维中的卷曲纳入受力分析，Hearle 和 Stevenson[6] 引入了卷曲度 c，即纤维的实际卷曲长度与单元两端之间的直线长度之比。可以把这个定义推广如下：

$$c_j=l_j'/l_j \tag{10.60}$$

这样，实际纤维应变 ϵ_j' 基于实际纤维长度 l_j'，由式(10.54)和式(10.60)给出：

$$\begin{aligned}\epsilon_j'&=\{l_j[(1+\epsilon_L)^2\cos^2\theta_j+(1+\epsilon_T)^2\sin^2\theta_j]^{\frac{1}{2}}-l_j'\}/l_j'\\&=(1/c_j)[(1+\epsilon_L)^2\cos^2\theta_j+(1+\epsilon_T)^2\sin^2\theta_j]^{\frac{1}{2}}-1\end{aligned} \tag{10.61}$$

显然，在表 10.1 给出的应力-应变关系公式中，可以用 ϵ_j' 代替 ϵ_j。例如，式(10.23)可以改写为以下形式：

$$f_i=\frac{1}{wBL}\sum_{j=1}^{j=N}\mu_j\frac{dU(\epsilon_j')}{d\epsilon_j'}\left(\frac{\partial\epsilon_j'}{\partial\epsilon_i}\right)_{\epsilon_1\cdots\epsilon_{i-1},\epsilon_{i+1}\cdots\epsilon_n} \tag{10.62}$$

上式中，$U(\epsilon_j')$ 为单位质量织物吸收的外力功，现在表示为纤维实际应变 ϵ_j' 的函数。

因此，需要用 $(\partial\epsilon_j'/\partial\epsilon_L)_T$ 和 $(\partial\epsilon_j'/\partial\epsilon_T)_L$ 的表达式代替式(10.56)和式(10.57)。表 10.2 中的公式已经得到替换。

10.3.5 织物应力-应变曲线

现在可用表 10.1 给出的应力-应变关系公式(J)或表 10.1 中的受力-变形公式来预测织物的应力-应变曲线。对于单轴拉伸情形，必须将表 10.2 中的公式(DD)代入式(10.20)，得到下式：

$$f_L=\frac{\sum_{j=1}^{j=N}\mu_j f_j\left(\frac{\partial \epsilon_j'}{\partial \epsilon_L}\right)}{\sum_{j=1}^{j=N}\mu_j}$$

$$=\frac{\sum_{j=1}^{j=N}\frac{\mu_j f_j[(1+\epsilon_L)\cos^2\theta_j-\sigma_{LT}(1-\sigma_{LT}\epsilon_L)\sin^2\theta_j]}{c_j[(1+\epsilon_L)^2\cos^2\theta_j+(1-\sigma_{LT}\epsilon_L)^2\sin^2\theta_j]^{\frac{1}{2}}}}{\sum_{j=1}^{j=N}\mu_j}$$

$$=\frac{1}{\sum_{j=1}^{j=N}\mu_j}\left\{(1+\epsilon_L)\sum_{j=1}^{j=N}\mu_j f_j\frac{\cos^2\theta_j}{c_j[(1+\epsilon_L)^2\cos^2\theta_j+(1-\sigma_{LT}\epsilon_L)^2\sin^2\theta_j]^{\frac{1}{2}}}\right.$$
$$\left.-\sigma_{LT}(1-\sigma_{LT}\epsilon_L)\sum_{j=1}^{j=N}\mu_j f_j\frac{\sin^2\theta_j}{c_j[(1+\epsilon_L)^2\cos^2\theta_j+(1-\sigma_{LT}\epsilon_L)^2\sin^2\theta_j]^{\frac{1}{2}}}\right\}$$

(10.63)

上式中，f_j 是 ϵ_j' 的函数。按照表 10.2 中的公式(CC)，f_j 也是 ϵ_L 的函数，而 ϵ_L 可由纤维性质确定，将在 10.4.2 一节中讨论确定方法。

泊松比 σ_{LT} 也以式(10.42)的形式出现在最小能量公式中，通过适当的替换，可以写成以下形式：

$$\sum_{j=1}^{j=N}\left(\frac{\partial E_j}{\partial \sigma_{LT}}\right)=\sum_{j=1}^{j=N}\mu_j\left(\frac{\partial U_j}{\partial \epsilon_j'}\right)\left(\frac{\partial \epsilon_j'}{\partial \sigma_{LT}}\right)=\sum_{i=1}^{j=N}\mu_j f_i\left(\frac{\partial \epsilon_j'}{\partial \sigma_{LT}}\right)=0 \quad (10.64)$$

由表 10.2 中的公式(CC)，可得到：

$$\frac{\partial \epsilon_j'}{\partial \sigma_{LT}}=-\frac{\epsilon_L(1-\sigma_{LT}\epsilon_L)\sin^2\theta_j}{c_j[(1+\epsilon_L)^2\cos^2\theta_j+(1-\sigma_{LT}\epsilon_L)^2\sin^2\theta_j]^{\frac{1}{2}}} \quad (10.65)$$

因此，把式(10.65)代入式(10.64)，得：

$$\epsilon_L(1-\sigma_{LT}\epsilon_L)\sum_{j=1}^{j=N}\frac{\mu_j f_j\sin^2\theta_j}{c_j[(1+\epsilon_L)^2\cos^2\theta_j+(1-\sigma_{LT}\epsilon_L)^2\sin^2\theta_j]^{\frac{1}{2}}}=0 \quad (10.66)$$

由于 ϵ_L 和 $(1-\sigma_{LT}\epsilon_L)$ 都是有限的，所以式(10.66)的和一定为“0”。于是，式(10.63)中第三个等号后面的第二个求和项为零，式(10.63)可改写成以下形式：

$$f_L = \frac{1+\epsilon_L}{\sum_{j=1}^{j=N}\mu_j}\sum_{j=1}^{j=N}\mu_i f_j \frac{\cos^2\theta_j}{c_j[(1+\epsilon_L)^2\cos^2\theta_j+(1-\sigma_{LT}\epsilon_L)^2\sin^2\theta_j]^{\frac{1}{2}}} \tag{10.67}$$

实际测试中必须确定ϵ'_j才能得到 f_j，因此可以将式(10.67)写成以下形式：

$$f_L = \frac{1+\epsilon_L}{\sum_{j=1}^{j=N}\mu_j}\sum_{j=1}^{j=N}\frac{\mu_j f_j\cos^2\theta_j}{\epsilon_j^2(1+\epsilon'_j)} \tag{10.68}$$

式(10.68)可以与 Hearle 和 Stevenson[7]用力分析得到的公式进行比较，把文献[7]的结论用本章的标记符号重新表示如下：

$$f_L = \sum_{j=1}^{j=N} f_j\cos^2\theta_j \tag{10.69}$$

显然，式(10.68)和式(10.69)有几个不同之处。首先，式(10.68)引入 μ_j 和 $\sum\mu_j$ 是更具一般性的，它能在织物中分别考虑不同种类和不同线密度。其次，式(10.68)中，修正因子 $(1+\epsilon_L)/[c_j^2(1+\epsilon'_j)]$ 的引入是能量法正确分析的结果。在受力分析中，是对变形后织物横截面上的所有纤维求和，必须转化为织物变形前横截面上所有纤维的求和值，以求得名义应力。这个过程的细节很复杂，而式(10.69)是更简单的近似形式。在附录 A 中给出了分析步骤。从这个角度来看，能量法相比于力的矢量加和法更可取，能量法可以得到正确、更具一般性的描述织物受力变形公式。

10.3.6 泊松比

用最小能量原理可以预测泊松比的值，在式(10.67)中去掉乘以加和的有限项之后，式(10.66)变为以下形式：

$$\sum_{j=1}^{j=N}\frac{\mu_j f_j\sin^2\theta_j}{\epsilon_j^2(1+\epsilon'_j)}=0 \tag{10.70}$$

Petterson [10]在平行于施加单轴应力方向的直线上的张力必须为零的基础上，推导出类似的关系。

由式(10.70)可看到，除了 f_j 之外，其他参数都是正值，要使得总和为零，只能在垂直于织物长度方向存在负张力(与拉伸力对应的就是压缩力)时才能发生。一般情况下，泊松比值不是一个常数，而是会随着ϵ_L 变化而变化。

10.4 公式的实际应用

10.4.1 应力-应变曲线预测

为了预测非织造布的应力-应变曲线，需要知道：材料的泊松比 σ_{LT}；单位长度的质量

μ_j、取向角 θ_j、曲率ϵ_j；构成纤维网的纤维应力-应变关系，$f_j=f(\epsilon_j')$。可以使用表 10.2 中的公式(CC)和式(10.68)计算任意应变ϵ_L 下的应力 f_L：

$$\epsilon_j'=(1/c_i)[(1+\epsilon_L)^2\cos^2\theta_j+(1-\sigma_{LT}\epsilon_L)^2\sin^2\theta_j]^{\frac{1}{2}}-1$$

$$f_L=\frac{1+\epsilon_L}{\sum\limits_{j=1}^{j=N}\mu_j}\sum_{j=1}^{j=N}\mu_j f_j\frac{\cos^2\theta_j}{c_j^2(1+\epsilon_j')}$$

如果方程中的参数已知，那么可以得到非织造布的应力-应变关系。如果假设条件不同，可以使用类似的方程组。

10.4.2 纤维能量关系

其余要考虑的问题是储存在纤维中的能量 E_j 或力 f_j 随应变ϵ_j 或ϵ_j'的变化。Hearle 和 Stevenson[7]提出的进一步假设是，将卷曲纤维拉直或进一步卷曲所需的力忽略不计，因此，只有当纤维被拉直后的拉伸阶段，力才会发挥作用。在能量符号中，这意味着对于$\epsilon_j'\leqslant 0$ 有 $U_j=0$。把以下纤维应力-应变关系代入式(10.68)：

$$f_j=f(\epsilon_j')\quad 当\epsilon_j'>0 时 \tag{10.71}$$

$$f_j=0\quad 当\epsilon_j'\leqslant 0 时 \tag{10.72}$$

如果是弹性纤维，此时遵守胡克定律，可得到：

$$f_j=Y_f\epsilon_j'\quad 当\epsilon_j'>0 时 \tag{10.73}$$

必须注意到，当纤维卷曲时，式(10.72)中 $f_j=0$ 有时与实际状态不一致。因为将式(10.63)中的第二项设置为“0”时，假设 f_j 可以是负的。但这种不一致不太可能导致严重的错误，因为织物压缩时纤维内部应力很小。如果使用正确的泊松比实验值，则有关的和必须为零，因此可以省略第二项。由于与纤维从卷曲伸直和由伸直变成卷曲相关的能量仍然很小，可以在计算第一项时可以忽略，特别是因为应力与 $\cos^2\theta_j$ 相乘，并且卷曲纤维仍然处于 θ_j 接近 90°的位置，因此 $\cos^2\theta_j$ 的值很小，忽略第一项的误差更小。

一般来说，应该考虑纤维从卷曲伸直和由伸直变成卷曲有关的能量变化。这些可能来自纤维弯曲刚度和曲率。如果纤维在非张紧状态下不是伸直的，而是以某种方式卷曲，情况会稍微复杂一些。

Hearle 和 Stevenson[7]还提出一种修正法，将纤维通过黏结点时的滑移考虑在内。该方法中纤维中应力水平不可能超过极限值而不发生滑移。一旦纤维发生滑移，纤维网的性质就发生变化，导致非弹性变形，纤维的参数值也发生变化。但是，近似地，可以通过下式考虑这种微量变化：

$$f_j=f_s\quad 当 f(\epsilon_j')\geqslant f_s 时 \tag{10.74}$$

式中：f_s 是产生滑移的临界力。

10.4.3 泊松比

泊松比的值可以用任意可变参数、实际测量或式(10.70)的理论计算三种方式引入。

泊松比出现在 ϵ_j' 的表达式中，因此会影响应力 f_j。对于织物中的某些纤维，由于 f_j 只能为负值时总和才为零，因此必须考虑与织物长度方向接近成90°的纤维产生屈曲变形时所需的力。在计算织物应力-应变曲线时不能忽略弯曲力，在 $\epsilon_j'=0$ 时不能将 f_j 设置为"0"。

非织造布结构松散，有足够数量的纤维产生屈曲变形以平衡纵向拉伸时产生的横向收缩力，这导致非织造布的泊松比较大。对于由直纤维组成的纤维网，泊松比值可以在假设纤维收缩但不产生屈曲的条件下算得，并且压缩应力由纤维应力-应变曲线的线性部分通过原点反向延长到第三象限时得到。

10.4.4 理论与实验对比

为了用实际织物验证理论分析结果，要确定织物中所有 N 个纤维的参数不太现实，可行方法时选择纤维总数为 N' 的一个代表性样本。在统计变化范围内，可以期望总能量和质量与所取纤维的数量成正比，因此：

$$\sum_{j=1}^{j=N} E_j = \frac{N}{N'} \sum_{j=1}^{j=N'} E_j \tag{10.75}$$

$$\sum_{j=1}^{j=N} \mu_j = \frac{N}{N'} \sum_{j=1}^{j=N'} \mu_j \tag{10.76}$$

根据需要，式(10.75)和式(10.76)，以及类似的权重比例表达式可以进一步使用于公式替换，例如式(10.68)替换为以下形式：

$$f_L = \frac{1+\epsilon_L}{\sum\limits_{j=1}^{j=N'} \mu_j} \sum_{j=1}^{j=N'} \mu_j f_j \, \frac{\cos^2\theta_j}{\epsilon_j^2(1+\epsilon_j')} \tag{10.77}$$

实际上由于纤维的线密度 t_j、长度 l_j 和卷曲率 c_j 不同，不可能考虑单个元素的质量 μ_j 的变化。Hearle 和 Stevenson[7]采用的方法是选取与黏结点距离相同数量级的任意长度，测量与该长度相关的 c_j 值和取向角 θ_j。当 μ_j 是真正的常数(在某些纤维网中可能出现)或假设为常数时，式(10.77)可以简化为以下形式：

$$f_L = \frac{1+\epsilon_L}{N'} \sum_{j=1}^{j=N'} f_j \, \frac{\cos^2\theta_j}{c_j^2(1+\epsilon_j')} \tag{10.78}$$

因此，可用纤维数量平均值代替纤维质量平均值来近似计算纤维卷曲率。

10.4.5 实际应用

通过已有的非织造布性质验证理论模型，只是一种学术训练，重要的是通过理论模型预测未来新发展的非织造布性质、提出改进方案和指导发明新制造技术。比如，要提高织物的悬垂性，就要降低织物的初试模量。对于非织造布，如果要制备结构复杂的纤维网，则需要考虑纤维的弯曲力，还需要进一步考虑针对简单纤维网作的仿射变形假设在复杂纤维网中是否适用。

10.4.6 混合纤维的应用

从简单纤维网作的最简洁扩展就是从单种纤维到多种纤维，非织造布结构保持不变。如果非织造布织物中每种纤维根数是 N_1、N_2、…，式(10.68)变为以下形式：

$$f_L = \frac{(1+\epsilon_L)\left[\sum_{j=1}^{j=N_1}\mu_j(f_j)_1\frac{\cos^2\theta_j}{c_j^2(1+\epsilon_j')}+\sum_{j=1}^{j=N_2}\mu_j(f_j)_2\frac{\cos^2\theta_j}{c_j^2(1+\epsilon_j')}+\cdots\right]}{\sum_{j=1}^{j=N_1}\mu_j+\sum_{j=1}^{j=N_2}\mu_j+\cdots} \tag{10.79}$$

上式中，$(f_j)_1$ 表示第一类纤维的应力-应变特性，以此类推。

如果假定织物单元中纤维的实际长度为常数，则 μ_j 与纤维的线密度 t_j 成正比。如果不同类型纤维的线密度为 t_1、t_2、…，则得到：

$$f_L = \frac{(1+\epsilon_L)\left[t_1\sum_{j=1}^{j=N_1}(f_j)_1\frac{\cos^2\theta_j}{c_j^2(1+\epsilon_j')}+t_2\sum_{j=1}^{j=N_2}(f_j)_2\frac{\cos^2\theta_j}{c_j^2(1+\epsilon_j')}+\cdots\right]}{t_1N_1+t_2N_2+\cdots} \tag{10.80}$$

10.5 真实织物的变形

10.5.1 理论假设的有效性——误差估计

实际非织造布力学性质比上述简单理想模型复杂，复杂的主要来源是非织造布变形总体变形机制、局部变形精细结构、吸收能量的其他因素存在。

能量法的一大优点是可以把不同的误差来源分开，单独考虑它们。这是因为在能量法中，是对一组标量求和，并且可以分别考虑单个项可能由于哪些因素出错、以及求和中遗漏了哪些项，由此估计求和中的误差极限。

相反，当使用力法时，矢量加和以一组联立公式出现，单个矢量项的误差会改变所有联立公式结果，而引入其他因素会导致更多的公式。因此，在使用力矢量分析时，不容易估计误差大小。

10.5.2 总变形量

在实际拉伸测试中，将矩形织物试样两端夹持，不可能出现如图 10.7(a)所示的矩形均匀变形，将出现图 10.7(b)中的腰部收缩变形。现有的分析模型，无论是力矢量方法还是能量方法，都只适用于预测变形相当均匀的织物中间部分的应力-应变关系。更准确的预测变形需要采用数值模拟方法，例如有限元方法。

将织物作为一个整体，将织物从图 10.7(a)所示的均匀变形拉伸到图 10.7(b)所示的腰部变形，意味着织物中间部分必须存储更多的能量，在试样两端被夹紧的测试中，这些能量一定来自施加的力所做的功。因此，两端被夹紧试样的应力-应变曲线肯定高于均匀收缩试样的应力-应变曲线。

对误差大小的估计，可以通过将整个试样分成如图 10.7(b)所示的单元，然后从理论上或通过其他实验估计每个单元的变形性质和由此产生的能量来获得。

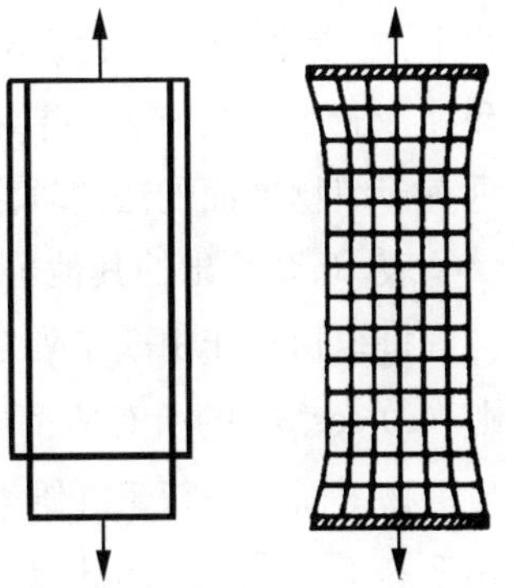

(a) 均匀变形　(b) 夹具之间的腰部变形

图 10.7　非织造布拉伸变形

原则上，可根据最小能量原理计算出织物实际的腰部收缩变形。在某些材料中，可能会出现其他复杂的变形，如起皱、屈曲或卷曲。

10.5.3　变形的细节——仿射或其他

如果不需要用最小能量原理得到完整的解，就必须对织物整体变形和单元局部变形之间的关系做一些假设。例如：Cox[11]假设每根纤维在整个织物中处于一条直线上，并且仅在其末端加载；Petterson 等[10]引入织物单胞的概念，得出纤维是直线并且每根直线具有仿射变形的假设；Hearle 和 Stevenson[7]引入限制性较小的假设，即只有纤维网里面的黏结点具有仿射变形，本章也采用了该假设。

允许自由变形的纤维网，可以通过在纤维网中的每个黏结点施加适当的局部力而扭曲成任意的仿射变形。当这些力将连接点移动到仿射变形给出的点时，这些力就会做功。在仿射变形中存储的能量大于在自由变形中存储的能量，因此在仿射变形的基础上预测的力值会过高。

10.5.4　三维效应

非织造布通常被认为是具有二维状态的纤维网结构，但随着厚度增加，非织造布以叠层方式成为一种三维叠层结构，并存在厚度方向的泊松比效应。

在非织造物拉伸变形过程中，Treloar 等[12]观察到在延伸过程中纤网厚度显著增加（相当于负泊松比）。这是因为纤维网受到面外方向压缩的纤维发生屈曲变形所致。由于整个织物是叠层结构，层间会发生分层，每个织物单层会发生屈曲变形。考虑到整个织物是一组二维层，这意味着层之间的分离以及表面的弯曲，在张力作用下，纤维伸长受到的影响可能很小。

在模型中引入厚度的变化，意味着式(10.55)和式(10.58)变成以下形式：

$$\epsilon_j = [(1+\epsilon_L)^2\cos^2\beta_{1j} + (1+\epsilon_T)^2\cos^2\beta_{2j} + (1+\epsilon_B)^2\cos^2\beta_{3j}]^{\frac{1}{2}} - 1 \quad (10.81)$$

$$\epsilon_j = [(1+\epsilon_L)^2\cos^2\beta_{1j} + (1-\sigma_{LT}\epsilon_L)^2\cos^2\beta_{2j} + (1+\sigma_{LB}\epsilon_L)^2\cos^2\beta_{3j}]^{\frac{1}{2}} - 1 \quad (10.82)$$

式中：ϵ_B 为以应变形式表示的厚度变化；σ_{LB} 为纵向应变引起厚度变化的泊松比；β_{1j}、β_{2j} 和 β_{3j} 分别是纤维轴与沿织物长度方向主轴之间、垂直于主轴的织物宽度方向横轴之间、垂直于织物平面的法向轴之间的夹角。

表 10.2 给出的其他公式也可做类似的修改。

将织物看作由一系列二维纤维网叠合而成的三维纤维网，使 β_{3j} 的所有值都接近 90°，则：(a) $\cos^2\beta_{3j}$ 的所有值都接近于零；(b) β_{1j} 会非常接近于 θ_j，即织物长轴(织物长度方向)与织物平面内平行于纤维轴的直线之间的夹角；(c) β_{2j} 将几乎等于 $(\pi/2-\theta_j)$，使 $\cos^2\beta_{2j}$ 几乎等于 $\sin^2\theta_j$。因此，将织物简化为二维形式是合理的。

对于纤维在层间快速迁移的其他织物，在倾角使得 β_{3j} 值明显不等于 90°的情况下，应使用式(10.81)和式(10.82)。

10.5.5 黏结点的能量

在求和计算中被忽略的能量主要是在黏结点产生的能量。被忽略的主要原因是纤维在黏结点的连接是如图 10.8(a)所示的具有完全自由度的连接。显然，这会导致模量的预测值过低，但这也可能平衡了仿射变形模型模量预测过高所致的误差。

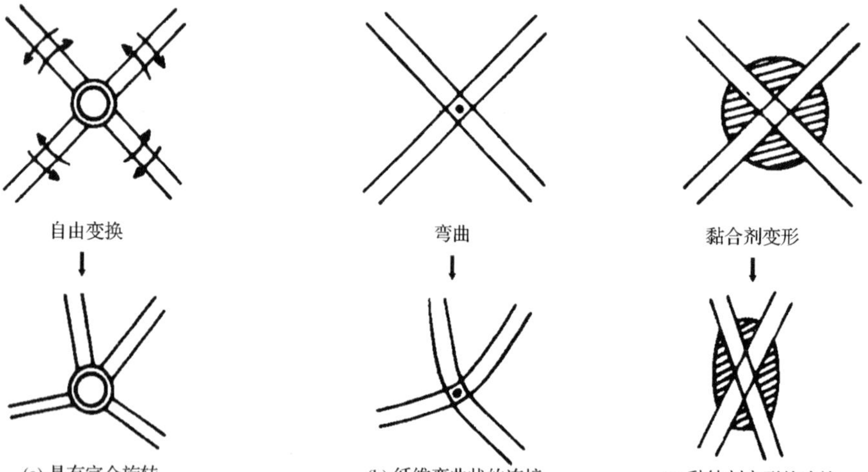

图 10.8　黏结点与纤维的连接方式

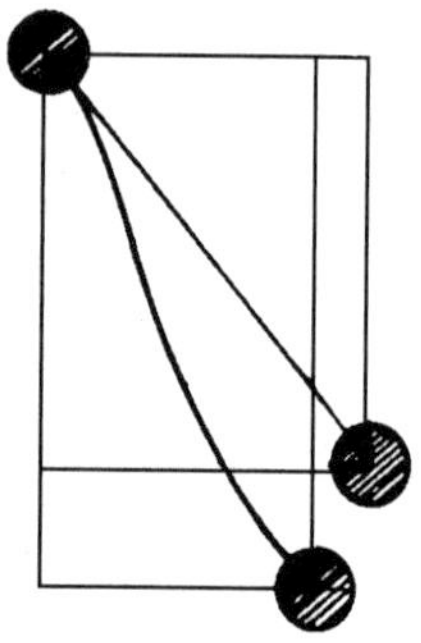

图 10.9　具有刚性黏结点的纤维变形

由黏结点引起的能量吸收有两个原因：一是纤维的连续性，即使纤维能如图 10.8(b)所示围绕黏结点自由旋转，纤维也会因此产生弯曲，从而具有能量吸收；二是如图 10.8(c)所示的黏结剂受力畸变而吸收弹性能。即使纤维围绕黏结点不产生弯曲，纤维间也会有夹角的变化。夹角变化量和黏结剂吸收弹性能的估算在当前模型框架下是可能的。

估算误差的上限如图 10.9 所示，假设黏结点具有较高刚度并受到约束，黏结剂与纤维连接处的角度保持不变，从而使纤维变形呈现

图 10.9 中的形式。另外再把纤维的弯曲能合计并入总能量吸收。

虽然整个估算过程非常复杂，幸好在大多数情况下由忽略黏结点处的能量而引起的误差并不大。

10.5.6 纤维黏结

非织造布纤维网中的纤维有黏结点固结成稳定结构，黏结点可以是针刺点、热压点、聚合物熔融冷却点，非织造布是能相对滑移的纤维借助黏结点形成的结构稳定纤维集合体。图 10.10 是非织造布的一个结构模型，一个黏结点包含众多纤维，一根纤维穿过多个黏结点，黏结点里面存在多个纤维之间的交叉点如果黏结点产生仿射变形，黏结点之间的自由纤维可以采用前面导出的理论计算受力变形过程，同时叠加黏结剂和其他涂覆在纤维上的涂层的应变能，但实验发现如果黏结剂模量低时，黏结剂应变能对织物模量影响较小。

图 10.10 具有多个连接点的织物

10.5.7 织物结构中的内部约束

从几何学上讲，由于两根纤维不能占据相同的空间，织物在空间内变形可能会受到阻碍。因此在两根纤维交叉的地方会形成“伪黏结”，即纤维产生交叉但没有黏结，这也会影响织物变形和影响能量关系，纤维间的摩擦力也可能对能量吸收造成影响。

当纤维堆积密度很大时，沿织物横向的力可能起一定作用，并影响决定织物泊松比的纤维屈曲变形。

10.5.8 实验验证的关键问题

在实验验证中，实际非织造布的复杂结构将导致理论与实际的各种差异。例如理论上假设所有纤维长度相等，为与实际接近，可以引入纤维长度的分布。另外，在图 10.11 所示的纤维卷曲中，在纤维卷曲的曲率半径都相同时，不同长度的纤维会对织物最终的能量吸收有不同影响。图 10.11(a)是等长纤维，图 10.11(b)是具有相同曲率半径的不等长纤维或者具有一定长度分布规律的纤维。图 10.11(b)中较短纤维的卷曲度 c_j 值更接近 1，在仿射变形时短纤维更易被拉直，并在相对低的延伸率时就产生应变能。

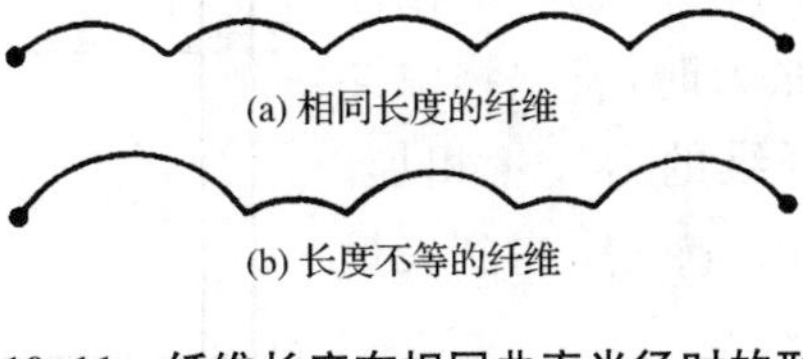

图 10.11 纤维长度在相同曲率半径时的形态

10.5.9 其他形式的织物变形

对于双轴向应力加载的变形，基本公式如下：

$$f_L = \sum_{j=1}^{j=N} \mu_j f_j \left(\frac{\partial \epsilon'_j}{\partial \epsilon_L}\right)_{\epsilon_T} \Big/ \sum_{j=1}^{j=N} \mu_j \tag{10.83}$$

上式中，$f_j = f(\epsilon'_j)$，为纤维应力-应变曲线。

从表 10.2 中的公式(N)，得到以下公式：

$$\left(\frac{\partial \epsilon'_j}{\partial \epsilon_L}\right)_{\epsilon_T} = \frac{(1+\epsilon_L)\cos^2\theta_j}{c_j[(1+\epsilon_L)^2\cos^2\theta_j + (1+\epsilon_T)^2\sin^2\theta_j]^{\frac{1}{2}}} = \frac{(1+\epsilon_L)\cos^2\theta_j}{c_j^2(1+\epsilon'_j)} \tag{10.84}$$

结合式(10.83)和式(10.84)，可得：

$$f_L = \frac{1+\epsilon_L}{\sum_{j=1}^{j=N}\mu_j} \sum_{j=1}^{j=N} \frac{\mu_j f_j \cos^2\theta_j}{c_j^2(1+\epsilon'_j)} \tag{10.85}$$

上式与单轴应力加载变形的不同之处在于ϵ'_j和 f_j 的值不同。

双轴向变形时的横向应力如下：

$$f_T = \sum_{j=1}^{j=N} \mu_i f_j \left(\frac{\partial \epsilon'_j}{\partial \epsilon_T}\right)_{\epsilon_L} \Big/ \sum_{j=1}^{j=N} \mu_j$$

$$= \frac{1+\epsilon_T}{\sum_{j=1}^{j=N}\mu_j} \sum_{j=1}^{j=N} \frac{\mu_j f_j \sin^2\theta_j}{c_j^2(1+\epsilon'_j)} \tag{10.86}$$

对于剪切变形，有必要推导并使用适当的表达式来描述织物结构中各纤维或者局部区域的受力变形过程。

附录 A　式(10.68)的推导过程

下面是通过力矢量分析方法来推导式(10.68)的。图 10.12(a)所示为织物单轴拉伸变形的试样。在计算拉伸张力时，将织物中穿过给定线(如 AB)的所有纤维的力矢量相加。单根纤维的张力为 $t_j f_j$，乘以 $\cos\alpha_j$，得到矢量在拉伸方向的分量。

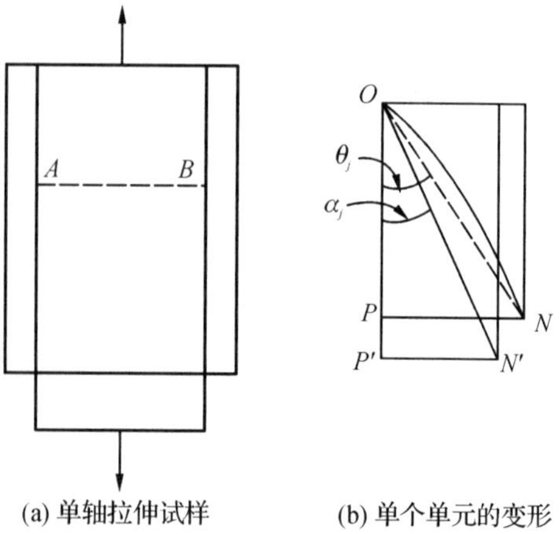

图 10.12　矩形织物拉伸变形

$$比应力 = \frac{拉伸力}{wB}$$

$$f_L = \frac{1}{wB} \sum_{与AB交叉的所有纤维} t_j f_j \cos\alpha_j$$

将其转换为整个织物中所有纤维的总和，未变形的织物具有参数 t_j、l_j、θ_j 和 c_j。图 10.12(b)显示了一根纤维经历的变形。变形后平行于织物长度的单元 OP' 的投影长度为 $l_j\cos\theta_j(1+\epsilon_j)$，特定单元穿过 AB 的概率为该长度与试件全长之比，即 $l_j\cos\theta_j(1+\epsilon_L)/L(1+\epsilon_L)=l_j\cos\theta_j/L$。从几何上也可以看出以下关系：

$$\cos\alpha_j=OP'/ON'=l_j\cos\theta_j(1+\epsilon_L)/c_jl_j(1+\epsilon_j')=(1+\epsilon_L)\cos\theta_j/c_j(1+\epsilon_j')$$

则比应力表达如下：

$$f_L=\frac{1}{wB}\sum_{j=1}^{j=N}\frac{t_if_j(1+\epsilon_L)\cos\theta_j}{(1+\epsilon_j')}\frac{l_j\cos\theta_j}{L}=\sum_{j=1}^{j=N}\mu_jf_j\frac{\cos^2\theta_j}{c_j^2(1+\epsilon_j')}\Big/\sum_{j=1}^{j=N}\mu_j$$

$$\mu_j=t_jc_jf_j$$

$$wBL=\sum_{j=1}^{j=N}\mu_j$$

于是得到式(10.68)。

附录 B 非织造布力学发展简史

非织造布结构力学研究历史起始于 H. L. Cox [Cox H L. The elasticity and strength of paper and other fibrous materials. British Journal of Applied Physics, 1952, 3 (March): 72 - 79.]。随后，Backer 和 Petterson [Backer S, Petterson D R. Some principles of nonwoven fabrics. Textile Research Journal, 1960, 30(9): 704-711.]提出纤维网理论，根据纤维的取向、拉伸性能估算非织造布的拉伸性能，其中假设两黏结点之间的纤维片段为直线。在 20 世纪 60 年代，主要在 1963—1969 年间，出现一个研究非织造布结构和力学性质的高峰，并以"Nonwoven Fabric Studies"为主题在"Textile Research Journal"上连续刊登 17 篇关于非织造布工艺、结构和力学性质的研究论文[① Michie R I C, Peters R H, Taylor W. Nonwoven fabric studies. Part I: Properties of laboratory-made fabrics bonded with natural rubber. Textile Research Journal, 1963, 33(5): 325-329. ② Hearle J W S, Newton A. Textile Research Journal, 1967, 37(9): 778-797. ③ Michie R I C, Peters R H. Nonwoven Fabric Studies. Part XVII: An investigation of bending crease-failure. Textile Research Journal, 1969, 39(3): 299-302.]。当经典力学方法在非织造布拉伸强度预测发展到瓶颈期时，P. N. Britton 于 1983 年得益于当时计算设备硬件的发展，开创了用数值方法计算非织造布拉伸强度并预测拉伸破坏形态的研究[① Britton P N, Sampson A J, Elliott C F, Graben H W, Gettys W E. Textile Research Journal, 1983, 53(6): 363-368. ② Britton P N, Sampson A J, Gettys W E. Textile Research Journal , 1984, 54(1): 1-5. ③ Britton P N, Sampson A J, Gettys W E. Textile Research Journal, 1984, 54(7): 425-428.]。在 20 世纪 90 年代，扩展至用图

像处理方法研究非织造布结构[① Huang X C, Bresee R R. INDA Journal of Nonwovens Research, 1993, 5(1): 13-21. ② Huang X C, Bresee R R. INDA Journal of Nonwovens Research, 1993, 5(2): 14-21. ③ Huang X C, Bresee R R. INDA Journal of Nonwovens Research, 1993, 5(3): 28-38. ④ Huang X C, Bresee R R. INDA Journal of Nonwovens Research, 1994, 6(4): 53-59.]。进入21世纪之后,更加偏重于非织造布工艺力学。图10.13所示为非织造布力学研究过程中出现的代表性论文数量的年份变化情况。

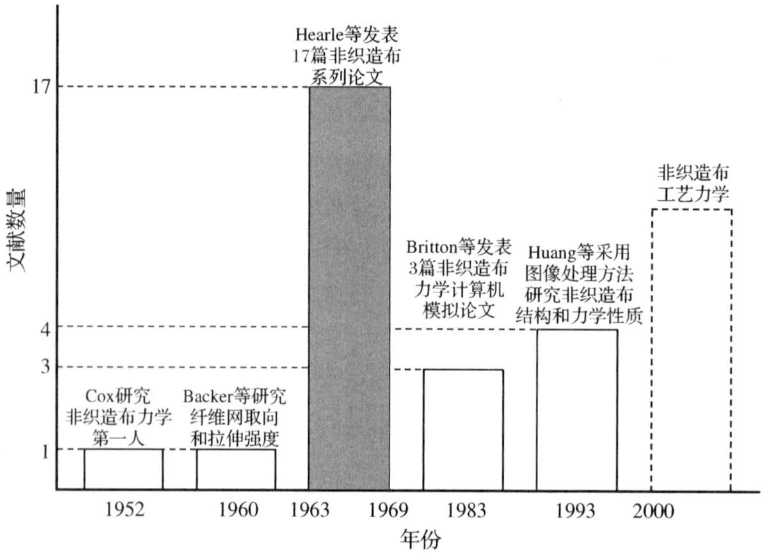

图10.13　非织造布力学代表性论文数量的年份变化情况

参考文献

[1] Hearle J W S. The mechanics of twisted yarns: The influence of transverse forces on tensile behaviour. Journal of The Textile Institute Transactions, 1958, 49(8): T389-T408.

[2] Hearle J W S, El-Behery H M A E, Thakur V M. The mechanics of twisted yarns: Theoretical developments. Journal of The Textile Institute Transactions, 1961, 52(5): T197-T220.

[3] Kilby W F. The mechanical properties of twisted continuous-filament yarns. Journal of The Textile Institute Transactions, 1964, 55(12): T589-T632.

[4] Platt M M. Mechanics of elastic performance of textile materials: III. Some aspects of stress analysis of textile structures— continuous-filament yarns. Textile Research Journal, 1950, 20(1): 1-15.

[5] Thirlwell BE, Treloar L R G. Non-woven fabrics. Part VI: Dimensional and mechanical anisotropy. Textile Research Journal, 1965, 35(9): 827-835.

[6] Backer S, Petterson D R. Some principles of nonwoven fabrics. Textile Research Journal, 1960, 30(9): 704-711.

[7] Hearle J W S, Stevenson P J. Studies in nonwoven fabrics. Part IV: Prediction of tensile properties. Textile Research Journal, 1964, 34(3): 181-191.

[8] Treloar L R G, Hearle J W S. The mechanics of twisted yarns: a correction. Journal of The Textile

Institute Transactions, 1962, 53(9): T446-T448.

[9] Hearle J W S, Newton A. Nonwoven fabric studies. Part XIV: Derivation of generalized mechanics by the energy method. Textile Research Journal, 1967, 37(9): 778-797.

[10] Petterson D R, Backer S. Relationships between the structural geometry of a fabric and its physical properties. Part VII: Mechanics of nonwovens: orthotropic behavior. Textile Research Journal, 1963, 33(10): 809-816.

[11] Cox H L. The Elasticity and strength of paper and other fibrous materials. British Journal of Applied Physics, 1952, 3: 72-79.

[12] Treloar L R G, Riding G. A theory of the stress-strain properties of continuous-filament yarns. Journal of The Textile Institute Transactions, 1963, 54(4): T156-T170.

11 编织物织造和几何结构

11.1 编织物及编织方法

编织物是一种小众而独特的纺织品，受关注度比较小，很多纺织技术文献中没有提及编织物。因此，笔者把编织物放在其他种类的纺织品种后面进行介绍。通过梳理编织物相关的历史文献，阐述编织物的织造工艺发展历程，进而分析编织物结构，但不重点讨论如何从编织物结构建立力学性质分析方法。

梳理编织物相关的历史文献，发现在 1879 年，巴洛(Barlow)[1] 在 *History and Principles of Weaving* 中详细介绍了机织物、针织物和花边制作机器装备的发展，但没有提到编织装备。另外，在 *The Textile Industries*[2]、*Textile Educator*[3] 和内容详尽全面的德文著作 *Die Geschichte der Textil Industrie*[4] 中没有发现关于编织物的介绍。在纺织品贸易方面的期刊中，同样存在编织物相关信息匮乏的问题。

与大多数纺织工艺一样，编织的起源很难追溯，但编织似乎和其他纺织活动一样古老。在早期文明中，当时的人类已经制作出相当复杂的编织结构，如编发辫、编草等简单的手工艺，因此可以保守地推断在原始时代已经出现编织物。

图 11.1 显示了编发辫的步骤和与发辫类似的编织物。编发辫有四个步骤：(1)把头发梳理整齐；(2)把头发分成三缕；(3)把其中的一缕头发往中间编并如此循环；(4)把发辫尾端用橡皮绳扎紧。以此比喻，编发辫就是三根纱的编织。编织物的编织就是扩展到多根纱线编织，并能有序控制多根纱的运动。

一般认为编织机最早诞生于 18 世纪的法国和德国，其实最早的英国专利出现在 1748 年[5]。早期的机器用于编织简单的编织带和绳索，见图 11.2。大约在 19 世纪末，发明了

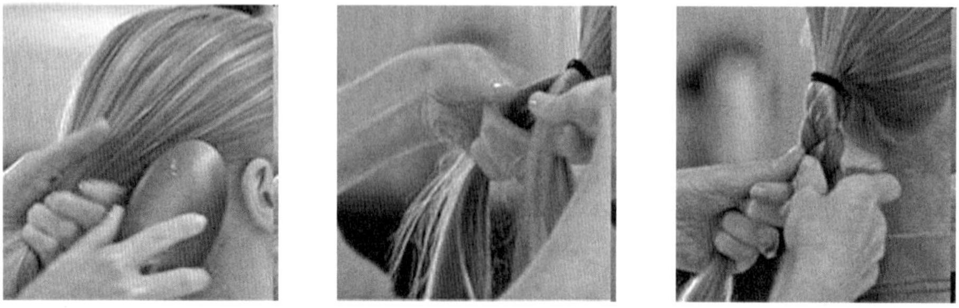

(a) (b) (c)

(d) (e)

图 11.1 编发辫的步骤及与发辫类似的编织物

能编织复杂结构编织带和绳索的机械。随后出现了各种类型的编织机，但至今编织机构都具有相同的主要机构类型——喇叭齿轮(图 11.2)。现在还按照纱锭运动方向和编织循环而发明了二步法和四步法编织技术。

图 11.2 早期用于编织简单编织带和绳索的编织机

11.1.1 关于编织的定义

“编织物”[6]一词的派生很好地说明了纺织史学家面临的困难。这个词的原意适用于任何纺织结构，可以说，所有纺织品都是编织而成的。一些非纺织专业人士在学术交流时无法区分“机织”“针织”“编织”等工艺，在他们看来无论是机织物、编织物，还是针织的蕾丝花边，都是通过纱线缠绕或交织而形成的，都笼统称为“编织”。其实这是原理完全不同的织造技术。

对“编织”的定义，现在有两种途径：一是从织物结构角度定义，另外是从织造技法角度定义。《大不列颠百科全书》[7]对“编织”的定义：“在纺织品生产中，用机器或手工方法将三根或更多纱线或斜切布条相互交叉和交织并以对角线形式铺设在一起，形成窄状、扁平状或管状的织物。”《辞海》对“编织”的解释：“把线交叉组织起来，使成为衣物。”《中国大百科全书》(第三版)对“编织”共计有两种解释:(1)用花样丝或素丝通过编、织制作花丝纹样及造型的一种技法;(2)将条状物相互交错或钩连而组织起来。另外《中国大百科全书》(第三版)对“编织复合材料结构”的解释是:“通过纺织加工方法将一维形式的增强纤维(或纱线)编织而成二维或三维形式的纤维织物或预制体,再与树脂、石墨、陶瓷等基体材料复合而成的一种新型结构。”

随着纺织机械的发展和纺织专业的细分,如今纺织品已经严格区分为机织物、针织物、非织造布和编织物等类型,每类纺织品之间都有严格而清晰的界限,但直至 20 世纪初,这些纺织品种类之间还没有严格的定义区别。对于“编织”一词,更是如此。因此,“编织物”一词在当前语境中的含义是新近引入的,如《现代汉语词典》定义“编织”为“使条状物互相交错或钩连而组织起来”[8]。

早期的英文文献中关于“编织”有几个不同定义,是从织物结构角度定义,列举如下:

编织(braid)[9]:(1)一种由一组纱线按一定的组织相互缠绕而成的窄管状或扁平织物;(2)将三根或更多根纱线缠绕在一起,使得每根纱线都蜿蜒穿过其他纱线产生的带状或绳状织物。

编织物(braided fabric)[10]:通过将若干根纱线的在其末端区域相互交织,使纱线的路径不平行于编织轴而形成的结构。

编织物可能与窄条机织物和针织蕾丝花边织物的结构相混淆。机织物是由两组纱线(经纱和纬纱)以正交方式交织而成的,而编织物使用类似的交织方式,但不以正交方式交织,而是如图 11.3 所示的斜向交织。编织物的交织类型是相邻的纱线不会完全围绕彼此旋转,而是以一定规律相互交叉叠合,构成结构稳定的编织物。

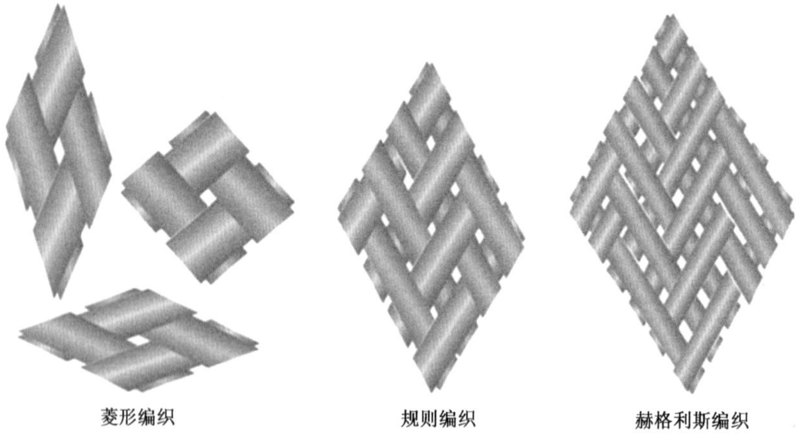

图 11.3　平面编织物中的纱线斜向交织

上面列举的早期文献定义明确了编织物和机织物的区别,但没有明确区分编织物和针织蕾丝花边织物。

另外,编织过程除了能形成编织物之外,还能形成绳索。绳索不是片状织物,而是坚固的绳状结构。形成绳索的纱线,需要穿过绳索的本体,而不是只停留在绳索外围表面,就像由管状编织物包裹芯模形成绳索时类似。编织绳索时,常用无捻长丝纱,以充分利用单丝强度。由于绳索不是常规意义上的编织物(通常把绳索作为加捻长丝纱及其股纱,可参见本书第四章),本章不再讨论。

因此,为了进一步明确"编织"的含义,从织造技术和编织物成型角度出发,使用以下定义:

编织:由一组任意两根相邻纱线不完全地围绕彼此旋转的纱线,形成带状或绳状纹理织物的加工形式。

在英文中,编织"braiding"有一个同义词,即"plaiting",尽管该术语的使用存在一些模糊[9]。现在常把该同义词描述编织物的一个编织循环单元:编织花节。编织花节的长度称为"节长"。

11.1.2 编织的性质

在编织中,每一根参与编织的纱线都有自己的路径。如果是扁平状编织物成型,纱线路径可能是从编织物的一侧到另一侧;如果是管状编织物成型,纱线路径呈环形;如果是四步法立体编织物,内部存在不同的纱组,每个纱组内的纱线具有相同的空间形态,组间纱线则存在不同的空间形态。

在任何给定的时间,一半纱线必须在一个方向上与编织物轴线成一定角度行进,而另一半纱线则必须在相反方向上行进,并依次穿过第一组纱线的上方和下方,完成纱线交织。一般来说,为了实现这种类型的交织,必须单独控制每根纱线(即每根纱线需要单独的卷装,也就是说,编织中每根纱线需要一个纱锭,而不是像机织中所有经纱卷绕在经轴上那样),因此编织物的宽度或周长越大,纱线数量就越大,所需编织机的尺寸也就越大。与大多数其他织造工艺相比,编织需要大尺寸的机械,而生产出的布门幅却很小。随着纺织机械的不断发展,人们已经尝试设计用于生产非常宽的编织物的机械,但迄今尚未成功,编织物的宽度仍然受到机器尺寸的限制。

对于编织物,还必须与"编织花边"相区别[11]。编织花边之所以如此命名,是因为生产它的机器非常类似用于制作花式编织物的编织机。这也是纺织品种类繁多而且难以区分的一个例子,甚至编织物与编织花边两种结构会在一块织物上同时存在,即织物上部分是编织物,部分是编织花边。

11.1.3 编织物的用途

对于生产窄幅织物和管状织物而言,编织相比于针织和机织都有独特优势。虽然针织和机织的生产效率高,但由于编织物独特的性能及其在某些用途上的优点,编织不太可能被针织和机织这两种技术完全取代。目前,编织物的用途包括但不限于:(1)外套、连衣裙和内衣的辅料;(2)鞋带、钓鱼线;(3)编织管件,例如人造血管等;(4)各类海洋用缆绳;(5)安全带、柔性软管外壳;(6)隔热套管、绑定带、涂胶管;(7)降落伞绳、减震绳索;(8)复合材料异型结构件的预成型体。

以上是从编织物用途中随机选取的部分应用,其范围遍及服装到各类工业领域。

11.1.4 编织的历史

早期的原始编织机器用于制造简单的用作服装和鞋带的编织带和绳索。后来使用编织物作为当时新出现的橡胶线绳的覆盖层，发现编织物具有较高的延展性并非常适用于松紧带，于是编织开始得到迅速发展。到19世纪末，各种用于服装装饰的复杂编织结构，都可以通过编织机械生产出来，不再依赖手工编织。现在编织主要应用于人造血管、海洋缆绳和各类复合材料异型结构件的预成型体。

由于19世纪末使用的编织机器在编织速度上很难提升，而用于导线绝缘包覆的编织物的需求日益增长，这促使发明家们开始着手加快编织的速度。结果是开发出具有革命性设计的机器，其运行速度至少是旧机器的两倍。自20世纪初至今的所有编织机械，都没有突破当时的编织机械设计原理和框架。

从平面编织到三维立体编织是编织机械的突破，1971年美国通用电气公司的Stover等人首先开发了三维立体编织的欧米尼织造法（Omniweave）[12]，该织造法后来被Florentine进一步改进，并以马格纳织造法（Magnaweave）为名称在1982年申请了美国专利[13]。

11.1.5 编织物类型及编织方法

编织物可以分为四类：(1)扁平编织物；(2)管状（或圆形）编织物；(3)花式编织物；(4)各种异型结构立体编织物，如T形、工字型横截面等编织物。

如图11.4所示，通常将编织的两组股线表示为以直角交织。从表面意义上看，其中一组可以比作机织物的经纱，另一组可以比作机织物的纬纱，这样编织的交织方法就相当于机织。通常采用的组织对应于平纹组织和各种斜纹组织，但在定义织物组织的重复单元时不能与机织物相类比。沿编织物长度轴线方向的一个编织组织循环即重复单元，称之为“节”，英文文献一般称其为“plait”、“pitch”、“stitch”或“pick”；垂直于编织轴方向的重复单元，称之为“线”，对应英文一般为“line”(图11.4)。

从图11.4看，编织重复单元是一个矩形，编织纱线与织物边缘成45°夹角。

定义交织方法的另一种方式是给出纱线的“交织重复单元”。如果一根45°纱线与另一根−45°方向的纱线一上一下交替编织，则将其描述为 $\frac{1}{1}$ 编织物；两上两下交替编织称为 $\frac{2}{2}$ 编织物；以此类推。

有三种经常使用的编织方式，它们已经获得普遍认可的名称：

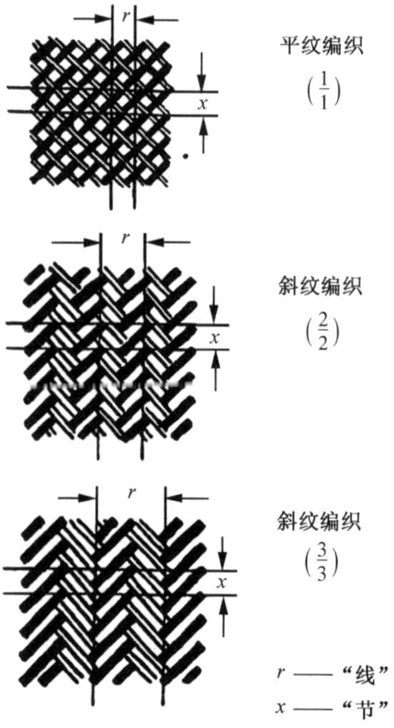

图11.4 编织结构

(1) 菱形编织:以 $\frac{1}{1}$ 方式重复交织。

(2) 常规(或普通)编织:以 $\frac{2}{2}$ 方式重复交织。

(3) 赫格利斯(Hercules)编织:以 $\frac{3}{3}$ 方式重复交织。

其他常用的交织方式包括 $\frac{2}{1}$ 和 $\frac{3}{1}$,目前还没有合适的名称。在这些交织方式中,$\frac{2}{2}$ 是迄今非常受欢迎的一种编织方式。

11.1.6 经线和芯线

除了构成编织物的常规纱线,还可以额外加入一些纱线,它们不作为织物的必要组成部分,而是由主要的编织结构支撑,以增加特定方向的模量。额外加入的这些纱线被称为衬纱,因为和机织物中的经纱类似,早期文献也称其为经线或经纱。衬纱从编织机上固定的导线眼引入,并且它们平直、无卷曲,平行于编织轴,见图 11.5(a)所示。形成管状编织物中心部分的纱线被称为"芯线"。当芯线被称为"增强线"时,常采用低延伸或高模量纤维材料,其目的是限制编织物的延伸能力,增加编织物的轴向刚度,因为易延伸的编织物难以在某些场合使用,比如要求刚度高、变形小的场合。弹性编织物是包含可延伸结构和弹性芯线的编织物,刚性编织物是不包含可延伸结构和高拉伸模量芯线的编织物。

(a) 平纹编织中经纱的位置　(b) 两种编织物边界类型　(c) 加斜向衬纱编织

图 11.5 编织物中的衬纱或经纱

11.1.7 编织循环

在一个简单编织物循环中,一根纱线经过一定数量的编织节,纱线才能从离开起始点后沿着编织物长度方向回到编织平面内的起始点位置。所需的编织物长度成为"节长",在这个节长范围内,编织物具有一个完整的"编织重复单元"或"编织循环",节长取决于参与编织的纱线数量。扁平状编织物完成一个编织循环的纱线数量是管状编织物中纱线数量的一半(图 11.6)。

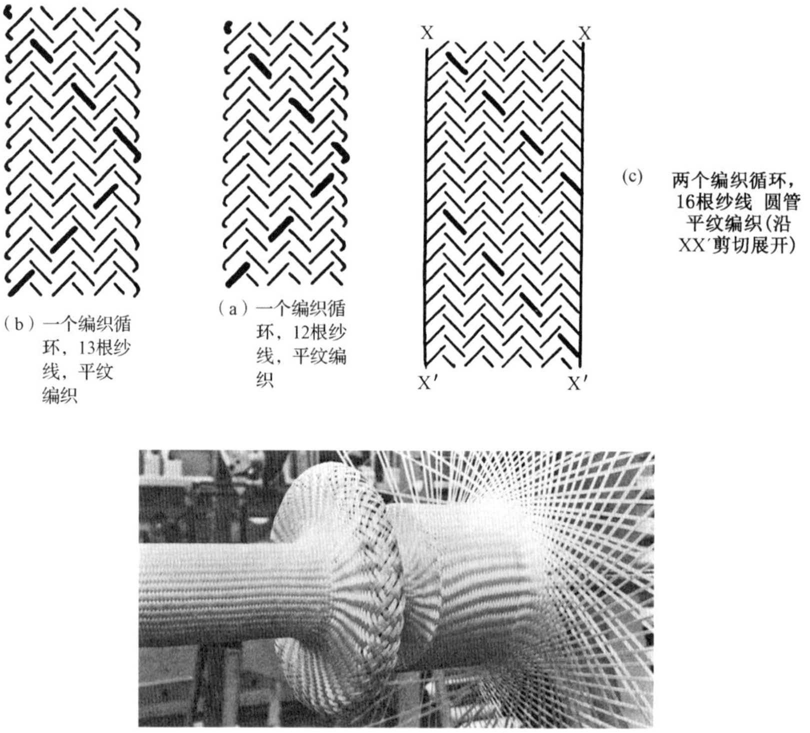

（b）一个编织循环，13根纱线，平纹编织

（a）一个编织循环，12根纱线，平纹编织

(c) 两个编织循环，16根纱线 圆管平纹编织(沿XX′剪切展开)

(d) 复杂管状编织物

图 11.6 编织循环

11.1.8 扁平状编织物的编织方法

如图 11.6(a)和(b)所示，扁平状编织物外观呈丝带状。每根股线都沿着锯齿形路径从一侧到另一侧，同时与其他股线交织。编织物的股线可分为两组，在扁平编织物中，每条股线周期性地改变其方向，从而从一组改变到另一组，完成编织循环。

当股线由多根线组成时，有两种可供选择的方法在编织物边缘反转其方向线。一种是使线在转弯处重叠[图 11.6(c)]，另一种是使线沿着同心路径相互环绕[图 11.6(b)]。后一种方法需要单独的纱线张力和附加机构，因此仅用于具有少量纱线的编织物。

扁平状编织物通常由奇数股纱线形成[14]。但并非完全如此，如图 11.6(b)所示，扁平状编织物可以用三股以上任意数量的股线织造，包括偶数根纱线。

11.1.9 管状编织物的编织方法

圆形横截面编织物通常包裹在圆形芯模上编织而成，制成包覆于芯模上的圆形管状编织物，也可被压平后用作两倍厚度的带状材料，管状编织物类似于没有复杂镶边的扁平状编织物。两组相互编织的纱线中，一组沿顺时针方向形成螺旋，另一组沿逆时针方向形成螺旋。由于每组中的纱线数量必须相等才能形成平衡编织物，因此管状编织物中的纱线总数必须是偶数，见图 11.6(c)所示。现代编织技术可以制备外形复杂的管状编织物，见图 11.6(d)所示，都遵循在芯模上编织的方法。

11.1.10 花式编织物的编织方法

花式编织物是指任何不是简单的扁平状或管状结构的编织物。简单编织物和花式编织物之间的联系类似于简单纱线和花式纱线之间的联系。花式编织物主要用作各种服装和女帽饰品,可以产生很多种不同效果。花式编织物的织造方法可以归纳为以下类型：

(1) 包括改变纱线张力、使用不规则外形的纱线(例如各类变形纱)以及在扁平状编织物的边缘形成线圈。

(2) 由扁平状编织物和管状编织物缝合而组成的复合编织物。

(3) 采用提花方法织造编织物,其中交织纱线的路径在编织过程中发生变化,以产生花型效果。花式编织物通常比较昂贵,需要相当高的技术才能织造,其产量相对较小。

11.1.11 编织机械

11.1.11.1 早期的 Maypole 编织机

普遍认为世界上第一台平面编织机在18世纪诞生于欧洲大陆,但现存最早的关于这种设备的记载可以在1748年授予英国曼彻斯特的托马斯·沃尔福德(Thomas Walford)的专利文件中找到[5]。沃尔福德对该设备的描述极为含糊,但有趣的是,他通过举例说明了手工编织机械化的开创性尝试。关于编织机的进一步记录,在1823年蒂弗顿的约翰·希斯考特 (John Heathcoat) 的专利说明书中出现[15],他因发明筒网花边机而闻名。这似乎是英国编织机的第一个完整且图文并茂的描述,但希斯考特认为自己只是对现有类型的机器做了改进。由此可以认为,在上述两项专利公布日期之间的75年里,编织机已经从手动设备发展成需要很少手工介入的动力驱动设备。

早期的机器采用了一种操作原理,即将参与编织的纱线缠绕到纱筒上,纱筒沿蛇形路径在水平面整体移动,使纱线从纱筒上方的某个点抽出,同时进行交织。迄今大多数编织机械仍然沿用该原理。由于欧洲五月节时丝带舞者围绕五朔节花柱(Maypole)的舞蹈路线与绕着编织机中心的纱筒轨迹相似,因此这类编织机被赋予"Maypole"这个称号。此类机器之间的主要区别在于沿推动纱筒运动路径方法的差异。

希斯考特提出的编织机以及后来许多型号的编织机的驱动原理如图11.7所示。每个纱管(i)安装在一个由长铁管组成的携纱器上,在铁管的上端放置一个短的突出的纱管,铁管和纱管完全保持直立,通过与圆盘同心的固定板边缘(v)固定在旋转盘(iv)的边缘槽口中。

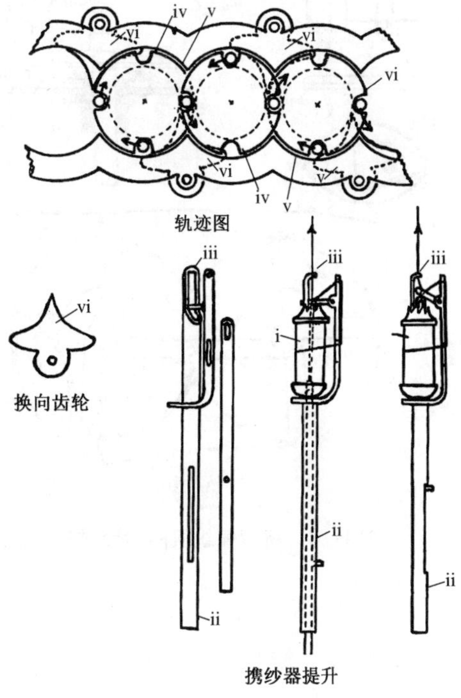

图 11.7 编织机的驱动原理

圆盘啮合在一起，重叠的距离等于凹槽的深度，这样排列使得重叠的相邻圆盘的凹槽总是在连接圆盘中心线上相遇。当圆盘带动携纱器一起旋转时，携纱器将保持在两个槽口中，当这些凹槽相遇时，圆盘重叠，使携纱器从一个圆盘的边缘移动到下一个圆盘边缘所需的只是某种引导臂。这是通过"换向齿轮"(vi)实现的。随着箭头形状的圆盘旋转，将携纱器从一个圆盘引导到下一个圆盘，携纱器的运动自动改变滚筒的位置，随时准备引导下一个携纱器沿相反方向移动。这种类型的机器很可能会因为噪声较大、润滑困难、运行缓慢而逐渐退出，但目前仍在少部分实验室使用。

1824 年，英国班伯里的约翰·海德 (John Head) 在一份专利说明书[16]中描述了一种纱筒推进方法，其原理在许多现代机器上得到延续(图 11.8)。纱筒(i)安装在比希斯考特编织机短得多的携纱器上。携纱器的底座穿过钢板(ii)上切出的槽，携纱器底座沿槽移动，底座下端终止于脚(iii)。脚(iii)在有槽的导向板和底座所在的第二个板(iv)之间移动。在同一位置旋转的辐射臂(v)代替了希斯考特模型中的凹槽圆盘，并由齿轮连接在一起，推动携纱器绕着机器转动。希斯考特编织机被设计成扁平状，海德编织机被设计成管状，但携纱器的推进方法类似并可以互用。海德编织机主要在德国应用，后来逐渐被其他国家和地区引进使用。

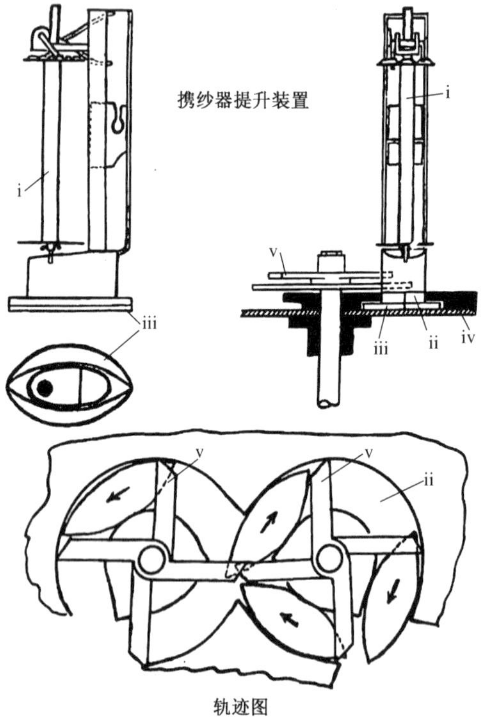

图 11.8 海德编织机的纱筒推进原理

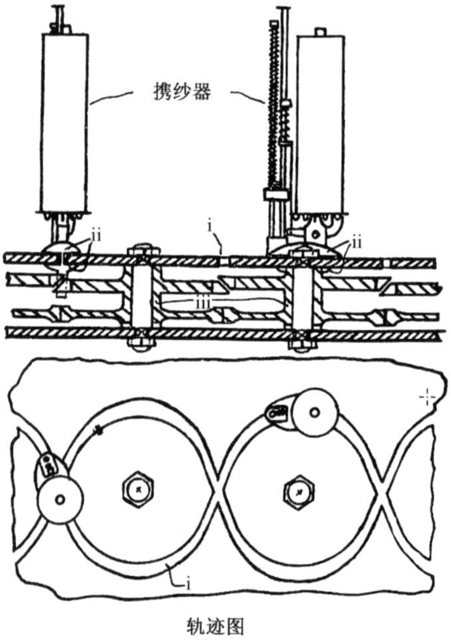

图 11.9 现代 Maypole 编织机原理

11.1.11.2 现代 Maypole 编织机

现代大多数 Maypole 编织机的原理与希斯考特和海德编织机相同。编织机中的携纱器沿着钢板(i)上的槽运动，通过携纱器脚(ii)上的法兰夹紧钢板(图 11.9)。通过安装在板下方的“喇叭齿轮”(iii)沿着槽移动。钢板上槽的方向影响从一个喇叭齿轮到另一个喇叭齿轮的转换。接下来的步骤和海德编织机一样。这种携纱器安装方法的主要缺点是由在开槽的钢板上滑动的法兰支撑携纱器的质量,导致携纱器移动阻力大。

现在很多编织机仍遵循这一工作原理,并且能以更高的速度平稳运行。其中一些机器的喇叭齿轮安装在与导板相同的平面上,取代了其他型号的固定件。因此,携纱器部分由喇叭齿轮盘支撑,部分由导板支撑。圆盘不重叠,但位于主板下方的固定导槽与携纱器脚接合,将携纱器从一个圆盘的控制转移到下一个圆盘。这样做,可以将导槽安装在封闭的润滑油浴中,减少携纱器运动时的摩擦,而不会将润滑油溅到纱轴上。

(1) 携纱器运动路径。携纱器的运动路径决定了编织物的类型,无论是管状、扁平状还是花式。为了制作管状编织物,必须有两条很长的相互缠绕的轨道,通常像图 11.10(a)所示那样排列。编织物是在由携纱器路径的平均位置形成的圆的圆心进行织造的。控制一半股线的一组携纱器沿着实线移动,而另一组携纱器沿着虚线以相反方向移动。纱线可以通过标记为“A”的喇叭齿轮圆心点引入。

为了织造平面编织物,习惯上将携纱器运动路径围绕编织成型的中心点排列成一个圆,但只有一个携纱器轨道自行缠绕成无尽头的封闭圈,在布边形成处织物厚度加倍,如图 11.10(b)所示。

(a)

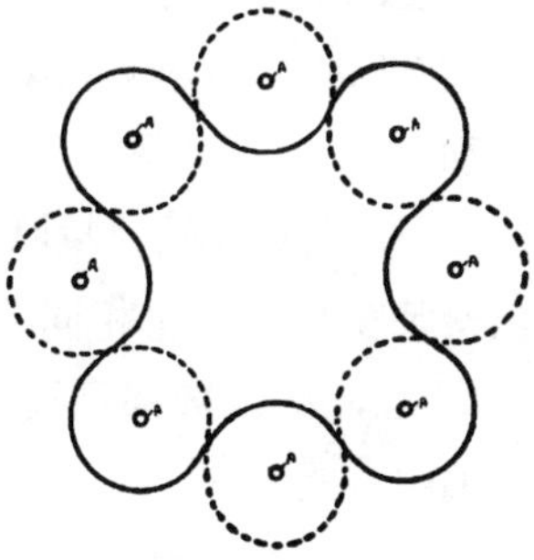

(b)

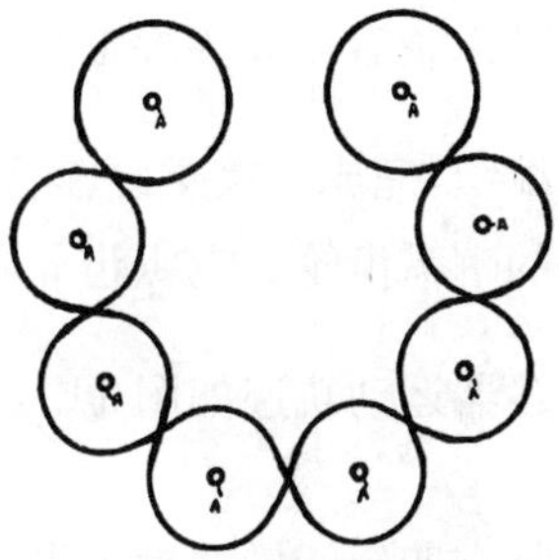

图 11.10 携纱器运动路径

许多花式编织物的织造需要更复杂的携纱器运动轨迹和喇叭齿轮布置。花式编织物是在有可移动导轨的机器上制作的,其中携纱器运动轨迹连接由提花单元控制,该提花单元可以将携纱器转移到交替变化导轨上,以产生各种类型的交织。假如导轨不产生变化,只能编织固定类型的编织物而不能产生花式效果,当然采用固定导轨可以管状编织机转换为平面编织机。

(2) 携纱器。理想的携纱器能够容纳大量纱线,能高速运行,并提供恒定和易调整的纱线张力。阻碍实现这一目标的大多数困难直接来自于携纱器必须沿着蛇形轨道移动,以及编织纱线从垂直于轨道平面抽出。由于 Maypole 编织机在设计上具有这两个特点,纱线从携纱器到编织物形成点的距离是不断变化的,这给张力小而恒定的纱线叠加了一个大得多的从纱线释放或返回纱筒的临时张力,张力大小取决于携纱器是远离还是朝着编织形成点移动,并且与喇叭齿轮的大小有关。

满足这种张力需求的通常方法是根据需要从纱筒上输送适当张力且张力值恒定的纱线线圈。形成线圈的纱线的长度随着纱线被不断取出制成编织物而不断缩短,当携纱器远离编织点时,线圈长度变得太短而无法放出纱线。当这种情况发生时,纱筒就会将更多的纱线喂入线圈。通常情况下,取决于驱动纱筒运动的棘轮位置不同,比如纱筒与棘轮相连,或棘轮作为纱筒的一部分,或棘轮与纱筒轴相连,每当线圈变得太短时,棘轮就转动一个或几个齿驱动纱筒旋转以释放必要的纱线。

根据棘轮安装在纱筒的顶部或下方，携纱器被称为“顶部锁扣”(图 11.7 和图 11.8)或“底部锁扣”(图 11.9)。

线圈的张力可以通过纱筒自重(图 11.7 和图 11.8)或弹簧(图 11.9)来实现，并且线圈可以在空心纱筒内形成(图 11.7)或在携纱器的侧边形成(图 11.8 和图 11.9)。

希斯考特编织机上长空心管的优势之一是可以容纳比许多其他型号编织机更多的纱线以及形成更长的线圈。随着编织操作的进行，调节线圈张力的配重上下移动，在携纱器运动速度增大时，上下移动的配重会由于惯性而导致纱线张力发生严重变化。弹簧的张力也会引起一定量的纱线张力变化，但携纱器运动速度对纱线张力的影响会小得多。通常，在非常低的携纱器运动速度下，纱线自重导致的纱线张力变化最小，而在高的携纱器运动速度下，用张紧弹簧抑制张力变化效果更好。

(3) 喇叭齿轮。喇叭齿轮由一个圆盘组成，在圆盘的圆周以均匀的间隔切割出凹槽，被安装在与小齿轮相同的轴上。圆盘上凹槽之间的部分称为“喇叭”。在任何编织机器上，小齿轮的齿数都是圆盘的凹槽或喇叭数量的倍数。每个圆盘的凹槽数或喇叭数限制了编织方式。

对于简单的编织物，携纱器运动轨迹在通过每两个喇叭齿轮后完成一次重复，随即完成一行编织。最简单的 $\frac{1}{1}$ 编织，完成一次重复至少需要圆盘具有两个径向相对凹槽的喇叭齿轮。喇叭齿轮做四次连续旋转(即一次重复)，携纱器运动轨迹如图 11.11(a)～(d)所示。$\frac{2}{2}$ 编织需要圆盘具有四个凹槽的喇叭齿轮，如图 11.11(e)所示；而 $\frac{3}{3}$ 编织需要圆盘具有六个凹槽的喇叭齿轮，如图 11.11(f)所示。

在平面编织机上，终端喇叭齿轮用于反转携纱器运动方向以形成编织物布边，终端喇叭齿轮必须具有精确计算确定的凹槽数量。如果用于形成编织物的某一喇叭齿轮被用作终端齿轮，则沿相反方向移动的两个携纱器将在同一时间可能会占据同一凹槽。在任何给定情况下，终端喇叭齿轮的不同尺寸会使编织物边缘的外观略有不同。

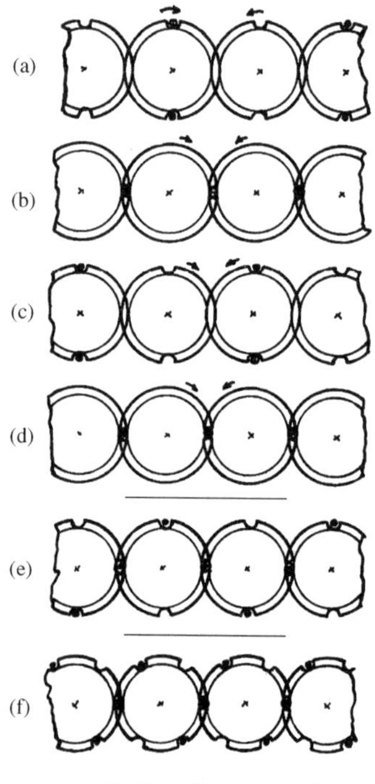

图 11.11 喇叭齿轮四次连续旋转(即一次重复)时携纱器运动轨迹

11.1.11.3 高速编织机

在正常设计的 Maypole 编织机中，机器速度受到携纱器蛇形路径的限制。当携纱器被驱动围绕机器行进时，该蛇形路径会对携纱器施加朝向和远离编织物成形点的连续变化的径向运动力。由于机械原因，这种运动可能会限制机器的机械运行速度(由于携纱器的惯性)或编织速度(由于纱线张力的非预定变化)。出于后一种考虑，希斯考特(其机器生产扁平编织物)将轨道板以编织点为中心在垂直平面上设为圆弧形式，以便携纱器与编织点适中保持相同的距离，见图 11.12(a)所示。后来，泰勒(Taylor)[17]将蛇形轨道的平面布置在空心圆柱体的垂直壁上，并沿着圆柱体轴线形成和卷取编织物，见图 11.12(b)所示，实现了同样的目标。这两种方法很大程度上解决了编织过程中纱线张力变化的问题，但由于机械上的复杂问题，这些机器不能比携纱器沿常规蛇形路径的运行快很多。

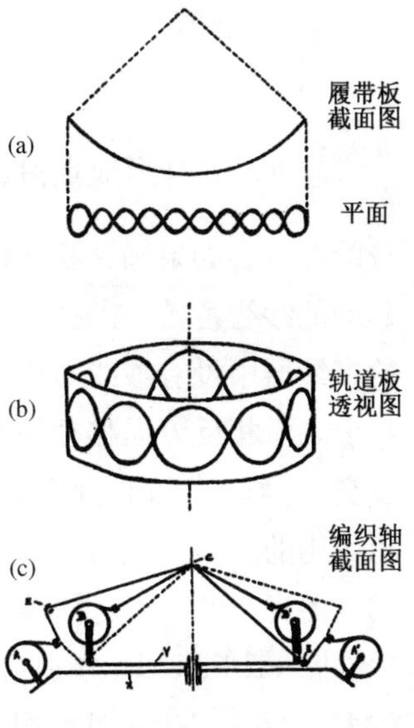

图 11.12　轨道板

克鲁默(Krumme)[11]指出，早在 1885 年德国就有关于解决机械速度和编织速度限制问题的讨论。其实在更早的 1866 年，一份英国专利说明书就包含了克服这些困难的机器原理细节。该机器随后被其他机器所效仿改进，直到 20 世纪初出现了大量不同的解决方案，从而在工业上成功实现了用于织造管状编织物的“高速编织机”。

在这些机器中，纱筒沿着以编织物退绕轴为中心的连续圆形路径行进，一半沿顺时针方向行进，另一半沿逆时针方向行进。为了实现必要的纱线交织，一组纱筒中每个纱筒的一小段纱线，在另一组纱筒经过时，穿过另一组纱筒的上方和下方。工作原理如图 11.12(c)所示的高速机器中心剖面图。纱筒 AA′与纱筒 BB′沿相反方向旋转，两组纱筒分别安装在板 X 和 Y 上，以恒定角速度在距编织点 C 固定距离处移动。纱筒 BB′安装在前端或尾端支撑在板 Y 上的携纱器上。当沿相反方向移动的纱线必须通过这些携纱器时，携纱器在遇到纱线时被保持在其后部；当纱线通过携纱器中心下方时，后支撑件被收回以允许纱线通过，同时与前支撑件啮合。这样，纱筒 BB′及其携纱器允许纱线通过它们，同时始终由板 Y 支撑和驱动。

来自纱筒 AA′之一的纱线是否应经过纱筒 BB′之一的上方或下方，则由导纱器 E 的位置决定。导纱器可以采用导孔的形式安装在沿摆线轨迹运动的旋转臂上或者各种类型的导向槽和偏转板上。纱筒 BB′及其携纱器通常由板 Y 通过交替断开的螺柱或固定到携纱器的齿条啮合来驱动。克鲁默所述的这些高速编织机可以操作的速度至少是最快的 Maypole 编织机的两倍，尽管高速编织机的建造成本要高得多。

11.1.12　编织工艺的一些细节

11.1.12.1　编织卷绕

当编织物形成时，通过缠绕牵引绞盘或两个退绕辊将编织物抽出。在每种情况下，抽出速率都必须恒定，以生产出均匀的编织物。在任何机器上，交织速率通常是恒定的，而退绕速率通常随着需要都的编织间距不同而改变。对于给定的纱线，编织间距决定了编织物中两组股线之间的角度(α)。如果编织过程中每次重复抽出的编织长度为 r，编织周长或宽度为 s，则对于管状编织物，$\frac{\alpha}{2}=\tan^{-1}\frac{s}{r}$；对于平面编织物，$\frac{\alpha}{2}=\tan^{-1}\frac{2s}{r}$。

11.1.12.2　管状编织物形成点

编织物形成点必须出现在携纱器和织物抽出点之间的某个位置。管状编织物几乎总是沿着与携纱器移动平面垂直的轴抽出，并通过由平均携纱器位置形成的圆的中心。

当会聚的股线和编织物轴线之间的角度为 $\frac{\alpha}{2}$ 时，可以允许形成点沿着编织物轴线找到其自身的位置。如果圆柱状芯模仅被来自沿一个方向移动的纱线覆盖(参见图 11.13，沿相反方向移动的携纱器中没有纱线)，会发生这种情况。但是一旦引入沿相反方向移动的股线并使其与第一组股线交织，当它们在彼此上方和下方滑动时，纱线之间作用的摩擦力就会导致它们从携纱器到编织形成点的直线路径发生扭曲。

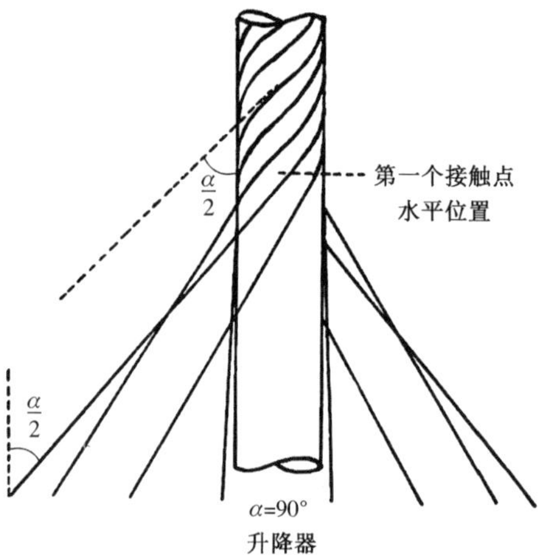

图 11.13 纱线围绕圆柱状芯模编织

图 11.14(a，b)分别为上述效果的侧视图和放大平面图，在 16 股编织物中，显示了纱线会聚到编织物成形区域的几何特征——漏斗形轮廓，以及它们与编织物轴线形成的夹角和角度 $\frac{\alpha}{2}$ 之间的差异。这种效应在用芯模或不用芯模制作编织物时发生，导致编织点比预期的更靠近携纱器。这也使得编织物成形点的位置变化更多，因为未编织的股线和已完成的编织物之间没有明确的分界线。由此可见，只能根据编织间距、编织中的纱线股数、纱线张力、纱线的刚性和摩擦性能，凭经验预测编织的形成点。当 α 较小时，形成点可能发生在离携纱器很远的地方，甚至会超出机器规定的编织最远牵引点。在这种情况下，有必要调整纱线在携纱器和编织点之间的路径。常用的方法是插入一个直径比编织物稍大的环或管，让纱线穿过，见图 11.15(a)所示。实际上，这将携纱器运动路径即圆的直径减小到环或管的直径。环直径越小，形成的编织物尺寸就越接近环直径，这样环就有了类似“模具”的功能。即使编织机上有空间让编织点自由找到位置，也经常使用模具，因为这样便于在同一点形成编织物，并且模具可以稳定编织物。在其他情况下，编织物会由于纱线张力的微小变化而容易被拉伸。同样地，通过在光滑、锥形、初始直径大于最终编织物的棒材上形成编织物[图 11.15(b)]，使 $\frac{\alpha}{2}$ 暂时增加，从而在靠近携纱器的地方形成编织物。偶尔也会使用另一种与环形法效果相似的编织物卷取方法，见图 11.15(c)所示。

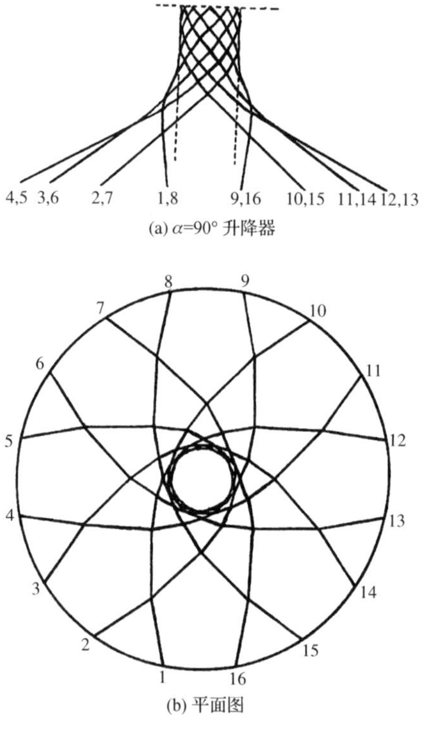

图 11.14 16 股纱线围绕圆柱芯模的编织

11.1.12.3 扁平编织物成形成点

与管状编织物的情况不同，在没有某种模具的帮助下，很少能自由地形成扁平编织物。在织造管状编织物时，顺时针方向移动的纱线张力与逆时针方向移动的相同数量的纱线的张力精确平衡，从而使编织点保持在中心。但在制作扁平编织物时，由于编织物的矩形形状与携纱器的圆形运动路径无法平滑连续，无法具有纱线张力的精确平衡，编织点必须由平面的U形模具支撑。除了模具之外，经常需要布边夹条来辅助形成均匀的编织边缘。之所以需要这些布边条，是因为编织机上圆形布置的携纱器导致了径向拉力，当不使用布边条时，在矩形编织物边缘处，纱线的拉力方向会突然变化。

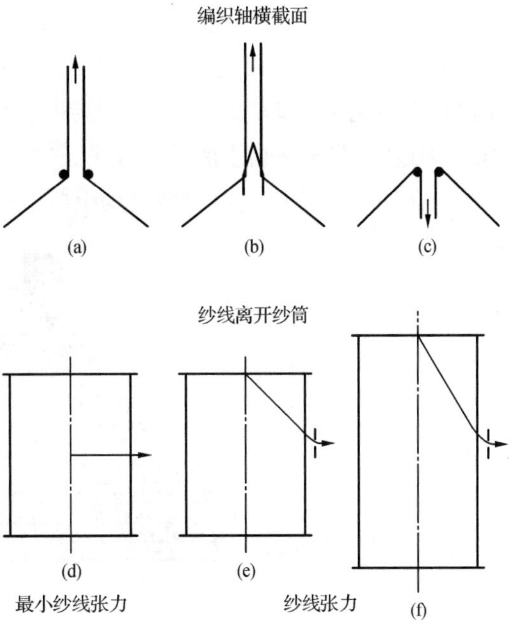

图 11.15　在模具上编织

11.1.12.4 送纱

除非需要极高的张力，例如在编织相对刚性的纱线（例如钢丝纤维纱线或碳纤维纱线）时，通常将纱锭安装在垂直的承载锭子上，并在需要输送纱线时通过纱线张力使纱锭旋转。由于纱线必须以扁平、未缠绕的带状形式呈现于编织物成形区域，因此很少允许从卷装上放出过多的线。

由于导纱器上的纱线导出孔的位置不同，从编织机上的纱筒放出纱线有一定困难，在其他类型编织机上从这些纱筒放出纱线也有不同程度的困难。为了在纱筒上容纳大量纱线，纱筒通常被绕满，这使得最外层的纱线非常靠近导出孔。当待退绕的纱圈与导出孔处于同一水平时，需要提供的旋转纱筒扭矩的纱线张力最小[图 11.15(d)]，但当将退绕的纱圈位于其中一个法兰盘附近时，则需要最大的纱线张力来提供相同的扭矩分量[图 11.15(e)]。因此，在编织过程中必须提供连续变化的纱线张力，用于纱筒的均匀转动。

对于给定的纱筒直径，增加纱筒法兰之间的距离会增加产生给定扭矩所需的最大纱线张力，见图 11.15(f)所示。图 11.15 假设纱圈与纱线导出孔之间没有相对滑动，但实际上很难不滑动。纱圈滑动的程度主要取决于纱线的摩擦特性。因此，纱筒尺寸不能无限增加，而必须考虑纱线拉伸强度来确定尺寸。

11.1.13 四步法三维立体编织技术

四步法三维立体编织技术是目前常用的编织异形结构件技术。如图 11.16(a)所示四步法 1×1 编织工艺，1×1 编织方法是指每发生一次沿纵向或横向的机械运动后，纱线只移动一个位置。承载携纱器的底盘进行纵横交错运动，携纱器携带纱线进行同步运动并发生交织，编织纱线经多次循环交织后形成三维编织物。四步法编织矩形预成型体时，纱线排列通常以 $m\times n$ 表示，m 为行数，n 为列数，纱线总根数为 $mn+m+n$。图 11.16(b)中以 4×6 纱线排列为例说明四步法编织工艺中纱线运动轨迹，虚线内为主体纱部分，外侧为边纱部分。编织纱在机器导轨平台上的排列方式经过四个运动步骤后回复到初始排列位置，即一个编织循环。在编织过程中，每经过两个编织循环进行一次打纬，形成两个节长长度的编织织物。

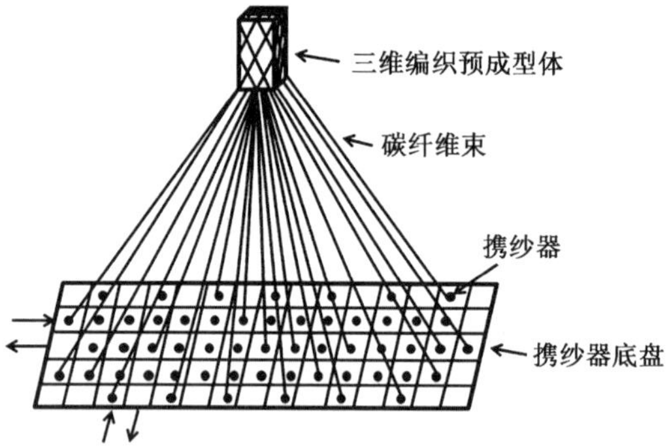

(a) 四步法 1×1 编织工艺

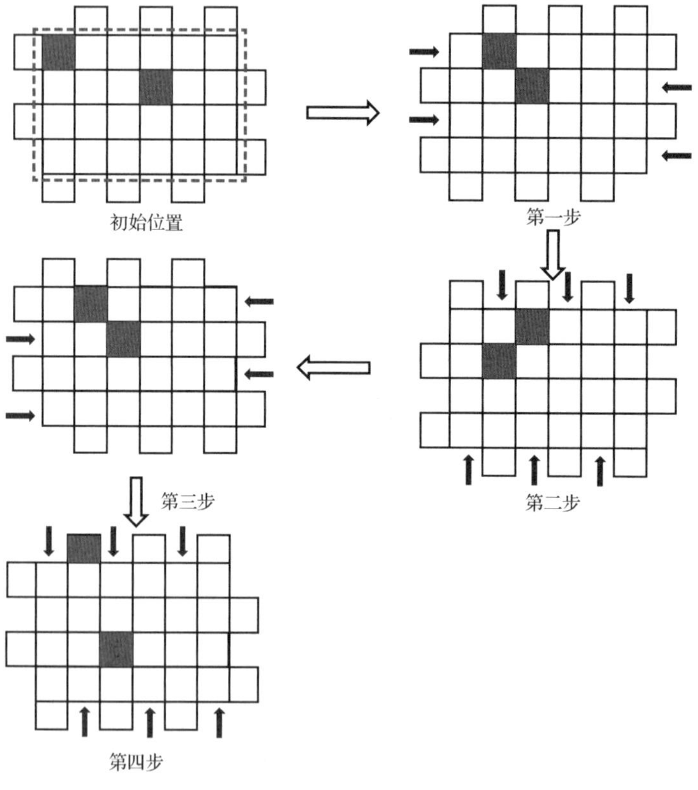

(b) 四步法编织过程纱线运动轨迹

图 11.16　四步法三维编织工艺

图 11.17 为四步法三维编织预成型体上表面照片，其编织角(α)为 25°。图 11.18 为四步法方形三维编织物结构示意图[19]，显示了纱线被编织成为立体结构。

在编织圆管编织物时，图 11.19(a)为三维圆型编织的排纱示意图，主体携纱器按周向

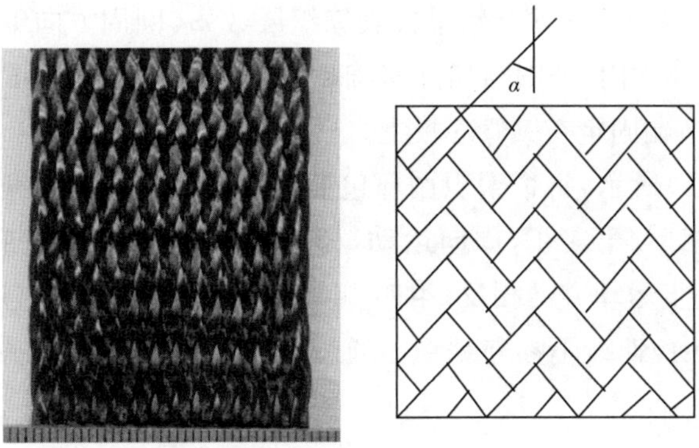

图 11.17 三维编织预成型体

图 11.18 四步法方形三维编织物结构

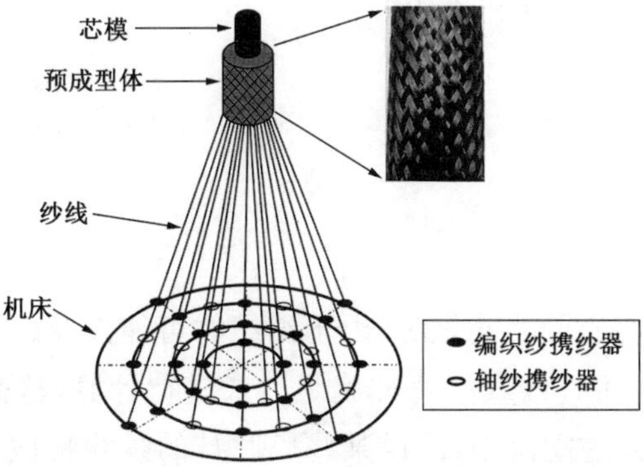

(a) 排纱

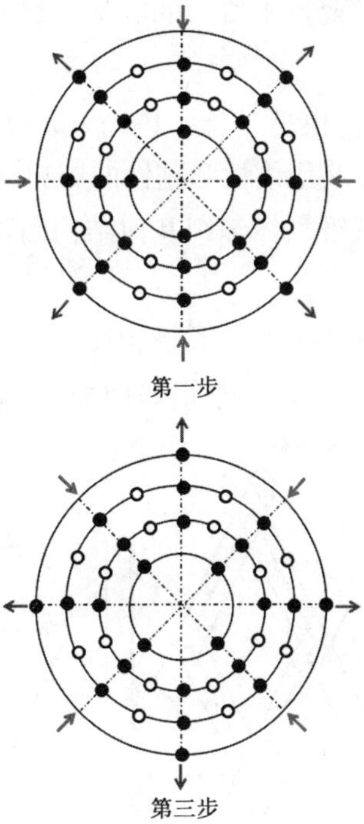

(b) 四步法运动过程

图 11.19 三维圆型编织预成型体织造过程

和径向排列成主体纱阵，沿径向排列的编织纱携纱器数量代表编织层数 m，圆周方向编织纱携纱器数量为编织列数 n，边纱在主体纱内、外围间隔排列，轴纱携纱器与主体编织纱携纱器间隔排列。携纱器携带的纱线另一端固定在圆管芯模上。

四步法圆型编织进程如图 11.19(b)所示，每个编织循环包括四步运动：第一步，径向运动，相邻列编织纱携纱器运动方向相反；第二步，周向运动，相邻层携纱器运动方向相反；第三步，径向运动，各携纱器与第一步运动方向相反；第四步，周向运动，各携纱器与第二步运动相反。在整个编织循环过程中，轴纱不参与编织。通过改变打纬力度来控制编织角的变化，力度越大，编织角越大。

11.2 编织物结构和拉伸性能[20,21]

11.2.1 编织物结构

11.2.1.1 编织物尺寸

在设计和计算编织物的尺寸变化时，由于编织物可能涉及的编织方法和纱线种类几乎没有限制，因此要针对每种纱线的每种编织方式进行计算，这是一个工作量很大的问题。一种更简单的方法是建立模型，假设某些“理想”的纱线特性用公式表达结构的几何关系，然后根据实际的纱线特性与假设的“理想”纱线特性之间的差异来修改结果。所做的假设应适用于尽可能大的纱线范围，而不需要过于费力的数学计算，因为测量纱线尺寸中固有的近似程度并不能保证其准确性。

Peirce 首先提出基于上述思路的织物几何模型[21,22]。Peirce 最初假定纱线是以规律循环模式编织的柔性圆柱体，后来又考虑了纱线压缩性和刚性的影响。这里也沿用 Peirce 的初始假设分析平面编织物几何结构，关于三维立体编织几何结构因篇幅过长，可以参见相关文献[23-25]。

简单编织物中的纱线在平面上的投影会呈现出菱形格子图案，见图 11.20(a)所示。菱形格子图案的一个“单元”是由每组(A、B、C、D)中相邻两股线的轴形成的菱形，见

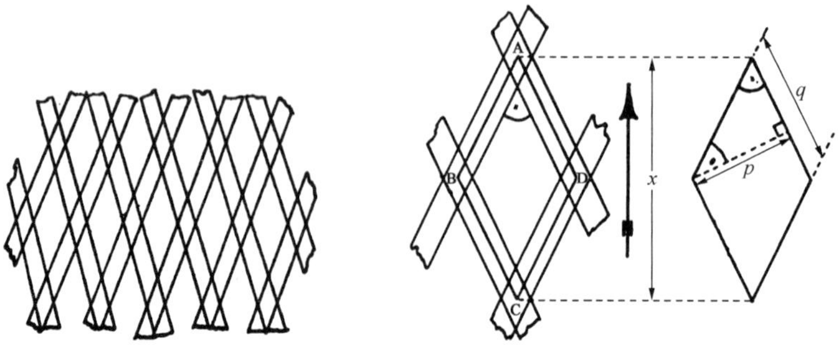

(a)　　　　(b)

图 11.20　编织物中股线形成的菱形格子结构

图 11.20(b)所示。如果编织物轴线方向是图 11.20(b)中宽箭头所指的方向，那么 x 是一个编织间距；α 是股线交叉时形成的角度，其平分线与编织轴平行。当编织物沿其轴线延伸或收缩时，α 会减小或增大。

如果编织物中的纱线由柔性、不可拉伸和不可压缩的纤维材料组成，则编织物可以在 x 的最小值和最大值之间收缩或拉伸，而在所有 x 的中间值处，编织物都处于平衡状态。当 x 达到其最小值或最大值时，纱线会相互挤压，阻止纱线向任何特定方向的进一步运动，成为完全挤压紧密状态。了解编织物中纱线的横截面形状，就可以预测这两个"完全挤压紧密状态"，即 x 的最小值和最大值。即使纱线特性不符合这些假设，编织物也存在同样的两个完全挤压紧密状态，只是其确定变得更加随意。

描述编织物结构有一些常量参数，在任何统一结构的编织物中，以下各项始终保持不变：

(1) 编织重复循环单元。

(2) 编织纱或芯纱(如果有)的位置和数量。

(3) 组成编织物的纱线股数 (m)。

(4) 每股纱线中的单纱根数 (n)。

(5) 构成菱形格子组织单元纱线平均质量 (M，单位为"g")。

如果编织物没有受力，下列参数保持不变：

(6) 纱线线密度 (K，单位为"tex")。

(7) 构成菱形格子单元的纱线的平均长度 (l，单位为"cm")。

如果 W 是 z 个编织节长的编织物的质量(g)，则：

$$M(\mathrm{g}) = W/(4zmn) \tag{11.1}$$

$$M(\mathrm{g}) = Kl \times 10^{-5} \tag{11.2}$$

$$l(\mathrm{cm}) = W \times 10^{5}/(4zmnK) \tag{11.3}$$

方程(11.3)提供了准确实用的确定 l 的方法。在 x 和 α 的值已知的情况下估算 l 的方法，将在下文讨论。

描述编织物结构还有一些变量参数，无论编织物受力还是不受力，以下各项参数都会变化：

(1) 纱线编织点间距 (x，单位为"cm")。

(2) 纱线交叉角 (α)。

如果在编织物中加入芯线，则会影响 x 和 α 的正常变化。

一个可以优先代替 x 或 α 的变量是与编织轴垂直的菱形格子单元的对角线长度。一行编织重复单元的间距是这个长度的倍数。

编织物中纱线的卷曲度定义为：纱线的实际长度与其在编织物表面上的投影长度之差与投影长度(也就是菱形格子单元的长度)的比值。如果 q 是菱形格子单元的长度，则卷曲度 c 的计算公式可表达如下：

$$c = (l - q)/q \tag{11.4}$$

一段纱线的长度与包含它的编织物长度之间的差与编织物长度的比值，称为织缩（t）：

$$t = (2l - x)/x \tag{11.5}$$

当编织结构在两个完全挤压紧密状态之间变化时，c 和 t 的值都必须改变。当 $\alpha = 90°$ 时，c 值最小；在任意一个完全挤压紧密状态时，c 值最大。t 的值在纵向挤压紧密状态时最小，在横向挤压紧密状态时最大。

11.2.1.2 编织几何结构

如果纱线密度均匀，可采用前面提到 Peirce 模型假设[22,23]：

$$d = \sqrt{Kv}/280 \tag{11.6}$$

式中：d 为纱线直径(cm)；v 为比体积(cm^3/g)。

考虑编织物结构中的一个菱形格子单元 $ABCD$ [图 11.20(b)]，有以下关系：

$$\theta = 90° - \alpha \tag{11.7}$$

$$q = (x/2)\sec(\alpha/2) \tag{11.8}$$

$$p = q \cdot \sin\alpha = x \cdot \sin(\alpha/2) \tag{11.9}$$

$$x = p \cdot \operatorname{cosec}(\alpha/2) \tag{11.10}$$

为了使下面的方程无量纲化，把所有的尺寸都理解为除以纱线直径的值，特殊情况另作说明。

考虑菱形格子编织物的一部分，纱线数量 $n = 4$，如图 11.21(a)所示。

图 11.21(b)是用与织物表面垂直的平面沿 XX' 截取织物得到的截面图，可得：

$$q = q_t + q_u \tag{11.11}$$

$$q_n = (n - 1)\operatorname{cosec}\alpha \tag{11.12}$$

$$q_t = (x/2)\sec(\alpha/2) - (n - 1)\operatorname{cosec}\alpha \tag{11.13}$$

$$l = l_s + l_t + l_u \tag{11.14}$$

图 11.21(c)是图 11.21(b)在包含直线 YY' 的平面上的投影，该平面通过直线 YY' 且垂直于织物表面，直线 YY' 还垂直于图 11.21(a)中的纱线 1 和 2。在图 11.21(c)中，有以下关系：

$$p = p_t + p_u \tag{11.15}$$

$$p_u = (n - 1) \tag{11.16}$$

$$p_t = x \cdot \sin(\alpha/2) - (n - 1) \tag{11.17}$$

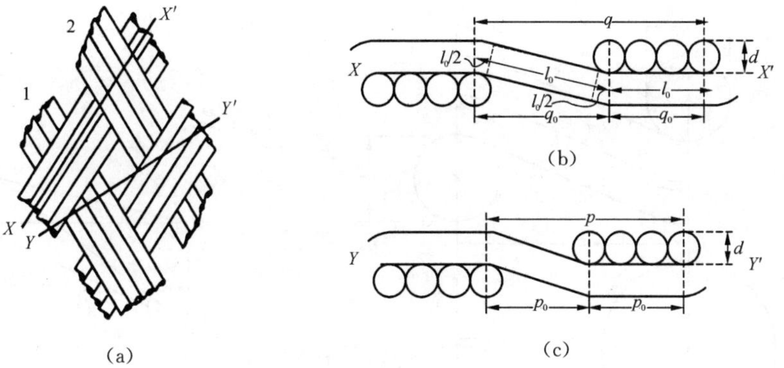

图 11.21 编织物菱形格子几何结构模型

接下来推导 l_g、l_t 和 l_u 与其他量之间的关系。如图 11.22(a)所示，一根纱线与相邻两根纱线交织。图 11.22(b)所示是穿过相邻两根纱线的一根纱线在边界线方向的法线平面上的投影。根据同样的投影方法得到图 11.22(c)，其中 A 和 C 是两根纱线的圆心，$BEFD$ 是交叉线中心轴线的投影。

由此可得：

$$AC=\sqrt{AB^2+BC^2}=\sqrt{1+p_t^2}$$

$$\varphi+\psi=\tan^{-1}p_t$$

$$\psi=\cos^{-1}\left(2/\sqrt{1+p_t^2}\right)$$

$$\varphi=\tan^{-1}p_t-\cos^{-1}\left(2/\sqrt{1+p_t^2}\right) \tag{11.18}$$

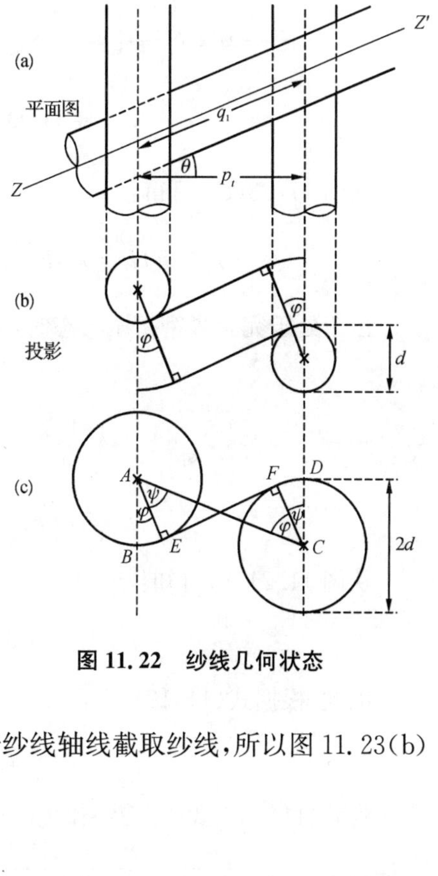

图 11.22 纱线几何状态

用沿纱线轴线 ZZ' 且垂直于布面的平面，截取图 11.23(a)，所得剖面为图 11.23(b)；图 11.23(c)以局部放大的方式显示了纱线轴线。由于不是垂直于纱线轴线截取纱线，所以图 11.23(b)中的纱线横截面呈椭圆形。

$l_t/2$ 是椭圆的一条弧，其长度由以下积分得到：

$$l_t/2=\sec\theta\int_0^{\varphi}\sqrt{1-k^2\sin^2\beta}\,d\beta \tag{11.19}$$

上式通常写作 $l_t/2=\sec\theta E(\theta,\ \varphi)$，其中 $k=\sqrt{1-\cos^2\theta}$，即：

$$l_t=2\sec\theta E(\theta,\ \varphi) \tag{11.20}$$

式(11.19)是一个二阶椭圆积分，由于无法得到解析解，通常用法数值表的形式给出积分值。

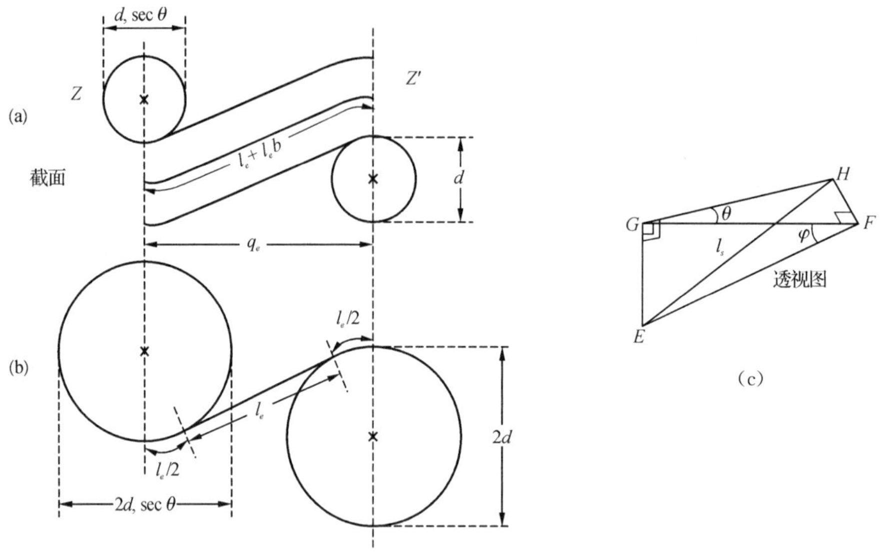

图 11.23　斜向截取编织纱线剖面图

从图 11.23(c),可得:

$$l_s = EH = \sqrt{GE^2 + GH^2} = EF\sqrt{\sin^2\varphi + \sec^2\theta\cos^2\varphi} \tag{11.21}$$

由于处于完全紧密挤压状态时，$p_t = \sqrt{3}$，$EF = 0$，因此：

$$EF = \sqrt{p_t^2 - 3}$$

又：

$$l_s = \sqrt{(p_t^2 - 3)(\sin^2\varphi + \sec^2\theta\cos^2\varphi)} \tag{11.22}$$

从图 11.21(b)可知：

$$l_u = q_u \tag{11.23}$$

因此,根据式(11.12),有：

$$l_u = (n-1)\sec\theta \tag{11.24}$$

将式(11.20)、式(11.22)和式(11.24)给出的值代入式(11.14),并重新引入 d，则：

$$l/d = \sqrt{(p_t^3 - 3)(\sin^2\varphi + \sec^2\theta\cos^2\varphi)} + 2\sec\theta E(\theta,\varphi) + (n-1)\sec\theta \tag{11.25}$$

为了避免式(11.25)的计算,表 11.1 和表 11.2 分别给出了 l_s 和 l_t 的值。l_s 和 l_t 是根据相应的 θ 和 p_t 值计算得出的,表中数值是 l_s 和 l_t 与 d 的相对值。通过对表格中的数值进行插值计算,可以绘制出编织物常数与变量关系的连续曲线,从而无需进行冗长的计算。在接下来的工作中,最重要的讨论内容是纱线完全紧密挤压时(即 $p_t = \sqrt{3}$，$EF = 0$)l、x 和 n 的关系。

表 11.1 l_s 的相对值(即 l_s/d 值)

θ	p_t																			
	1.732	1.74	1.75	1.77	1.8	1.9	2.0	2.2	2.5	3.0	4.0	5.0	6.0	7.0	8.0	9.0	10.0	12.0	15.0	20.0
0°	0.000 0	0.165 8	0.250 0	0.364 5	0.489 9	0.781 1	1.000	1.357	1.803	2.449	3.607	4.689	5.743	6.781	7.809	8.833	9.849	11.87	14.90	19.93
5°	0.000 0	0.165 9	0.250 3	0.365 0	0.490 5	0.782 3	1.002	1.360	1.807	2.456	3.615	4.702	5.760	6.802	7.829	8.853	9.877	11.90	14.94	19.98
10°	0.000 0	0.166 6	0.251 4	0.367 0	0.493 4	0.788 0	1.010	1.372	1.825	2.483	3.658	4.761	5.832	6.883	7.929	8.968	9.998	12.04	15.13	20.24
15°	0.000 0	0.167 7	0.253 2	0.369 8	0.498 0	0.796 9	1.023	1.391	1.853	2.525	3.724	4.843	5.942	7.018	8.084	9.143	10.19	12.29	15.42	20.63
20°	0.000 0	0.169 3	0.255 7	0.374 3	0.504 1	0.810 2	1.042	1.420	1.897	2.588	3.821	4.980	6.104	7.209	8.306	9.391	10.48	12.63	15.85	21.20
25°	0.000 0	0.171 5	0.259 6	0.380 5	0.513 8	0.828 1	1.067	1.460	1.954	2.671	3.955	5.156	6.313	7.478	8.604	9.734	10.86	13.09	16.43	21.98
30°	0.000 0	0.174 5	0.264 6	0.388 7	0.526 3	0.852 3	1.102	1.512	2.031	2.784	4.129	5.389	6.610	7.813	8.999	10.18	11.36	13.70	17.20	22.99
35°	0.000 0	0.178 4	0.271 2	0.399 5	0.542 5	0.883 7	1.146	1.581	2.130	2.928	4.353	5.687	6.981	8.253	9.510	10.76	12.01	14.48	18.18	24.32
40°	0.000 0	0.183 7	0.280 0	0.413 8	0.564 0	0.924 9	1.205	1.669	2.257	3.114	4.642	6.070	7.456	8.817	10.16	11.50	12.83	15.48	19.44	26.01
45°	0.000 0	0.190 7	0.291 6	0.432 8	0.592 4	0.979 1	1.281	1.784	2.422	3.353	5.014	6.563	8.065	9.541	11.00	12.45	13.89	16.67	21.05	28.16
50°	0.000 0	0.200 2	0.307 4	0.458 5	0.630 5	1.051	1.382	1.936	2.640	3.668	5.498	7.208	8.863	10.49	12.10	13.69	15.28	18.44	23.15	30.97
55°	0.000 0	0.213 5	0.329 3	0.493 8	0.681 1	1.149	1.519	2.139	2.931	4.105	6.145	8.063	9.920	11.74	13.55	15.33	17.11	20.65	25.94	34.71
60°	0.000 0	0.233 2	0.360 7	0.544 1	0.756 7	1.287	1.709	2.427	3.333	4.661	7.029	9.232	11.37	13.46	15.33	17.58	19.62	23.69	29.75	39.81
65°	0.000 0	0.261 4	0.408 5	0.619 0	0.866 6	1.487	1.986	2.830	3.910	5.488	8.488	10.91	13.43	15.91	18.36	20.79	23.21	28.02	35.19	47.10
70°	0.000 0	0.307 4	0.482 2	0.736 6	1.038	1.800	2.415	3.459	4.797	6.752	10.23	13.50	16.58	19.65	22.68	25.68	28.67	34.61	43.48	58.20
75°	0.000 0	0.388 8	0.613 5	0.943 8	1.336	2.337	3.148	4.529	6.302	8.888	13.49	17.77	21.90	25.95	29.95	33.92	37.88	45.74	57.45	76.90
80°	0.000 0	0.559 6	0.887 2	1.373	1.951	3.437	4.646	6.705	9.352	13.22	20.08	26.46	32.62	38.66	44.64	50.55	56.44	68.16	85.43	114.6
85°	0.000 0	1.090	1.734	2.691	3.835	6.791	9.198	13.30	18.58	26.28	39.97	52.69	64.97	79.02	89.92	100.7	112.5	135.8	170.5	228.3
90°	0.000 0	∞	∞	∞	∞	∞	∞	∞	∞	∞	∞	∞	∞	∞	∞	∞	∞	∞	∞	∞

表 11.2　l_t 的值(即 l_t/d 值)

θ	p_t																			
	1.732	1.74	1.75	1.77	1.8	1.9	2.0	2.2	2.5	3.0	4.0	5.0	6.0	7.0	8.0	9.0	10.0	12.0	15.0	20.0
0°	2.094	1.934	1.854	1.753	1.648	1.428	1.287	1.096	0.913 4	0.725 9	0.523 0	0.411 3	0.339 8	0.288 7	0.252 5	0.224 6	0.201 3	0.167 6	0.133 8	0.100 1
5°	2.099	1.938	1.859	1.758	1.652	1.433	1.291	1.100	0.916 6	0.728 8	0.525 1	0.413 0	0.341 2	0.290 7	0.253 4	0.225 5	0.202 0	0.168 2	0.134 3	0.100 4
10°°	2.118	1.954	1.875	1.774	1.667	1.447	1.305	1.000	0.926 4	0.736 7	0.530 9	0.417 6	0.345 1	0.294 0	0.256 3	0.228 0	0.204 3	0.170 1	0.135 2	0.101 6
15°	2.147	1.983	1.903	1.801	1.694	1.471	1.326	1.131	0.943 4	0.750 8	0.541 0	0.425 7	0.351 6	0.299 8	0.261 3	0.232 5	0.208 3	0.173 5	0.138 5	0.103 6
20°	2.190	2.025	1.944	1.841	1.732	1.506	1.359	1.160	0.965 8	0.770 7	0.555 9	0.437 1	0.361 4	0.308 2	0.268 6	0.239 0	0.214 1	0.178 3	0.144 2	0.106 5
25°	2.248	2.082	2.000	1.895	1.785	1.554	1.403	1.199	1.002	0.798 2	0.576 0	0.453 3	0.374 7	0.319 5	0.278 5	0.247 8	0.221 9	0.184 9	0.147 6	0.110 4
30°	2.327	2.157	2.074	1.967	1.854	1.617	1.462	1.251	1.046	0.833 9	0.602 3	0.474 1	0.391 9	0.334 2	0.291 5	0.259 4	0.232 3	0.193 5	0.154 5	0.115 5
35°	2.428	2.255	2.170	2.060	1.943	1.705	1.537	1.317	1.100	0.880 2	0.636 2	0.500 9	0.413 1	0.353 3	0.307 9	0.274 0	0.245 6	0.204 5	0.163 4	0.122 2
40°	2.559	2.381	2.294	2.181	2.059	1.804	1.635	1.403	1.176	0.939 3	0.679 5	0.535 4	0.441 9	0.377 7	0.329 2	0.293 0	0.262 6	0.218 1	0.174 6	0.130 6
45°	2.733	2.545	2.454	2.336	2.209	1.939	1.760	1.513	1.270	1.016	0.735 7	0.579 8	0.479 5	0.409 0	0.356 7	0.317 4	0.284 5	0.236 9	0.189 2	0.141 5
50°	2.954	2.761	2.665	2.540	2.406	2.118	1.925	1.657	1.389	1.115	0.808 4	0.637 2	0.527 1	0.449 9	0.392 0	0.349 1	0.312 9	0.260 6	0.208 4	0.155 7
55°	3.255	3.051	2.949	2.815	2.669	2.361	2.144	1.849	1.556	1.255	0.904 9	0.713 8	0.590 3	0.503 9	0.439 3	0.391 3	0.350 4	0.292 0	0.233 3	0.174 5
60°	3.674	3.452	3.341	3.193	3.032	2.702	2.445	2.112	1.780	1.429	1.037	0.818 5	0.677 2	0.578 0	0.504 0	0.448 4	0.400 0	0.335 0	0.267 0	0.200 1
65°	4.280	4.032	3.906	3.739	3.556	3.151	2.878	2.490	2.101	1.687	1.226	0.967 8	0.800 8	0.683 8	0.596 4	0.530 5	0.475 6	0.396 3	0.316 6	0.236 8
70°	5.213	4.925	4.775	4.577	4.358	3.874	3.540	3.066	2.590	2.083	1.510	1.195	0.989 5	0.844 0	0.736 9	0.655 5	0.587 6	0.489 7	0.391 1	0.292 6
75°	6.806	6.445	6.257	6.001	5.720	5.095	4.660	4.041	3.417	2.748	1.999	1.579	1.307	1.116	0.973 0	0.866 2	0.776 4	0.647 1	0.514 6	0.386 6
80°	10.05	9.532	9.262	8.894	8.484	7.567	6.926	6.000	5.085	4.094	2.979	2.353	1.948	1.663	1.450	1.291	1.157	0.964 5	0.770 6	0.576 2
85°	19.91	18.91	18.38	17.66	16.85	15.04	13.77	11.96	10.13	8.151	5.935	4.686	3.878	3.314	2.889	2.572	2.306	1.922	1.535	1.148
90°	0.000 0	∞	∞	∞	∞	∞	∞	∞	∞	∞	∞	∞	∞	∞	∞	∞	∞	∞	∞170.5	∞

11.2.1.3 编织物长度的确定

编织物长度的确定与其他纺织材料长度的确定存在相同的问题，柔性纤维材料长度测量存在很多难点，例如预加张力对长度测量就有明显的影响。在日常生活中，人们普遍认为纺织材料的长度是指该材料在不产生横向收缩的情况下可以延伸到的最大长度，即横向非收缩最大长度。以此为条件，一段编织物的最大长度是其在非张紧状态或者接近纱线完全挤压紧密状态时的织物长度。所以确定纱线完全挤压紧密状态非常重要。

有三种可性的方法来决定何时到达纱线挤压紧密状态：

(1) 使用很小的张力，使编织物稍稍超出所需的位置。

(2) 先拉伸编织物，然后让在张力移除后回复原状时的状态。

(3) 采用纱线完全挤压紧密状态时的纱线长度和纱线特性计算编织物长度。

在这些方法中，方法(2)可能是最好的，在窄幅织物的标准长度测试方法中得到使用，该方法规定：

"织物应在光滑平整的测量台上卷起并拉伸，测量台长度最少 4.5 m。施加的张力不得超过使织物平直所需的张力。"

当与刚硬的编织物直接相关的测量采用方法(1)。此时有如下测量过程：

"编织物的测量应在平整的测量台上进行，测量台长度最好不少于 4.5 m。编织物应沿台面铺放，为使其平直，应施加拉力。编织物应固定在桌子的一端，另一端应穿过一个自由运行的滑轮，然后到达地面。应在编织物的悬挂部分系上总质量为 30 g 的砝码……然后仔细测量并标记编织物的单位长度。"

总之，方法(1)是最快速的应用方法，虽然这样得到的编织物长度会大于其在延伸到纱线完全挤压紧密状态时的长度，但这两个长度在需要时往往可以联系起来。方法(2)是最好的，但有时可能太慢，不适合实际使用。由于方法(3)依赖于对纱线尺寸的了解和计算，因此不太可能受到青睐。

11.2.2 拉伸性能测试

对编织物进行拉伸性能测试的目的：

(1) 比较不同的编织物长度测定方法。

(2) 研究编织间距对编织物载荷-伸长率曲线形状的影响，特别是与纱线的载荷-伸长率曲线的比较。

在对棉和尼龙长丝两种编织物进行的初步拉伸试验中发现，如果在松弛状态下将一段编织物牢牢夹在拉伸试验机的夹钳之间并使其断裂，就会得到图 11.24(a)所示的载荷-伸长率曲线。该曲线由以下四部分组成：

(1) OP：曲线起始部分，载荷值很小，接近于零。

(2) PQ：载荷逐渐升高并进入线性段。

(3) QR：曲线中接近直线段部分，用于计算拉伸模量。

(4) RS：曲线逐渐平坦并接近于拉伸断裂点 S。RS 段有时很短甚至可以忽略不计。

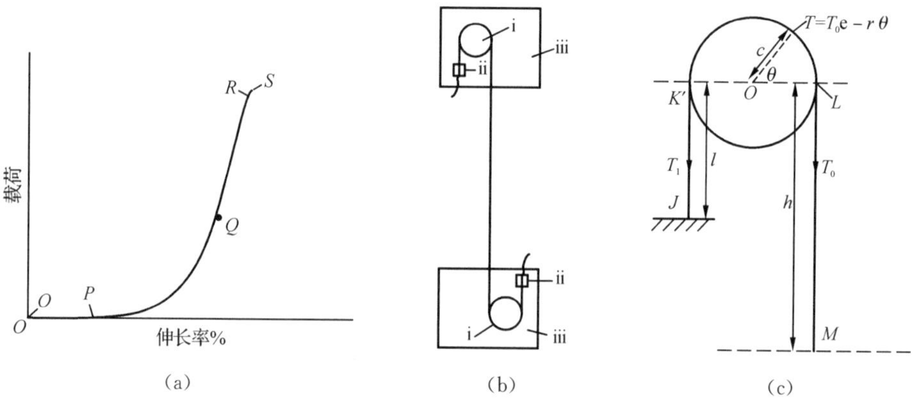

图 11.24　编织物拉伸测试曲线和拉伸夹具

在试验中,待测编织物(即试样)被夹持于拉伸试验机上铜制且带粗糙菱形凸起表面的夹钳之间。在一系列初步试验中,超过 95%的试样在夹钳位置(即钳口)发生断裂。这种极高的钳口断裂率在后来有所降低。所有试样的平均钳口断裂率为 56%。但在某些情况下,有高达 95%的试样在钳口断裂。很明显,采用这种试验方法对编织物的断裂载荷进行令人满意的比较是不可能的。

为了减少试样钳口断裂的次数,可在每个夹钳表面衬以一层 1.2 cm 厚的软木板。如果钳口面夹得不太紧,钳口断裂的次数就会大大减少,但钳面之间施加的压力越大,在钳口被夹持断裂的次数就越多。这种结果是意料之中的,因为编织物被夹得越紧,其受到拉伸时宽度收缩的自由度就越小。因此,编织物张力在离开钳口的单股线中的分量大于其在编织物主体中的相同股线中的分量,这是因为它们与编织物轴线之间的角度不同。

通过对钳口面进行适当的衬垫来减少钳口断裂,可能解决了一个问题,但也可能导致了另一个问题,即由于试样在钳口发生不可控制的滑动,因此无法获得试样断裂伸长的真实值。一个可行的解决方案是在编织物上标记两点,然后在拉伸加载过程中通过某种方法测量两点之间的距离。这涉及一系列图像处理方法。

图 11.24(b)展示了系缆桩夹具和夹持编织物样品(即试样)的方法。每个夹持器都由一个光滑的黄铜系缆桩(i)组成,编织物样品在系缆桩(iii)上安装的夹钳(ii)上绕着系缆桩旋转 180°。当系缆桩夹具之间的距离增大时,被夹钳夹住部分的样品张力将小于处于系缆桩之间的样品张力,两者之间的差异取决于样品和系缆桩之间的摩擦力。可以预计的是,许多试样在样品受拉、离开其中一个系缆桩时发生断裂,因为此时试样张力达到最大,而试样宽度收缩受到夹钳限制。这种断裂无法避免,虽然此时记录所得的断裂载荷可能略低于真实断裂载荷值,但还是在误差允许范围。

使用系缆桩夹具而不是有衬料的钳口,有两个好处:首先,可以避免试验操作人员控制钳口施压程度的个人因素;其次,可使一定量的样品处于拉伸状态,如果知道断裂点附近的载荷-拉伸曲线,就可以推断出样品的真实断裂伸长率。

在进行测试的编织物样品中,如图 11.24(a)所示,载荷-伸长率曲线上 RS 的部分非常小,可以忽略不计,因此在接近断裂点时,拉伸应变 ε 和拉伸力 T 之间的关系可以采用以下形式：

$$\varepsilon = A + BT \tag{11.26}$$

上式中，A 值和 B 值可通过使用普通夹钳进行的编织物拉伸试验获得。然后采用系缆桩夹具对相同的样品作拉伸试验，以获得断裂载荷值，进而根据式(11.26)计算获得断裂应变。在下面的附录中简单提供了在只有系缆桩夹具的情况下确定 A 和 B 的另一种方法。

附录　使用系缆桩夹具测定编织物的断裂应变

参见图 11.24(c)，表示图 11.24(b)中的测试样品的上半部分，T_0 代表系缆桩之间的编织物张力，T_i 代表系缆桩和夹钳之间的编织物张力。

如果式(11.26)对 T_i 和 T_0 都成立，那么与系缆桩接触的编织物任一部分的应变都可由以下公式给出：

$$\varepsilon = A + BT_0 e^{-\mu\theta} \tag{11.27}$$

式中：μ 为摩擦系数；θ 为从 L 开始测量的搭接角。

对于 $\widehat{KL}$ 内的编织物任一微小弧长段 $c\delta\theta$，该段的拉伸长度对应于未拉伸段编织物长度之比可表达如下：

$$\frac{c\delta\theta}{1+\varepsilon} \doteq c\delta\theta(1-\varepsilon)$$

$\widehat{KL}$ 是编织物因被夹持而未得到拉伸的长度：

$$\begin{aligned}\widehat{KL} &= \int_0^{\pi} c(1-\varepsilon)\,d\theta \\ &= c\left[\pi - A\pi + \frac{BT_0}{\mu}(e^{-\mu\theta} - 1)\right]\end{aligned} \tag{11.28}$$

JK 段的应变 $\varepsilon_{JK} = A + BT_0 e^{-\mu\pi}$，$LM$ 段的应变 $\varepsilon_{LM} = A + BT_0$，因此，$JK$ 和 LM 段扣除拉伸变形后的长度如下：

$$j(l - A - BT_0 e^{-\mu\pi}) \tag{11.29}$$

$$h(l - A - BT_0) \tag{11.30}$$

式中：j 和 h 如图 11.24(c)所示。

未拉伸长度总计如下：

$$JK + LM + \widehat{KL} = j + h_0 + c\pi \tag{11.31}$$

式中：h_0 为编织物未受拉伸时的 h 值。

将式(11.28)、式(11.29)、式(11.30)代入式(11.31)，得：

$$A(c\pi+j+h)+B\left[\frac{cT_0}{\mu}(1-e^{-\mu\pi})+jT_0e^{-\mu\pi}+hT_0\right]=h-h_0 \quad (11.32)$$

如果摩擦系数 μ 已知，则 A 和 B 可以通过 T_0 和 h 两次以上的测试值代入式(11.32)求解得到，由此得到式(11.26)中的常数 A 和 B。

参考文献

[1] Barlow A. The history and principles of weaving by hand and by power. Whitefish, Montana: Kessinger Publishing, 2007.

[2] Murphy W S. The textile industries. London: Forgotten Books, 2018.

[3] Mills L J. The textile educator: A comprehensive, practical and authoritative guide for all engaged in the textile industries. London: Sir I. Pitman & Sons, 1927.

[4] Johannsen O. Die geschichte der textil-industrie. Leipzig [etc.] Süd-verlag G. m. b. H. , 1932.

[5] Walford T. Britain Patent: 6381748.

[6] Murray J A H. The Oxford English Dictionary: Braid. Oxford, 1888.

[7] https://www.britannica.com/technology/braiding-textiles.

[8] 现代汉语词典(第七版)"编织"条目. 北京：商务印书馆，2016.

[9] Callawav Textile Dictionary, La Grange, Georgia, 1947.

[10] ASTM D123-19: Standard Terminology Relating to Textiles.

[11] Herzog R O (edit). 'Technologie der Textilfasern' Band II, 3, Berlin, 1927.
Articles: W. Krumme, Maschinen Flechten u. Maschinen Kloeppeln, H. Glafey, Die Gegenwaertig Gebrauchlichsten Arten von Flecht—u. Kloeppelmaschinen.

[12] Stover E, Mark W, Marfowitz I, Mueller W. Preparation of an Omniweave reinforced carbon-carbon cylinder as a candidate for evaluation in the advanced heat shield screening program. AFML-TR-70-283, 1971.

[13] Florentine R. Apparatus for weaving a three-dimensional article. US Patent 4,312,261, January 26, 1982.

[14] Varley D E. John Heathcoat (1783-1861): Founder of the machine-made lace industry. Textile History, 1968, 1(1): 2-45.

[15] Heathcoat J. Britain Patent: 42671823.

[16] Head J. Britain Patent: 50291824.

[17] Taylor H A. Britain Patent: 85161840.

[18] Wang Y Q, Sun X K. Digital-element simulation of textile processes. Composites Science and Technology, 2001, 61(2): 311-319.

[19] Brunnschweiler D. Braids and braiding. Journal of The Textile Institute Proceedings, 1953, 44(9): P666-P686.

[20] Brunnschweiler D. The structure and tensile properties of braids. Journal of The Textile Institute Transactions, 1954, 45(1): T55-T77.

[21] Peirce F T. The geometry of cloth structure. Journal of The Textile Institute Transactions, 1937, 28(3): T45-T96.

[22] Peirce F T. Geometrical principles applicable to the design of functional fabrics. Textile Research Journal, 1947, 17(3): 123-147.

[23] Pastore C M, Ko F K. Modeling of textile structural composites. Part I: Processing-science model for three-dimensional braiding. The Journal of The Textile Institute, 1990, 81(4): 480-490.

[24] Li W, Hammad H, El-Shiekh A. Structural analysis of 3-D braided preforms for composites. Part I: The four-step preforms. The Journal of The Textile Institute, 1990, 81(4): 491-514.

[25] Li W, Hammad H, El-Shiekh A. Structural analysis of 3-D braided preforms for composites. Part II: The two-step preforms. The Journal of The Textile Institute, 1990, 81(4): 515-537.

12 纺织结构力学人工智能技术

12.1 人工神经网络技术

本节介绍人工神经网络技术应用于预测纱线拉伸性能。用含有一个隐层的人工神经网络负反馈算法，训练纱线生产工艺参数与拉伸性能关系，进而预测纱线拉伸性能。相比于第四章和第六章的经典力学方法，人工神经网络技术能快速准确地预测纱线拉伸性能。随着当前人工智能(AI)技术快速发展和普及，尤其是我国以“深度求索”(DeepSeek)为代表的 AI 大模型进入各行各业，力学分析方法将与 AI 技术深度融合，在纱线结构力学乃至整个纺织结构力学、纺织品设计中发挥越来越大的作用。

纱线结构与性能主要受三大要素调控：(1)纤维特性，包括纤维长度、细度、截面形态等；(2)纺纱方式，如环锭纺、转杯纺、喷气纺等；(3)工艺参数，涵盖牵伸倍数、加捻速率、转杯转速、喷嘴压力等。例如，纱线弯曲刚度与线密度的四次方呈正比关系[1]。当传统短纤纱细度从 1.2D 降至 0.6D 时，弯曲刚度将降至原值的 1/16(降幅达 93.75%)。本质上，上述三要素通过决定纱线结构间接影响纱线宏观性能。例如，转杯纺纱比环锭纺纱具有更好的条干均匀性，这归因于纱线成形过程中转杯内发生的纤维多重并合效应[1]。

当前关于纱线结构参数与拉伸性能之间关系的模型，可追溯到 1907 年 Gegauff[2] 和 1950 年 Platt [3]用分析模型研究长丝纱结构、捻度、纱线泊松比和非线性应力-应变本构方程之间的关系，在 20 世纪 50 年代末和 60 年代，Hearle、Treloar、Wilson 等[4-12]进一步拓展了 Gegauff 和 Platt 的工作，奠定了长丝纱结构力学的基础。

对于短纤纱，Xie 等建立纱线结构参数与包缠纱强度关系模型[13]，发现在高捻度之外该模型预测值与实验值一致。Choi[14]建立以包缠间距为主要参数预测包缠纱线拉伸特性的模型，但实际断裂载荷比模型预测值低 30%左右。Carnaby [15]用几何方法从理论上分析股纱的拉伸行为，并对短纤纱建立了相同的模型。van Luijk、Kawabata、Denton 等研究变形纱拉伸强度[16-18]。Vas 和 Csaszi[19]、Phoenix 等 [20]在纤维断裂强度威布尔分布基础上计算了纱线拉伸强度分布，得到纱线拉伸曲线。

由于工艺参数、材料特性与纱线性能间存在非线性关联，构建预测模型需解析多因素耦合的复杂网络。迄今为止，预测建模主要分为两类：第一性原理建模与经验统计建模[21]。第一性原理建模基于应用物理学原理构建理论方程，虽具有理论完备性优势，但面临两大核心挑战：即便采用大幅简化假设以使数学模型可解，模型开发周期通常长达数年;模型保真度受限,实际工业场景中工艺动态不确定性易导致预测失准。经验统计建模依托实验数据建立统计关系模型,其应用瓶颈体现在:需同步掌握统计学方法与实验设计技术,同时实验数据采集成本高昂且耗时严重。

现有建模工具对纱线纺纱等复杂非线性工艺的精确建模与优化能力不足。具体表现在:传统物理模型难以捕捉多工艺参数交互作用;统计模型受限于数据质量与实验设计约束;两类方法均无法有效平衡模型精度与工程实用性。在纺织工程领域亟需发展新型智能建模技术(如神经网络、数字孪生等),以实现复杂工艺系统的高效精准建模。

从 1907 年 Gegauff 的工作至今,从纱线结构和纤维力学性质预测纱线力学性质的模型已经很多,但是这些模型在工业设计中的应用有限。这是因为人们在开发模型时所做的简化假设会导致很大的预测误差。工业上需要能够准确预测纱线拉伸性能、并且快速有效的模型,尤其是现在 AI 技术大量应用于工业化制造,基于经典方法基础上的 AI 模型,就像目前基于大语言模型基础上的 DeepSeek 一样,可快速可用于工艺和产品设计[21],并对于企业的成功至关重要。

AI 是计算机科学的一个广泛领域,目标是让机器模拟人类的认知能力(如学习、推理、规划、感知)。核心目标是构建能够自主解决问题或完成复杂任务的智能系统。主要技术分支有:机器学习,让机器通过数据自动改进性能(如决策树、支持向量机、神经网络);深度学习,是基于多层神经网络的机器学习子领域(如 CNN、RNN);自然语言处理(NLP):让机器理解并生成人类语言(如 ChatGPT、DeepSeek);强化学习:通过试错与环境交互学习最优策略(如 AlphaGo)。

人工神经网络(Artificial Neural Networks,即 ANNs)是一种受生物神经网络启发的计算模型,通过模拟神经元之间的连接和信号传递,构建能够从数据中学习的非线性系统。核心目标是通过调整神经元之间的连接权重,使网络能够对输入数据完成分类、回归或生成等任务。ANNs 是一种运算模型,由大量的节点(或称神经元)相互连接而构成。每个节点代表一种特定的输出函数,称之为激励函数。每两个节点之间的连接都代表一个通过该连接的信号的加权值,称之为权重,这相当于人工神经网络的记忆。网络的输出则依节点的连接方式、权重值和激励函数的不同而不同。网络自身通常都是对自然界某种算法或者函数的逼近,也可能是对一种逻辑策略的表达。

纺织工业是多变量、变量间呈现非线性关系甚至非确定性关系的产业链,纺织品最终质量取决于纤维等原材料品质和纺织制造技术参数,但又很难找出其中的函数关系,这正是 AI 擅长解决的问题。作为 AI 领域的一种基本工具,ANNs 已经在纺织工业中得到大量应用,近期得到快速发展的 AI 技术如深度学习等更呈现出强大潜力。

12.1.1 人工神经网络技术

ANNs 是一类基于历史数据直接“学习”工艺规律的高效数学建模、控制与优化工具。其成为纺纱工艺建模技术的核心优势在于:(1)本质特性:具备高维非线性系统建模能力的回归算法,提供统一简洁的用户交互接口;(2)技术革新性:突破传统知识表示、获取与应用范式,已在工程、物理、神经科学、金融等多领域引发技术革命[22-29]。

神经网络架构的共性特征：(1)并行分布式结构，由大量类神经元简单处理单元构成；(2)权重连接机制，单元间通过加权连接传递信息，权重值承载网络知识，学习过程即权重调整与误差曲面优化过程；(3)自组织学习能力，通过训练自动提取数据内在规律[30]。

神经网络模型的三大要素：(1)拓扑结构，网络层数与节点连接方式；(2)节点特性，激活函数类型（如 sigmoid、ReLU）；(3)训练规则，权重初始化策略与优化算法（如反向传播[33-36]）。

统计方法和人工神经网络之间的主要区别在于它们使用基函数不同。标准的函数逼近技术使用复杂的标准正交基函数集（正弦、余弦、多项式等）。相比之下，人工神经网络使用非常简单的函数（通常是 sigmoids 函数，也简称为 S 型函数），但它将这些简单函数组合在一个多层嵌套结构中。

对于拥有大量历史数据，但对系统输入和输出之间复杂的相互作用知之甚少的过程，建立具有人工神经网络模型进行预测最为有效。神经网络可以用工艺数据的大量子集进行训练。当神经网络完成对数据集的学习后，它可以用工艺数据的剩余子集进行预测精度测试，以确定该模型对其他未知数据的训练效果。如果一个神经网络能对它从未见过的数据进行准确预测，则这个神经网络的有效性高。

12.1.2　负反馈算法

图 12.1 所示为一个单隐藏层反向传播网络。连接强度是权重，在每个单元间由 sigmoid 函数联系，sigmoid 函数必须连续且可微。负反馈算法是一种迭代梯度算法，使得前馈网络的实际输出与所需输出之间的均方误差达到最小值。

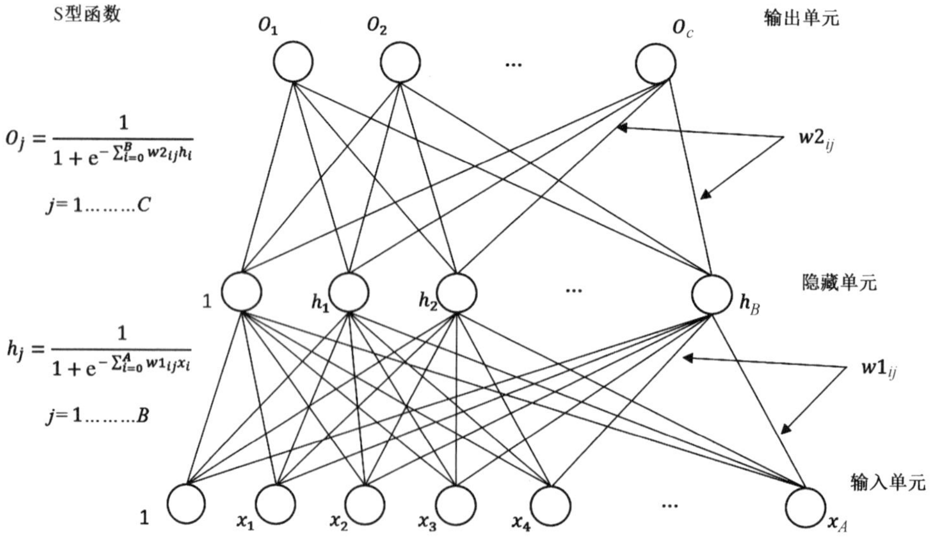

图 12.1　单隐层负反馈神经网络

如图 12.1 所示，ANNs 以一组随机初始化的权重参数开始运行。每当网络接收到一组输入-输出训练样本对时，权重参数即进行动态调整。当所有输入-输出样本对均完成一次前馈-反馈处理后，即视为完成一个训练周期。通常需要经过多轮完整周期训练才能获得充分优化的网络模型。每个迭代步骤(即每次处理输入-输出对)包含两个核心阶段：前向传播过程与反向传播过程。在前向传播阶段，网络接收训练输入数据，通过当前权重参数，利用 sigmoid 激活函数逐层计算隐藏层各神经元的激活值，继而通过第二层权重参数结合 sigmoid 函数最终生成输出值。在反向传播阶段，将网络实际输出与目标输出进行对比，计算输出层单元的误差估计值，据此调整输出层连接的权重参数以减小误差。随后，输出层的误差估计值被反向传递用于推导隐藏层单元的误差估计，最终将误差信号沿网络拓扑结构逆向传播至输入层各连接权重。此迭代过程将持续进行，直至网络连接权重的调整使得目标输出与实际输出间的误差指标收敛至预设的允许范围内。该算法的详细数学推导可参考人工神经网络教材[30,37]。这里构建的神经网络模型以材料参数与喷气纺纱工艺参数作为输入层变量，以纱线拉伸性能指标作为输出层响应。

当反向传播算法首次提出时，学术界对其核心质疑在于如何处理误差曲面中的局部极小值陷阱问题。网络训练过程中，权重参数沿误差梯度下降方向迭代更新，理论上应收敛至全局最小值。然而实际上网络可能陷入误差曲面的局部凹陷区域，导致权重配置无法有效解决目标问题。针对此难题，现有研究提出了多种解决方案。值得强调的是，在大规模神经网络中，高维权重空间赋予算法充分的自由度，显著降低了陷入局部极小值的概率。因此，实际工程应用中网络通常能稳定收敛至有效解[30]。

尽管反向传播网络具备强大的建模能力，但其仍面临关键挑战——如何保障泛化性能。该指标对构建工业预测模型至关重要：网络经历史数据训练后，必须能对未知输入实现可靠推断。此外，泛化能力可有效抑制工业数据中普遍存在的噪声干扰。反向传播机制虽展现出良好的泛化潜力，但网络亦存在对训练样本的过度记忆风险(即“查表式记忆”)。如图 12.2 所示，长时训练过程中泛化能力的典型演变规律为：初期训练集与测试集误差同步下降；当训练持续至某临界点后，测试集误差开始逆向攀升，而训练集误差仍持续降低。此现象表明网络开始机械记忆训练样本细节，丧失了对数据本质规律的抽象能力。尤其对于含数千实值权重的大型网络，理论上可通过为每个训练样本分配专属隐层单元实现完整数据存储。

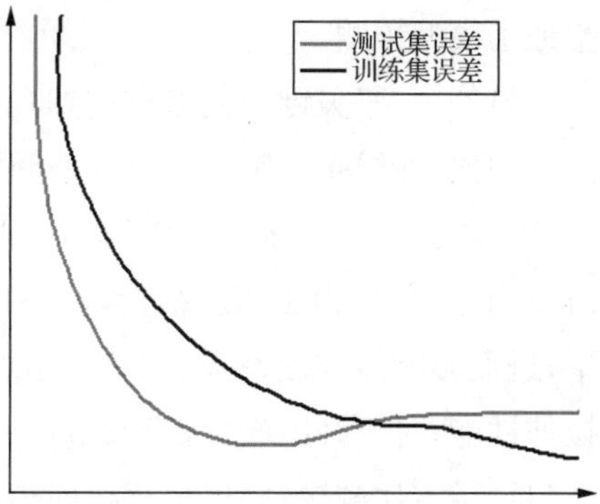

图 12.2 神经网络学习中的泛化效应

为抑制网络陷入查表式记忆模式，可采取以下策略：

(1) 训练数据加噪法。在训练数据中人为注入微量噪声，噪声强度需控制于既能打破记忆模式又不干扰网络学习的平衡区间。

(2) 动态网络剪枝法。初始阶段设置充足隐层单元，随着训练进程逐步剪除冗余连接，在输入-输出层间形成信息瓶颈，强制网络提取泛化特征。

(3) 交叉验证早停法。将工艺数据划分为训练集与交叉验证集，仅使用训练集进行权重更新。每轮训练周期结束后，利用交叉验证集评估网络预测性能。如前文所述，当交叉验证集预测误差开始上升时(表明过拟合发生)，立即终止训练。下文将采用交叉验证机制实现有效泛化控制。

反向传播算法性能高度依赖网络超参数配置，主要包括隐层单元数量、学习率及动量系数。其中隐层单元数决定网络泛化能力，后两者共同控制误差曲面下降速率。实验表明，参数设置差异可使预测误差波动达 10 倍。遗憾的是，现有理论尚未提供参数最优化的普适算法，实践中多通过试错法进行参数选择。下面将通过系统测试不同参数组合方案，确保最终获得低预测误差的网络配置。

12.1.3 喷气纺纱及研究历史

喷气纺纱本质上属于气流纺纱技术，其工艺特征为：纤维须条经牵伸系统前罗拉输出后，穿越位于牵伸装置与卷绕机构之间的 1～2 个流体喷嘴完成成纱。喷气纺纱线的拉伸性能主要受工艺参数调控，工艺参数影响纱线结构，也间接影响纱线力学行为，同时纤维材料属性亦对纱线性能产生显著作用。

早期学者已对喷气纺纱力学机理展开系统性研究。Grosberg 等[38]率先解析双喷嘴纺纱机的力学过程，并建立双喷嘴纺纱加捻运动学模型[39]。该模型揭示：纱线整体捻度水平主要由第二喷嘴的加捻效应主导，第一喷嘴仅对局部区域产生退捻作用。同时指出气流喷嘴的加捻效率随纱线线速度提升而增强，且受纱线张力显著影响，相关实验数据有效验证了模型预测。

另外，一些关键工艺参数例如，前/后喷嘴压力、出纱速度、总牵伸倍数、牵伸系统前后区牵伸比、纱线张力牵伸以及喷嘴间距等[40]，对纱线性能的作用机制也已有深入研究。对于喷嘴压力，Chasmawala[41]与 Grosberg[42]发现前喷嘴压力提升可增强纱线拉伸强度，但 Lawrence 等[40]得出相反结论，Grosberg[39]还证实第二喷嘴压力直接决定加捻区捻度水平，进而影响纱线断裂强度；对于出纱速度，Lawrence 等[40]研究表明提速通常可改善纱线拉伸性能；对于纤维配置，Chasmawala[41]指出纱线强度随芯纤维数量增加而下降，归因于外包纤维占比减少，并提出存在使纱线强度最大化的最优外包纤维数量理论。

Grosberg[39]开创了喷气纺纱强度理论研究的先河。Krause 与 Soliman[42]基于其工作构建数学模型预测纱线强度。两类模型均基于理想化纱体结构假设：纤维等长分布、芯纤维平行于纱轴、纤维端均匀分布等，并设定纱线断裂机制为全纤维同步断裂的灾难性失效模式。进一步考虑芯纤维存在部分滑移与部分断裂的复合失效机制，将纱线强度分解为三部分：外包纤维贡献强度、芯纤维实际断裂部分强度以及残余滑移芯纤维的摩擦阻力强度。

作为 ANNs 应用的实际举例，用八组细旦涤纶/棉混纺粗纱样本，包含两个粗纱批次和四种混纺配比。选用两种纱线细度(36^S 与 46^S)以探究线密度影响，并设置四种混纺比例(涤纶/棉：50/50、67/33、80/20 及 100/0)分析混纺效应。实验采用六组喷嘴压力比配置($N_1:N_2$ 为 1.5：5、2：5、2：4、3：5、2：3、4：5)，压力单位均为 kgf/cm^2。

为解析参数间交互作用，实验设计采用三重复固定效应模型。基于全因子设计方案，48 组工艺与材料参数组合共纺制并测试 144 个样本（每组参数三次重复）。所有样本采用随机纺制顺序，且为最大限度降低样本间变异，均于同一纺纱工位完成生产。纺纱设备选用村田喷气纺纱机（MJS801 型）。鉴于 Chasmawala 等[41]已证实总牵伸倍数与前喷嘴压力存在显著交互效应，所以将总牵伸倍数恒定设定为 183 倍，样本纺制出纱速度为 160 m/min。

纱线拉伸性能测试指标包括断裂强力和断裂伸长率。采用 Instron 等速伸长强力仪测定纱线强伸性能：设定夹持长度为 25.4 cm，选择适宜拉伸速率使纱线断裂时间控制在约 20 s，每组样本测试 30 次。

12.1.4 利用人工神经网络进行训练和预测[43]

12.1.4.1 训练程序

采用基于反向传播算法的单隐层人工神经网络（结构如图 12.1 所示），构建喷气纺纱工艺参数与材料特性至纱线拉伸性能的非线性映射模型。网络输入层包含工艺参数（第一、第二喷嘴压力）与材料特性（纱线支数、混纺涤纶纤维占比），输出层对应纱线断裂强力与断裂伸长率指标。实验数据库共含 48 组有效输入-输出数据样本。为实现网络对输入-输出关系的有效泛化学习，采用三阶段数据集划分策略以抑制记忆效应：将原始数据随机划分为训练集（35 组）、交叉验证集（8 组）与测试集（5 组）。鉴于样本总量有限（48 组），网络共进行五次独立训练，每次均重新随机划分数据集。每次训练前，通过网格搜索法对网络超参数（隐层单元数、学习率、动量系数）进行多组合测试，确保选定参数配置可使预测误差最小化。图 12.3 展示了第二次训练过程中训练集与交叉验证集的均方误差（MSE）动态演变。曲线显示：当训练至第 3 535 个周期时，训练集 MSE 持续下降，而交叉验证集 MSE 出现拐点并开始逆向攀升，此现象标志着网络开始记忆训练集特异性特征。为保障模型泛化性能，训练过程于该时刻立即终止。

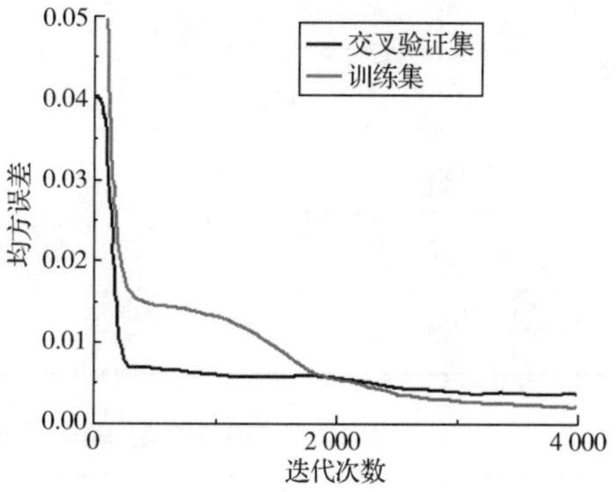

图 12.3 第二次训练中训练集和交叉验证集预测的均方误差的变化

12.1.4.2 结果与讨论

在五次独立训练中，每次训练完成后均采用测试集验证网络预测性能。表 12.1 与表 12.2 分别展示了断裂强力与断裂伸长率的输入参数、实验测定值、网络预测值及误差百分比（以其中一次训练结果为例，表中同时列出误差百分比的平均值与标准差）。数据显示：所有案例中预测误差均显著低于实验标准差，且误差百分比维持在较低水平。例如，对于 36^s（涤/棉）（50/50）混纺纱（喷嘴压力为 3 kgf/cm^2 与 5 kgf/cm^2），实测断裂强力为 179.06 gf,预测值为 175.63 gf,绝对误差为 3.42 gf,处于实验误差±22 gf 范围内。五次训练网络均呈现类似精度水平,表 12.3 汇总五次训练网络(共 25 次预测)的断裂强力与伸长率预测误差统计量:强力预测平均误差 1.91%(标准差 7.24%),伸长率预测平均误差 0.29%(标准差 5.86%)。

尽管训练样本规模有限(48 组),神经网络仍成功解析输入-输出间的复杂非线性关系,展现出优异的泛化映射能力。在工业实际场景中,常规纺纱线取样检测将积累海量工艺数据,基于反向传播的神经网络模型有望实现更卓越的预测性能。

神经网络建模方法具备显著工程优势:当获取工艺参数空间新区域数据时,可通过融合历史数据与新数据进行模型迭代更新,实现预测能力的持续进化——这与人类经验积累机制高度相似。此外,建立精确的正向模型后,可进一步构建逆向模型,通过设定目标输出(强力、伸长率)反推最优工艺参数(喷嘴压力、混纺比、纱支),这对工艺控制与优化具有重要价值。该建模范式不仅适用于纱线性能预测,更可推广至纺织工业各类复杂流程,为新产品开发与工艺精准控制提供解决方案。这种"逆向可解"建模思想与纺织领域经典力学研究具有相同的理论传承性。

表 12.1 输入变量:第二次训练运行的断裂强力实验值与预测值对比

纱线细度	PET 质量分数(%)	第一喷嘴压力(kgf/cm^2)	第二喷嘴压力(kgf/cm^2)	断裂强力实验值(gf)	断裂强力预测值(gf)	误差(gf)	误差百分比(%)	实验标准差(gf)
36^s	50	3	5	179.06	175.63	−3.42	−1.91	22
36^s	100	2	5	230.55	212.84	−17.72	−7.68	24
46^s	50	2	3	131.60	132.97	1.37	1.04	21
46^s	67	4	5	150.01	155.86	5.85	3.90	22
46^s	80	2	4	181.44	172.55	−8.00	−4.41	21

表 12.2 输入变量:第二次训练运行的断裂伸长率实验值与预测值对比

纱线细度	PET 质量分数(%)	第一喷嘴压力(kgf/cm^2)	第二喷嘴压力(kgf/cm^2)	伸长率实验值(cm)	伸长率预测值(cm)	误差(cm)	误差百分比(%)	实验标准差(cm)
36^s	50	3	5	1.836	1.898	0.061	3.282	0.224
36^s	100	2	5	1.760	1.671	−0.089	−5.119	0.234
46^s	50	2	3	1.821	1.778	−0.041	−2.293	0.193
46^s	67	4	5	2.007	2.042	0.036	1.716	0.262
46^s	80	2	4	2.040	2.021	−0.018	−0.893	0.282

表 12.3 五个经训练神经网络对断裂强力及断裂伸长率预测误差百分比的均值与标准差

ANNs 训练序号	断裂强力		断裂伸长率	
	误差百分比(%)	标准差(%)	误差百分比(%)	标准差(%)
1	−0.49	4.89	−4.27	5.40
2	−1.91	4.60	−0.66	3.31
3	−6.37	6.07	1.97	2.10
4	0.97	8.71	0.61	4.26
5	−1.77	11.95	0.89	14.24
总平均值	−1.91	7.24	−0.29	5.86

12.2 深度学习方法

本节介绍一种基于深度学习的三维纺织几何结构模拟方法，该方法融合了卷积与循环特性，通过训练深度神经网络实现从初始机织结构到完全致密化三维纺织单胞的精准预测。采用数字单元纺织仿真软件生成预计算案例数据集，完成人工智能模型的训练验证。实验表明该方法能有效预测三维纺织结构，系统刚度特性预测误差低于10%。相较于传统建模方法，深度学习方法具有显著计算效率优势，快速织造仿真可系统研究纱线构型、基体材料与制造工艺对纺织复合材料力学性能的影响规律，为深入理解材料行为特性和开发新型应用提供技术支撑[44]。

机织是纺织预成型体织造中最常用的工艺之一。复合材料三维机织结构特指经纱、纬纱与贯穿厚度接结纱相互交织形成的织物结构。这种制造工艺的优势体现在可根据设计要求定制材料的力学性能与厚度方向增强效果。通过调控机织结构参数，可针对特定应用场景（如航空机翼或风力涡轮叶片）优化预成型体的强度、刚度、断裂韧性等力学性能。例如，高取向纱线排列结构特别适用于单一方向高刚度/高强度需求的复合材料构件。此外，机织结构特征会影响复合材料的制造工艺性和成本效益，特定机织技术更易实现工艺自动化，从而降低生产成本并缩短制造周期。

纺织复合材料力学性能主要取决于纱线力学性质与纱线空间构型，通常在液态树脂浸渍前需对机织预成型体进行模具致密化处理，把织物从蓬松状态压紧成为致密状态。为降低劳动密集型试制成本，建立基于织物初始几何结构与纱线空间构型的力学性能预测模型具有重要工程价值。传统有限元方法模拟织物致密化过程耗时极长，构建可靠变形模型常需数日乃至数周计算时间。机织工艺中，不同类型纱线通过机械交织形成致密化三维结构，该过程伴随纱线受拉/弯作用产生的复杂变形。因此，开发能精确表征机织过程纱线运动学与变形机制的几何建模工具，是解析织物力学行为的关键。

为提升织物几何与力学性能预测效率，学术界开发了系列专用纺织数值模拟平台。典型代表包括比利时荷语鲁汶大学（荷兰文：Katholieke Universiteit Leuven）Verpoest 与

Lomov 团队研发的 WiseTex 软件[45,46]，该工具通过引入纱线力学性质参数，采用解析方法实现二维/三维纺织结构建模，但其建模精度受限于纱线截面形状假设（强制椭圆形）。相较而言，TexGen 软件[47,48]采用参数化建模策略，通过定义纱线截面形态与机织拓扑生成理想化单胞模型，并支持有限元模型转换。

由于计算资源限制，传统建模方法通常仅适用于单胞尺度分析。但对于具有高度各向异性的复杂机织结构，在单胞尺度模拟非周期边界条件及织物一模具相互作用（当模具特征尺寸与单胞相近时）将导致模型分辨率显著降低。为此，多尺度建模方法应运而生。El Said 等[49]在三维机织物变形运动学建模研究中验证了该技术的可行性，重点构建了特征/构件尺度的织物变形与缺陷预测模型。该方法通过单胞细观模型的镶嵌与几何简化实现宏观尺度转换，进而提出涵盖二维/三维纱线几何表征的力学模型，并在细观-宏观尺度完成实验验证。但受限于运动学方法本质，该研究未能反映纱线变形物理机制。Thompson[50]针对该问题开展突破性研究，开发了二维机织物压缩行为高精度运动学模型。其创新点在于引入基于单纱压缩响应的超弹性本构模型，采用两阶段建模策略：首先通过运动学方法生成机织态几何，继而构建具有超弹性特征的有限元模型。该方法成功实现了密排 2/2 斜纹机织结构单层/多层堆叠体的运动学响应与力学行为耦合表征，仅需基础尺寸参数与单纱特性测试数据即可评估致密化织物的物理、几何及力学特性。

当前机织物建模技术虽能有效模拟纺织复合材料变形行为，但其在织物优化设计领域存在显著局限性，主要瓶颈源于高昂的计算成本。为实现纺织品设计与优化的快速迭代，需开发高效机织模拟技术，以遍历大量潜在的机织构型空间。这里介绍基于深度学习的机织模拟方法，旨在突破传统方法的效率限制，推动纺织品建模技术向更高层次发展。

深度学习在纺织复合材料领域已取得系列应用成果。典型应用方向包括基于生产数据快速评估材料性能，如文献[51]构建的预测框架通过定制序列神经网络（含多层密集连接层），基于纤维/树脂性能参数及细观特征（纤维体积分数、机织模式等）实现机织复合材料刚度系数快速预测，成功替代耗时的微观力学有限元分析。该网络训练数据源自系列有限元计算案例。深度学习应用范畴可进一步扩展至强度预测领域，文献[52]研究表明，神经网络仅需输入微尺度纤维体积分数及纱线几何参数（宽度、厚度、间距等），即可精确预测细观尺度纤维体积分数、刚度与破坏强度，预测结果与高保真有限元模拟数据误差小于 1%，并成功应用于机织复合材料几何参数优化。

尽管力学性能预测对设计与优化至关重要，但单一性能数据难以构建完整的机织复合材料数字孪生体，限制了其在纱线路径分析、缺陷检测、损伤演化等深度分析中的应用。数字孪生构建面临更高技术挑战，主要源于神经网络输出维度剧增带来的网络架构复杂化与训练数据集扩容需求。现有研究多采用真实材料样本空间特征分析方法，如文献[53]基于 X 射线图像构建编解码器全卷积网络实现纱线分割，生成二维断层扫描图像重构有限元模型，数字孪生刚度预测误差达 4.13%；文献[54]采用 U-Net 架构深度卷积网络解析 μ-CT（微观计算机断层扫描）图像三维纱线几何，实现纤维束与基体的高精度识别，并能重构制造缺陷；文献[55]进一步开发残差卷积网络处理低对比度 μ-CT/核磁共振图像，有效解决纱线互穿问题，重建精度超越传统 U-Net 方法。

上述方法均依赖真实样本构建训练数据库，而三维单胞重构所需海量数据获取存在显著挑战。文献[56]尝试基于人工数据生成机织单胞，通过 U-Net 网络合成 CT 图像，结合 Mask R-CNN 网络实现数据增强，有效扩展了机织模式多样性，但部分预测截面存在纤维体积分数虚高问题。

现有数字孪生研究聚焦于已制造试样的空间特征重构，未涉及机织过程中纱线演化机制。基于初始机织结构预测制造态复合材料数字孪生体，以及解析制造过程中单胞结构动态演化仍属技术空白。本小节还将介绍能够表征三维机织单胞时序演化特征的预测系统，仅依据初始机织结构即可生成完整制造态数字孪生体。该技术需解决机织制造过程的时空耦合特性建模难题，要求系统具备时序特征关联记忆与压缩行为模式识别能力，同时面临训练数据集规模指数级增长的技术挑战。采用深度学习方法，相较传统方法具有三大核心优势：(1)摆脱对物理试样的依赖，实现全虚拟环境下的数字孪生构建；(2)揭示机织过程中纱线相互作用与结构演化机制；(3)为智能机织工艺优化提供数字化决策支持。

12.2.1 建模方法

神经网络以其通过模拟人脑的数学算法系统逼近所研究系统潜在关联的能力而著称。通过提供研究数据集的相关输入-输出对，可训练网络实现对系统行为的预测。传统神经网络以"黑箱"模式运作，其预测本质上是训练阶段"已见"数据的近似映射，而非基于系统内在物理规律[57]。当训练数据本身源于物理定律时，此类网络具有合理性，但本小节采用的建模方法(即织造过程运动学模拟)不属此类。尽管无法揭示系统控制规律，神经网络方法仍能快速建立仅基于系统反馈的预测框架。其另一显著优势在于预测速度，这使其特别适用于设计优化、实时数据处理及决策支持等时效敏感型计算问题[58,59]。将 AI 预测能力应用于复合材料建模，可实现快速评估复合材料力学性能或探索多样化织物结构。

深度学习面临的核心挑战在于获取充足相关数据源。有效数据集需涵盖系统所有可能状态的多样化案例，以学习行为模式与依存关系。数据需求规模取决于问题复杂度，受参数数量(如纤维体积分数、取向向量、压实度)、问题维度(一维/二维/三维)、时变系统(如时间分布解中的状态增量变化)等多因素影响。训练数据缺失系统状态表征将导致网络偏差及预测鲁棒性缺失。数据充分性评估可在测试阶段通过"未见过"输入验证训练网络实现。

织物压实状态下几何结构数据可通过实验或仿真获取。实际织造中追踪纱线位置因案例规模与系统复杂性而极具挑战，因此常采用仿真生成数据策略克服这一挑战。例如，英国布里斯托大学(The University of Bristol)的 SimTex 软件[60]基于数字单元技术[61]，预测二维/三维纺织复合材料内部结构。软件将纱线建模为表征交织结构的梁单元，在周期性边界条件下通过施加体应变完成机织模拟，专用接触算法追踪梁单元相互作用。单胞模拟分两阶段：首先预测织物机织态几何，随后通过平板压实达到目标厚度。此类高精度模拟方法因梁单元大量接触导致计算成本高昂，正是提出深度学习方法的动机所在。

单胞作为织物结构在三维空间的最小表征单元，通过周期性扩展可构建完整织物模型。框架输入包含松散几何的初始机织图及参数集（单丝数量、单胞初始尺寸、纤维密度与直径等），通过时间序列解实现单胞渐进变形，最终获得致密化结构。图 12.4(a)展示了包含初始态、中间态和完全致密态纺织品几何形状的示例。解决方案所需的中间步骤数量取决于所考虑的案例研究的复杂程度。所得到的压实结构包含纱线在三维空间中的特征信息，如纤维体积分数、纤维取向和单元格的压实度。

任何生成的机织单胞均可从运动学梁单元几何模型转换为体素或有限元模型，以便进一步分析织物的力学性能，如图 12.4(b)所示。在体素表示法中，将创建结构化的三维体素网格。每个体素包含单胞域对应区域内关于纤维体积分数和纤维取向的信息。体素网格密度由研究者根据所需分辨率设定。接着，将体素模型转化为有限元几何模型，以便在任何合适的有限元软件包中进行后续分析。为深入研究织造过程中纱线行为，可能不仅需要分析完全压实的体素/有限元几何结构，还需考察中间几何形态。为此，SimTex 软件套件允许在时间分布式求解的任何阶段实现从运动学模型到体素/有限元模型的转换。

这里并非重点介绍 SimTex 软件的使用，而是构建快速预测工具进行织造仿真。SimTex 软件仅作为生成可靠数据集的工具使用。任何能够产生三维机织单胞结构时间演化过程的框架均可承担此功能。需特别注意，经过训练的深度学习系统将包含训练数据中存在的所有误差和偏差。因此必须确保训练输入源的可靠性和有效性。

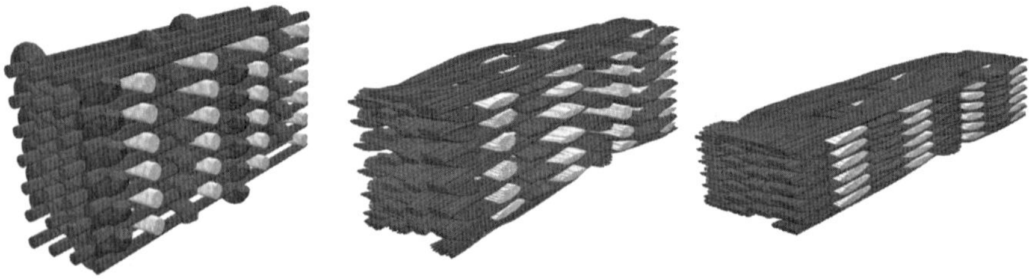

(a) 三维机织结构SimTex时间分布解决方案示例

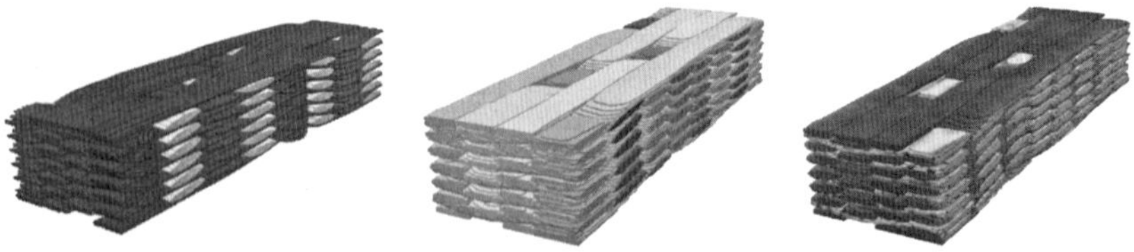

运动学梁单元模型　　体素模型　　有限元模型Von Mises应力梯度

(b) 从运动学模型到三维体素模型再到有限元模型转换示例

图 12.4　三维机织物结构模型

12.2.2　构建训练数据集

深度神经网络的训练数据通过开展不同纱线构型织物的系列织造仿真生成。针对含多参数的三维域进行时间序列演化预测具有高度复杂性，为此需构建大规模数据集以提供充足的训练信息。这里共生成 4 000 组具有差异化纱线路径的机织构型，每个样本均表征初始机织态下的单胞结构特征。图 12.5 展示了若干含机织几何结构的单胞实例。

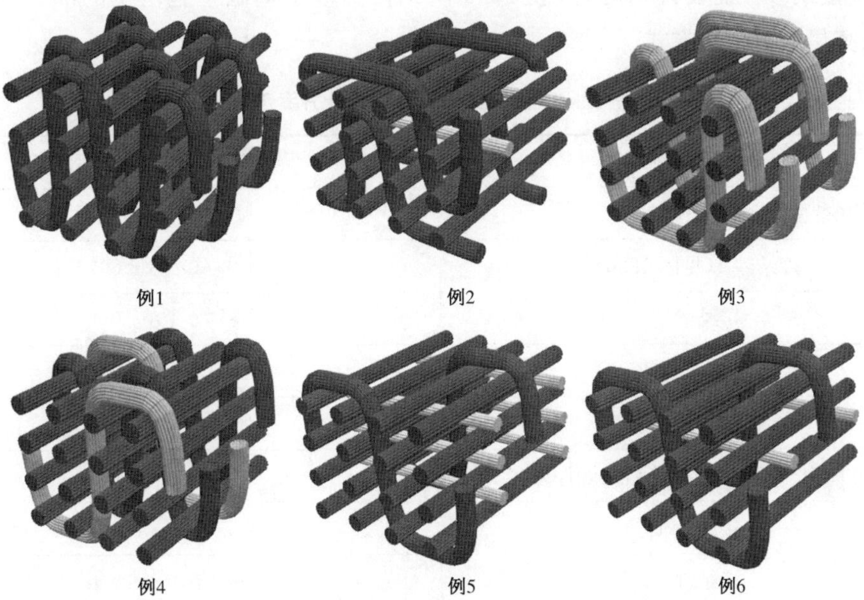

图 12.5　不同机织工艺机织物单胞运动学模型初始状态对比

为确保数据同源性，所有单胞的几何特征参数（长、宽、高）均采用统一规格。纬纱系统（图 12.5 中直线状纱线是纬纱，每层有 4 根纬纱，共 4 层）的结构配置亦遵循统一设计规范进行固定。

不同单胞机织结构的多样性通过调控接结纱路径与增减经纱层数实现。所有机织构型需满足必要条件：存在贯穿厚度方向的接结纱系统，以实现纬/经纱层间结合。图 12.6 展示了具有完整接结纱组的典型机织结构，其中纱线编号与表 12.4 对应。

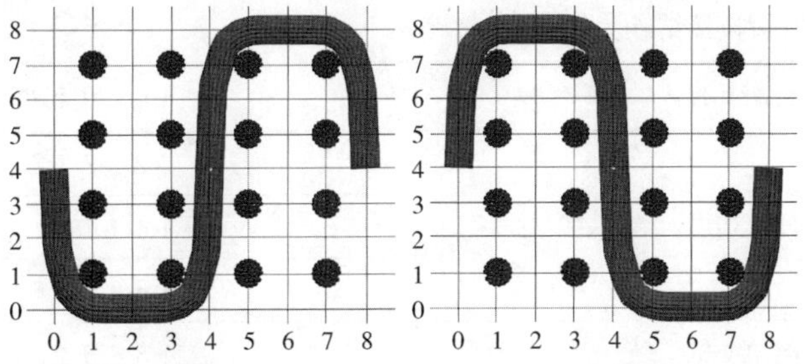

图 12.6　带接结纱的三维机织物组织图(纱线编号与表 12.4 相同)

采用人工设计方法开发了 50 种具有定制化纱线路径的独特三维机织结构。案例库的扩展通过数据增强技术实现，包括对单胞进行镜像反转操作、在单胞内融合多种机织模式等方法。如表 12.4 所示，以图 12.5(例 4)的基础单胞为原型，可通过多种方式实现结构变异：方案 1、2 采用不同组合方式调整接结纱序列；方案 3 则通过经纱替代部分接结纱组。

值得注意的是，接结纱 2/接结纱 4 或接结纱 1/接结纱 3 组合允许被任意其他纱线构型(包括其他接结纱或经纱)替换。数据增强过程中需确保单胞结构完整性，即至少保留一对贯穿厚度的接结纱。需要说明的是，表 12.4 所列仅为基于基础单胞衍生的部分可能性示例，并未穷尽所有组合方式。

表 12.4　机织结构多样性设计方案示例

纱线类型	单胞中纱线空间坐标
基准单胞(参见图 12.5 中例 4)	
接结纱 1(见图 12.6)	4 0 0 0 4 8 8 8 4
接结纱 2	4 8 4 0 4 8 4 0 4
接结纱 3(见图 12.6)	4 8 8 8 4 0 0 0 4
接结纱 4	4 0 4 8 4 0 4 8 4
修正基准单胞-方案 1(交换接结纱顺序)	
接结纱 1	4 0 0 0 4 8 8 8 4
接结纱 2	4 8 4 0 4 8 4 0 4
接结纱 4	4 0 4 8 4 0 4 8 4
接结纱 3	4 8 8 8 4 0 0 0 4
修正基准单胞-方案 2(镜像接结纱顺序)	
接结纱 4	4 0 4 8 4 0 4 8 4
接结纱 3	4 8 8 8 4 0 0 0 4
接结纱 2	4 8 4 0 4 8 4 0 4
接结纱 1	4 0 0 0 4 8 8 8 4
修正基准单胞-方案 3(替换接结纱为经纱)	
接结纱 1	4 0 0 0 4 8 8 8 4
经纱 3 层	2 2 2 2 2 2 2 2 2
	4 4 4 4 4 4 4 4 4
	6 6 6 6 6 6 6 6 6
接结纱 3	4 8 8 8 4 0 0 0 4
经纱 3 层	2 2 2 2 2 2 2 2 2
	4 4 4 4 4 4 4 4 4
	6 6 6 6 6 6 6 6 6

[注]：

1 数字序列表示纱线在单胞中的空间坐标分布(如 4 代表中间层，0/8 表示下/上层偏移)

2 经纱层采用均匀分布模式(数值 2/4/6 表示不同高度层级)

3 接结纱路径通过数字变化体现空间轨迹特征

表 12.5 SimTex 纺织品仿真初始参数表

参数名称	参数值
机织物类型	三维角联锁机织物
沿 X 轴的单胞尺寸(mm)	7
每根纬纱中的纤维根数	9 000
每根经纱中的纤维根数	5 000
每根接结纱中的纤维根数	9 000
纤维密度(g/cm^3)	1.760
纤维直径(mm)	0.007
时间步长数	16
分析时间(s)	0.75
纤维模量(MPa)	237 000
横向纤维模量(MPa)	20 700
纤维剪切模量(MPa)	13 700
纤维长度方向泊松比	0.2
纤维横向泊松比	0.25
基体模量(MPa)	2 890
基体泊松比	0.34

必须强调的是，这里介绍的机织组织结构并不特指某种具体制造工艺或机织形式，其主要目的是通过不同结构设计实现多样化的变形响应特性。在构建初始单胞几何模型后，将其导入 SimTex 仿真框架进行数值模拟。为确保数据可比性，所有案例均采用相同的时间步长设置进行求解计算。除机织结构图谱外，SimTex 仿真需设定若干初始参数。为避免引入额外数据偏差，所有案例均采用统一参数配置(详见表 12.5)，相关参数设置均经过标准化处理。

通过将各工况所有时间步长的单元体运动学模型映射至体素域，建立三维数字表征体系。每个体素包含三个特征参数：极坐标系下的纤维取向角度(水平 XY 平面角度定义为角度 1，垂直 XZ 平面角度定义为角度 2)及纤维体积分数(V_f)。为确保数据一致性，均质基体材料对应的体素角度特征值设为零，因其无需取向表征。此设置可有效区分纤维/基体区域，因纤维区域不可能同时存在两个零角度值。所有特征参数均经 0—1 范围归一化处理以实现尺度统一。图 12.7(a)展示了包含/排除基体区域的中间压实态单元体素化模型，其网格密度设定为每边 20×18×16 体素。图 12.7(b)通过截面视图直观呈现了网格密度及特征分布。单元体分辨率的选择主要受限于研究问题的复杂性(需预测具有多通道信息的时变三维网格)。需特别指出，由于涉及大量工况研究，单时间步长体素分辨率的提升将显著增加数据集规模，进而对深度学习的数据处理能力及计算资源需求提出更高挑战。

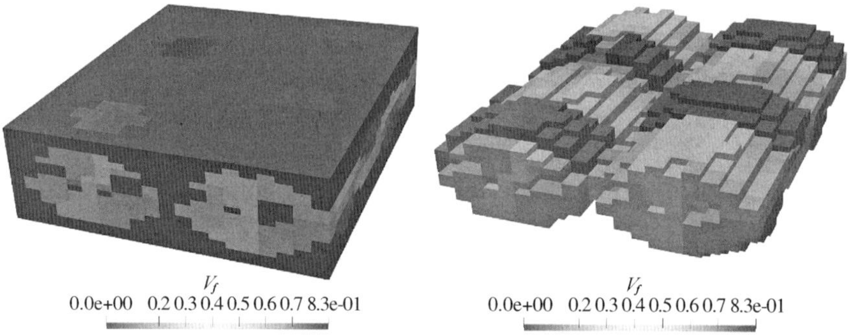

(a) 包含与不包含基体体素的三维表征

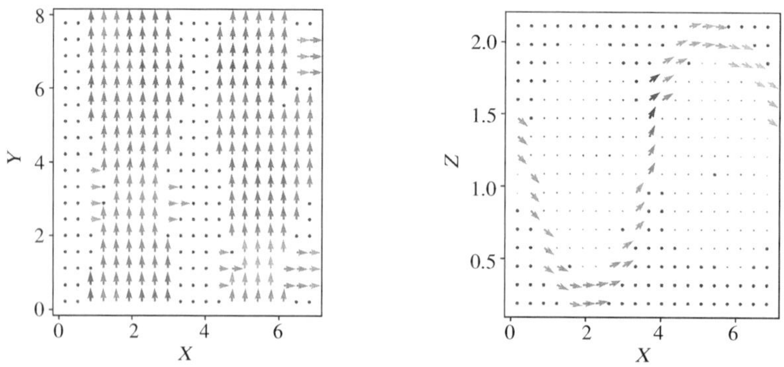

(b) 单胞网格的水平与垂直截面视图，箭头表示纤维取向方向，点号标记为基体体素

图 12.7　中间时间步长的体素表示

所有获取的数据被整合为一个联合六维数据集，其维度构型为[案例编号，时间步长，单元宽度，单元长度，单元高度，[角度 1，角度 2，纤维体积分数]]。该数据集结构的可视化表征如图 12.8 所示。

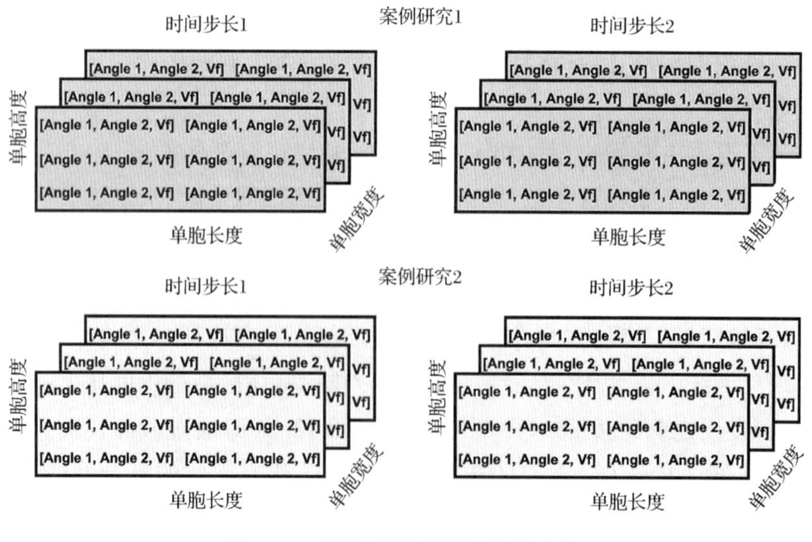

图 12.8　数据集结构的可视化表征

基于选定的体素域分辨率及所研究的案例数量和时间步长，数据库总规模超过 3.6 亿个体素条目，每个条目包含三个参数。数据库的最终规模作为关键约束条件，对适用硬件设备及数据处理技术提出了特定要求。

各特征参数的分布规律如图 12.9 所示。为准确评估纤维相关数据，直方图中剔除了取值为零的基体体素，因其在数据集中具有极高的出现频次。角度 1 的分布呈现双峰特性，这源于水平 XY 截面[图 12.7(b)]中 0°和 90°纤维取向的主导地位。角度 2 参数服从正态分布，其变化主要来源于方向在 −90°至 90°范围内变化的接结纱。纤维体积分数分布呈现右偏特性，这是由于除 V_f 值为 0 的基体体素外，低 V_f 值体素在数据集中基本不存在。

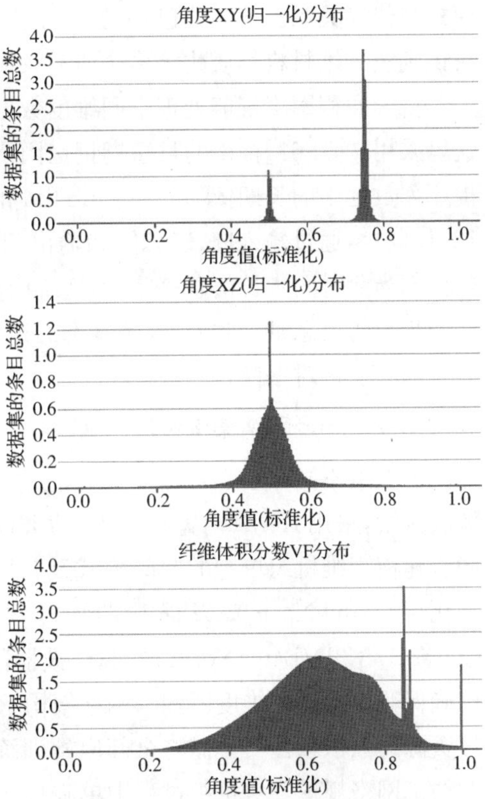

图 12.9　归一化特征参数的整体分布（基体体素未显示）

12.2.3　构建深度学习网络

12.2.3.1　方法论

针对多维空间特征关联性学习问题，可采用卷积神经网络进行建模。该网络架构由文献[62]首次提出，其核心原理是通过卷积核对输入矩阵进行局部特征提取[图 12.10(a)]。卷积核本质上是一个包含可训练参数的小型矩阵，通过在全域范围内的滑移运算生成激活图。该映射图的每个元素记录了原始矩阵各位置与卷积核的响应关系，这种稀疏交互机制能够有效提取大尺度空间中的特征

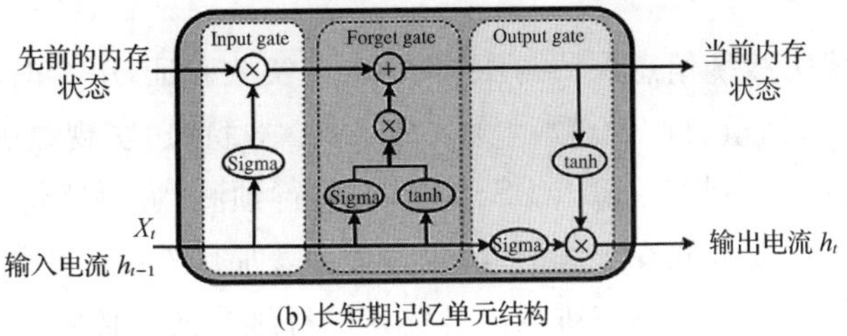

(a) 三维数据卷积运算

(b) 长短期记忆单元结构

图 12.10　神经网络的时空数据分析原理

模式与依存关系。该方法已广泛应用于二维/三维图像分析，涵盖复合材料损伤监测、裂纹识别及三维材料均质化等多个研究领域。

传统卷积网络仅能处理空间维度数据，时间序列分析则需借助循环神经网络(RNN)。这里采用文献[63]提出的长短期记忆网络(LSTM)作为时序建模工具，该工具专门用于捕捉序列数据中的长期依赖关系。LSTM 的核心创新在于引入记忆单元及门控机制[见图 12.10(b)]，通过输入门、遗忘门和输出门的协同作用，实现对历史信息的动态调控：输入门控制当前时间步长信息存储量，遗忘门决定历史信息保留程度，输出门调节传递至下一时间步长的信息量。此外，隐藏状态的迭代更新机制使网络能够记忆先验输入特征，从而有效捕获复杂时序模式。

12.2.3.2 神经网络架构设计

为探索不同深度学习方案的性能差异，比较和测试两种网络架构。第一种为标准化解决方案，采用 Keras 内置 ConvLSTM3D 层，该层通过三维卷积与时序 LSTM 的融合，可同步建模三维机织单胞的空间模式及时序动力学特性。每层 ConvLSTM3D 后接批量归一化层(BatchNorm)，以提升训练过程的稳定性与收敛速度。该网络共包含 11 组 ConvLSTM3D/BatchNorm 层对，滤波器数量从 25 递增至 400。输出层采用三维卷积层以确保输出矩阵的维度匹配。网络架构示意图见图 12.11(a)。此方案的局限性在于对计算资源的强依赖性——需将全部原始训练数据(超 3.6 亿个体素条目)载入内存，这严重制约了网络规模及对机织过程中单胞状态的预测能力。

第二种方案旨在通过建立机织结构的自动化参数化体系来解决上述问题。该方案通过训练编码器-解码器对处理三维单胞图像，将所有单胞特征信息压缩至连接编码器与解码器的潜在特征向量中，实现自动化参数表征[见图 12.11(b)]。其核心思想是在输入常规循环网络前进行数据编码，并在输出端进行解码重构。此类深度学习模型被称为自编码器，具体实施包含两个关键阶段：

首先，编码器网络通过多级三维卷积层(Conv3D)处理输入数据，提取关键特征并创建压缩表征。每级编码模块由 Conv3D/批量归一化/Conv3D/批量归一化/最大池化层构成，滤波器数量从 128 递增至 700。池化层通过下采样操作降低输入数据的空间维度(宽度、高度、长度)，同时保留核心信息。编码器最终输出为输入数据的压缩表征。

随后，解码器网络对编码序列进行反卷积运算，逐步重建原始三维网格。解码器架构与编码器形成镜像对称，可逆向还原编码过程。该方法成功将输入数据从六维矩阵[案例编号，时间步长，单元宽度，单元长度，单元高度，特征参数]降维至三维矩阵[案例编号，时间步长，编码序列]。

编码序列的规模需权衡信息保留与压缩效率：经实验验证，单个时间帧最优编码条目数为 500 项，较原始数据量(17 280 项=宽×高×长×3 特征)实现显著压缩，同时保证关键信息完整性。该编码序列随后输入 LSTM 单元进行预测，解码器将 LSTM 输出反演为三维网格。此方法的主要局限在于编码-解码过程会叠加额外误差于预测误差之上。

上述两种架构均专注于预测三维域内各体素的纤维取向与体积分数。由于网络输入输出本质为三维图像序列，无法直接获取单胞绝对厚度演变信息，需采用第三种网络独立

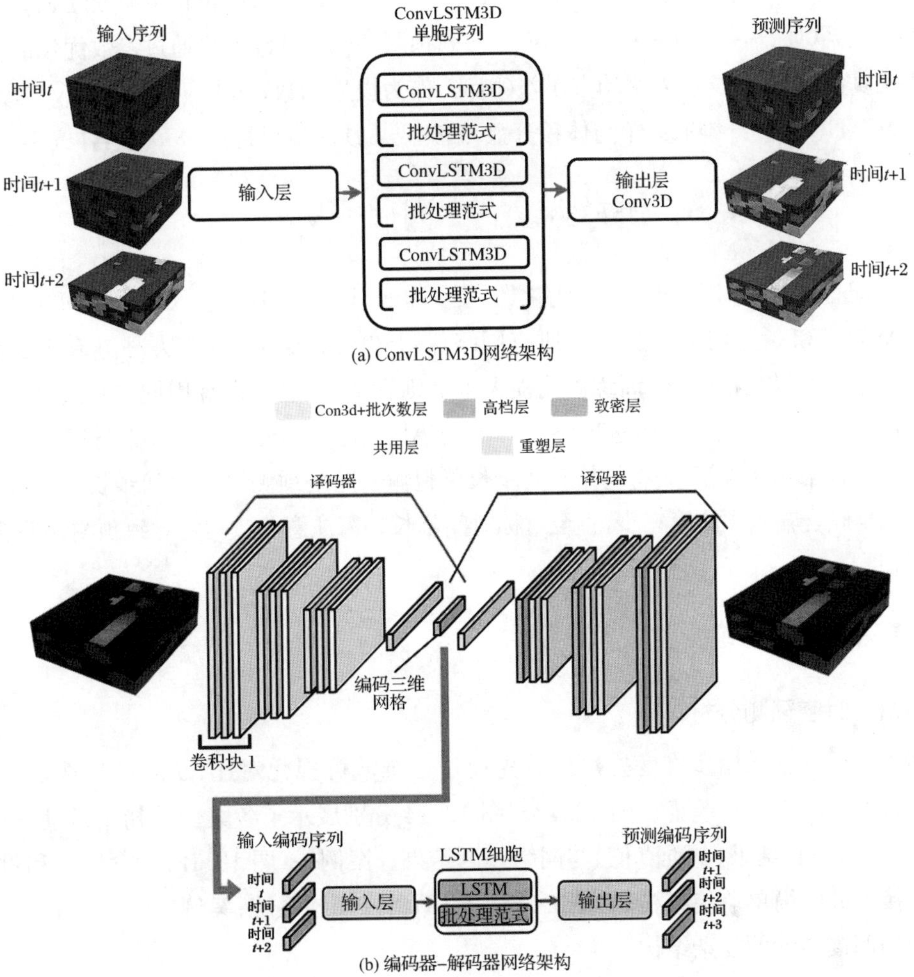

(a) ConvLSTM3D网络架构

(b) 编码器-解码器网络架构

图 12.11 卷积网络架构图

预测单胞总厚度。该厚度预测网络架构与 ConvLSTM3D 方案相似，仅将输出层替换为全连接层，直接输出单胞厚度值。预测结果将作为补充参数，与前述两种方法的重构三维单胞数据集成。

表 12.6 展示了所考虑的神经网络架构概览。

表 12.6 神经网络架构汇总

模型名称	卷积核尺寸	步长	激活函数	可训练参数量
ConvLSTM3D	3×3	1	sigmoid	1.05×10^8
编码器-解码器，LSTM	3×3	1	sigmoid	1.50×10^8
ConvLSTM3D 厚度预测模型	3×3	1	sigmoid	0.30×10^8

12.2.3.3 训练与预测

为构建训练所需的输入/输出对，各案例的初始时间步长序列 $[t_0, t_1, \cdots, t_n]$ 被分割为输入段$[t_0, t_1, \cdots, t_{n-1}]$和输出段$[t_1, t_2, \cdots, t_n]$。这种时序位移策略建立相邻时间步长的映射关系(如$t_0 \to t_1$、$t_1 \to t_2$等)，形成序列预测基础。神经网络通过参数优化最小化预测输出与真值的差异，这里采用均方误差(MSE)作为损失函数，其中 y 为真值，$\hat{y}$ 为预测值(ConvLSTM3D 预测纤维取向角与体积分数，编解码器预测编码特征)，n 为样本总数。

$$MSE(y, \tilde{y}) = \frac{1}{n}\sum_{i=1}^{n}(\tilde{y}_i - y_i)^2$$

训练配置方面，采用 AdaDelta 优化器，受 GPU 显存限制设置 ConvLSTM3D 与编解码器批量为 2 和 3。为抑制过拟合，所有网络保留 20%验证集(留出法)，初始学习率 0.1 并实施自适应衰减(连续 5 个训练周期损失未降则调降)。最大训练周期 600 次，启用早停机制(连续 10 个训练周期无改进即终止)，数据集按 90%/10%划分训练集与测试集。

预测流程采用递推策略：将初始时间步长单胞输入网络预测第二时间步长状态，随后将前两步数据联合输入预测第三步，直至目标时间步长。需注意此过程将导致预测误差随时间步长累积。

12.2.4 结果与讨论

12.2.4.1 时空预测分析

网络性能评估采用多维度方法。首先通过三维域可视化对比，从测试集选取三个未参与训练的新案例进行验证。图 12.12～图 12.14 分别展示了各案例的初始运动学模型、SimTex 机织仿真结果(基准真值)与网络预测结果。案例一(图 12.12)为含纬纱和贯穿厚度方向接结纱的简单单胞结构；案例二(图 12.13)引入经纱系统；案例三(图 12.14)呈现具有两种局部接结纱的复杂结构。

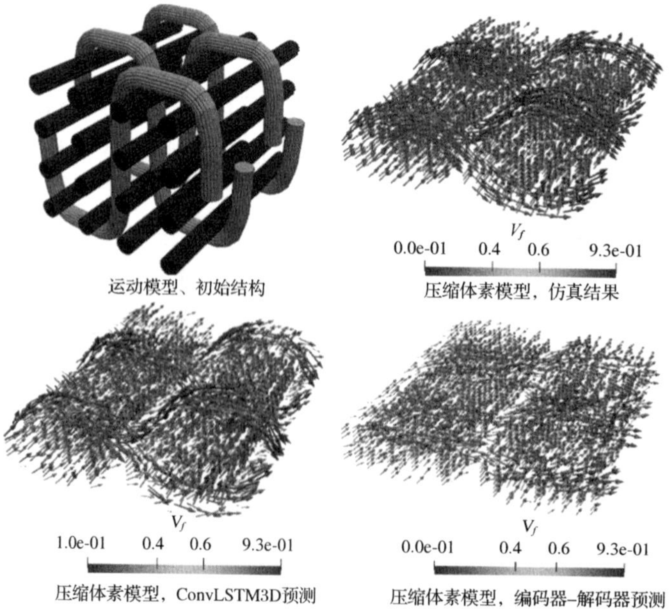

图 12.12 案例 1：含纬纱与全厚度接结纱的简单单胞结构，无经纱系统

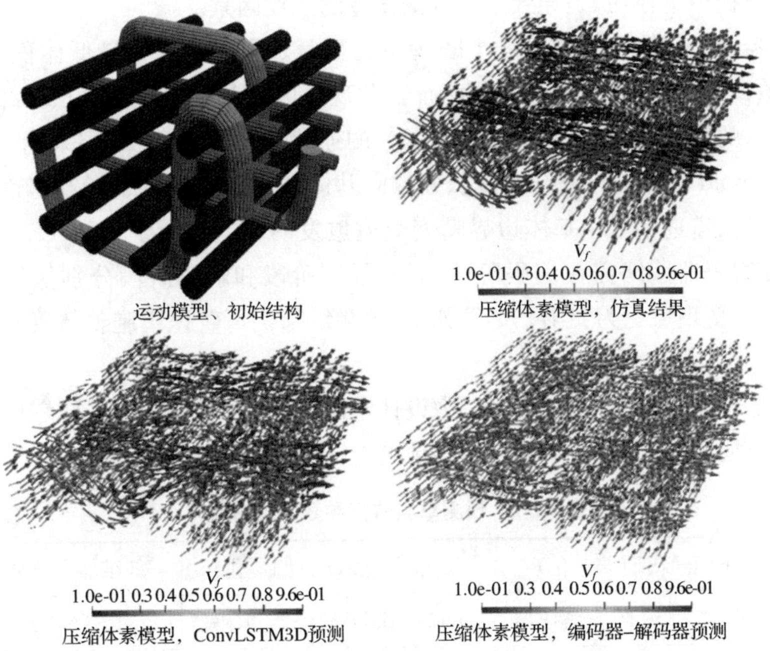

图 12.13 案例 2:引入经纱系统的中等复杂度单胞

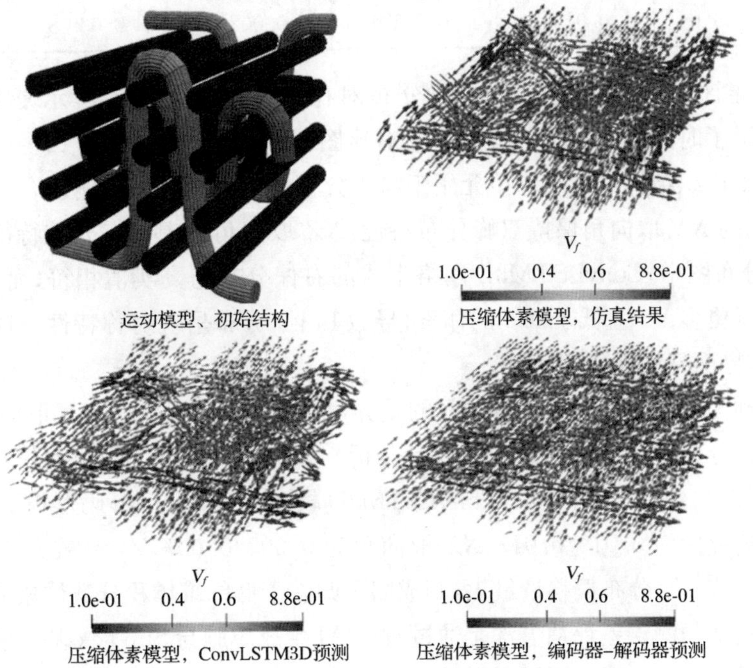

图 12.14 案例 3:含两种局部接结纱的复杂机织结构

ConvLSTM3D 网络在所有案例中均能生成清晰的三维预测图像，可辨识压实状态下接结纱、经纱和纬纱的堆叠形态。体素网格的纤维取向分布与基准真值高度一致，但在单胞边界区域存在少量低体积分数体素，这源于网络对纤维与基体体素的分割困难。此类伪影在基准数据中不存在，是导致累积预测误差的主要因素。

编解码器网络的输出在该问题上表现更为显著。由于存在大量低体积分数体素，生成的3D域在纤维-基体界面呈现模糊特征。此现象可能源于网络难以预测纤维与基体体素间体积分数的突变，这归因于网络激活函数的连续性特性(LSTM层采用tanh函数，输出层采用sigmoid函数)，导致纤维体积分数向基体零值过渡呈现平滑趋势而非陡降。随着预测时间步长递进，纱线-基体边界畸变效应愈发明显。不同于ConvLSTM3D的单次预测机制，编解码器网络需在编码阶段、时空预测阶段和解码阶段分别执行三次预测运算，使得界面畸变现象更为突出。尽管如此，预测结果仍可辨识单胞整体形貌及不同纱线类型。

为抑制低体积分数体素生成，可考虑设计定制化损失函数，对除基体零值外的纤维体积分数特征施加约束。表12.7列出了各预测特征参数的均方误差。

表12.7 预测单胞特征参数的均方误差

案例	*XY* 取向角 *MSE*(归一化)		*XZ* 取向角 *MSE*(归一化)		纤维体积分数 *MSE*(V_f)	
	ConvLSTM3D	编码器-解码器	ConvLSTM3D	编码器-解码器	ConvLSTM3D	编码器-解码器
案例1	0.003 1	0.008 9	0.001 1	0.003 1	0.029 8	0.061 4
案例2	0.006 2	0.013 5	0.000 6	0.001 7	0.032 5	0.070 1
案例3	0.006 1	0.016 4	0.001 9	0.002 5	0.039 8	0.077 0

网络性能评估的第二维度为特征分布对比。针对图12.14所示复杂机织案例，图12.15展示了时间序列预测的特征分布对比图。该案例选自图12.12～图12.14中所有单胞样本中机织结构最复杂的单元用于深入分析。两种网络均能输出合理的纤维取向角分布：预测的*XY*取向角保持双峰分布特性，*XZ*取向角呈现正态分布特征。主要偏差出现在V_f分布图中，ConvLSTM3D网络生成的右偏分布与真实值相符，而编码器-解码器网络产生了更多V_f值低于0.5的体素，导致其V_f分布呈现对称特性。这与三维图像中纤维-基体界面模糊现象相印证。

为量化预测特征分布与真实值之间的差异，采用巴氏距离[64]对*XY*取向角、*XZ*取向角及纤维体积分数(V_f)三个特征进行统计分析。该统计量通过计算概率分布重叠面积表征两者的相似性。计算结果显示：ConvLSTM3D模型与编码器-解码器模型在*XY*取向角的巴氏距离分别为0.019/0.017，*XZ*取向角为0.003/0.007，V_f参数为0.009/0.027。与前文结论一致，V_f分布偏移量最大，其成因可归咎于低纤维体积分数体素的存在。

另一种网络预测误差评估方法是通过对比AI生成单胞与SimTex基准模型的刚度属性实现。该过程需首先在微观尺度上计算等效材料属性。单胞体素宏观刚度矩阵计算流程详见附录。通过在三维域内对所有体素执行该计算并进行体积积分，可获得选定单胞的累积刚度属性。最终将刚度矩阵对角线分量与真实值进行对比分析，对比柱状图(基于图12.14案例研究)如图12.16所示。ConvLSTM3D网络的预测结果更接近真实值，最大误差不超过4.5%；而编码器-解码器网络呈现刚度值低估趋势，最大误差达17%。

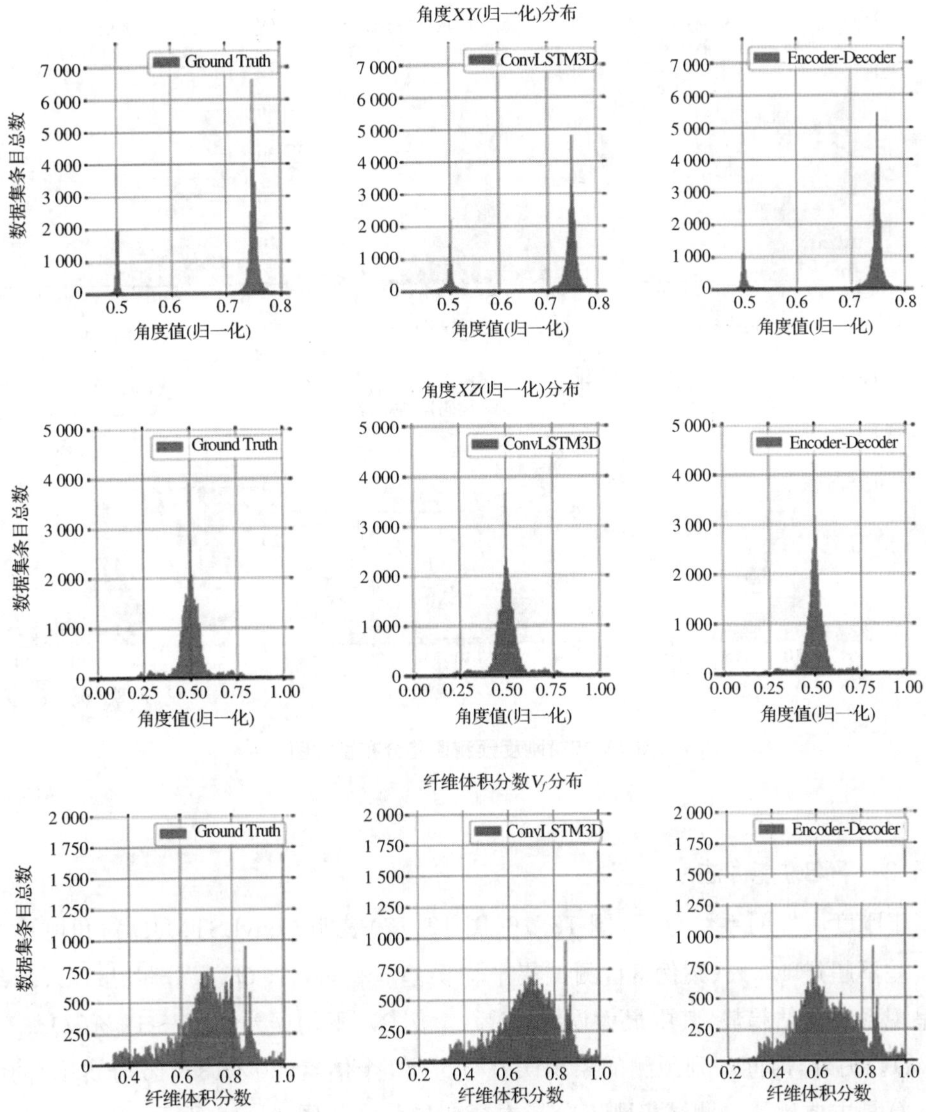

图 12.15　时间分布预测中不同神经网络类型的特征分布对比

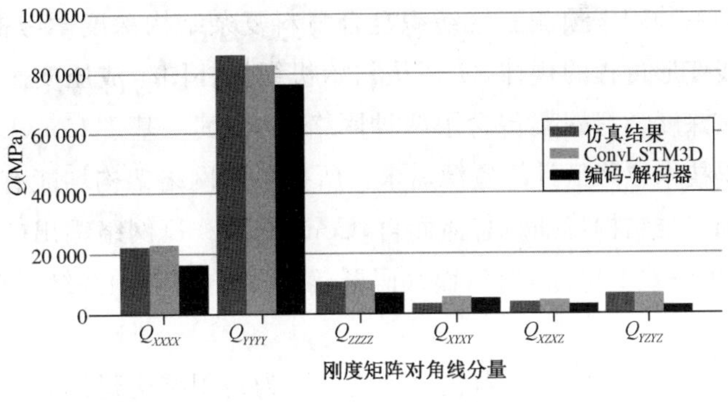

图 12.16　单胞全局刚度矩阵对角线分量(X 方向为经向,Y 方向为纬向,Z 方向为厚度方向)

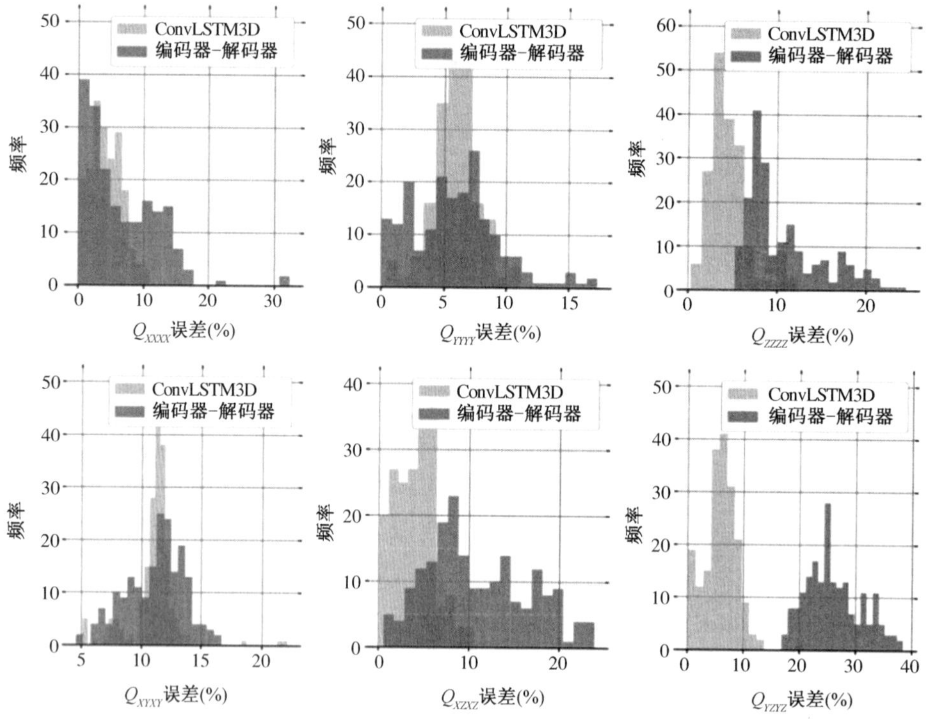

图 12.17　刚度预测误差分布直方图

12.2.4.2　平均性能评估

基于刚度属性的系统分析(图 12.16、图 12.17)表明 ConvLSTM3D 对角刚度分量最大误差不超过 4.5%(案例 3),测试集平均误差 6%～8%(Q_{xyxy} 分量达 15%),编解码器呈现系统低估趋势,其中最大误差 17%(案例 3),平均误差 10%～12%(Q_{yzyz} 分量达 40%)。另外,时间序列预测的累积误差与 5 750 个体素(20×18×16 分辨率)的刚度集成计算是主要挑战。测试集刚度分量本征变异范围如图 12.18 所示 (Q_{xxxx}: 16.0 ～ 50.0 GPa;Q_{yyyy}: 60.0 ～ 100.0 GPa 等),这个复杂深度学习问题表明网络精度具有工程适用性。

本小节提出的一种用于预测三维纺织复合材料复杂结构深度学习框架,可通过泛化预计算案例中纱线变形过程的规律,实现从初始机织拓扑图生成压实态三维纺织单胞几何构型的能力。该深度学习框架包含了两种网络架构:其一基于 ConvLSTM3D 层结构,其二采用数据编码技术以降低计算资源需求。所提两种网络架构均能有效预测压实工艺不同阶段机织物的三维结构特征。总体而言,ConvLSTM3D 网络输出的三维域清晰度更优,其刚度特性累积误差不超过 10%;而编码器-解码器方法的预测结果偏差较大,刚度估计误差达 20%。

纺织复合材料力学性能深度学习快速预测方法为纺织结构建模开辟了新范式。相较于传统 SimTex 单胞机织仿真需 8 min 的计算耗时,经训练的神经网络可在 15 s 内生成压

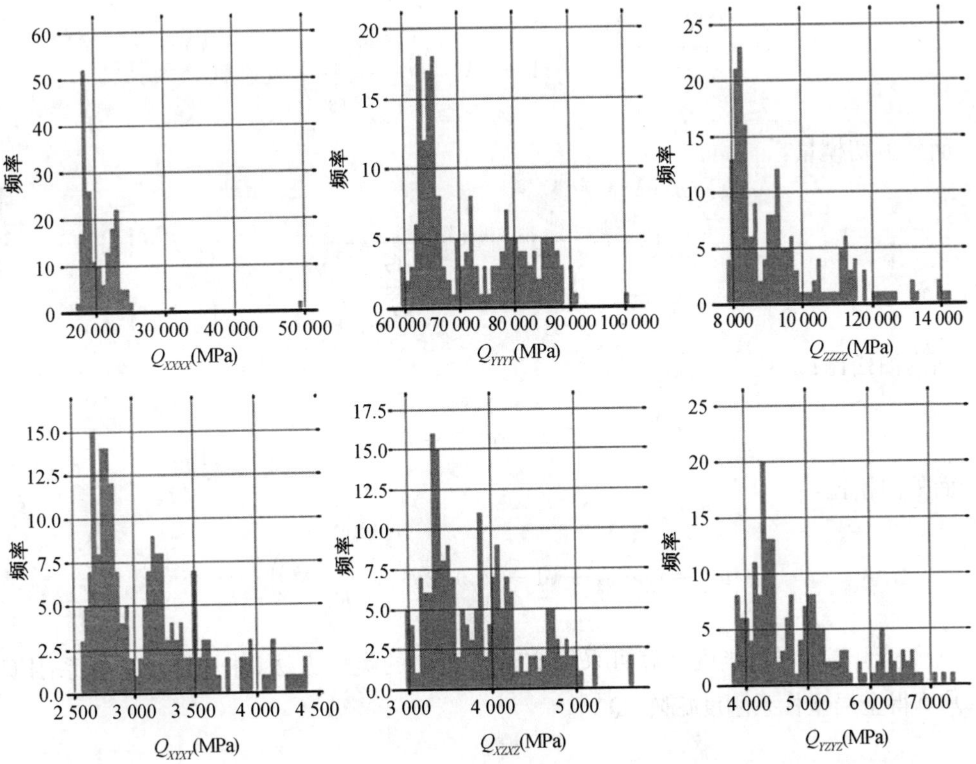

图 12.18 刚度特性变化直方图(仿真结果)

紧致密态三维结构域(具体时长受硬件配置、单胞结构复杂度及时间分布解算步数影响)。该技术突破使得快速探索多样化机织构型成为可能,为多目标优化提供高效平台。生成的体素化几何模型可直接作为高阶力学分析,如刚度预测、强度评估及渐进损伤行为模拟时的输入,构建数字化材料研发闭环。通过从初始机织图生成三维机织单胞几何结构模型,为纺织复合材料力学性能快速评估开辟新途径,并能扩展到航空航天、汽车制造等领域复杂机织复合材料的快速优化设计。

附录 刚度矩阵[Q]的推导过程

面内拉伸模量:

$$E_1 = V_f E_{f11} + (1 - V_f) E_m$$

面外拉伸模量:

$$E_2 = E_3 = \frac{E_m}{1 - \sqrt{V_f}\left(1 - \frac{E_m}{E_{f22}}\right)}$$

面内剪切模量:

$$G_{12}=G_{13}=\frac{G_m}{1-\sqrt{V_f}\left(1-\frac{G_m}{G_{f12}}\right)}$$

面外剪切模量：

$$G_{23}=\frac{G_m}{1-\sqrt{V_f}\left(1-\frac{G_m}{G_{f23}}\right)}$$

面内泊松比：

$$\upsilon_{12}=\upsilon_{13}=V_f\upsilon_{f12}+(1-V_f)\upsilon_m$$

面外泊松比：

$$\upsilon_{23}=V_f\upsilon_{f23}+(1-V_f)\left(2\upsilon_m-\frac{\upsilon_{12}}{E_1}E_2\right)$$

三维机织复合材料刚度计算可采用文献[55]中的类似方法，并从局部坐标系刚度矩阵$[Q]$算得全局坐标系刚度矩阵$[Q^X]$。

$$Q=\begin{bmatrix} Q_{11} & Q_{12} & Q_{13} & 0 & 0 & 0 \\ & Q_{22} & Q_{23} & 0 & 0 & 0 \\ & & Q_{33} & 0 & 0 & 0 \\ & & & Q_{44} & 0 & 0 \\ & & & & Q_{55} & 0 \\ & \text{对称} & & & & Q_{66} \end{bmatrix}$$

各分量的定义如下：

$$Q_{11}=\frac{1-\upsilon_{23}\upsilon_{32}}{E_2E_3\delta}$$

$$Q_{12}=\frac{\upsilon_{21}+\upsilon_{23}\upsilon_{31}}{E_2E_3\delta}$$

$$Q_{22}=\frac{1-\upsilon_{13}\upsilon_{31}}{E_1E_3\delta}$$

$$Q_{23}=\frac{\upsilon_{32}+\upsilon_{12}\upsilon_{31}}{E_1E_3\delta}$$

$$Q_{33}=\frac{1-\upsilon_{12}\upsilon_{21}}{E_2E_3\delta}$$

$$Q_{13}=\frac{\upsilon_{31}+\upsilon_{21}\upsilon_{32}}{E_2E_3\delta}$$

$$Q_{44}=G_{12}$$

$$Q_{55}=G_{13}$$

$$Q_{66}=G_{23}$$

$$\delta=\frac{1-\upsilon_{12}\upsilon_{21}-\upsilon_{23}\upsilon_{32}-\upsilon_{31}\upsilon_{13}-2\upsilon_{21}\upsilon_{32}\upsilon_{13}}{E_1E_2E_3}$$

由坐标系旋转得到全局坐标系刚度矩阵$[Q^X]$：

$$[Q^X]=T^T\cdot Q\cdot T$$

式中：T 为联系局部坐标系与全局坐标系的旋转矩阵[50]。

$$[Q^X]=\begin{bmatrix} Q_{XXXX} & Q_{XXYY} & Q_{XXZZ} & Q_{XXXY} & 0 & 0 \\ Q_{YYYY} & Q_{YYZZ} & Q_{YYXY} & 0 & 0 & \\ Q_{ZZZZ} & Q_{ZZXY} & 0 & 0 & & \\ Q_{XYXY} & 0 & 0 & & & \\ Q_{XZXZ} & Q_{XZYZ} & & & & \\ Q_{YZYZ} & \text{对称} & & & & \end{bmatrix}$$

参考文献

[1] Hearle J W S, Grosberg P, Backer S. Structural mechanics of fibers, yarn and fabrics. Volume 1. New York: Wiley Interscience, 1969.

[2] Gégauff C. Strength and elasticity of cotton threads. Bull. Soc. Ind. Mulhouse, 1907, 77: 153-213 (Originally published in French as: Gegauff C. Force et elasticite des files en cotton. Bulletin De La Societe Industrielle De Mulhouse, 1907, 77: 153-213).

[3] Platt M M. Mechanics of elastic performance of textile materials. Part III: Some aspects of stress analysis of textile structures — Continuous-filament yarns. Textile Research Journal, 1950, 20(1): 1-15.

[4] Hearle J W S. The mechanics of twisted yarns: The influence of transverse forces on tensile behaviour. Journal of The Textile Institute Transactions, 1958, 49(8): T389-T408.

[5] Hearle J W S, El-Behery H M A E, Thakur V M. The mechanics of twisted yarns: Theoretical developments. Journal of The Textile Institute Transactions, 1961, 52(5): T197-T220.

[6] Kilby W F. The mechanical properties of twisted continuous-filament yarns. Journal of The Textile Institute Transactions, 1964, 55(12): T589-T632.

[7] Symes W S. The prediction of cord properties. Journal of The Textile Institute Transactions, 1959, 50(3): T241-T248.

[8] Treloar L R G. A migrating filament theory of yarn properties. Journal of The Textile Institute

Transactions, 1965, 56(7): T359-T380.

[9] Treloar L R G. The stress-strain properties of multi-ply cords. Part I: Theory. Journal of The Textile Institute Transactions, 1965, 56(9): T477-T488.

[10] Treloar L R G, Hearle J W S. The mechanics of twisted yarns: A correction. Journal of The Textile Institute Transactions, 1962, 53(9): T446-T448.

[11] Treloar L R G, Riding G. A theory of the stress-strain properties of continuous-filament yarns. Journal of The Textile Institute Transactions, 1963, 54(4): T156-T170.

[12] Wilson N. The load-extension properties of continuous filament model yarns. British Journal of Applied Physics, 1965, 16(12): 1889-1900.

[13] Xie Y, Oxenham W, Grosberg P. A study of the strength of wrapped yarns. Part I: The theoretical model. Part II: Computation and experimental. Part III: The relationship between structural parameters and strength. The Journal of The Textile Institute, 1986, 77(5): 295-326.

[14] Choi K F. Mechanical properties of wrapped yarn. Textile Asia, 1991, 22(4):33-37.

[15] Carnaby G A. Tensile behavior of two ply yarns. In: Objective evaluation of apparel fabrics. Christchurch: Wronz, 1983.

[16] van Luijk C J, Carr. A J, Carnaby G A. The mechanics of staple-fibre yarns. Part I: Modelling assumptions. The Journal of The Textile Institute, 1985, 76(1): 11-18.

[17] Kawabata S, Sasai T. Theoretical analysis on tensile properties of textured yarns. Journal of The Textile Machinery Society of Japan, 1978, 24(1): 13-18.

[18] Deaton M J. Translated paper: The structural geometry and mechanics of false-twist-textured yarns. The Journal of the Textile Institute, 1975, 66(2): 80-86.

[19] Vas L M, Császi F. Use of composite-bundle theory to predict tensile properties of yarns. The Journal of The Textile Institute, 1993, 84(3): 448-463.

[20] Phoenix S L. Statistical models for the tensile strength of yarns and cables. In: Mechanics of flexible fibre assemblics (edited by Hearle J W S, Thwaites J J, Amirbayat J). Alphen aan den Rijn: Sijtboff & Noordhoff, 1980.

[21] Keeler J. Vision of neural networks and fuzzy logic for prediction and optimization of manufacturing processes. In: Applications of artificial neural networks II. SPIE, 1992, 1709: 447-456.

[22] Tesaruo G, Sejnowski T J. A parallel network that learns to play backgammon. Artificial Intelligence, 1989, 39(3): 357-390.

[23] Gorman R, Sejnowski T J. Analysis of hidden units in a layered network trained to classify sonar targets. Neural Networks, 1988, 1(1): 75-89.

[24] Cottrell G, Munro P, Zipser D. Learning internal representations from gray-scale images: An example of extensional programming. Proceedings of the Ninth Annual Cognitive Science Society Conference, Seattle, 1987: 461-473.

[25] Pomerleau D. ALVINN: An autonomous land vehicle in a neural network. In: Advances in neural information processing systems(edited by Touretzky D), Morgan Kaufmann, San Mateo, 1989: 305-313.

[26] Weigand A S, Huberman B A, Rumelhart D E. Predicting the future: A connectionist approach. International Journal of Neural Systems, 1990, 1(3): 193-209.

[27] Utans J, Moody J. Selecting neural network architectures via the prediction risk: Application to corporate

bond rating prediction. Proceedings of The First International Conference of Artificial Intelligence Applications on Wall Street. IEEE Computer Society Press, Los Alamitos, 1991: 35-41.

[28] Hopfield J J, Tank D W. "Neural" computation of decisions in optimization problems. Biological Cybernetics, 1985, 52: 141-152.

[29] Sejnowski T J, Rosenberg C R. Parallel networks that learn to pronounce english text. Complex Systems, 1987, 1: 145-168.

[30] Rich E, Knight K. Artificial intelligence. McGraw-Hill, New York, 1991: 487-524.

[31] Hopfield J J. Neural networks and physical systems with emergent collective computational abilities. Proceedings of The National Academy of Sciences (PNAS), 1982, 79(8): 2554-2558.

[32] Carpenter G A, Grosberg S. Neural dynamics of category recognition and learning: Attention, memory consolidation and amnesia. In: Brain structure, learning and memory. AAAS Symposium Series (Edited by Davies J, Newburgh R, Wegman E), Boulder, Westview Press, 1986: 233-290.

[33] Werbos P J. Beyond regression: New tools for prediction and analysis in the behavioral sciences. Cambridge: Harvard University, 1974.

[34] Rumelhart D E, Hinton G E, Williams R J. Learning internal representations by error propagation. Parallel distributed processing: Exploration in the microstructure of cognition. Vol 1: Foundations. Cambridge: MIT Press, 1986.

[35] Parker D B. Optimal algorithms for adaptive networks: second order back propagation, second order direct propagation, and second order Hebbian learning. Proceedings of The 1st International Conference on Neural Networks. San Diego, Calif., 1987.

[36] Le C Y. A learning scheme for asymmetric threshold networks. Proceedings of Cognitive 85'. Paris, France: Elsevier Science. New York, NY, USA, pp. 599-604.

[37] Hertz J, Krogh A, Palmer R G. Introduction to the theory of neural computation (A lecture-notes volume in the Santa Fe Institute Studies in the Sciences of Complexity) Reading, MA, USA: Addison-Wesley, 1991.

[38] Grosberg P, Oxenham W, Miao M. The insertion of twist into yarns by means of air-jets. Part I: An experimental study of air jet spinning. The Journal of The Textile Institute, 1987, 78(3): 189-203.

[39] Grosberg P, Oxenham W, Miao M. The insertion of twist into yarns by means of air-jets. Part II: Twist-insert ion rates in air-jet spinning. The Journal of The Textile Institute, 1987, 78(3): 204-219.

[40] Lawrence C A, Baqui M A. Effects of the machine variables on the structure and the properties of air-jet fasciated yarns. Textile Research Journal, 1991, 61: 123-130.

[41] Chasmawala R J, Hanson S M, Jayaraman S. Structure and properties of air-jet spun yarns. Textile Research Journal, 1990, 60(2): 61-69.

[42] Krause H W, Soliman H A. Theoretical study of the strength of single jet false twist spun yarns. Textile Research Journal, 1990, 60(6): 309-318.

[43] Ramesh M C, Rajamanickam R, Jayaraman S. The prediction of yarn tensile properties by using artificial neural networks. The Journal of The Textile Institute, 1995, 86(3): 459-469.

[44] Koptelov A, Thompson A, Hallett S R, et al. A deep learning approach for predicting the architecture of 3D textile fabrics. Materials & Design, 2024, 239: 112803.

[45] Verpoest I, Lomov S V. Virtual textile composites software WiseTex: Integration with micro-

mechanical, permeability and structural analysis. Composites Science and Technology, 2005, 65 (15-16): 2563-2574.

[46] Lomov S V, Huysmans G, Luo Y, et al. Textile composites: modelling strategies. Composites Part A, 2001, 32(10): 1379-1394.

[47] Lin H, Long A C, Sherburn M, et al. Modelling of mechanical behaviour for woven fabrics under combined loading. International Journal of Material Forming, 2008, 1 (Suppl 1): 899-902.

[48] Long A C, Brown L P. Modelling the geometry of textile reinforcements for composites: TexGen. Composite Reinforcements for Optimum Performance (Edited by Philippe Boisse), Cambridge: Woodhead Publishing, 2011.

[49] El Said B, Green S, Hallett S R. Kinematic modelling of 3D woven fabric deformation for structural scale features. Composites Part A, 2014, 57: 95-107.

[50] Thompson A J, El Said B, Ivanov D, et al. High fidelity modelling of the compression behaviour of 2D woven fabrics. International Journal of Solids and Structures, 2018, 154: 104-113.

[51] Ghane E, Fagerström M, Mirkhalaf S M. A multiscale deep learning model for elastic properties of woven composites. International Journal of Solids and Structures, 2023, 282: 112452.

[52] Liu X, Zhou X Y, Liu B, et al. Multiscale modeling of woven composites by deep learning neural networks and its application in design optimization. Composite Structures, 2023, 324: 117553.

[53] Jia Y, Yu G, Du J, et al. Adopting traditional image algorithms and deep learning to build the finite model of a 2.5D composite based on X-ray computed tomography. Composite Structures, 2021, 275: 114440.

[54] Chen Y H, Chen Y F, Wang D W, et al. Generating 3D digital material twins for woven ceramic-matrix composites from μCT images. Journal of America Ceramic Society, 2022, 105(1): 481-497.

[55] Song Y Y, Qu Z L, Liao H T, et al. Material twins generation of woven polymer composites based on ResL-U-Net convolutional neural networks. Composite Structures, 2023, 307: 116672.

[56] Mendoza A, Trullo R, Wielhorski Y. Descriptive modeling of textiles using FE simulations and deep learning. Composites Science and Technology, 2021, 213: 108897.

[57] Gu Z W, Liu Y D, Hughes D J, et al. A parametric study of adhesive bonded joints with composite material using black-box and grey-box machine learning methods: Deep neuron networks and genetic programming. Composites Part B, 2021, 217: 108894.

[58] Gupta S, Mukhopadhyay T, Kushvaha V. Microstructural image based convolutional neural networks for efficient prediction of full-field stress maps in short fiber polymer composites. Defence Technology, 2023, 24: 58-82.

[59] Balokas G, Czichon S, Rolfes R. Neural network assisted multiscale analysis for the elastic properties prediction of 3D braided composites under uncertainty. Composite Structures, 2018, 183: 550-562.

[60] Thompson A, Belnoue J, Hallett S R. A meso-scale modelling approach for virtual characterisation of dry textile preforms. Euromech Colloq. 569 — Multiscale Model. Fibrous Textile Materials, Châtenay-Malabry: 2016.

[61] Wang Y Q, Sun X K. Digital-element simulation of textile processes. Composites Science and Technology, 2001, 61(2): 311-319.

[62] Lecun Y, Bottou L, Bengio Y, et al. Gradient-based learning applied to document recognition.

Proceedings of the IEEE, 1998, 86 (11): 2278-2324.

[63] Hochreiter S, Schmidhuber J. Long short-term memory. Neural Computation, 1997, 9(8): 1735-1780.

[64] Bi S F, Broggi M, Beer M. The role of the Bhattacharyya distance in stochastic model updating. Mechanical Systems and Signal Processing, 2019, 117: 437-452.